W. Stephan / R. Postl

Schwingungen elastischer Kontinua

Leitfäden der angewandten Mathematik und Mechanik

Herausgegeben von
Prof. Dr. Dr. h. c. mult. G. Hotz, Saarbrücken
Prof. Dr. P. Kall, Zürich
Prof. Dr. Dr.-Ing. E. h. K. Magnus, München
Prof. Dr. E. Meister, Darmstadt

Band 72

B. G. Teubner Stuttgart

Schwingungen elastischer Kontinua

Von Prof. Dr. Wolfgang Stephan
und Prof. Dr. Rudolf Postl
Rostock

B. G. Teubner Stuttgart 1995

Die Deutsche Bibliothek – CIP-Einheitsaufnahme

Stephan, Wolfgang:
Schwingungen elastischer Kontinua / von Wolfgang Stephan
und Rudolf Postl. – Stuttgart : Teubner, 1995
(Leitfäden der angewandten Mathematik und Mechanik ; Bd. 72)
ISBN 3-519-02377-6
NE: Postl, Rudolf:; GT

Printed in Germany

Druck und Bindung: Hubert & Co. GmbH & Co. KG, Göttingen

Vorwort

Schwingungsprobleme, insbesondere mechanische Schwingungen, spielen in vielen Industriezweigen, z.B. im Maschinen- Stahl-, Fahrzeug- oder Schiffbau, eine große Rolle.

Zwischen den Anforderungen, die die Praxis zur Lösung solcher Probleme stellt und dem, was an den Hochschulen und Universitäten auf diesem Gebiet gelehrt wird, klafft naturgemäß eine Lücke.

In den Grundlagenfächern der Technischen Mechanik für Maschinenbauer werden vor allem Schwingungen mit einem und mehreren Freiheitsgraden behandelt. Schwingungen von Kontinua spielen oft nur am Rande eine Rolle oder sie werden - für bestimmte Spezialisierungsrichtungen - in besonderen Lehrveranstaltungen angeboten.

Mit diesem Buch wenden wir uns an diejenigen Studenten, die solche Lehrveranstaltungen besuchen oder die ihr Wissen auf diesem Gebiet vertiefen möchten und an solche Ingenieure in der Praxis, die häufig mit Schwingungsproblemen zu tun haben.

Obwohl heute - dank der Entwicklung moderner numerischer Berechnungsmethoden und entsprechender Rechenprogramme - kontinuierliche Systeme fast ausschließlich auf diskrete Systeme mit einer endlichen Anzahl von Freiheitsgraden zurückgeführt werden, ist es u.E. doch zum tieferen Verständnis notwendig, Modelle, auf die reale Kontinua in der Praxis abgebildet werden, darzustellen und ihre Spezifika herauszuarbeiten. Solche Kenntnisse sind erforderlich, um die Eignung und Leistungsfähigkeit von Rechenprogrammen zur Lösung von Schwingungsproblemen richtig einschätzen zu können.

Deshalb liegt der inhaltliche Schwerpunkt dieses Buches in der Darlegung unterschiedlicher Modellvorstellungen zur Berechnung von Schwingungen kontinuierlicher Systeme und der Einschätzung ihres Gültigkeitsbereiches.

Der erste Abschnitt enthält eine Zusammenstellung der benötigten Grundbegriffe und Grundbeziehungen. Sie werden nur insofern dargestellt, als sie zum Verständnis der nachfolgenden Ausführungen notwendig sind. Auf eine lückenlose Darstellung der Ableitungen wurde bewußt verzichtet.

Bereits hier wird deutlich, daß zur Aufstellung von Bewegungsgleichungen das Prinzip der virtuellen Arbeiten, das in der Kinetik identisch ist mit dem Prinzip von d'Alembert in der

Lagrangeschen Fassung, im Hinblick auf die späteren Anwendungen unentbehrlich ist.

Im zweiten Abschnitt werden die wichtigsten Methoden zur Ortsdiskretisierung von Kontinua, einige Methoden zur Zeitintegration der Bewegungsgleichungen sowie analytische und numerische Verfahren zur Lösung von Eigenwertproblemen behandelt. Aufgrund des beschränkten Umfanges konnten die meisten Verfahren nur sehr kurz besprochen werden, und auf Beispiele zur Anwendung der Verfahren mußte in diesem Abschnitt weitgehend verzichtet werden.

Die wichtigsten Modelle von Kontinua, die als Elemente in idealisierten Strukturen realer Konstruktionen auftreten, wie Seil, Stab, Scheibe, Platte, Schale werden teils ausführlich, teils nur kurz im dritten Abschnitt vorgestellt. Aus didaktischen Gründen werden die Bewegungsgleichungen meist aus geometrischen Überlegungen und Gleichgewichtsbetrachtungen an einem Element hergeleitet. Die Grundgleichungen zur Ortsdiskretisierung werden jedoch grundsätzlich aus dem Prinzip der virtuellen Arbeiten gewonnen. Diese Darstellung der Bewegungsgleichungen wird von uns als Arbeitsformulierung bezeichnet, im Gegensatz zur Rand-Anfangswertformulierung in Form von partiellen Differentialgleichungen. In diesem Abschnitt waren wir bemüht, die Anwendung der abgeleiteten Gleichungen anhand einfacher Beispiele zu demonstrieren.

Die gebotene Kürze führte auch dazu, daß auf eine ausführliche Beschreibung von Schwingungsphänomenen, wie Resonanz, Scheinresonanz, Tilgung, nichtlineare Effekte, Stabilitätsverhalten u.a. verzichtet werden mußte. Ebenso erschien uns die Beschränkung auf elastisches Materialverhalten - mit Ausnahme der Werkstoffdämpfung - geboten.

Hinsichtlich der mathematischen Hilfsmittel haben wir uns sowohl der Matrizenschreibweise, als auch der Tensorschreibweise bedient. Bei linearen Problemen wurde die Matrizenschreibweise bevorzugt. Da wir grundsätzlich nur orthogonale Bezugssysteme verwendet haben, konnten wir bei den Tensoren eine vereinfachte Indizierung vornehmen.

Auf eine Unterscheidung von Vektoren im Sinne der Matrizen - bzw. im Sinne der Tensorrechnung haben wir verzichtet, da Verwechslungen kaum möglich sind.

Das Literaturverzeichnis enthält neben den Werken, auf die im Text Bezug genommen wird, auch eine Reihe von Büchern, die zum Verständnis des Inhalts besonders in den Abschnitten beitragen können, in denen wir nur kurz auf die Probleme eingegangen sind.

Abschließend möchten wir uns bei Prof. Holzweißig, Dresden, Prof. Dresig, Chemnitz und Prof. Gross, Darmstadt für die Durchsicht einer früheren Fassung dieses Manuskriptes und

für eine Reihe wertvoller kritischer Hinweise herzlich bedanken.
Bei der technischen Realisierung des Manuskriptes hat uns Frau Felske, Universität Rostock, in dankenswerter Weise unterstützt.

Rostock, im Frühjahr 1995 Die Verfasser

Inhalt

1 Grundlagen der Mechanik deformierbarer Körper

1.1 Einleitung

In der Technischen Mechanik werden stets Modelle realer Konstruktionen (Bauteile, Maschinen, Tragwerke usw.) betrachtet, die deren geometrische und physikalische Eigenschaften mehr oder weniger genau widerspiegeln. Je nach Aufgabenstellung kann man ein mechanisches System als Massenpunkt, als System von Massenpunkten, als starren Körper oder als deformierbaren Körper mit bestimmten Materialeigenschaften idealisieren, wobei auch Kombinationen der genannten Modelle möglich sind.

Massenpunktsysteme und Systeme starrer Körper gehören zur Gruppe der diskreten mechanischen Systeme. Die ihnen entsprechenden mathematischen Modelle sind gewöhnliche Differentialgleichungen zweiter Ordnung (Bewegungsgleichungen) oder solche erster Ordnung (Zustandsgleichungen).

Das Modell des deformierbaren Körpers setzt voraus, daß dieser ein bestimmtes Raumgebiet stetig mit Masse ausfüllt. Von der realen atomaren Struktur materieller Körper wird dabei völlig abgesehen. In diesem Sinne ist der deformierbare Körper ein ein bestimmtes Raumgebiet stetig ausfüllendes Kontinuum und die Kontinuumstheorie eine phänomenologische Theorie, die sich nur auf makroskopische Bereiche eines Körpers anwenden läßt. Auch das für die Ableitung der Bewegungsgleichungen eines Kontinuums wesentliche differentiell kleine Massenelement enthält noch sehr viele atomare Bausteine, von denen angenommen wird, daß sie das Massenelement stetig ausfüllen.

Aufgrund der genannten Voraussetzungen können in der Kontinuumsmechanik die Deformationen und Spannungen als stetige Funktionen des Ortes und der Zeit dargestellt werden.

Das mathematische Modell zur Beschreibung der Deformation und der Bewegung eines Kontinuums sind partielle Differentialgleichungen, die vorgegebenen Rand- und Anfangsbedingungen genügen müssen. Zu diesem Rand- Anfangswertproblem lassen sich aus Arbeitsprinzipien äquivalente Formulierungen gewinnen, deren Anwendung wir aus später ersichtlichen Gründen bevorzugen werden.

Die kinematischen und kinetischen Beziehungen, die zur Beschreibung der Bewegung eines Kontinuums erforderlich sind, können zunächst unabhängig von den stofflichen Eigenschaften des deformierbaren Körpers formuliert werden. Um jedoch die Bewegungsgleichungen für das Kontinuum angeben zu können, muß das Materialverhalten bei der Beanspruchung des Körpers bekannt sein. Dieses wird durch die sogenannten Stoffgesetze beschrieben, die das Verhalten in geeigneter Weise modellieren.

Im Rahmen dieses Buches werden wir uns auf das für die Behandlung von Schwingungsaufgaben wichtige lineare und nichtlineare elastische und isotrope Materialverhalten beschränken. Lediglich zur Erfassung des Dämpfungsverhaltens des Materials werden wir auch nichtelastische Modelle verwenden. Dabei werden die durch die Dämpfung bewirkten Spannungen denen überlagert, die von den rein elastischen Deformationen hervorgerufen werden.

In diesem Abschnitt werden die Grundgleichungen der Elastomechanik in dem Umfang kurz dargestellt, wie sie zur Behandlung von Schwingungsaufgaben benötigt werden. Aufgrund der Kleinheit der Dämpfungsspannungen gegenüber den elastischen Spannungen verwenden wir die Bezeichnung Elastomechanik für die dargestellte Theorie auch dann, wenn Dämpfung berücksichtigt wird. Auf lückenlose Ableitungen wird dabei bewußt verzichtet.

1.2 Deformationszustand

1.2.1 Beschreibung des Deformationszustandes

Deformationen eines festen Körpers fassen wir als kontinuierliche Folge von Konfigurationen mit der Zeit als Parameter auf. Wir betrachten zunächst den Übergang eines Körpers vom Ausgangszustand zur Zeit t = 0 in einen benachbarten Zustand zur Zeit t (Bild 1.1). Beide Zustände werden auf das raumfeste kartesische Koordinatensystem x_1, x_2, x_3, d.h. auf ein Inertialsystem bezogen. Dabei kann der Körper eine aus Translation und Rotation bestehende Starrkörperbewegung ausführen und gleichzeitig eine Deformation erfahren. Zur Darstellung von Vektoren und Tensoren wird zunächst die

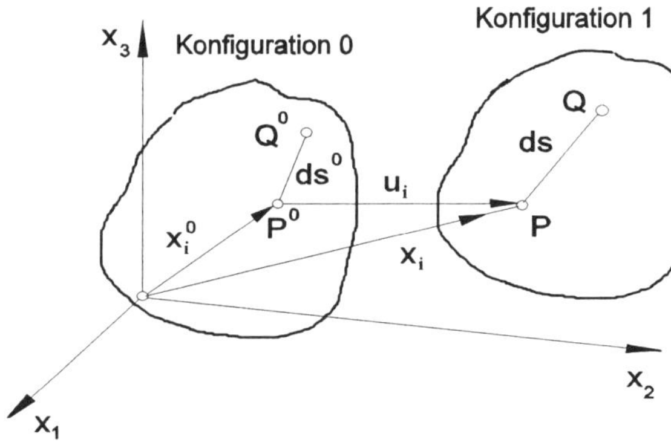

Bild 1.1 Definition der Deformationen

Indexschreibweise verwendet. Später werden wir zur Beschreibung derselben Größen und Beziehungen meist eine Matrizenschreibweise bevorzugen. Die unteren Indizes charakterisieren jeweils die Vektor- oder Tensorkoordinaten (bzw. -komponenten) in bezug auf ein orthogonales kartesisches Koordinatensystem. Auf die Verwendung nichtorthogonaler Bezugsssysteme zur allgemeineren Darstellung der Grundbeziehungen wird verzichtet. Die oberen Indizes bezeichnen die Konfiguration, in der gemessen wird. Der obere Index "0" kennzeichnet die Ausgangskonfiguration und der obere Index "1" die Augenblickskonfiguration. Dieser wird zur Vereinfachung der Schreibweise oft fortgelassen, so daß alle Größen ohne oberen Index auf die Augenblickskonfiguration bezogen sind. Ein zusätzlicher unterer Index "0" wird verwendet, wenn eine Größe in einer beliebigen Konfiguration bei ihrer Berechnung auf die Ausgangskonfiguration bezogen wird.

Gemäß Bild 1.1 kann die Lage eines Punktes P^0 in der Ausgangskonfiguration durch die Koordinaten des Ortsvektors x_i^0 (i = 1,2,3) und die Lage des gleichen Punktes in der aktuellen Konfiguration durch die Koordinaten des Ortsvektors $x_i^1 = x_i$ beschrieben werden. Die Lage des Punktes P im aktuellen Zustand kann nun als Funktion der Koordinaten des Ausgangszustandes dargestellt werden:

$$x_i = x_i(x_1^0, x_2^0, x_3^0); \quad (i = 1,2,3) \tag{1.1}$$

Umgekehrt ist auch die Lage des Punktes P^0 durch die Koordinaten des Augenblickszustandes beschreibbar:

$$x_i^0 = x_i^0(x_1, x_2, x_3) \tag{1.2}$$

Die Verschiebung eines Körperpunktes aus der Lage "0" in die Lage "1" ist durch

$$u_i = x_i - x_i^0 \quad ; \ (i = 1,2,3) \tag{1.3}$$

gegeben. Wir betrachten nun das Linienelement ds^0 in der Ausgangskonfiguration, das durch die Verschiebung in das Linienelement ds übergeht. Ein Maß für die Deformation ist die Differenz der Quadrate der Längen dieser Linienelemente:

$$(ds)^2 - (ds^0)^2 = dx_i dx_i - dx_i^0 dx_i^0 \quad ; \ (i = 1,2,3) \tag{1.4}$$

Aus Gl.(1.1) bzw. Gl.(1.2) folgen unter Beachtung von Gl.(1.3) die Beziehungen

$$dx_i = \frac{\partial x_i}{\partial x_j^0} dx_j^0 = (\delta_{ij} + \frac{\partial u_i}{\partial x_j^0}) dx_j^0 \tag{1.5a}$$

bzw.

$$dx_i^0 = \frac{\partial x_i^0}{\partial x_j} dx_j = (\delta_{ij} - \frac{\partial u_i^0}{\partial x_j}) dx_j \quad (i = 1,2,3) \tag{1.5b}$$

In den Gln.(1.4) und (1.5) haben wir von der Einsteinschen Summenkonvention Gebrauch gemacht, wonach in Ausdrücken mit gleichem Index über diesen in den angegebenen Grenzen zu summieren ist. Soll in Ausnahmefällen über gleiche Indizes nicht summiert werden, so werden diese eingeklammert. Die Größe δ_{ij} ist das Kronecker-Symbol, für das

$$\delta_{ij} = \begin{cases} 0 \text{ für } i \neq j \\ 1 \text{ für } i = j \end{cases} \tag{1.6}$$

gilt. Aus Gl.(1.4) folgt mit Gl.(1.5):

$$(ds)^2 - (ds^0)^2 = \left(\frac{\partial x_k}{\partial x_i^0} \frac{\partial x_k}{\partial x_j^0} - \delta_{ij} \right) dx_i^0 dx_j^0 \tag{1.7}$$

Die Größen

$$\varepsilon_{0ij} = \frac{1}{2}\left(\frac{\partial x_k}{\partial x_i^0} \frac{\partial x_k}{\partial x_j^0} - \delta_{ij} \right), \quad (i,j,k = 1,2,3) \tag{1.8}$$

werden als Koordinaten des Green-Lagrangeschen Verzerrungstensors bezeichnet. Sie beschreiben die Deformation in der aktuellen Konfiguration gemessen in bezug auf die Ausgangskonfiguration.

Führt man in Gl.(1.8) die Verschiebungen entsprechend Gl.(1.3) ein, so ergibt sich:

$$\varepsilon_{0ij} = \frac{1}{2}\left(\frac{\partial u_i}{\partial x_j^0} + \frac{\partial u_j}{\partial x_i^0} + \frac{\partial u_k}{\partial x_i^0} \frac{\partial u_k}{\partial x_j^0} \right) \tag{1.9}$$

Gl.(1.7) kann mit Gl.(1.8) bzw. Gl.(1.9) auch in der Form

$$(ds)^2 - (ds^0)^2 = 2\varepsilon_{0ij} dx_i^0 dx_j^0 \tag{1.10}$$

geschrieben werden. Umgekehrt kann auch ein Deformationstensor definiert werden, der die Deformation des Elementes bezogen auf den aktuellen Zustand beschreibt. Um diesen Tensor zu erhalten, ersetzt man in Gl.(1.4) dx_i^0 durch die Beziehung (1.5). In Analogie zu Gl.(1.10) folgt dann

$$(ds)^2 - (ds^0)^2 = 2\varepsilon_{ij} dx_i dx_j \tag{1.11}$$

worin

$$\varepsilon_{ij} = \frac{1}{2}\left(\delta_{ij} - \frac{\partial x_k^0}{\partial x_i} \frac{\partial x_k^0}{\partial x_j} \right) = \frac{1}{2}\left(\frac{\partial u_i}{\partial x_j} + \frac{\partial u_j}{\partial x_i} - \frac{\partial u_k}{\partial x_i} \frac{\partial u_k}{\partial x_j} \right) \tag{1.12}$$

den Almansischen Verzerrungstensor darstellt. Zwischen dem Green-Lagrangeschen und dem Almansischen Verzerrungstensor bestehen demnach die Beziehungen

$$\varepsilon_{0ij} = \frac{\partial x_k}{\partial x_i^0} \frac{\partial x_l}{\partial x_j^0} \varepsilon_{kl} \qquad (1.13)$$

bzw.

$$\varepsilon_{ij} = \frac{\partial x_k^0}{\partial x_i} \frac{\partial x_l^0}{\partial x_j} \varepsilon_{0kl} \quad , \quad (i,j,k,l = 1,2,3) \qquad (1.14)$$

Die angegebenen Beziehungen für den Deformationszustand gelten für beliebig große Deformationen.

1.2.2 Inkrementelle Formulierung der Formänderungen

Die numerische Behandlung von nichtlinearen Schwingungsaufgaben erfolgt mitunter auch mit Hilfe inkrementeller Methoden. Bei ihnen werden ausgehend von Anfangskonfigurationen zur Zeit t = 0 über Augenblickskonfigurationen zur Zeit t schrittweise inkrementell benachbarte Zustände zur Zeit t+Δt ermittelt, wobei Δt den jeweiligen Zeitzuwachs bedeutet. Wir kennzeichnen diese Zustände durch die oberen Indizes "0", "1" und "2". In Bild 1.2 sind diese drei Zustände schematisch dargestellt. Die Gesamtdeformation der Konfiguration "2" kann dabei entweder auf den Ausgangszustand oder auf den Augenblickszustand bezogen werden. Die erste Variante wird als "totale Lagrangesche Darstellung" (Abkürzung: TLD) und die zweite als "aktualisierte (updated) Lagrangesche Darstellung" (abgekürzt: ULD) bezeichnet.

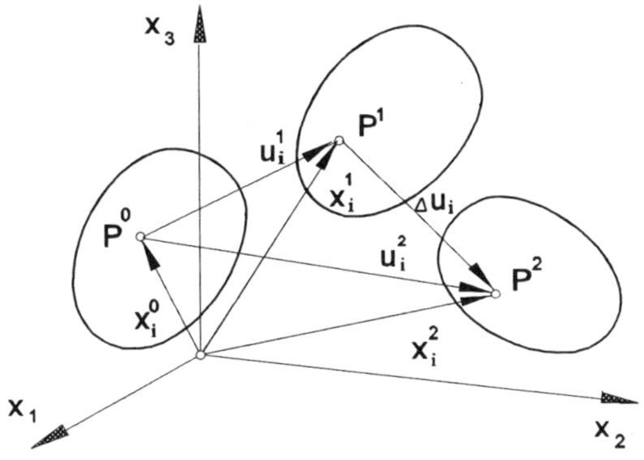

Bild 1.2 Zur Darstellung der inkrementellen Konfiguration

Für das Verschiebungsinkrement Δu_i gilt:

$$\Delta u_i = x_i^2 - x_i^1 = u_i^2 - u_i^1 \qquad (1.15)$$

Die Komponenten des Green-Lagrangeschen Tensors für die inkrementelle Verzerrung folgen aus Gl.(1.9) mit Gl.(1.15) zu:

$$\Delta\varepsilon_{0ij} = \varepsilon^2_{0ij} - \varepsilon^1_{0ij} = \frac{1}{2}\left[\frac{\partial(\Delta u_i)}{\partial x_j^0} + \frac{\partial(\Delta u_j)}{\partial x_i^0} + \frac{\partial u_k}{\partial x_j^0}\frac{\partial(\Delta u_k)}{\partial x_j^0} + \frac{\partial(\Delta u_k)}{\partial x_i^0}\frac{\partial u_k}{\partial x_j^0} + \frac{\partial(\Delta u_k)}{\partial x_i^0}\frac{\partial(\Delta u_k)}{\partial x_j^0}\right] \tag{1.16}$$

1.2.3 Infinitesimale Formänderungen

Bei den meisten praktisch vorkommenden Schwingungsproblemen für kontinuierliche Systeme sind die auftretenden Verschiebungen so klein, daß die quadratischen Glieder im Green-Lagrangeschen Verzerrungstensor vernachlässigt werden können. Wenn außerdem angenommen wird, daß die partiellen Ableitungen nach x_i und x_i^0 gleich sind, dann verschwindet der Unterschied zwischen dem Green-Lagrangeschen und dem Almansischen Verzerrungstensor und es gilt:

$$\varepsilon_{0ij} = \varepsilon_{ij} = \frac{1}{2}\left(u_{i,j} + u_{j,i}\right) \tag{1.17}$$

wobei in Gl.(1.17) die vereinfachende Schreibweise

$$\frac{\partial(\ )}{\partial x_k} = (\ )_{,k} \tag{1.18}$$

verwendet wurde. Der aus den Elementen ε_{ij} bestehende Tensor ist symmetrisch. Er besitzt die Invarianten

$$\begin{aligned} I_1(\varepsilon) &= \varepsilon_{kk} \\ I_2(\varepsilon) &= \varepsilon_{11}\varepsilon_{22} + \varepsilon_{22}\varepsilon_{33} + \varepsilon_{33}\varepsilon_{11} - \varepsilon_{12}^2 - \varepsilon_{23}^2 - \varepsilon_{31}^2 \\ I_3(\varepsilon) &= \det\left[\varepsilon_{ij}\right] \end{aligned} \tag{1.19}$$

Die Hauptdehnungen $\varepsilon_1, \varepsilon_2, \varepsilon_3$ folgen aus der kubischen Gleichung

$$\varepsilon^3 - I_1(\varepsilon)\varepsilon^2 + I_2(\varepsilon)\varepsilon - I_3(\varepsilon) = 0 \tag{1.20}$$

Nach Abspaltung der Mitteldehnung

$$e = \frac{1}{3}\varepsilon_{kk} = \frac{1}{3}(\varepsilon_{11} + \varepsilon_{22} + \varepsilon_{33}) \tag{1.21}$$

erhält man die Koordinaten des Deviators

$$\varepsilon'_{ij} = \varepsilon_{ij} - \delta_{ij}e \qquad (i,j = 1,2,3) \tag{1.22}$$

Er ist ebenfalls symmetrisch und besitzt die Invarianten

$$
\begin{aligned}
I_1(\varepsilon') &= 0 \\
I_2(\varepsilon') &= \varepsilon'_{11}\varepsilon'_{22}+\varepsilon'_{22}\varepsilon'_{33}+\varepsilon'_{33}\varepsilon'_{11}-(\varepsilon'_{12})^2-(\varepsilon'_{23})^2-(\varepsilon'_{31})^2 \\
&= -\frac{1}{6}[(\varepsilon_{11}-\varepsilon_{22})^2+(\varepsilon_{22}-\varepsilon_{33})^2+(\varepsilon_{33}-\varepsilon_{11})^2] \\
&\quad -(\varepsilon_{12}^2+\varepsilon_{23}^2+\varepsilon_{31}^2) \\
&= -\frac{1}{3}(I_1(\varepsilon))^2+I_2(\varepsilon) \\
I_3(\varepsilon') &= \det[\varepsilon'_{ij}]
\end{aligned}
\tag{1.23}
$$

Häufig wird eine sogenannte Vergleichsdehnung ε_v verwendet.
Definiert man sie durch

$$\varepsilon_v = \sqrt{-3I_2(\varepsilon')} \tag{1.24}$$

so wird bei einachsiger Beanspruchnug in x-Richtung:

$$\varepsilon_v = (1 + \nu)\varepsilon_x \tag{1.25}$$

wobei ν die Querkontraktionszahl ist.

In den weiteren Ausführungen werden wir - insbesondere bei der Behandlung linearer Schwingungen - die Matrizenschreibweise bevorzugen. Wir definieren dazu einen Verschiebungsvektor

$$\boldsymbol{u}^T = [u_1\ u_2\ u_3] = [u_x\ u_y\ u_z] = [u\ v\ w] \tag{1.26}$$

einen Verzerrungsvektor

$$\boldsymbol{\varepsilon}^T = [\varepsilon_{11}\ \varepsilon_{22}\ \varepsilon_{33}\ 2\varepsilon_{12}\ 2\varepsilon_{23}\ 2\varepsilon_{31}] = [\varepsilon_x\ \varepsilon_y\ \varepsilon_z\ \gamma_{xy}\ \gamma_{yz}\ \gamma_{xz}] \tag{1.27}$$

und die Differentialoperator-Matrix

$$\boldsymbol{D}^T = \begin{bmatrix} \partial_1 & 0 & 0 & \partial_2 & 0 & \partial_3 \\ 0 & \partial_2 & 0 & \partial_1 & \partial_3 & 0 \\ 0 & 0 & \partial_3 & 0 & \partial_2 & \partial_1 \end{bmatrix} \tag{1.28}$$

mit

$$\partial_i = \frac{\partial}{\partial x_i} = (\quad)_{,i} \quad ; \quad (i = 1,2,3) \tag{1.29}$$

Damit kann der lineare Zusammenhang zwischen Verzerrung und Verschiebung durch die Beziehung

$$\boldsymbol{\varepsilon} = \boldsymbol{D}\boldsymbol{u} \tag{1.30}$$

dargestellt werden.

1.3 Spannungszustand

1.3.1 Definition der Spannungstensoren

Wir bedienen uns der Lagrangeschen Betrachtungsweise und verfolgen ein und dasselbe Element mit gleicher Masse in den Konfigurationen "0" und "1". In Bild 1.3 ist ein solches Element aus Gründen der Übersichtlichkeit als ebenes Element dargestellt. Darin bedeuten:

dF_i die aktuelle Schnittkraft in der Konfiguration "1"

dF_i^0 eine fiktive, auf die Ausgangskonfiguration bezogene Schnittkraft

dA^0, dA die Schnittflächen in den Konfigurationen "0" und "1"

n_i^0, n_i die Koordinaten der Einheitsvektoren der Flächennormalen in beiden Konfigurationen

σ_{0i}, σ_i, σ_{0ij}, σ_{ij} die Schnittspannungen in beiden Konfigurationen

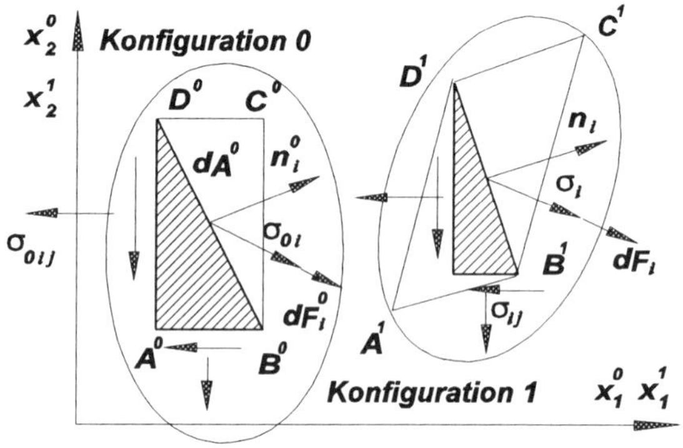

Bild 1.3 Zur Definition der Spannungstensoren

Die wahren Spannungen in der Konfiguration "1" sind durch

$$\sigma_i = \frac{dF_i}{dA} = \sigma_{ij} n_j \quad ; \quad (i,j = 1,2,3) \tag{1.31}$$

definiert. Darin bedeuten die σ_{ij} die Koordinaten des Cauchyschen Spannungstensors. Bezieht man dagegen die aktuellen Schnittkräfte (dF_i) auf die Schnittfläche (dA^0) des Ausgangszustandes "0", dann wird der so gebildete Spannungstensor als 1. Piola-Kirchhoff-Spannungstensor bezeichnet. Er wird in den weiteren Betrachtungen nicht benötigt und deshalb nicht weiter erörtert.

Einen praktisch sehr wichtigen Spannungstensor erhält man, wenn man neben der Massengleichheit der Elemente auch die Gleichheit der Deformationsenergien in beiden Konfigurationen fordert:

$$\begin{aligned} \varrho^0 dV^0 &= \varrho dV \\ \varepsilon_{0ij}\sigma_{0ij} dV^0 &= \varepsilon_{ij}\sigma_{ij} dV \end{aligned} \qquad (1.32)$$

Die Beziehung zwischen ε_{ij} und ε_{0ij}, Gl.(1.14), in Gl.(1.32) eingesetzt, liefert nun einen auf die Ausgangskonfiguration bezogenen Spannungstensor, der 2. Piola-Kirchhoff-Spannungstensor heißt:

$$\sigma_{0ij} = \frac{\varrho^0}{\varrho}\frac{\partial x_i^0}{\partial x_m}\frac{\partial x_j^0}{\partial x_n}\sigma_{mn} \qquad (1.33)$$

In der Umkehrung erhält man aus Gl.(1.32) und Gl.(1.13) die Beziehung

$$\sigma_{ij} = \frac{\varrho}{\varrho^0}\frac{\partial x_i}{\partial x_m^0}\frac{x_j}{\partial x_n^0}\sigma_{0mn} \qquad (1.34)$$

Die Gln.(1.33) und (1.34) folgen auch aus Gleichgewichtsbetrachtungen an den Elementen beider Konfigurationen, wenn man beachtet, daß sich die reale Kraft dF_i mittels

$$dF_i^0 = \frac{\partial x_i^0}{\partial x_j} dF_j \qquad (1.35)$$

auf die fiktive Kraft dF_i^0 transformieren läßt. Das Volumen- und das Dichteverhältnis folgen aus

$$\frac{\varrho_0}{\varrho} = \frac{dV}{dV_0} = J = \det\begin{bmatrix} \frac{\partial x_1}{\partial x_1^0} & \frac{\partial x_1}{\partial x_2^0} & \frac{\partial x_1}{\partial x_3^0} \\ \frac{\partial x_2}{\partial x_1^0} & \frac{\partial x_2}{\partial x_2^0} & \frac{\partial x_2}{\partial x_3^0} \\ \frac{\partial x_3}{\partial x_1^0} & \frac{\partial x_3}{\partial x_2^0} & \frac{\partial x_3}{\partial x_3^0} \end{bmatrix} \qquad (1.36)$$

wobei J die sogenannte Jacobi-Determinante ist.

Der 2.Piola-Kirchhoff-Spannungstensor ist symmetrisch. Mit seiner Hilfe können - wie wir später sehen werden - die kinetischen Gleichgewichtsbedingungen in der Ausgangskonfiguration "0" formuliert werden. Die durch diesen Spannungstensor dargestellten Spannungen stellen nur fiktive Rechengrößen dar. Am Ende einer Spannungsberechnung stehen deshalb immer die Cauchyschen Spannungen, die den realen Spannungszustand in der Konfiguration "1" kennzeichnen. Bei kleinen Verzerrungen weichen die fiktiven Spannungen σ_{0ij} nur geringfügig von den wahren Spannungen ab. Als klein können Verzerrungen betrachtet werden, wenn die Vergleichsdehnung ε_V die Größenordnung von einem Prozent nicht überschreitet.

1.3.2 Spannungstensor für infinitesimal kleine Verzerrungen

Bei infinitesimal kleinen Verzerrungen sind die beiden in Abschnitt 1.3.1 definierten Spannungstensoren gleich. Es gilt daher:

$$\sigma_{0ij} = \sigma_{ij} \tag{1.37}$$

Spaltet man die Mittelspannung

$$s = \frac{1}{3}\sigma_{kk} = \frac{1}{3}(\sigma_{11} + \sigma_{22} + \sigma_{33}) = \frac{1}{3}(\sigma_x + \sigma_y + \sigma_z) \tag{1.38}$$

vom Spannungstensor ab, so folgen die Komponenten des Spannungsdeviators aus

$$\sigma'_{ij} = \sigma_{ij} - \delta_{ij}s \qquad (i,j = 1,2,3) \tag{1.39}$$

Der Cauchysche Spannungstensor besitzt in diesem Falle die Invarianten

$$\begin{aligned} I_1(\sigma) &= \sigma_{kk} = \sigma_{11} + \sigma_{22} + \sigma_{33} \\ I_2(\sigma) &= \sigma_{11}\sigma_{22} + \sigma_{22}\sigma_{33} + \sigma_{33}\sigma_{11} \\ &\quad - \sigma_{12}^2 - \sigma_{23}^2 - \sigma_{31}^2 \\ I_3(\sigma) &= \det[\sigma_{ij}] \end{aligned} \tag{1.40}$$

Die drei Hauptspannungen folgen aus der kubischen Gleichung:

$$\sigma^3 - I_1(\sigma)\sigma^2 + I_2(\sigma)\sigma - I_3(\sigma) = 0 \tag{1.41}$$

Die Invarianten des Spannungsdeviators lauten:

$$\begin{aligned} I_1(\sigma') &= 0 \\ I_2(\sigma') &= \sigma'_{11}\sigma'_{22} + \sigma'_{22}\sigma'_{33} + \sigma'_{33}\sigma'_{11} \\ &\quad - (\sigma'_{12})^2 - (\sigma'_{23})^2 - (\sigma'_{31})^2 \\ &= \frac{1}{6}[(\sigma_{11} - \sigma_{22})^2 + (\sigma_{22} - \sigma_{33})^2 + (\sigma_{33} - \sigma_{11})^2] \\ &\quad - \sigma_{12}^2 - \sigma_{23}^2 - \sigma_{31}^2 = -\frac{1}{3}(I_1(\sigma))^2 + I_2(\sigma) \\ &= -\frac{1}{6}[(\sigma_1 - \sigma_2)^2 + (\sigma_2 - \sigma_3)^2 + (\sigma_2 - \sigma_1)^2] \\ I_3(\sigma') &= \det(\sigma'_{ij}) \end{aligned} \tag{1.42}$$

In Gl.(1.42) bedeuten σ_1, σ_2, σ_3 die Hauptspannungen, die sich als Lösung von Gl.(1.41) ergeben.

Mit der Invarianten $I_2(\sigma')$ kann man eine Vergleichsspannung σ_V in der Form

$$\sigma_V = \sqrt{-3I_2(\sigma')} \tag{1.43}$$

definieren. Sie ist so normiert, daß bei einachsigem Spannungszustand die Vergleichsspannung σ_V gleich der entsprechenden Spannung (z.B. σ_x) ist.

1.4 Stoffgesetze

1.4.1 Allgemeine Bemerkungen

Stoffgesetze beschreiben den Zusammenhang zwischen Spannungen und Deformationen. Dazu wurden verschiedene Modellvorstellungen entwickelt, die den realen Verhältnissen in Abhängigkeit von der Problemstellung näherungsweise entsprechen.

Im Rahmen dieses Buches werden nur Stoffgesetze behandelt, die bei der Lösung von Schwingungsaufgaben von Bedeutung sind. Neben linearen und nichtlinearen elastischen Materialeigenschaften interessieren insbesondere solche, die sich zur Erfassung der Materialdämpfungswirkungen eignen.

Der Zusammenhang zwischen dem Spannungstensor und dem Verzerrungstensor eines elastischen Stoffes ist durch die Beziehung

$$\sigma_{0ij} = E_{0ijkl}\varepsilon_{0kl} \quad ; \ (i,j,k,l = 1,2,3) \tag{1.44}$$

gegeben. Darin sind σ_{0ij} die Komponenten des 2. Piola-Kirchhoff-Spannungstensors, ε_{0kl} die Komponenten des Green-Lagrangeschen Verzerrungstensors und E_{0ijkl} die Komponenten des auf die Ausgangskonfiguration bezogenen Elastizitätstensors. Der Elastizitätstensor ist im allgemeinen eine Funktion der Verzerrungen. Für isotropes elastisches Material muß er invariant gegenüber Koordinatentransformationen sein. Das bedeutet, daß er in diesem Falle eine Funktion der Invarianten des Verzerrungstensors ist.

1.4.2 Lineares Elastizitätsgesetz

Das lineare Elastizitätsgesetz wird durch die Beziehung

$$\sigma_{0ij} = E_{ijkl}\varepsilon_{0kl} \quad ; \ (i,j,k,l = 1,2,3) \tag{1.45}$$

bzw. in Matrizenschreibweise

$$\boldsymbol{\sigma} = \boldsymbol{E}\,\boldsymbol{\varepsilon} \tag{1.46}$$

beschrieben. Darin sind die E_{ijkl} die konstanten Komponenten des Elastizitätstensors und $\boldsymbol{E}$ ist die aus seinen Komponenten gebildete Elastizitätsmatrix.

Bei infinitesimalen Verzerrungen kann in Gl.(1.45) ε_{0kl} durch ε_{kl} nach Gl.(1.17) und σ_{0ij} durch σ_{ij} nach Gl.(1.37) ersetzt werden:

$$\sigma_{ij} = E_{ijkl}\varepsilon_{kl} \quad ; \quad (i,j,k,l = 1,2,3) \tag{1.47}$$

Der Elastizitätstensor ist ein Tensor 4. Stufe. Wegen der Symmetrie des Spannungs- und des Verzerrungstensors gelten für den Elastizitätstensor folgende Symmetriebedingungen:

$$E_{ijkl} = E_{jikl} = E_{ijlk} = E_{klij} \tag{1.48}$$

Er besitzt für Werkstoffe mit linearer Anisotropie 21 voneinander unabhängige Materialkonstanten. Für den Sonderfall orthogonaler Isotropie reduziert sich die Anzahl der Komponenten auf 9 und die Elastizitätsmatrix hat folgenden Aufbau:

$$\boldsymbol{E} = \begin{bmatrix} E_{1111} & E_{1122} & E_{1133} & & & \\ & E_{2222} & E_{2233} & & \mathbf{0} & \\ & & E_{3333} & & & \\ \text{symm.} & & & E_{1212} & & \\ & & & & E_{2323} & \\ & & & & & E_{3131} \end{bmatrix} \tag{1.49}$$

Im Falle eines isotropen Werkstoffes muß der Elastizitätstensor gegenüber Koordinatentransformationen invariant sein. Die Anzahl der voneinander unabhängigen Werkstoffkonstanten reduziert sich dann auf 2. Mit dem Elastizitätsmodul E und der Querkontraktionszahl ν erhält man das lineare Hookesche Gesetz. Es lautet mit ε_{ij} nach Gl.(1.17)

$$\sigma_{ij} - \delta_{ij}s = \frac{E}{1+\nu}(\varepsilon_{ij} - \delta_{ij}e) \quad ; \quad (i,j = 1,2,3) \tag{1.50}$$

$$s = 3Ke \tag{1.51}$$

bzw.

$$\sigma_{ij} = \frac{E}{1+\nu}\left(\varepsilon_{ij} + \delta_{ij}\frac{3\nu}{1-2\nu}e\right) \quad ; \quad (i,j = 1,2,3) \tag{1.52}$$

Darin bedeuten:

$$s = \frac{1}{3}\sigma_{kk} \; ; \; e = \frac{1}{3}\varepsilon_{kk} \; ; \; K = \frac{E}{3(1-2\nu)} \quad ; \quad (k = 1,2,3) \tag{1.53}$$

Die Elastizitätsmatrix für den linear-elastischen Körper lautet:

$$\boldsymbol{E} = \frac{E}{(1+\nu)(1-2\nu)} \begin{bmatrix} 1-\nu & \nu & \nu & & & \\ & 1-\nu & \nu & & \mathbf{0} & \\ & & 1-\nu & & & \\ \text{symm.} & & & \frac{1-2\nu}{2} & & \\ & & & & \frac{1-2\nu}{2} & \\ & & & & & \frac{1-2\nu}{2} \end{bmatrix} \qquad (1.54)$$

E ist stets eine positiv definite Matrix.

1.4.3 Nichtlineare Elastizität

Wir setzen voraus, daß das Gesetz zur Beschreibung des nichtlinear-elastischen Stoffverhaltens folgenden Forderungen genügt:

- Die Verzerrungsarbeit ist eine eindeutige Funktion der Komponenten des Verzerrungstensors
- Das elastische Verhalten weist keine ausgezeichneten Richtungen aus
- Volumenänderung und Gestaltänderung sind jeweils allein durch die Mitteldehnung bzw. durch den Deviatoranteil der Verzerrung darstellbar
- Für kleine Verzerrungen geht das Gesetz in das lineare Hookesche Gesetz über.

Diese Forderungen werden durch folgendes Gesetz erfüllt:

$$\sigma_{0ij} - \delta_{ij}s_0 = \frac{E}{1+\nu}\varphi(\varepsilon_{0V})(\varepsilon_{0ij}-\delta_{ij}\varepsilon_0) \;; \qquad (i,j = 1,2,3) \qquad (1.55)$$

$$s_0 = 3K\psi(e_0)e_0 \qquad (1.56)$$

Die Funktion $\psi(e_0)$ wird als Dehnungsfunktion und $\phi(\varepsilon_{0V})$ als Scherungsfunktion bezeichnet. ε_{0V} ist die in Gl.(1.24) definierte Vergleichsdehnung, die eine Funktion der 2. Invarianten des Verzerrungstensors ist. Der untere Index "0" bedeutet, daß alle Größen auf den Ausgangszustand bezogen sind.

Die beiden Gln.(1.55) und (1.56) kann man wie folgt zusammenfassen:

$$\sigma_{0ij} = \delta_{ij}3K\psi(e_0)e_0 + \frac{E}{1+\nu}\varphi(\varepsilon_{0V})(\varepsilon_{0ij}-\delta_{ij}e_0) \;; \qquad (i,j=1,2,3) \qquad (1.57)$$

In den meisten Fällen kann die Nichtlinearität der Volumendehnung vernachlässigt und $\psi = 1$ gesetzt werden.

1.4.4 Dämpfungswirkungen

Jede reale Bewegung eines Kontinuums ist auch mit einem Verlust an mechanischer Energie verbunden, die dem betrachteten System durch Umwandlung in andere Energieformen, meist in Wärmeenergie, entzogen wird. Die Gesamtheit der Erscheinungen, die bei Schwingungen mit einem solchen Energieverlust verbunden sind, wird als Dämpfung bezeichnet.

Bei der Behandlung von Eigenschwingungsproblemen kann eine schwache Dämpfung meist vernachlässigt werden.

Auch auf erzwungene Schwingungen hat sie außerhalb der Resonanzbereiche nur einen geringen Einfluß. In Resonanznähe ist die Dämpfung jedoch entscheidend für die Größe der Ausschläge und die Phasenlage der Schwingung. Allgemein kann man zwischen innerer und äußerer Dämpfung unterscheiden.

Betrachten wir zunächst die innere Dämpfung näher. Hier wirken die Dämpfungskräfte zwischen den Elementen des Systems. Bei Kontinua sind dies die Kräfte infolge der Werkstoffdämpfung. Sie hängen nur von den Relativbewegungen der Elemente zueinander, bei Kontinua also von den Elementverzerrungen bzw. den Verzerrungsgeschwindigkeiten (Relativdämpfung) ab. Die innere Dämpfung eines Körpers ist allerdings, im Gegensatz zur Werkstoffdämpfung , keine reine Werkstoffkenngröße. Sie hängt auch von der Größe und der geometrischen Gestalt des Körpers und von seiner Belastung ab (Werkstückdämpfung), siehe [22].

Äußere Dämpfungkräfte werden dem System von außen durch die Wirkung des umgebenden Mediums auf die Systemoberfläche eingeprägt. Sie sind deshalb Funktionen der absoluten Geschwindigkeit der Systemoberfläche (Absolutdämpfung).

Die Bestimmung zutreffender Dämpfungsparameter entsprechend angenommener Dämpfungsmodelle ist nur experimentell mit befriedigender Genauigkeit möglich. Zur Erfassung der Dämpfungswirkungen in realen Systemen bedient man sich meist einfacher Modelle, aus denen möglichst wenig Parameter zu bestimmen sind. Oft ist die Einführung einer sogenannten System- oder Konstruktionsdämpfung zweckmäßig. Die entsprechenden Dämpfungsparameter, die ebenfalls experimentell bestimmt werden müssen, charakterisieren dann das Dämpfungsverhalten des Gesamtsystems. Bei einem rein elastischen Materialverhalten gibt es keine innere Dämpfung. Die Kurve, die den Zusammenhang zwischen Spannung und Dehnung darstellt, wird bei Be- und Entlastung in gleicher Weise durchlaufen, siehe Bild 1.4a.

Bei nichtelastischem Materialverhalten ergeben sich bei Be- und Entlastung unterschiedliche Kurvenäste,die bei einem vollen Schwingungszyklus eine bestimmte Fläche einschließen (Hystereseschleife), Bild 1.4b. Diese Fläche ist ein Maß für die Verlustenergie je Schwingungsperiode und damit auch ein Maß für die innere Dämpfung.

Zur Beschreibung dieses nichtelastischen Materialverhaltens werden im Hinblick auf die Dämpfung unterschiedliche Modelle betrachtet die im folgenden kurz dargestellt werden. Allgemein ist zu sagen, daß die Werkstoffdämpfung ein sehr kompliziertes Phänomen ist, dessen Gesetzmäßigkeiten nicht vollständig geklärt sind.

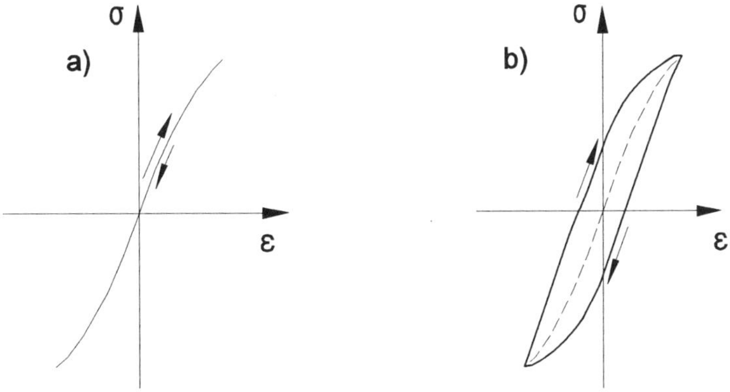

Bild 1.4 Zyklisches Spannungs-Dehnungsdiagramm bei
a) rein elastischem Materialverhalten
b) nichtelastischem Verhalten

1.4.4.1 Modelle für die Werkstoffdämpfung bei eindimensionalen Spannungszuständen

Im folgenden werden die in Bild 1.5 dargestellten Modelle betrachtet:

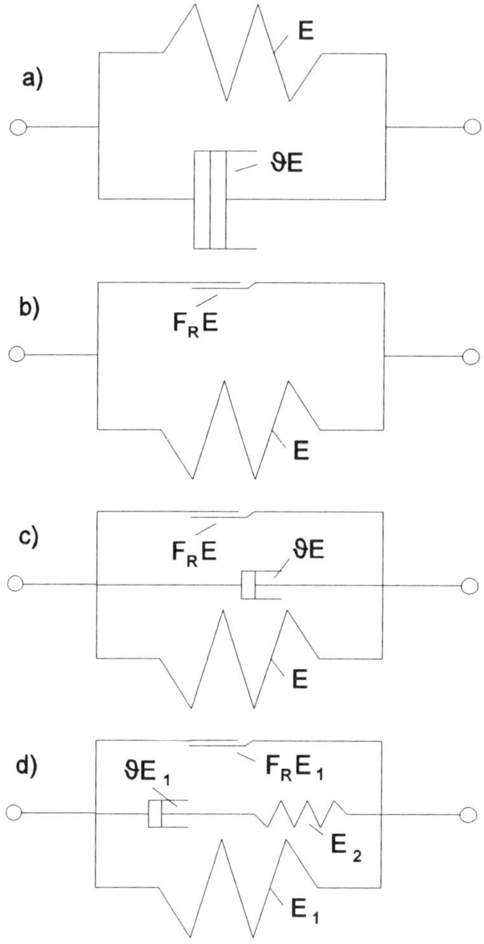

$$\sigma = E(\varepsilon + \vartheta\dot{\varepsilon}) = \sigma_{el} + \sigma_D \tag{1.58}$$

$$\sigma = E(\varepsilon + F_R \operatorname{sgn} \dot{\varepsilon}) \tag{1.59}$$

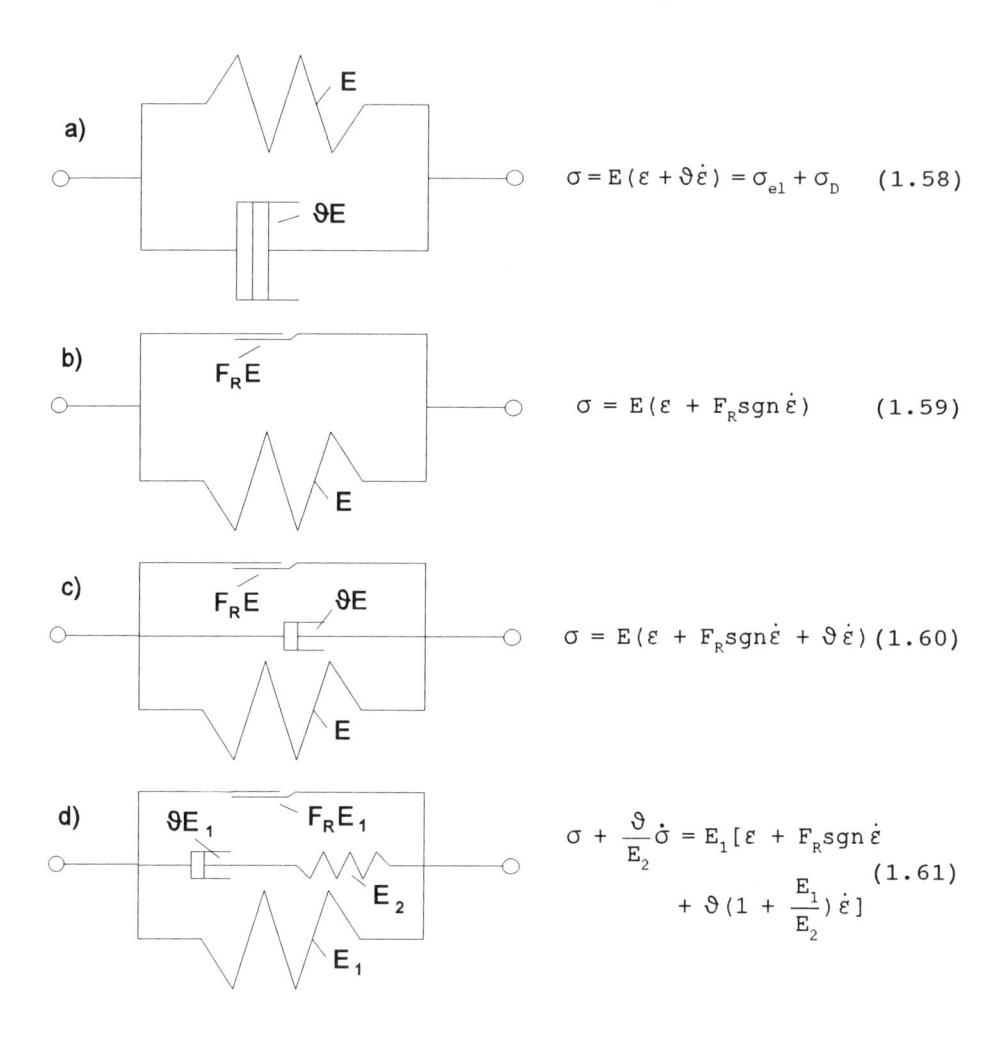

$$\sigma = E(\varepsilon + F_R \operatorname{sgn} \dot{\varepsilon} + \vartheta\dot{\varepsilon}) \tag{1.60}$$

$$\sigma + \frac{\vartheta}{E_2}\dot{\sigma} = E_1\left[\varepsilon + F_R \operatorname{sgn} \dot{\varepsilon} + \vartheta\left(1 + \frac{E_1}{E_2}\right)\dot{\varepsilon}\right] \tag{1.61}$$

Bild 1.5 Dämpfungsmodelle

Experimentelle Untersuchungen zeigen, daß die Werkstoffdämpfung im wesentlichen aus einer viskosen und einer Reibungskomponente besteht. Das einfachste Modell zur Beschreibung der Werkstoffdämpfung stellt das Voigt-Modell (Bild 1.5a) dar. Es besteht aus einem elastischen Element, charakterisiert durch den E-Modul und einem linearen viskosen (Newtonschen) Element mit der Konstanten ϑ. Bei harmonischer Bewegung ist nach diesem Modell die Hystereseschleife eine Ellipse. Die je Vollschwingung und Volumeneinheit zerstreute Energie ergibt sich dabei, wegen $\varepsilon(t) = \hat{\varepsilon}\ \sin\omega t$ mit Gl.(1.58) aus

$$W_D = \oint \sigma_D d\varepsilon = \int_0^{2\pi} \sigma_D \dot{\varepsilon} \frac{d(\omega t)}{\omega} = \pi E \vartheta \omega \hat{\varepsilon}^2 \qquad (1.62)$$

Sie ist also proportional dem Quadrat der Dehnungsamplitude und nimmt linear mit der Frequenz zu.

Das Modell nach Bild 1.5b enthält neben dem elastischen Element ein Element mit Coulombscher Reibung. Bei Annahme einer konstanten (dimensionslosen) Reibkraft F_R beträgt die je Vollschwingung und Volumeneinheit zerstreute Dämpfungsenergie bei harmonischer Bewegung mit Gl.(1.59):

$$W_D = 4EF_R\hat{\varepsilon} \qquad (1.63)$$

F_R ist jedoch meist nicht konstant, sondern eine Funktion der Dehnungsamplitude. Mit der einfachen Annahme, daß F_R linear von $\hat{\varepsilon}$ abhängt, erhält man wegen $F_R = r\ \hat{\varepsilon}$ die Dämpfungsarbeit

$$W_D = 4Er\hat{\varepsilon}^2 \qquad (1.64)$$

Auch diese Dämpfungsarbeit hängt quadratisch von der Dehnungsamplitude ab, ist jedoch unabhängig von der Frequenz.

Experimentelle Untersuchungen zeigen, daß in realen Werkstoffen sowohl die Newtonschen als auch die Coulombschen Komponenten, allerdings in unterschiedlichem Maße wirksam sind. Bei Metallen sind z.B. die linearen Dämpfungsparameter nur in geringem Maße von der Frequenz abhängig. Dieser Tatsache tragen die Modelle entsprechend den Bildern 1.5c und 1.5d Rechnung.

Modelle mit Coulombschen Elementen ergeben stets einen nichtlinearen Zusammenhang zwischen Spannungen und Dehnungen. Die Anwendung der Modelle in dieser Form ist deshalb unbequem. Um diese Unbequemlichkeit zu vermeiden, empfiehlt es sich, den nichtlinearen Coulombschen Anteil durch einen äquivalenten geschwindigkeitsproportionalen Anteil ϑ_r^* bzw. ϑ_r zu ersetzen. Durch Gleichsetzen der Dämpfungsarbeiten nach Gl.(1.62) und Gl.(1.64) ergibt sich:

$$\vartheta_r^* = \frac{4}{\pi}\frac{r}{\omega} = \frac{\vartheta_r}{\omega} \qquad (1.65)$$

Für das Modell nach Bild 1.5c erhalten wir damit den Ansatz

$$\sigma = E[\varepsilon + (\frac{\vartheta_r}{\omega} + \vartheta)\dot{\varepsilon}] \qquad (1.66)$$

Dabei ist

ϑ_r die linearisierte Werkstoff-Dämpfungskonstante für die Coulombsche Dämpfung und

ϑ die lineare Dämpfungskonstante für die Newtonsche Dämpfung

Es sei bemerkt, daß die Gln.(1.62) bis (1.66) für die genannten Modelle exakt gelten, wenn die Bewegungen harmonisch sind und die Annahmen für die Coulombschen Kräfte zutreffen. Bei periodischen Bewegungen wäre eine Zerlegung in ihre harmonischen Bestandteile möglich, wobei dann jedoch die Dämpfungsparameter für die einzelnen Harmonischen bestimmt werden müßten.

Schwierigkeiten ergeben sich auch für instationäre Vorgänge, bei denen die Frequenzen ω nicht explizit angegeben werden können. In diesem Falle ist für ω in Gl.(1.66) ein experimentell zu ermittelnder Referenzwert einzuführen.

Bei Stoßvorgängen wird der durch die Dämpfung bewirkte Spannungsanteil durch das Modell nach Bild 1.5c überhöht dargestellt. Für solche Vorgänge eignet sich das Modell nach Bild 1.5d.

Dämpfungsmodelle, bei denen versucht wird, den realen Verlauf der statischen bzw. dynamischen Hystereseschleife analytisch nachzubilden, sind nur in Ausnahmefällen anwendbar.

Bei harmonischen Schwingungen lassen $\varepsilon(t)$ und $\vartheta(t)$ auch eine komplexe Darstellung zu:

$$\varepsilon(t) = \hat{\varepsilon} e^{j\omega t} \quad ; \quad \sigma(t) = \hat{\sigma} e^{j\omega t} \tag{1.67}$$

(j = imaginäre Einheit).

Gl.(1.66) geht damit in

$$\hat{\sigma} = E\hat{\varepsilon}[1 + j(\vartheta_r + \omega\vartheta)] \tag{1.68}$$

über. Die lineare Dämpfung läßt sich nun durch Einführung eines komplexen E-Moduls in sehr einfacher Weise erfassen:

$$\tilde{E} = E[1 + j(\vartheta_r + \omega\vartheta)] \tag{1.69}$$

Dämpfungsparameter für die Systemdämpfung, die sich auf das Gesamtsystem beziehen, müssen mitunter in frequenzabhängige und in frequenzunabhängige Anteile unterteilt werden. Sie sind aus Experimenten an der Gesamtstruktur bei unterschiedlichen Frequenzen zu ermitteln.

Die Ermittlung von Systemdämpfungsparametern ist meist erforderlich, da gesicherte Werkstoffkennwerte oft nicht vorliegen und diese sich auch nicht auf beliebige Bauteile oder Konstruktionen übertragen lassen.

1.4.4.2 Werkstoffdämpfung bei mehrachsigen Spannungzuständen

Um ein plausibles lineares Dämpfungsgesetz für mehrachsige Spannungszustände zu erhalten, ist es naheliegend, im Sinne der für eindimensionale Zustände dargelegten Modellvorstellungen das Hookesche Gesetz für mehrachsige Spannungszustände formal um geschwindigkeitsproportionale Glieder zu erweitern. Unter Bezugnahme auf Gl.(1.50) setzen wir:

$$\sigma_{ij} - \delta_{ij} s = \frac{E}{1+\nu}[\varepsilon_{ij} - \delta_{ij} e + \vartheta_G[\dot{\varepsilon}_{ij} - \delta_{ij}\dot{e})] \qquad (i,\ j = 1,\ 2,\ 3) \tag{1.70}$$

$$s = 3K(e + \vartheta_V \dot{e}) \tag{1.71}$$

Hierin sind ϑ_G der Dämpfungsparameter für die Gestaltänderung und ϑ_V der für die Volumenänderung. Die Gln.(1.70) und (1.71) lassen sich zu einer zusammenfassen:

$$\begin{aligned}\sigma_{ij} = \frac{E}{1+\nu}[\varepsilon_{ij} + \delta_{ij}\frac{3\nu}{1-2\nu}e + \vartheta_G\dot{\varepsilon}_{ij} \\ + \delta_{ij}(\frac{1+\nu}{1-2\nu}\vartheta_V - \vartheta_G)\dot{e}] \quad ;(i,j = 1,2,3)\end{aligned} \tag{1.72}$$

Für die Parameter ϑ_G und ϑ_V sind kaum gesicherte Werte bekannt. Der aus der Volumendehnung herrührende Anteil darf jedoch nicht negativ werden, weshalb der letzte Klammerausdruck in Gl.(1.72) nicht negativ sein kann. Es muß daher gelten:

$$\vartheta_V \geq \frac{1-2\nu}{1+\nu}\vartheta_G \tag{1.73}$$

Bisher vorliegende experimentelle Ergebnisse zeigen, daß beide Parameter die gleiche Größenordnung haben. Es erscheint deshalb als gerechtfertigt, sie gleich zu setzen:

$$\vartheta_V = \vartheta_G = \vartheta \tag{1.74}$$

Unabhängig davon kann sich ϑ aus einem frequenzabhängigen und einem frequenzunabhängigen Anteil zusammensetzen. Mit Gl.(1.74) läßt sich Gl.(1.72) wie folgt schreiben:

$$\sigma_{ij} = \frac{E}{1+\nu}(1 + \vartheta\frac{\partial}{\partial t})(\varepsilon_{ij} + \delta_{ij}\frac{3\nu}{1-2\nu}e) \tag{1.75}$$

Die durch die Werkstoffdämpfung verursachten Spannungsanteile $\sigma_{ij}^{(D)}$ erhält man also aus:

$$\sigma_{ij}^{(D)} = \frac{E}{1+\nu}\vartheta(\dot{\varepsilon}_{ij} + \delta_{ij}\frac{3\nu}{1-2\nu}\dot{e}) \tag{1.76}$$

Diese Dämpfungsspannungen überlagern sich den elastischen Spannungsanteilen auch bei Verwendung des nichtlinearen Elastizitätsgesetzes (Gl.1.57):

$$\begin{aligned}\sigma_{0ij} &= \sigma_{0ij}^{(el)} + \sigma_{0ij}^{(D)} = \frac{E}{1+\nu}\{\varphi(\varepsilon_{0V})\,\varepsilon_{0ij} \\ &+ \delta_{ij}\left[\frac{1+\nu}{1-2\nu}\psi(e_0) - \varphi(\varepsilon_{0V})\right]e_0 \\ &+ \vartheta\left(\dot{\varepsilon}_{0ij} + \delta_{ij}\frac{3\nu}{1-2\nu}\dot{e}_0\right)\}\end{aligned} \tag{1.77}$$

Der wichtige Sonderfall des ebenen Spannungszustandes folgt aus Gl.(1.77) durch Nullsetzen von σ_{033} und Elimination von ε_{033}, bzw. näherungsweise durch Nullsetzen des elastischen Anteils von σ_{033}. Für lineares Stoffgesetz ergeben sich mit $\varphi = \psi = 1$ die Beziehungen:

$$\begin{aligned}\sigma_{11} &= \sigma_x = \frac{E^*}{1-\nu^2}(\varepsilon_x + \nu\varepsilon_y) \\ \sigma_{22} &= \sigma_y = \frac{E^*}{1-\nu^2}(\varepsilon_y + \nu\varepsilon_x) \\ \sigma_{12} &= \tau_{xy} = \frac{E^*}{2(1+\nu)}\gamma_{xy}\end{aligned} \tag{1.78}$$

mit dem Operator

$$E^* = E\left(1 + \vartheta\frac{\partial}{\partial t}\right) \tag{1.79}$$

Für den einachsigen Spannungszustand folgt aus Gl.(1.78) mit $\sigma_{22} = 0$:

$$\sigma_{11} = \sigma_x = E^*\varepsilon_x \tag{1.80}$$

Abschließend sei bemerkt, daß das hier Gesagte vor allem der physikalischen Begründung für im weiteren und auch in der Literatur verwendete Ansätze für die innere Dämpfung dient. Es liefert Aussagen zum qualitativem Dämpfungsverhalten des Materials. Die Schwierigkeit, zu quantitativ richtigen Dämpfungsparametern zu kommen, wird dadurch nicht behoben.

1.4.4.3 Äußere Dämpfung

In Abschnitt 1.4.4 wurde bereits kurz auf die äußere Dämpfung eingegangen und hervorgehoben, daß sie aus der Wechselwirkung der Systemoberfläche mit dem das System umgebenden Medium resultiert.

Im einfachsten Fall werden die Dämpfungskräfte - die Einzelkräfte oder Flächenkräfte sein können - als proportional zu den Oberflächengeschwindigkeiten angenommen, d.h., es wird ein linearer Dämpfungsansatz gewählt. Ein solches Dämpfungsgesetz entspricht dem Bewegungswiderstand, den ein Körper bei einer langsamen Bewegung in einer zähen Flüssigkeit erfährt. Falls ein solcher linearer Zusammenhang nicht vorausgesetzt werden kann, wählt man meist andere einfache Ansätze, bei denen eine Proportionalität der Dämpfungskraft zum Quadrat oder einer beliebigen anderen Potenz der Geschwindigkeit angenommen wird.

Wir werden uns im weiteren ausschließlich auf lineare Ansätze für die äußere Dämpfung beschränken, bzw. nichtlineare Dämpfungskräfte in geeigneter Weise energetisch äquivalent linearisieren.

Da die Dämpfungskraft je Flächeneinheit dem Geschwindigkeitsvektor des betrachteten Oberflächenelementes entgegengesetzt gerichtet ist, erhält man das lineare Dämpfungsgesetz in der Form

$$\begin{aligned} p_{aD} &= - b_a \frac{\partial u_{iA}}{\partial t} \\ &= - b_a u_{iA/t} = - b_a \dot{u}_{iA} \; ; \qquad (i = 1,2,3) \end{aligned} \tag{1.81}$$

wobei b_a ein konstanter Dämpfungsparameter ist.

1.5 Kinetische Gleichgewichtsbedingungen

1.5.1 D'Alembertsches Prinzip; Prinzip der virtuellen Arbeiten

Das kinetische Gleichgewicht an einem Kontinuum kann man entweder durch Gleichgewichtsbetrachtungen an einem Volumenelement unter Berücksichtigung gewisser Rand- und Anfangsbedingungen oder mit Hilfe von Arbeits- bzw. Energiebeziehungen beschreiben. Obwohl beide Wege formal zum gleichen Ergebnis führen, ist die sogenannte Arbeitsformulierung im Hinblick auf die anzuwendenden Lösungsmethoden wesentlich weittragender und effektiver.

Wir werden deshalb zunächst das kinetische Gleichgewicht für ein Kontinuum mit Hilfe des sehr allgemeinen Prinzips von d'Alembert in der Fassung von Lagrange darstellen und dann die Äquivalenz zwischen diesem Prinzip und den Gleichgewichtsbedingungen am Volumenelement eines Kontinuums zeigen.

Daß wir auch bei kinetischen Problemen von "Gleichgewichtsbedingungen" sprechen können, wird durch die d'Alembertsche Kraftauffassung ermöglicht, durch die sich letztlich jedes kinetische Problem formal auf ein statisches zurückführen läßt [13]. Statische und kinetische Probleme unterscheiden sich in der mathematischen Formulierung des Prinzips nur durch die

Weglassung oder Berücksichtigung von Termen, die sich aus der Beschleunigung der Elemente des Kontinuums ergeben.

Meist wird deshalb in der neueren Literatur nicht mehr zwischen dem Prinzip der virtuellen Arbeiten als Grundprinzip der Statik und dem d'Alembertschen Prinzip als Grundprinzip der Kinetik unterschieden. Man versteht - speziell in der Kontinuums- und Strukturmechanik unter dem Prinzip der virtuellen Arbeiten ein allgemeines Prinzip, das sich sowohl auf Probleme der Kinetik (Berücksichtigung der Beschleunigung) als auch auf Probleme der Statik (keine Beschleunigungsterme) einheitlich anwenden läßt. Wenn wir im weiteren vom Prinzip der virtuellen Arbeiten sprechen, so ist immer die erweiterte Fassung gemeint, in der die virtuelle Arbeit der Beschleunigungskräfte berücksichtigt wird.

Bezüglich der theoretischen Grundlagen der Prinzipien der Mechanik sei an dieser Stelle auf die Literatur [3], [13], [18] verwiesen.

Wir betrachten nun ein Kontinuum in der Anfangskonfiguration "0" zur Zeit $t = 0$ und in der Augenblickskonfiguration "1" zur Zeit t. Bei der Bewegung sei das Kontinuum im allgemeinen großen Verschiebungen und Verzerrungen unterworfen. In der Augenblickskonfiguration gilt dann das Prinzip der virtuellen Arbeiten in der Form

$$\begin{aligned} &\int_{(V)} \sigma_{ij} \delta \varepsilon_{ij}^{(1)} dV + \int_{(V)} \varrho \ddot{u}_i \delta u_i dV \\ &- \int_{(V)} \overline{q}_i \delta u_i dV - \int_{(A)} \overline{p}_i \delta u_i dA = 0 \quad ; \quad (i,j = 1,2,3) \end{aligned} \tag{1.82}$$

Hierin bedeuten:

σ_{ij} die Koordinaten des Cauchyschen Spannungstensors

$\delta\varepsilon_{ij}^{(l)}$ die Variation des linearen Anteils des Almansischen Verzerrungstensors

$$\begin{aligned} \delta \varepsilon_{ij}^{(1)} &= \frac{1}{2} \delta (u_{i/j} + u_{j/i}) = \frac{1}{2} (\delta \frac{\partial u_i}{\partial x_j} + \delta \frac{\partial u_j}{\partial x_i}) \\ &= \frac{1}{2} (\frac{\partial (\delta u_i)}{\partial x_j} + \frac{\partial (\delta u_j)}{\partial x_i}) \quad ; \quad (i,j = 1,2,3) \end{aligned} \tag{1.83}$$

$\overline{q}_i$, $\overline{p}_i$ die kartesischen Komponenten der gegebenen Volumen- bzw. Oberflächenkräfte

$$\ddot{u}_i = u_{i/tt} = \frac{\partial^2 u_i}{\partial t^2} \quad ; \quad (i = 1,2,3) \tag{1.84}$$

die kartesischen Komponenten der Beschleunigung

ϱ, dV, dA die Dichte, das Volumen und die Oberfläche des Massenelementes in der Augenblickskonfiguration.

In der Gestalt (1.82) läßt sich das Prinzip bei großen Verzerrungen nicht ohne weiteres anwenden, da die Augenblickskonfiguration nicht bekannt ist. Außerdem ist - wie man zeigen kann - der Cauchysche Spannungstensor nicht invariant gegenüber Starrkörperbewegungen.

Wir zeigen nun, daß sich die virtuelle Arbeit der inneren Kräfte (Spannungen) mit Hilfe des 2.Piola-Kirchhoff-Spannungstensors auf die bekannte Ausgangskonfiguration beziehen läßt. Entsprechend Gl.(1.4) und Gl.(1.10) gilt:

$$\begin{aligned}(ds)^2 - (ds^0)^2 &= dx_i dx_i - dx_i^0 dx_i^0 \\ &= 2\varepsilon_{0ij} dx_i^0 dx_j^0 \quad ; \quad (i,j, = 1,2,3)\end{aligned} \tag{1.85}$$

Wegen $\delta(dx_i^0) = 0$ (der Ausgangszustand wird nicht variiert) erhält man aus Gl.(1.85):

$$2\delta(dx_i) dx_i = 2\delta(\varepsilon_{0ij}) dx_i^0 dx_j^0 \quad ; \quad (i,j = 1,2,3) \tag{1.86}$$

Ferner gilt:

$$\begin{aligned}\delta(dx_i) dx_i &= d(\delta x_i) dx_i = d(\delta u_i) dx_i = \frac{\partial(\delta u_i)}{\partial x_n} dx_n dx_i \\ &= \delta(\varepsilon_{in}^{(1)}) dx_n dx_i \quad ; \quad (i,n = 1,2,3)\end{aligned} \tag{1.87}$$

Aus Gl.(1.87) ist ersichtlich, daß $\delta(\varepsilon_{in}^{(l)})$ mit dem Ausdruck in Gl.(1.83) identisch ist. Aus Gl.(1.86) folgt nun mit Gl.(1.87):

$$\delta(\varepsilon_{0ij}) = \frac{\partial x_m}{\partial x_i^0} \frac{\partial x_n}{\partial x_j^0} \delta(\varepsilon_{mn}^{(1)}) \quad ; \quad (i,j,m,n = 1,2,3) \tag{1.88}$$

In Gl.(1.88) ist $\delta(\varepsilon_{0ij})$ die Variation des Green-Lagrangeschen Verzerrungstensors:

$$\begin{aligned}\delta(\varepsilon_{0ij}) &= \frac{1}{2}\left[\delta\left(\frac{\partial u_i}{\partial x_j^0}\right) + \delta\left(\frac{\partial u_j}{\partial x_i^0}\right) + \delta\left(\frac{\partial u_k}{\partial x_i^0}\right)\frac{\partial u_k}{\partial x_j^0}\right] \\ &+ \frac{1}{2}\frac{\partial u_k}{\partial x_i^0}\delta\left(\frac{\partial u_k}{\partial x_j^0}\right) \quad ; \quad (i,j,k = 1,2,3)\end{aligned} \tag{1.89}$$

Der Ausdruck $\delta(\varepsilon_{ij}^{(l)})$ ist bereits durch Gl.(1.83) erklärt. Mit Gl.(1.88) für $\delta(\varepsilon_{0ij})$, Gl.(1.33) für σ_{0ij} und Gl.(1.36) für dV^0 ergibt sich folgender wichtiger Zusammenhang:

$$\delta(\varepsilon_{0ij})\sigma_{0ij} dV^0 = \delta(\varepsilon_{mn}^{(1)})\sigma_{mn} dV \tag{1.90}$$

Er besagt, daß die mit dem 2.Piola-Kirchhoff-Spannungstensor und dem Green-Lagrangeschen Verzerrungstensor im Volumen dV^0 gebildete virtuelle Arbeit derjenigen virtuellen Arbeit gleich ist, die mit dem Cauchyschen Spannungstensor und dem linearen Anteil des Almansischen Verzerrungstensors im Volumen dV gebildet wird. Mit Gl.(1.90) und Gl.(1.36) kann man alle Volumenintegrale in Gl.(1.82) auf Integrale zurückführen, die auf die Ausgangskonfiguration bezogen sind. Zwischen den Oberflächenelementen in beiden Konfigurationen besteht die Beziehung

$$\varrho dA\, n_i dx_i = \varrho^0 dA^0 n_i^0 dx_i^0 ,$$

woraus

$$dA\, n_i dx_i = \frac{\varrho^0}{\varrho} \frac{\partial x_m^0}{\partial x_i} dA^0 n_i^0 \quad ; \quad (i,m = 1,2,3) \tag{1.91}$$

folgt. Der Betrag des Oberflächenelementes dA in der Konfiguration "1" ergibt sich somit zu:

$$\begin{aligned} dA &= \frac{\varrho^0}{\varrho} \left(\frac{\partial x_m^0}{\partial x_i} \frac{\partial x_n^0}{\partial x_j} n_m^0 n_n^0 \right)^{\frac{1}{2}} dA^0 \\ &= J^* \, dA^0 \quad ; \quad (i,j,m,n = 1,2,3) \end{aligned} \tag{1.92}$$

mit

$$\begin{aligned} J^* &= \frac{\varrho^0}{\varrho} \left(\frac{\partial x_m^0}{\partial x_i} \frac{x_n^0}{\partial x_j} n_m^0 n_n^0 \right)^{\frac{1}{2}} \\ &= J \left(\frac{\partial x_m^0}{\partial x_i} \frac{\partial x_n^0}{\partial x_j} n_m^0 n_n^0 \right)^{\frac{1}{2}} \end{aligned} \tag{1.93}$$

Mit Gl.(1.36), Gl.(1.90) und Gl.(1.92) lautet das Prinzip der virtuellen Arbeiten (Gl.(1.82)) folgendermaßen:

$$\begin{aligned} &\int\limits_{(V^0)} \sigma_{0ij} \delta (\varepsilon_{0ij}) \, dV^0 + \int\limits_{(V^0)} \varrho^0 \ddot{u}_i \delta u_i dV^0 \\ &- \int\limits_{(V^0)} \bar{q}_i \delta u_i J dV^0 - \int\limits_{(A^0)} \bar{p}_i \delta u_i J^* \, dA^0 = 0 \quad ; \quad (i,j = 1,2,3) \end{aligned} \tag{1.94}$$

Das Stoffgesetz ist in Gl.(1.94) nicht enthalten; es kann sowohl linear als auch nichtlinear sein.

Wie das Prinzip (1.94) zur Behandlung von Schwingungsproblemen bei Kontinua anzuwenden ist, wird später im einzelnen gezeigt werden.

Das durch die Arbeitsgleichung (1.94) beschriebene Problem läßt sich - wie bereits erwähnt - auch als Rand-Anfangswertproblem formulieren. Das soll im folgenden gezeigt werden.

Mit Gl.(1.89) ergibt sich für das erste Integral in Gl.(1.94):

$$\int_{(V^0)} \sigma_{0ij}\delta(\varepsilon_{0ij})\,dV^0 = \int_{(V^0)} \frac{1}{2}[\delta(\frac{\partial u_i}{\partial x_j^0}) + \delta(\frac{\partial u_j}{\partial x_i^0}) + \delta(\frac{\partial u_k}{\partial x_i^0})\frac{\partial u_k}{\partial x_j^0} + \frac{\partial u_k}{\partial x_i^0}\delta(\frac{\partial u_k}{\partial x_j^0})]\,\sigma_{0ij}\,dV^0 \tag{1.95}$$

Wegen der Symmetrie von σ_{0ij} gelten folgende Identitäten:

$$\frac{1}{2}[\delta(\frac{\partial u_i}{\partial x_j^0}) + \delta(\frac{\partial u_j}{\partial x_i^0})]\,\sigma_{0ij} = \delta_{ik}\delta(\frac{\partial u_j}{\partial x_i^0})\,\sigma_{0ik}$$

$$\frac{1}{2}[\delta(\frac{\partial u_k}{\partial x_i^0})\frac{\partial u_k}{\partial x_j^0} + \frac{\partial u_k}{\partial x_i^0}\delta(\frac{\partial u_k}{\partial x_j^0})]\,\sigma_{0ij} = \frac{\partial u_j}{\partial x_k^0}\delta(\frac{\partial u_j}{\partial x_i^0})\,\sigma_{0ik} \quad ; \ (i,j,k = 1,2,3) \tag{1.96}$$

Damit erhält man aus Gl.(1.95):

$$\begin{aligned}\int_{(V^0)} \sigma_{0ij}\delta(\varepsilon_{0ij})\,dV^0 &= \int_{(V^0)} (\delta_{jk} + \frac{\partial u_j}{\partial x_k^0})\,\delta(\frac{\partial u_j}{\partial x_i^0})\,\sigma_{0ik}\,dV^0 \\ &= \int_{(V^0)} \frac{\partial}{\partial x_i^0}[\sigma_{0ik}(\delta_{jk} + \frac{\partial u_j}{\partial x_k^0})\,\delta u_j]\,dV^0 \\ &- \int_{(V^0)} \frac{\partial}{\partial x_i^0}[\sigma_{0ik}(\delta_{jk} + \frac{\partial u_j}{\partial x_k^0})]\,\delta u_j\,dV^0\end{aligned} \tag{1.97}$$

Die Anwendung des Satzes von Gauß auf das erste Integral auf der rechten Seite von Gl.(1.97) liefert:

$$\begin{aligned}\int_{(V^0)} \sigma_{0ij}\delta(\varepsilon_{0ij})\,dV^0 &= \int_{(A^0)} \sigma_{0ik}(\delta_{jk} + \frac{\partial u_j}{\partial x_k^0})\,\delta u_j\,n_i\,dA^0 \\ &- \int_{(V^0)} \frac{\partial}{\partial x_i^0}[\sigma_{0ik}(\delta_{jk} + \frac{\partial u_j}{\partial x_k^0})]\,\delta u_j\,dV^0 \quad ; \ (i,j,k = 1,2,3)\end{aligned} \tag{1.98}$$

Darin stellt n_i die Koordinaten des nach außen zeigenden Einheitsvektors der Oberflächen normalen dar. Mit Gl.(1.98) erhält man nun aus Gl.(1.94)

$$\int_{(A^0)} [\sigma_{0ik}(\delta_{jk} + \frac{\partial u_j}{\partial x_k^0}) n_i - \bar{p}_j J^*] \, dA^0 \delta u_j$$
$$- \int_{(V^0)} \{ \frac{\partial}{x_i^0} [\sigma_{0ik}(\delta_{jk} + \frac{\partial u_j}{\partial x_k^0})] - \varrho^0 \ddot{u}_j + \bar{q}_j J \} \, dV^0 \delta u_j = 0 \qquad (1.99)$$

Wegen der Willkürlichkeit der virtuellen Verschiebungen δu_j folgt aus Gl.(1.99) das zu Gl.(1.94) äquivalente Randwertproblem:

$$\frac{\partial}{\partial x_i^0} [\sigma_{0ik}(\delta_{jk} + \frac{\partial u_j}{\partial x_k^0})] + \bar{q}_j J - \varrho^0 \ddot{u}_j = 0 \quad \in V^0 \qquad (1.100)$$

$$\sigma_{0ik}(\delta_{jk} + \frac{\partial u_j}{\partial x_k^0}) n_i - \bar{p}_j J^* = 0 \quad \in A_p^0 \qquad (1.101)$$
$$(i,j,k = 1,2,3)$$

Gl.(1.100) beschreibt das kinetische Gleichgewicht in der Augenblickskonfiguration "1" und Gl.(1.101) das Gleichgewicht der Kräfte an der Oberfläche des Kontinuums in derselben Konfiguration. Mit A_p^0 ist derjenige Teil der Oberfläche des Körpers in der Konfiguration "0" bezeichnet, an dem vorgegebene Oberflächenkräfte angreifen. Da Gl.(1.100) ein kinetisches Problem beschreibt, müßten zur Lösung derselben noch Anfangsbedingungen für u_j und $\dot{u}_j$ zur Zeit $t = 0$ formuliert werden.

Die Gln.(1.100) und (1.101) kann man auch direkt aus Gleichgewichtsbetrachtungen an einem Volumenelement ableiten, woraus sich die Äquivalenz beider Formulierungen ergibt.

Die bei Schwingungsvorgängen auftretenden Verzerrungen sind meist so klein, daß die Faktoren $J = J^* = 1$ gesetzt werden können. Sind die Formänderungen infinitesimal, so braucht man zwischen den Konfigurationen nicht mehr zu unterscheiden und man erhält die Gleichgewichtsbedingungen am unverformten Körper in der Gestalt:

$$\frac{\partial \sigma_{ij}}{\partial x_i} + \bar{q}_j - \varrho \ddot{u}_j = 0 \quad \in V \qquad (1.102)$$

$$\sigma_{ij} n_i - \bar{p}_j = 0 \quad \in A_p \; ; \quad (i,j = 1,2,3) \qquad (1.103)$$

Mit dem Spannungsvektor

$$\sigma^T = [\sigma_{11} \; \sigma_{22} \; \sigma_{33} \; \sigma_{12} \; \sigma_{23} \; \sigma_{31}]$$
$$= [\sigma_x \; \sigma_y \; \sigma_z \; \tau_{xy} \; \tau_{yz} \; \tau_{zx}] \qquad (1.104)$$

sowie den Vektoren

$$\ddot{\mathbf{u}}^T = (\ddot{u}_1\ \ddot{u}_2\ \ddot{u}_3) = (\ddot{u}_x\ \ddot{u}_y\ \ddot{u}_z) \qquad (1.105)$$
$$\bar{\mathbf{q}}^T = (\bar{q}_1\ \bar{q}_2\ \bar{q}_3) = (\bar{q}_x\ \bar{q}_y\ \bar{q}_z)$$

erhält man in Matrizenform:

$$\mathbf{D}^T\sigma + \bar{\mathbf{q}} - \varrho\ddot{\mathbf{u}} = \mathbf{0} \qquad \in V \qquad (1.106)$$

$\mathbf{D}^T$ ist der durch Gl.(1.28) definierte Differentialoperator.
Für die Randbedingung (1.103) ergibt sich die Matrizenschreibweise:

$$\mathbf{S}\mathbf{n} - \bar{\mathbf{p}} = \mathbf{0} \qquad \in A_p \qquad (1.107)$$

mit den Vektoren

$$\mathbf{n}^T = (n_1\ n_2\ n_3) = (n_x\ n_y\ n_z)$$
$$\bar{\mathbf{p}}^T = (\bar{p}_1\ \bar{p}_2\ \bar{p}_3) = (\bar{p}_x\ \bar{p}_y\ \bar{p}_z) \qquad (1.108)$$

und der Matrix

$$\mathbf{S} = \begin{bmatrix} \sigma_{11} & \sigma_{21} & \sigma_{31} \\ \sigma_{12} & \sigma_{22} & \sigma_{32} \\ \sigma_{13} & \sigma_{23} & \sigma_{33} \end{bmatrix} = \begin{bmatrix} \sigma_x & \tau_{yx} & \tau_{zx} \\ \tau_{xy} & \sigma_y & \tau_{zy} \\ \tau_{xz} & \tau_{yz} & \sigma_z \end{bmatrix} \qquad (1.109)$$

Das Prinzip der virtuellen Arbeiten lautet bei Beschränkung auf infinitesimale Verzerrungen in Matrizenform:

$$\int_{(V)} \varrho\delta\mathbf{u}^T\ddot{\mathbf{u}}\,dV + \int_{(V)} \delta\boldsymbol{\varepsilon}^T\sigma\,dV - \int_{(V)} \delta\mathbf{u}^T\bar{\mathbf{q}}\,dV$$
$$- \int_{(A_p)} \delta\mathbf{u}^T\bar{\mathbf{p}}\,dA_p - \sum_{(\nu)} \delta\mathbf{u}_\nu^T\bar{\mathbf{F}}_\nu = \mathbf{0} \qquad (1.110)$$

Der Summenausdruck in Gl.(1.110) berücksichtigt die virtuelle Arbeit von gegebenen Einzelkräften. Der verwendete Verzerrungsvektor $\boldsymbol{\varepsilon}$ ist durch Gl.(1.27) mit den Elementen entsprechend Gl.(1.17) definiert. Bei Schwingungsuntersuchungen ist normalerweise zunächst der Verschiebungsvektor $\boldsymbol{u}$ zu ermitteln. Aus Gl.(1.110) lassen sich $\boldsymbol{\sigma}$ und $\boldsymbol{\varepsilon}$ relativ leicht eliminieren. Nach Gl.(1.30) gilt $\boldsymbol{\varepsilon} = \boldsymbol{D}\boldsymbol{u}$ und Gl.(1.46) ergibt unter Berücksichtigung von Dämpfungsspannungen nach Gl.(1.75) die Beziehung

$$\sigma = \mathbf{E}^*\boldsymbol{\varepsilon} = (1 + \vartheta\frac{\partial}{\partial t})\mathbf{E}\boldsymbol{\varepsilon} \qquad (1.111)$$

mit $\boldsymbol{E}$ nach Gl.(1.54) und $\boldsymbol{\varepsilon}$ entsprechend Gl.(1.27). Damit erhält man aus Gl.(1.110)

$$\int_{(V)} \varrho \delta \boldsymbol{u}^T \ddot{\boldsymbol{u}} \, dV + \int_{(V)} \delta \boldsymbol{u}^T (\boldsymbol{D}^T \boldsymbol{E}^* \boldsymbol{D}) \boldsymbol{u} \, dV - \int_{(V)} \delta \boldsymbol{u}^T \overline{\boldsymbol{q}} \, dV - \int_{(A_p)} \delta \boldsymbol{u}^T \overline{\boldsymbol{p}} \, dA - \sum_{(\nu)} \delta \boldsymbol{u}_\nu^T \overline{\boldsymbol{F}}_\nu = 0 \qquad (1.112)$$

Auch das Rand-Anfangswertproblem nach den Gln.(1.102) und (1.103) läßt sich mit Hilfe des Verschiebungsvektors formulieren. In Tensorschreibweise erhalten wir aus Gl.(1.102) mit den Gln.(1.75) und (1.79):

$$\frac{E^*}{1+\nu}\left(\varepsilon_{ij/j} + \delta_{ij}\frac{3\nu}{1-2\nu} e_{/j}\right) + \overline{q}_i - \varrho \ddot{u}_i = 0 \quad ; \quad (i,j = 1,2,3) \qquad (1.113)$$

Mit Einführung der Koordinaten des linearen Verzerrungstensors (Gl.(1.17)) geht Gl.(1.113) über in

$$\frac{E^*}{1+\nu}\left[(u_{i/j} + u_{j/i})_{/j} + \delta_{ij}\frac{3\nu}{1-2\nu} u_{k/kj}\right] + \overline{q}_i - \varrho \ddot{u}_i = 0 \ ; \qquad (i,j,k = 1,2,3) \qquad (1.114)$$

Eine weitere Umformung von Gl.(1.114) ergibt schließlich die dynamische Grundgleichung

$$\frac{E^*}{1+\nu}\left[u_{i/kk} + \frac{1}{1-2\nu} u_{k/ki}\right] + \overline{q}_i - \varrho \ddot{u}_i = 0 \quad \in V \qquad (1.115)$$

$(i,j = 1,2,3)$

Dazu kommen noch die Randbedingungen

$$\sigma_{ij} n_j = \overline{p}_i \qquad \in A_p \qquad (1.116)$$

$$u_i = \overline{u}_i \qquad \in A_u \qquad (1.117)$$

und die Anfangsbedingungen

$$u_i(x_1,x_2,x_3,t=0) = \overline{u}_i(x_1,x_2,x_3)$$
$$\dot{u}_i(x_1,x_2,x_3,t=0) = \dot{\overline{u}}_i(x_1,x_2,x_3) \qquad (1.118)$$

A_u ist der Bereich der Oberfläche, für den Verschiebungen $\bar{u}_i$ vorgegeben sind. Es gilt $A_p + A_u = A$.

Die Gln.(1.115) bis (1.118) stellen die Grundgleichungen der linearen Elastodynamik mit geschwindigkeitsproportionaler innerer Dämpfung dar. Äußere Dämpfungskräfte müssen in den Oberflächenkräften $\overline{p}_i$ berücksichtigt werden, d.h. sie treten nur in den Randbedingungen in Erscheinung.

In Matrizenschreibweise nehmen die Gln.(1.115) bis (1.118) folgende Gestalt an:

$$\boldsymbol{D}^T\boldsymbol{E}^*\boldsymbol{D}\boldsymbol{u} + \bar{\boldsymbol{q}} - \varrho\ddot{\boldsymbol{u}} = 0 \qquad \in V \tag{1.119}$$

$$\begin{aligned} \boldsymbol{T}_n^T\boldsymbol{\sigma} &= \bar{\boldsymbol{p}} && \in A_p \\ \boldsymbol{u} &= \bar{\boldsymbol{u}} && \in A_u \\ \boldsymbol{u}(t=0) = \bar{\boldsymbol{u}}_0 \;&;\; \dot{\boldsymbol{u}}(t=0) = \dot{\bar{\boldsymbol{u}}}_0 && \in A_u \end{aligned} \tag{1.119a}$$

Dabei sind $\bar{\boldsymbol{u}}_0^T = (\bar{u}_{10}\bar{u}_{20}\bar{u}_{30})$ und $\dot{\bar{\boldsymbol{u}}}_0^T = (\dot{\bar{u}}_{10}\dot{\bar{u}}_{20}\dot{\bar{u}}_{30})$ vorgegebene Anfangsverschiebungen bzw. Anfangsgeschwindigkeiten zur Zeit t = 0 und

$$\boldsymbol{T}_n^T = \begin{bmatrix} n_1 & 0 & 0 & n_2 & 0 & n_3 \\ 0 & n_2 & 0 & n_1 & n_3 & 0 \\ 0 & 0 & n_3 & 0 & n_2 & n_1 \end{bmatrix} \tag{1.120}$$

eine Marix, die die Komponenten des Normaleneinheitsvektors der Oberflächenelemente auf A_p in der angegebenen Weise enthält.

Für nichtlineare Systeme kann das Rand-Anfangswertproblem gemäß der Gln. (1.100) und (1.101) für kleine Verzerrungen wie folgt dargestellt werden:

$$\frac{\partial}{\partial x_i^0}\left[(\sigma_{0ik}^{(el)} + \sigma_{0ik}^{(D)})(\delta_{jk} + \frac{\partial u_j}{\partial x_k^0})\right] + \bar{q}_j - \varrho\ddot{u}_j = 0 \quad \in V \tag{1.121}$$

$$(\sigma_{0ik}^{(el)} + \sigma_{0ik}^{(D)})(\delta_{jk} + \frac{\partial u_j}{\partial x_k^0})n_i - \bar{p}_j = 0 \quad \in A_p \tag{1.122}$$

$$u_i = \bar{u}_i \qquad \in A_u \tag{1.123}$$

$$u_i(t=0) = \bar{u}_i \;;\; \dot{u}_i(t=0) = \dot{\bar{u}}_i \quad \in A_u \;;\; (i,j,k=1,2,3) \tag{1.124}$$

Darin werden die Koordinaten des Spannungstensors in einen nichtlinearen elastischen und in einen linearen Dämpfungsanteil zerlegt. Der elastische Anteil ist durch die Beziehung (1.57) und der Dämpfungsanteil durch die Gl.(1.76) bestimmt.

1.5.2 Hamiltonsches Prinzip

Obwohl das Prinzip der virtuellen Arbeiten immer als Ausgangspunkt zur Aufstellung der kinetischen Gleichgewichtsbedingungen bzw. der Bewegungsgleichungen geeignet ist, gibt es spezielle Probleme, bei denen die Anwendung des Hamiltonschen Prinzips Vorteile bringt. In einer recht allgemeinen Form lautet dieses Prinzip (siehe [13]):

$$\int_{t_1}^{t_2} (\delta T + \delta W)\, dt = 0 \qquad (1.125)$$

Darin ist δT die Variation der kinetischen Energie des Kontinuums

$$T = \frac{1}{2}\int_{(V)} \varrho \dot{u}_i \dot{u}_i dV \; ; \qquad (i = 1,2,3) \qquad (1.126)$$

und $\delta W = \delta W_i + \delta W_a$ die virtuelle Arbeit aller am Kontinuum angreifenden inneren und äußeren eingeprägten Kräfte. In der Form (1.125) ist das Hamiltonsche Prinzip dem Prinzip der virtuellen Arbeiten gleichwertig, seine Anwendung würde aber einen Umweg bedeuten.

Vorteile aus der Anwendung des Hamiltonschen Prinzips ergeben sich dann, wenn sich alle inneren und äußeren Kräfte eindeutig aus einem zeitunabhängigen oder auch zeitabhängigen Potential ableiten lassen.

Für linear-elastisches Materialverhalten exisitiert eine eindeutige zeitunabhängigen Potentialfunktion Φ, auch spezifische Formänderungsarbeit genannt, aus der sich die elastischen Spannungen $\sigma_{ij}^{(el)}$ durch partielle Ableitungen ergeben:

$$\sigma_{ij}^{(el)} = \sigma_{ij} = \frac{\partial \Phi}{\partial \varepsilon_{ij}} \; ; \qquad (i,j = 1,2,3) \qquad (1.127)$$

Gl.(1.127) gilt, weil wir hier nur die elastischen Spannungen betrachten wollen. Für Dämpfungsspannungen gilt eine solche Beziehung nicht! Mit Gl.(1.127) ergibt sich nun:

$$\begin{aligned} \delta W_i &= -\delta W^{(el)} = -\int_{(V)} \sigma_{ij} \delta \varepsilon_{ij} dV = -\int_{(V)} \frac{\partial \Phi}{\partial \varepsilon_{ij}} \delta \varepsilon_{ij} dV \\ &= -\int_{(V)} \delta \Phi dV = -\delta W_f \; ; \qquad (i,j = 1,2,3) \end{aligned} \qquad (1.128)$$

mit der Formänderungsarbeit

$$W_f = \frac{1}{2}\int_{(V)} \varepsilon_{ij} \sigma_{ij} dV = \frac{1}{2}\int_{(V)} \boldsymbol{\varepsilon}^T \boldsymbol{\sigma}\, dV \qquad (1.129)$$

Damit hat Gl.(1.125) nun die Form

$$\int_{t_1}^{t_2} (\delta T - \delta W_f + \delta W_a)\,dt = \int_{t_1}^{t_2} [\delta((T - W_f) + \delta W_a]\,dt \tag{1.130}$$

Äußere Kräfte sind bei Schwingungsproblemen vor allem zeit- und ortsabhängige Erregerkräfte sowie Dämpfungskräfte. Für solche Kräfte existieren im allgemeinen keine eindeutigen Potentialfunktionen.

Betrachten wir jedoch freie ungedämpfte Schwingungen eines linear-elastischen Kontinuums, so ist das Hamiltonsche Prinzip ein Variationsprinzip im Sinne der Variationsrechnung. Mit

$$\Pi = T - W_f \tag{1.131}$$

läßt es sich auf die Form

$$\delta \int_{t_1}^{t_2} \Pi\,dt = 0 \quad \text{bzw.} \quad \int_{t_1}^{t_2} \Pi\,dt = \text{stationär} \tag{1.132}$$

bringen. Als hauptsächliche Lösungsmethode von Variationsmethoden kommt das Ritzsche Verfahren in Betracht (siehe Abschnitt 2.1.4).

1.5.3 Kinetische Gleichgewichtsbedingungen in inkrementeller Form

In Abschnitt 1.2.2 haben wir die Beziehungen zwischen den Komponenten des Verzerrungstensors und den Komponenten des Verschiebungstensors in inkrementeller Form angegeben. Im folgenden wollen wir auch das Prinzip der virtuellen Arbeiten so darstellen, daß es für eine inkrementelle Vorgehensweise geeignet ist. Dabei soll aber von vornherein eine Beschränkung auf kleine (aber nicht infinitesimale) Verzerrungen mit $\varrho^0 = \varrho^1 = \varrho^2 = \varrho$; $V^0 = V^1 = V^2 = V$ und $A^0 = A^1 = A^2 = A$ vorgenommen werden.

Das Prinzip der virtuellen Arbeiten (Gl.(1.94)) wird zunächst auf einen, dem Zustand "1" zur Zeit t inkrementell benachbarten Zustand "2" zur Zeit $t + \Delta t$ angewendet. Mit den genannten Voraussetzungen lautet dieses:

$$\begin{aligned} &\int_{(V)} \sigma^2_{0ij}\,\delta\varepsilon^2_{0ij}\,dV + \int_{(V)} \varrho\,\ddot{u}^2_i\,\delta u^2_i\,dV - \int \overline{q}^2_i\,\delta u^2_i\,dV \\ &- \int_{(V)} \overline{p}^2_i\,\delta u^2_i\,dA = 0\,; \qquad (i,j = 1,2,3) \end{aligned} \tag{1.133}$$

Mit den Größen des als bekannt vorausgesetzten Zustandes "1" gilt für die Größen des Zustandes "2":

$$\begin{aligned} u_i^2 &= u_i + \Delta u_i \; ; \quad \varepsilon_{0ij}^2 = \varepsilon_{0ij} + \Delta\varepsilon_{0ij} \\ \sigma_{0ij}^2 &= \sigma_{0ij} + \Delta\sigma_{0ij} \; ; \quad \overline{q}_i^2 = \overline{q}_i + \Delta\overline{q}_i \\ \overline{p}_i^2 &= \overline{p}_i + \Delta\overline{p}_i \; ; \quad (i,j = 1,2,3) \end{aligned} \tag{1.134}$$

Setzt man Gl.(1.134) in Gl.(1.133) ein, so ergibt sich:

$$\begin{aligned} &\int_{(V)} \varrho(\ddot{u}_i + \Delta\ddot{u}_i)\,\delta(u_i + \Delta u_i)\,dV \\ &+ \int_{(V)} (\sigma_{0ij} + \Delta\sigma_{0ij})\,\delta(\varepsilon_{0ij} + \Delta\varepsilon_{0ij})\,dV \\ &- \int_{(V)} (\overline{q}_i + \Delta\overline{q}_i)\,\delta(u_i + \Delta u_i)\,dV \\ &- \int_{(A_p)} (\overline{p}_i + \Delta\overline{p}_i)\,\delta(u_i + \Delta u_i)\,dA = 0 \\ &(i,j = 1,2,3) \end{aligned} \tag{1.135}$$

Es wird angenommen, daß in Gl.(1.135) bei der Bildung der virtuellen Verschiebungen nur die inkrementellen Verschiebungsanteile Δu_i variiert werden. Das bedeutet:

$$\delta(u_i + \Delta u_i) = \delta(\Delta u_i) \; ; \; \delta u_i = 0 \; ; \; (i = 1,2,3) \tag{1.136}$$

Ferner gilt wegen

$$\begin{aligned} \varepsilon_{0ij} &= \frac{1}{2}(u_{i/j} + u_{j/i} + u_{k/i}u_{k/j}) : \\ \delta(\varepsilon_{0ij} + \Delta\varepsilon_{0ij}) &= \delta(\Delta\varepsilon_{0ij}) \\ &= \delta(\Delta\varepsilon_{0ij}^{(1)}) + \delta(\Delta\varepsilon_{0ij}^{(nl)}) \\ &(i,j = 1,2,3) \end{aligned} \tag{1.137}$$

mit dem linearen Anteil

$$\begin{aligned} \delta(\Delta\varepsilon_{0ij}^{(1)}) = \frac{1}{2}[&\delta(\Delta u_{i/j}) + \delta(\Delta u_{j/i}) + u_{k/i}\delta(\Delta u_{k/j}) \\ &+ \delta(\Delta u_{k/i})u_{k/j}] \; ; \quad (i,j,k, = 1,2,3) \end{aligned} \tag{1.138}$$

und dem nichtlinearen Anteil

$$\begin{aligned} \delta(\Delta\varepsilon_{0ij}^{(nl)}) &= \frac{1}{2}[\delta(\Delta u_{k/i})\Delta u_{k/j} + \Delta u_{k/i}\delta(\Delta u_{k/j})] \\ &(i,j,k = 1,2,3) \end{aligned} \tag{1.139}$$

Unter Beachtung der Beziehungen (1.136) und (1.137) folgt aus Gl.(1.135) die inkrementelle Formulierung des Prinzips der virtuellen Arbeiten:

$$\begin{aligned}
&\int_{(V)} \delta(\Delta\varepsilon_{0ij})\,\Delta\sigma_{0ij}\,dV + \int_{(V)} \delta(\Delta\varepsilon_{0ij}^{(nl)})\,dV + \int_{(V)} \varrho\,\delta(\Delta u_i)\,\Delta\ddot{u}_i\,dV \\
&= \int_{(V)} \delta(\Delta u_i)\,\Delta\overline{q}_i\,dV + \int_{(A)} \delta(\Delta u_i)\,\Delta\overline{p}_i\,dA \\
&- \{\int_{(V)} \delta(\Delta\varepsilon_{0ij}^{(l)})\,\sigma_{0ij}\,dV + \int_{(V)} \varrho\,\delta(\Delta u_i)\,\ddot{u}_i\,dV \\
&- \int_{(V)} \delta(\Delta u_i)\,\overline{q}_i\,dV - \int_{(A)} \delta(\Delta u_i)\,\overline{p}_i\,dA\} \quad ; \ (i,j,k = 1,2,3)
\end{aligned} \tag{1.140}$$

Nun wird die zulässige Annahme getroffen, daß

$$\delta(\Delta u_i) = \delta u_i \tag{1.141}$$

gilt. Dann folgt aus Gl.(1.138)

$$\delta(\Delta\varepsilon_{0ij}^{(l)}) = \delta(\varepsilon_{0ij}) \tag{1.142}$$

Setzt man Gl.(1.141) und Gl.(1.142) in Gl.(1.140) ein, so entspricht der Ausdruck in der geschweiften Klammer gerade der Gleichgewichtsbeziehung zum Zeitpunkt t entsprechend Gl.(1.82). Somit verschwindet dieser Ausdruck und es gilt:

$$\begin{aligned}
&\int_{(V)} \delta(\Delta\varepsilon_{0ij})\,\Delta\sigma_{ij}\,dV + \int_{(V)} \delta(\Delta\varepsilon_{0ij}^{(nl)})\,\sigma_{0ij}\,dV \\
&+ \int_{(V)} \varrho\,\delta(\Delta u_i)\,\Delta\ddot{u}_i\,dV \\
&= \int_{(V)} \delta(\Delta u_i)\,\Delta\overline{q}_i\,dV + \int_{(A)} \delta(\Delta u_i)\,\Delta\overline{p}_i\,dA
\end{aligned} \tag{1.143}$$

Gl.(1.143) stellt die allgemeine Formulierung des kinetischen Gleichgewichts zum Zeitpunkt $t + \Delta t$ in inkrementeller Form dar.

In Matrizenschreibweise lautet diese Beziehung:

$$\begin{aligned}
&\int_{(V)} \delta(\boldsymbol{\Delta\varepsilon})^T\boldsymbol{\Delta\sigma}\,dV + \int_{(V)} \delta(\boldsymbol{\Delta\varepsilon}^{(nl)})^T\boldsymbol{\sigma}\,dV \\
&+ \int_{(V)} \varrho\,\delta(\boldsymbol{\Delta u})^T\boldsymbol{\Delta\ddot{u}}\,dV \\
&= \int_{(V)} \delta(\boldsymbol{\Delta u})^T\boldsymbol{\Delta\overline{q}}\,dV + \int_{(A)} \delta(\boldsymbol{\Delta u})^T\boldsymbol{\Delta\overline{p}}\,dA
\end{aligned} \tag{1.144}$$

1.6 Zur Lösung der Grundgleichungen der Elastodynamik

Die in Abschnitt 1.5 dargestellten Grundgleichungen der Elastodynamik beschreiben unter Berücksichtigung der jeweiligen Rand- und Anfangsbedingungen das dynamische (kinetische) Verhalten eines elastischen Kontinuums im Rahmen der zugrunde gelegten Modellvorstellungen vollständig.

Sieht man von den möglichen Starrkörperbewegungen ab, so interessiert insbesondere das kinetische Deformationsverhalten des Kontinuums, das in Wellenausbreitungs- und Schwingungsvorgängen zum Ausdruck kommt. Zwischen Wellenausbreitungs- und Schwingungserscheinungen besteht ein enger Zusammenhang. Zur Veranschaulichung dieses Zusammenhanges wird in der Physik das Modell gekoppelter harmonischer Oszillatoren für den linear-elastischen Körper verwendet. Dabei stellt man sich das Kontinuum als ein System von Massenpunkten vor, die untereinander durch masselose elastische Federn verbunden sind. Wird nun ein Massenpunkt oder eine Gruppe von Massenpunkten durch eine äußere Störung zu Schwingungen angeregt, so werden diese über die Federn auf die benachbarten Massenpunkte übertragen, die ihrerseits in Schwingungen versetzt werden. Auf diese Weise breitet sich eine örtliche Störung mit einer für das Kontinuum charakteristischen Geschwindigkeit räumlich aus. Da die einzelnen Massenpunkte sich jeweils nur um ihre statische Gleichgewichtslage hin- und herbewegen, erfolgt die Ausbreitung der Störung ohne Massentransport, jedoch nicht ohne Energietransport.

Dieser eben beschriebene zeitlich und örtlich veränderliche Ausbreitungsvorgang wird als Welle oder genauer als fortschreitende Welle bezeichnet.

Die Wellen breiten sich in Abhängigkeit von der Art der Störung in charakteristischer Weise aus. Der geometrische Ort der Punkte, die sich zur gleichen Zeit in der gleichen Phase befinden, heißt Wellenfläche oder Wellenfront. Nach der Art der Wellenfläche unterscheidet man in einfachen Fällen z.B. ebene Wellen, Kugelwellen oder Zylinderwellen. Bei Vernachlässigung der Dämpfung breiten sich einmalige oder periodische Störungen räumlich und zeitlich periodisch aus. Die zeitliche Periodendauer ist identisch mit der Periodendauer der Schwingung:

$$T = \frac{2\pi}{\omega} = \frac{1}{f} \tag{1.145}$$

(ω - Kreisfrequenz f - Frequenz der Schwingung).
Die räumliche Periode ist durch den kleinsten Abstand zweier aufeianderfolgender Wellenflächen gegeben, die sich zur selben Zeit in der gleichen Phase befinden. Sie wird als Wellenlänge λ bezeichnet. Mit der Fortpflanzungs- oder Phasengeschwindigkeit c gilt:

$$\lambda = \frac{2\pi c}{\omega} = \frac{c}{f} \tag{1.146}$$

In einem unbegrenzten elastischen Medium breitet sich jede Störung ausschließlich in Form fortschreitender Wellen nach allen Richtungen aus. Bei Vorhandensein einer Dämpfung klingt der Ausbreitungsvorgang mit der Entfernung von der Störungsstelle ab.

Wesentlich komplizierter sind die Vorgänge in einem elastischen Körper endlicher Abmessungen. Hier werden die Wellen an den Begrenzungsflächen mehrfach reflektiert, so daß sich durch Interferenz sehr verwicklete Bewegungszustände ausbilden können. Als Sonderfall der Überlagerung von Wellen können auch sogenannte stehende Wellen entstehen, die unmittelbar mit den Eigenschwingungen zusammenhängen.

Ein Teil der durch die Wellenbewegung transportierten Energie wird von den Begrenzungsflächen des Körpers an die umgebende Luft abgestrahlt und - bei Frequenzen zwischen 16 Hz und 20 kHz - als Körperschall hörbar.

Eine allgemeine analytische Lösung der dynamischen Grundgleichungen in der Form von Gl.(1.115) bis Gl.(1.118) im linearen Fall bzw. nach den Gln.(1.121) bis (1.124) für nichtlineares elastisches Verhalten als Rand-Anfangswertproblem ist nicht möglich.

Für den Fall eines dämpfungsfreien isotropen linear-elastischen Mediums großer räumlicher Ausdehnung können spezielle exakte Lösungen angegeben werden, da dann u.a. keine Randbedingungen erfüllt zu werden brauchen. Bei Vernachlässigung von Volumenkräften gelten z.B. für ein solches Kontinuum die aus Gl.(1.115) folgenden Differentialgleichungen:

$$\varrho \ddot{u}_i = \frac{E}{2(1+\nu)}\left[\ddot{u}_{i/kk} + \frac{1}{1-2\nu} u_{k/ki}\right] \qquad (i,k = 1,2,3) \tag{1.147}$$

Unter Verwendung eines skalaren Potentials ϕ^* und eines Vektorpotentials Ψ_i, $i = 1,2,3$, läßt sich der Verschiebungsvektor u_i nach Helmholtz in einen wirbelfreien Anteil $u_i^{(1)}$ und einen quellenfreien Anteil $u_i^{(2)}$ zerlegen:

$$u_i = u_i^{(1)} + u_i^{(2)} \ ; \qquad (i = 1,2,3) \tag{1.148}$$

In der Schreibweise der Vektoranalysis lassen sich die beiden Geschwindigkeitsvektoren wie folgt angeben:

$$\mathbf{u}^{(1)} = \mathrm{grad}\phi^* \ ; \quad \mathbf{u}^{(2)} = \mathrm{rot}\Psi \tag{1.149}$$

Nach einer entsprechenden Umformung von Gl.(1.149) kann man zeigen, daß diese erfüllt ist, wenn gilt:

$$\ddot{\phi}^* = \frac{E(1-\nu)}{\varrho(1+\nu)(1-2\nu)}\,\phi^*_{/kk} \quad ; \; (i,k = 1,2,3) \tag{1.150}$$

und

$$\ddot{\psi}_i = \frac{E(1-\nu)}{2\varrho(1+\nu)}\,\psi_{i/kk} \quad ; \; (i,k = 1,2,3) \tag{1.151}$$

Bestimmt man die Potentiale ϕ^* und Ψ_i aus den Gln.(1.150) und (1.151), so ist u_i nach Gl.(1.148) und Gl.(1.149) eine Lösung der Bewegungsgleichung (1.147).

Differentialgleichungen der Form (1.150) bzw. (1.151) bezeichnet man als Wellengleichungen für das dreidimensionale homogene linear-elastische Kontinuum. Allgemein hat die Wellengleichung die Form

$$\ddot{X} = c^2 X_{/kk} \quad ; \; (k = 1,2,3) \tag{1.152}$$

oder, in anderer Schreibweise

$$\frac{\partial^2 X}{\partial t^2} = c^2 \Delta X \tag{1.153}$$

mit

$$\Delta X = \frac{\partial^2 X}{\partial x_1^2} + \frac{\partial^2 X}{\partial x_2^2} + \frac{\partial^2 X}{\partial x_3^2} \tag{1.154}$$

in kartesischen Koordinaten und c als Phasengeschwindigkeit der fortschreitenden Welle. Lösungen von Gl.(1.153) sind bekannt.

Für die eindimensionale Wellengleichung

$$\frac{\partial^2 X}{\partial t^2} = c^2 \frac{\partial^2 X}{\partial x^2} \tag{1.155}$$

gilt z.B. die allgemeine d'Alembertsche Lösung

$$X(x,t) = f(x - ct) + g(x + ct) \tag{1.156}$$

mit willkürlichen Funktionen f und g. Die Funktion f beschreibt eine in positiver x-Richtung mit der Geschwindigkeit c fortschreitenden Welle, g eine in negativer x-Richtung fortschreitende mit derselben Geschwindigkeit. Die Lösung (1.155) läßt sich jedem vorgegebenen Anfangszustand anpassen.

Eine andere Lösungsmöglichkeit beruht auf dem Produktansatz nach Bernoulli. Dieser lautet:

$$X(x,t) = X(x)\,T(t) \tag{1.157}$$

Mit Hilfe dieses Ansatzes läßt sich die partielle Differentialgleichung (1.155) in zwei gewöhnliche Differentialgleichungen zerlegen. Mit Gl.(1.157) folgt nämlich aus Gl.(1.155):

$$X(x)\ddot{T}(t) = c^2 X''(x)\,T(t) \quad \text{bzw.}$$

$$\frac{\ddot{T}}{T} = c^2\frac{X''}{X} = -\omega^2 \quad \text{und daraus:}$$

$$\ddot{T} + \omega^2 T = 0 \quad \text{und} \quad X'' + \left(\frac{\omega}{c}\right)^2 X = 0 \tag{1.158}$$

mit den Lösungen:

$$\begin{aligned} T(t) &= a\cos\omega t + b\sin\omega t \\ X(x) &= d\cos\kappa x + e\sin\kappa x \; ; \quad \kappa = \frac{\omega}{c} \end{aligned} \tag{1.159}$$

Eine recht allgemeine Lösung erhält man durch Überlagerung der Funktionen $X_k(x)$ und $T_k(t)$:

$$X(t) = \sum_{k=1}^{\infty} (d_k\cos\kappa_k x + e_k\sin\kappa_k x)\cos(\omega_k t + \alpha_k) \tag{1.160}$$

Diese Lösung muß noch den Rand- und Anfangsbedingungen angepaßt werden.

Die Gln.(1.150) und (1.151) beschreiben zwei unterschiedliche Wellenarten, nämlich Longitudinal- und Transversalwellen. Bei den Longitudinalwellen erfolgen die Verschiebungen in Richtung der Wellenflächennormalen, bei den Transversalwellen schließen diese mit der Normalen einen rechten Winkel ein.

Im elastischen Festkörper sind die Longitudinalwellen identisch mit den Kompressions- oder Dilatationswellen, bei denen sich Verdichtungen und Verdünnungen des Mediums ausbilden, die sich in Richtung der Wellenflächennormalen fortpflanzen. Sie werden durch den wirbelfreien Verschiebungsanteil $u_i^{(1)} = \phi_{/i}^{*}$, i = 1,2,3 und damit durch die Lösung der Gl.(1.150) beschrieben. Ihre Fortpflanzungs- oder Phasengeschwindigkeit ist

$$c_1 = \sqrt{\frac{E(1-\nu)}{\varrho(1+\nu)(1-2\nu)}} \tag{1.161}$$

Die Transversalwellen im Festkörper, die durch den quellenfreien Verschiebungsanteil $u_i^{(2)}$ bzw. durch die Lösung von Gl.(1.151) charakterisiert werden, entsprechen den Torsions- oder Scherungswellen. Ihre Phasengeschwindigkeit ist

$$c_2 = \sqrt{\frac{E}{2\varrho(1+\nu)}} \tag{1.162}$$

Der Verschiebungsvektor $u_i^{(2)}$, i = 1,2,3, liegt in einer Ebene senkrecht zur Wellenflächennormalen.

Aus dem Verhältnis

$$\frac{c_1}{c_2} = \sqrt{\frac{1-\nu}{2(1-2\nu)}} \tag{1.163}$$

folgt, daß stets $c_1 > c_2$ gilt.

Es sei noch erwähnt, daß es neben diesen sich im Kontinuum ausbreitenden Wellen auch Oberflächenwellen gibt, die sich an der Grenzfläche zwischen Kontinuum und umgebenden Medium (z. B. Luft) ausbilden, die man auch als Rayleigh-Wellen bezeichnet. Sie können ebenfalls Kompressionswellen (Schwingungen parallel zur Grenzfläche) oder Scherungswellen (Schwingungen senkrecht zur Grenzfläche) sein.

Die in diesem Abschnitt gegebene, vornehmlich qualitative Beschreibung des kinetischen Deformationsverhaltens und die nur angedeuteten Möglichkeiten zur analytischen Lösung der dynamischen Grundgleichungen in Sonderfällen haben vor allem theoretische Bedeutung. Auf diese Weise konnten wesentliche Erscheinungen des Wellenausbreitungs- und Schwingungsverhaltens erkannt und erklärt werden.

Auch für andere einfache Modelle der Festkörpermechanik, wie Saite, Stab, Scheibe Platte und Schale, sind in speziellen Fällen analytische Lösungen möglich. Auf diese Lösungen wird in den entsprechenden Abschnitten eingegangen. Sie werden vor allem dazu dienen, wesentliche Erscheinungen zu erklären, unterschiedliche Modellvorstellungen zu vergleichen und Näherungsverfahren zu testen.

Für praxisrelevante Probleme der Elastodynamik sind heute Näherungsverfahren von entscheidender Bedeutung. Unter Nutzung der modernen Rechentechnik sind sie umfassend anwendbar. Sie werden im folgenden 2. Abschnitt so dargestellt, daß sie der Leser zur Lösung einfacher elastodynamischer Aufgaben, insbesondere zur Untersuchung der im 3. Abschnitt näher besprochenen Modelle der Festkörpermechanik unmittelbar anwenden kann. Der Nutzer von EDV-Programmen wird befähigt, die in ihnen verwendeten Modelle und Lösungsalgorithmen kritisch zu beurteilen. Dabei muß im Rahmen dieses Buches sowohl auf Vollständigkeit als auch auf tiefere mathematische Begründungen verzichtet werden.

2 Numerische Methoden zur Gewinnung von Näherungslösungen für elastodynamische Probleme

2.1 Methoden zur Ortsdiskretisierung für lineare Systeme

2.1.1 Allgemeine Bemerkungen

In Abschnitt 1 wurde bereits festgestellt, daß sich exakte Lösungen für elastodynamische Probleme nur bei einfachen geometrischen Strukturen und linear-elastischem Materialverhalten gewinnen lassen. In allen anderen Fällen ist man auf Näherungsmethoden angewiesen.

In diesem Abschnitt werden zunächst nur lineare Systeme betrachtet, obwohl sich einige der hier behandelten Methoden auch auf nichtlineare Probleme anwenden lassen. Nichtlineare Probleme weisen jedoch einige Besonderheiten auf, auf die in Abschnitt 2.3 näher eingegangen wird. Die zur Erläuterung der dargestellten Methoden verwendeten mechanischen Modelle werden in Abschnitt 3 ausführlich abgeleitet und begründet.

Es ist eine Vielzahl von Approximationsmethoden bekannt. Alle basieren auf Diskretisierungsprozessen und unterscheiden sich voneinander in der Art, wie diese durchgeführt werden.

Bei kinetischen Problemen muß man zwischen Orts- und Zeitdiskretisierung unterscheiden. Durch die Ortsdiskretisierung werden die partiellen Differentialgleichungen der Bewegung in ein System endlich vieler gewöhnlicher Differentialgleichungen 2. Ordnung überführt, das in Matrizenschreibweise die Gestalt

$$\boldsymbol{M}\ddot{\boldsymbol{q}} + \boldsymbol{B}\dot{\boldsymbol{q}} + \boldsymbol{K}\boldsymbol{q} = \boldsymbol{f}(t) \tag{2.1}$$

für lineare Systeme bzw. allgemeiner

$$\ddot{\boldsymbol{q}} = \boldsymbol{f}(\boldsymbol{q}, \dot{\boldsymbol{q}}, t) \tag{2.2}$$

für nichtlineare Systeme hat. Darin bedeuten $\boldsymbol{q}^T = (q_1\ q_2\ \ldots\ q_n)$ den Vektor der verallgemeinerten Koordinaten und

$$\dot{\boldsymbol{q}}^T = (\dot{q}_1\ \dot{q}_2\ \ldots\ \dot{q}_n) \quad \text{bzw.} \quad \ddot{\boldsymbol{q}}^T = (\ddot{q}_1\ \ddot{q}_2\ \ldots\ \ddot{q}_n)$$

den zugehörigen Geschwingigkeits- bzw. Beschleunigungsvektor. $\boldsymbol{M}$ ist die Massenmatrix, $\boldsymbol{B}$ die Dämpfungsmatrix und $\boldsymbol{K}$ die Steifigkeitsmatrix des Systems und $\boldsymbol{f}^T = [f_1(t)\ f_2(t) \ldots f_n(t)]$

in Gl.(2.1) der Vektor der verallgemeinerten äußeren Kräfte. In Abhängigkeit vom verwendeten Diskretisierungsverfahren können die Matrizen ***M***, ***B*** und ***K*** symmetrisch oder unsymmetrisch sein. Methoden, die auf symmetrische Matrizen führen, besitzen gegenüber anderen Verfahren erhebliche numerische Vorteile. Es sei erwähnt, daß es auch Probleme gibt, bei denen die Matrizen ***B*** und ***K*** auch dann antimetrische Anteile enthalten, wenn die Matrizen aus "echter" Dämpfung und Steifigkeit symmetrisch sind. Als Beispiel seien die sog. gyroskopischen Glieder bei rotierenden Massen und die Ölfilmsteifigkeit in Gleitlagern genannt [15].

Die Ortsdiskretisierung führt das Kontinuum mit unendlich vielen Freiheitsgraden auf ein diskretes System mit endlich vielen Freiheitsgraden zurück.

In einfachen Fällen kann man aufgrund physikalischer Überlegungen das Kontinuum durch ein System von Punktmassen und starren Körpern ersetzen, die durch masselose Feder- und Dämpfungselemente miteinander verbunden sind.

Auf rein mathematischem Wege erreicht man eine Diskretisierung dadurch, daß man die Differentialoperatoren in den Gln.(2.1) oder (2.2) durch entsprechende Differenzenoperatoren ersetzt.

Die wichtigsten Diskretisierungsverfahren beruhen jedoch darauf, daß man für die gesuchten Größen - meist sind es die Verschiebungen u_i - geeignete Näherungsansätze macht und mit Hilfe bestimmter Kriterien die dabei entstehenden Fehler minimiert. Dabei kann man sowohl von Arbeitsformulierungen als auch von Randwertformulierungen des Problems ausgehen. Es sei

$$\mathbf{u}(x,y,z,t) = \begin{bmatrix} u \\ v \\ w \end{bmatrix} = \begin{bmatrix} \mathbf{f}^T(x,y,z) & \mathbf{0}^T & \mathbf{0}^T \\ \mathbf{0}^T & \mathbf{g}^T(x,y,z) & \mathbf{0}^T \\ \mathbf{0}^T & \mathbf{0}^T & \mathbf{h}^T(x,y,z) \end{bmatrix} \begin{bmatrix} \mathbf{a}(t) \\ \mathbf{b}(t) \\ \mathbf{c}(t) \end{bmatrix} \qquad (2.3)$$

ein solcher Ansatz für den Verschiebungsvektor. In Gl.(2.3) sind $\mathbf{f}$, $\mathbf{g}$, $\mathbf{h}$ Vektoren von Koordinatenfunktionen und $\mathbf{a}$, $\mathbf{b}$, $\mathbf{c}$ Vektoren noch unbekannter zeitabhängiger Freiwerte, die aus Variationsformulierungen oder mit Hilfe sog. Residuenmethoden ermittelt werden. Die Koordinatenfunktionen können sich auf das Gesamtgebiet des Systems oder auf Teilgebiete desselben beziehen.

Bei komplizierten Systemen bereitet das Auffinden geeigneter Koordinatenfunktionen für das Gesamtgebiet Schwierigkeiten, da diese entweder alle oder wenigstens die wesentlichen (geometrischen) Randbedingungen erfüllen müssen. In solchen Fällen ist es zweckmäßig oder sogar notwendig, das Gesamtgebiet in Teilgebiete, sogenannte finite Elemente aufzuteilen, für jedes Teilgebiet Näherungsansätze der Form (2.3) zu verwenden, mit Hilfe der genannten Methoden die Bewegungsgleichungen für die einzelnen Elemente aufzustellen und schließlich diese unter Beachtung kinematischer und gegebenenfalls kinetischer Verträglichkeit zu den Bewegungsgleichungen des Gesamtsystems zusammenzufügen. Diese Methode bezeichnet man als Finite-Elemente-Methode, abgekürzt: FEM. Das Ergebnis jeder Ortsdiskretisierung ist ein Differentialgleichungssystem der Gestalt (2.1) oder (2.2).

2.1.2 Differenzenverfahren

2.1.2.1 Grundgedanke des Verfahrens

Das Differenzenverfahren (DV) ist ein auf alle Probleme der Elastodynamik anwendbares Verfahren zur Ortsdiskretisierung. Ausgangspunkt des DV sind die Differentialgleichungen (DGL) des betrachteten Problems und die zugehörigen Randbedingungen (RB). Bei diesem Verfahren werden die Differentialoperatoren in den Ortskoordinaten sowohl in den DGL als auch in den RB näherungsweise durch Differenzenoperatoren ersetzt. Dazu wird das Gebiet des Kontinuums je nach Dimension des Problems mit einem ein-, zwei- oder dreidimensionalen Gitternetz belegt und jedem Gitterpunkt werden diskrete Werte der unbekannten Feldgrößen zugeordnet. Bild 2.1 zeigt ein ebenes Gitternetz für ein Scheiben - oder Plattenproblem.

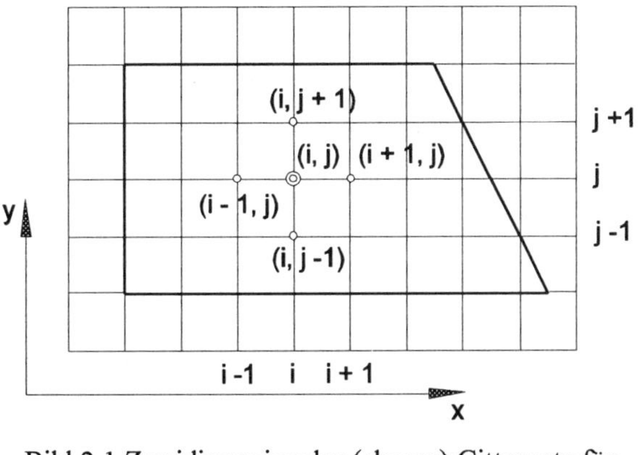

Bild 2.1 Zweidimensionales (ebenes) Gitternetz für Scheiben- oder Plattenprobleme

Je nach Ordnung der Differentialoperatoren und der Art der Randbedingungen sind noch jeweils eine oder zwei Reihen von Außenpunkten in das Gitternetz einzubeziehen. Volumen- und Oberflächenkräfte werden auf die jeweiligen Gitterpunkte reduziert. Für jede unbekannte Feldgröße in den einzelnen Gitterpunkten wird eine Differenzengleichung aufgestellt, wobei der jeweils betrachtete Gitterpunkt als Zentralpunkt für das Differenzenschema fungiert. Die ebenfalls unbekannten Werte in den Außenpunkten folgen aus den Randbedingungen. Das Ergebnis dieser Prozedur ist bei linearen Systemen ein DGL-System der Form (2.1). Die Steifigkeitsmatrix $\boldsymbol{K}$ ist bei diesem Verfahren wegen der Randbedingungen im allgemeinen unsymmetrisch, hat jedoch eine Bandstruktur.

2.1.2.2 Differenzenoperatoren

Die Differenzenoperatoren lassen sich allgemein aus Taylorreihenentwicklungen ableiten. Es sei u(x) eine Funktion mit den diskreten Werten $u(x_k) = u_k$, u_{k+1}, u_{k-1}, u_{k+2}, u_{k-2}, siehe Bild 2.2. Bezeichnet man mit $D_x(x)$ den Differenzenoperator als Näherung für die erste Ableitung $(\partial u/\partial x)_{x=x_k}$ so gilt:

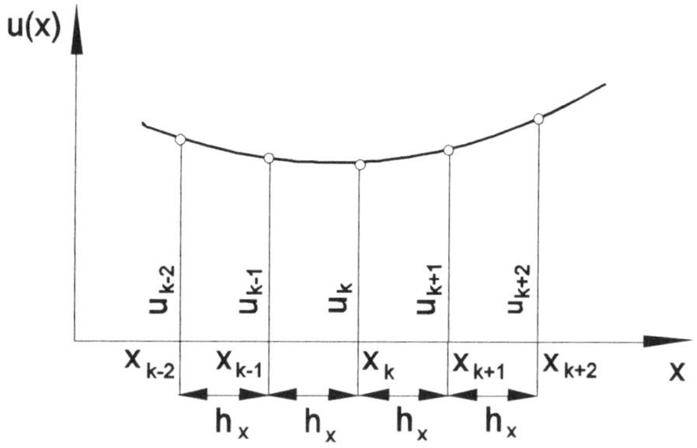

Bild 2.2 Diskrete Werte von u(x) im äquidistanten Gitternetz

$$D_x(x_k) = \frac{u_{k+1} - u_{k-1}}{2h_x} \approx \frac{\partial u}{\partial x}\Big/_{x=x_k} \tag{2.4}$$

Die entsprechenden Differenzenoperatoren für die höheren Ableitungen lauten:

$$D_{xx}(x_k) = \frac{1}{h_x^2}(u_{k+1} - 2u_k + u_{k-1}) \approx \frac{\partial^2 u}{\partial x^2}\Big/_{x=x_k} \tag{2.5}$$

$$D_{xxx}(x_k) = \frac{1}{2h_x^3}(u_{k+2} - 2u_{k+1} + 2u_{k-1} - u_{k-2}) \approx \frac{\partial^3 u}{\partial x^3}\Big/_{x=x_k} \tag{2.6}$$

$$D_{xxxx}(x_k) = \frac{1}{h_x^4}(u_{k+2} - 4u_{k+1} + 6u_k - 4u_{k-1} + u_{k-2}) \approx \frac{\partial^4 u}{\partial x^4}\Big/_{x=x_k} \tag{2.7}$$

Bei diesen Beziehungen liegt der Zentralpunkt x_k in der Mitte der Stützwerte. Sie werden deshalb als Formeln der zentralen Differenzen bezeichnet. In Tabelle 2.1 sind die Koeffizienten der Differenzenformeln zusammengestellt. Sie enthält außerdem die aus der Taylorreihenentwicklung folgenden Fehlerglieder.

Für die Ableitungen einer Funktion v(y) erhält man entsprechende Formeln, wenn man u_k

durch v_j und die Gitterabstände h_x durch h_y ersetzt.

Operator	Faktor	u_{k-2}	u_{k-1}	u_k	u_{k+1}	u_{k+2}	Fehlerglied
D_x	$1/2h_x$	0	-1	0	1	0	$-u'''_k\, h_x^2\,/6$
D_{xx}	$1/h_x^2$	0	1	-2	1	0	$-u_k^{(4)}\, h_x^2\,/12$
D_{xxx}	$1/2h_x^3$	-1	2	0	-2	1	$-u_k^{(5)}\, h_x^2\,/4$
D_{xxxx}	$1/h_x^4$	1	-4	6	-4	1	$-u_k^{(6)}\, h_x^2\,/6$

Tabelle 2.1 Zentrale Differenzenoperatoren für eindimensionale Systeme und äquidistanten Gitterabständen

Aus der letzten Spalte von Tabelle 2.1 ist ersichtlich, daß der Approximationsfehler bei der Bildung der Differenzen von der Größenordnung h^2 ist. Eine Erhöhung der Genauigkeit bei gleichen Gitterabständen wird erreicht, wenn man Differenzenformeln höherer Approximation verwendet. Sie entstehen, wenn man die in Tabelle 2.1 angegebenen Fehlerglieder wiederum durch Differenzenoperatoren ersetzt. Dem Vorteil wesentlich höherer Genauigkeit dieser Formeln stehen als Nachteile die größere Bandbreite in den Matrizen und vor allem die Tatsache gegenüber, daß mehr Außenpunkte als Stützstellen einbezogen werden müssen, als Zusatzbedingungen aus den RB zur Verfügung stehen. Deshalb müssen zur Befriedigung der RB auch Differenzenoperatoren gewöhnlicher Approximation herangezogen werden, wodurch ein Teil des Genauigkeitsgewinns wieder verloren geht. Manchmal ist es zweckmäßiger, in Teilbereichen mit unterschiedlichen Gitterabständen zu arbeiten. Entsprechende Formeln lassen sich aus Taylorreihenentwicklungen ableiten, auf ihre Angabe wird hier verzichtet.

Die Differenzenoperatoren nach Tabelle 2.1 gelten auch für den Fall, daß partielle Ableitungen einer Funktion u(x,y) entweder nur nach x oder nach y approximiert werden sollen. Sie können aber auch zur Bildung gemischter Differenzenoperatoren benutzt werden. Die Vorgehensweise soll am Beispiel der Bildung des Differenzenoperators

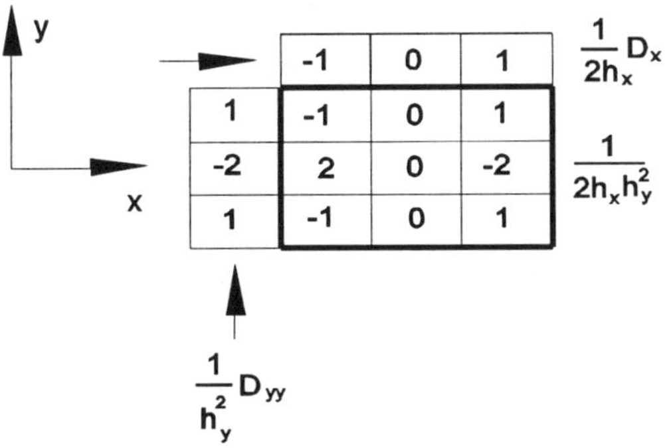

Bild 2.3 Differenzenstern für den Differenzenoperator D_{xyy}

$$D_{xyy}(x_i, y_j) = \frac{\partial^3 u}{\partial x \partial y^2} /_{x=x_i,\, y=y_j}$$

gezeigt werden. Durch symbolische Matrizenmultiplikation von $1/h_y^2\ D_{yy}$ mit $1/2h_x\ D_x$ entsteht der in Bild 2.3 dick umrandete sogenannte Differenzenstern für den Operator D_{xyy}. Es ist also

$$D_{xyy}(x_i, y_j) = \frac{1}{2h_x h_y^2}\{-u_{i-1,j+1} + u_{i+1,j+1} + 2u_{i-1,j} - 2u_{i+1,j} - u_{i-1,j-1} + u_{i+1,j-1}\} \tag{2.8}$$

In gleicher Weise lassen sich beliebige Operatoren konstruieren.

2.1.2.3 Randbedingungen

Randbedingungen müssen bei Anwendung des DV ebenfalls in Form von Differenzenausdrücken dargestellt werden. Das folgende Beispiel zeigt, wie dabei zu verfahren ist.

Beispiel 2.1

Für den dargestellten Biegestab sind die RB in Differenzenform anzugeben.

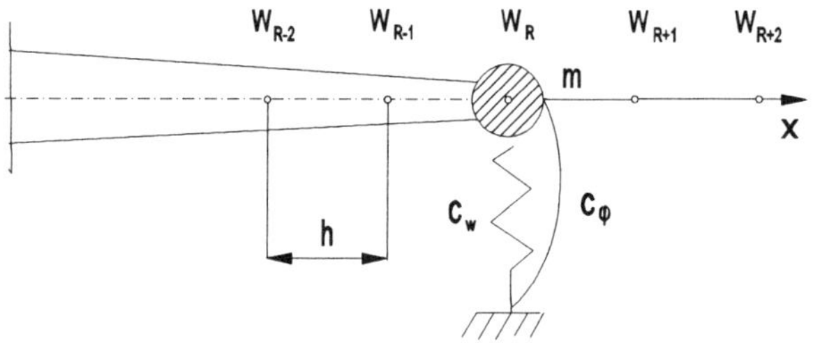

Bild 2.4 Umgebung des rechten Randes des Biegestabes mit Endmasse und Abstützung durch Quer- und Drehfeder

Die RB für den rechten Rand lauten:

$$-(EI w_{/xx})^{(R)}_{/x} + m\ddot{w}_R + c_w w_R = 0$$
$$EI w^{(R)}_{/xx} + c_\varphi w^{(R)}_{/x} = 0 \tag{a}$$

In Differenzenform ergeben sich daraus mit den Werten der Tabelle 2.1 die folgenden Beziehungen:

$$\frac{1}{2h^3}(w_{R+2} - 2w_{R+1} + 2w_{R-1} - w_{R-2})\,(EI)_R$$

$$+\frac{1}{h^2}(w_{R+1} - 2w_R + w_{R-1})\,(EI)^{(R)}_{/x} - m\ddot{w}_R - c_w w_R = 0 \qquad (b)$$

$$\frac{1}{h^2}(w_{R+1} - 2w_R + w_{R-1})\,(EI)_R + \frac{1}{2h}(w_{R+1} - w_{R-1})\,c_\varphi = 0$$

Durch Auflösung dieser Gleichungen nach w_{R+1} und w_{R+2} lassen sich diese Werte durch solche der Innen- und Randpunkte ausdrücken. Der Index R kennzeichnet, wie aus Bild 2.4 ersichtlich, den Rand.

Liegen die Ränder nicht auf Gitterpunkten, so muß linear oder quadratisch interpoliert werden. Quadratische Interpolation von Randbedingungen ist in sofern sinnvoll, als dann die Approximation der RB und die des Innenbereiches etwa von gleicher Genauigkeit sind.

In Bild 2.5 sind Formeln für die quadratische Interpolation angegeben:

$$u_{k+1} = \frac{1-\chi}{1+\chi}u_{k-1} + 2\frac{1-\chi}{\chi}u_k$$

$$\chi = \frac{h'}{h}$$

$$u_{k+1} = u_{k-1} - \frac{4}{\chi}u_k$$

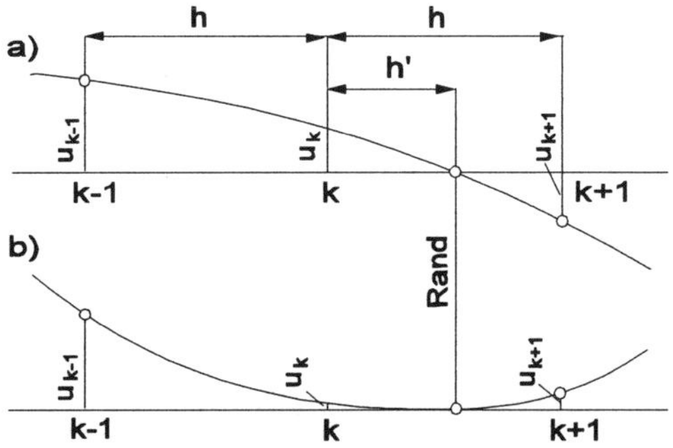

Bild 2.5 Quadratische Interpolation von Randbedingungen
a) verschwindender Randwert;
b) verschwindende Ableitung am Rand

2.1.2.4 Zuordnung der Belastungen und Massenverteilungen zu den Gitterpunkten

Bei Anwendung des DV müssen gegebene äußere Belastungen in geeigneter Weise auf die Gitterpunkte verteilt werden. In Bild 2.6 wird am Beispiel eines Balkens gezeigt, wie dabei zu verfahren ist.

Angriffspunkte von Einzelkräften sollten möglichst Gitterpunkte des Netzes sein, sonst ist eine statisch äquivalente Aufteilung auf die benachbarten Gitterpunkte erforderlich. Streckenlasten werden gemittelt (Bild 2.6a). Interessiert der Querkraftverlauf an der Angriffsstelle einer Einzelkraft, so muß der Balken dort getrennt und an der Trennstelle das Gitternetz um fiktive Außenpunkte erweitert werden (Bild 2.6b). Die Übergangsbedingungen an der Trennstelle liefern dann die erforderlichen zusätzlichen Bedingungen. In der Regel genügt aber ein "Verschmieren" der Einzelkräfte bzw. -momente (Bild 2.6c). Verteilte Massen oder Einzelmassen werden wie Streckenlasten bzw. wie Einzelkräfte behandelt.

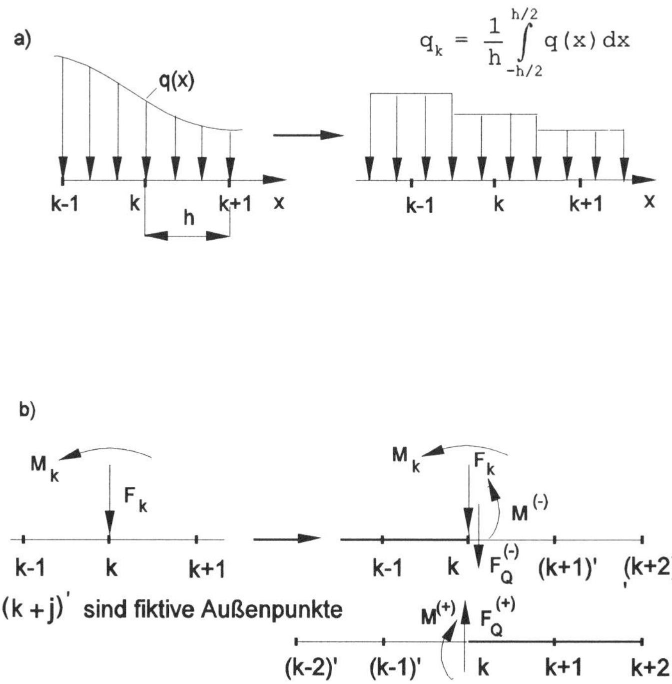

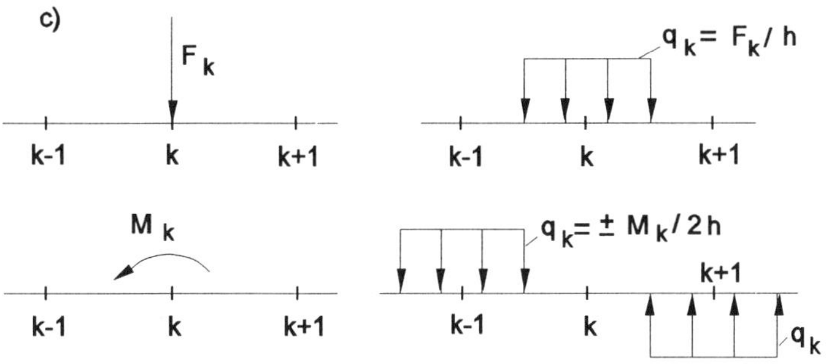

Bild 2.6 Belastungsdiskretisierung am Balken

2.1.2.5 Aufstellen der Bewegungsgleichungen

Zur Aufstellung der Bewegungsgleichungen (BGL) werden die Differenzenoperatoren auf jeden Gitterpunkt als Zentralpunkt mit unbekannten Gitterpunktverschiebungen im Definitionsgebiet angewendet. Die Einarbeitung der RB liefert weitere Gleichungen für die Verschiebungen der fiktiven Außenpunkte. Mit Hilfe der RB können die in den Gleichungen vorkommenden Außenpunkte auf Innen- und Randpunkte zurückgeführt werden.

Das DV ist universell auf fast alle Probleme der Elastodynamik anwendbar. Es verlangt, daß an den Systemrändern alle RB erfüllt werden. Dies erweist sich bei komplexeren Strukturen, die in Teilsysteme unterteilt werden müssen, als empfindlicher Nachteil. Nachteilig ist ferner, daß die Anwendung des DV in der beschriebenen Form im allgemeinen auf unsymmetrische Matrizen führt. Dieser Nachteil läßt sich beheben, wenn man das zu untersuchende Problem als Variationsproblem formulieren kann und das DV zur numerischen Lösung des Problems einsetzt. Bezüglich weitergehender Möglichkeiten bei der Anwendung des DV sei auf die Literatur [9], [27] verwiesen. Die folgenden Beispiele zeigen die Vorgehensweise bei der Anwendung des Verfahrens.

<u>*Beispiel 2.2*</u>

Mit Hilfe des DV sind die Bewegungsgleichungen für den in Bild 2.7 dargestellten Balken zu ermitteln.

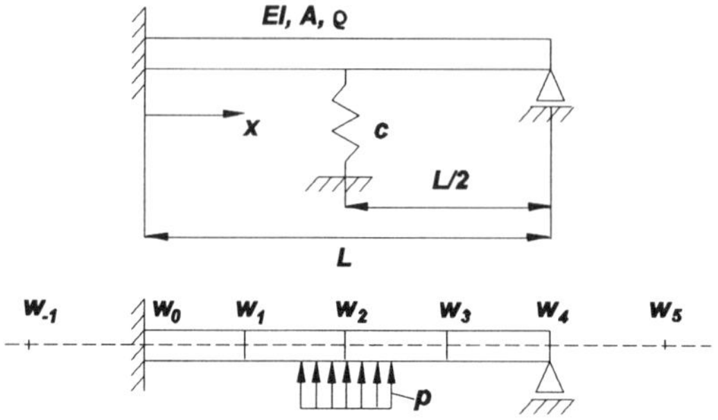

Bild 2.7 Biegebalken und seine Diskretisierung

Die DGL der Bewegung des Euler-Bernoulli-Balkens (siehe Abschnitt 3.2) lautet:

$$EI\,w_{/xxxx} + \varrho A\ddot{w} = p \quad \text{bzw.} \tag{a}$$

$$w_{/xxxx} + \chi\ddot{w} = \frac{p}{EI} \;;\; \chi = \frac{\varrho A}{EI} \tag{b}$$

Die Federkraft cw_2 wird zur Streckenlast $p = cw_2/h$ "verschmiert". Mit Hilfe von Tabelle 2.1 erhält man aus Gl.(b) das Gleichungssystem

$$\begin{aligned} &w_3 - 4w_2 + 6w_1 - 4w_0 + w_{-1} + \chi h^4\ddot{w}_1 = 0 \\ &w_4 - 4w_3 + 6w_2 - 4w_1 + w_0 + \chi h^4\ddot{w}_2 = \frac{ch^3}{EI}w_2 \\ &w_5 - 4w_4 + 6w_3 - 4w_2 + w_1 + \chi h^4\ddot{w}_3 = 0 \end{aligned} \tag{c}$$

Dazu kommen noch die Randbedingungen:

$$\begin{aligned} w(0) &= 0 &\rightarrow\quad & w_0 = 0 \\ w_{/x}(0) &= 0 &\rightarrow\quad & w_1 - w_{-1} = 0 \\ w(L) &= 0 &\rightarrow\quad & w_4 = 0 \\ w_{/xx}(L) &= 0 &\rightarrow\quad & w_5 + w_3 = 0 \end{aligned} \tag{d}$$

Mit Gl.(d) erhält man aus Gl.(c) die Bewegungsgleichung

$$\boldsymbol{M}\ddot{\boldsymbol{w}} + \boldsymbol{K}\boldsymbol{w} = \boldsymbol{0} \tag{e}$$

mit $\boldsymbol{w}^T = (w_1\ w_2\ w_3)$ und

$$\boldsymbol{M} = \chi h^4\begin{bmatrix}1 & 0 & 0\\ 0 & 1 & 0\\ 0 & 0 & 1\end{bmatrix} = \chi h^4\boldsymbol{I} \tag{f}$$

$$\boldsymbol{K} = \begin{bmatrix} 7 & -4 & 1 \\ -4 & (6-ch^3/EI) & -4 \\ 1 & -4 & 5 \end{bmatrix} \qquad \text{(g)}$$

In diesem Falle sind ***M*** und ***K*** symmetrisch.

Beispiel 2.3

Zur Ermittlung der Eigenfrequenzen einer zur y-Achse symmetrischen Eigenschwingung sollen für die skizzierte Platte die diskretisierten Bewegungsgleichungen aufgestellt werden.

Die DGL der Bewegung der Platte lautet für diesen Fall (siehe Abschnitt 3.4):

$$w_{/xxxx} + 2w_{/xxyy} + w_{/yyyy} + \chi \ddot{w} = 0 \qquad \text{(a)}$$

mit

$$\chi = \frac{12(1-\nu^2)\varrho}{Et^3} \qquad \text{(b)}$$

Die Randbedingungen lauten:
Eingespannter Rand: $w = 0$; $w_{/y} = 0$
Frei aufliegende Ränder: $w = 0$; $w_{/xx}\,0 = 0$ (c)
Freier Rand: $w_{/yy} + \nu w_{/xx} = 0$; $w_{/yyy} + (2-\nu)w_{/xxy} = 0$

Randpunkte, deren Werte aufgrund der RB (c) verschwinden, sind in Bild 2.8 nicht numeriert worden. Mit den Formeln von Tabelle 2.1 und unter Beachtung von Bild 2.3 ergibt sich mit $h_x = h_y = h$ die DGL der Bewegung, die sich zunächst symbolisch entsprechend Gl.(d) darstellen läßt: Sie sind auf alle Gitterpunkte w_1 bis w_9 anzuwenden.

		1		
	2	-8	2	
1	-8	20	-8	1
	2	-8	2	
		1		

$$\{w_k\} + \chi h^4 \{\ddot{w}_k\} = 0 \qquad \text{(d)}$$

$(k = 1,2,\ldots,9)$

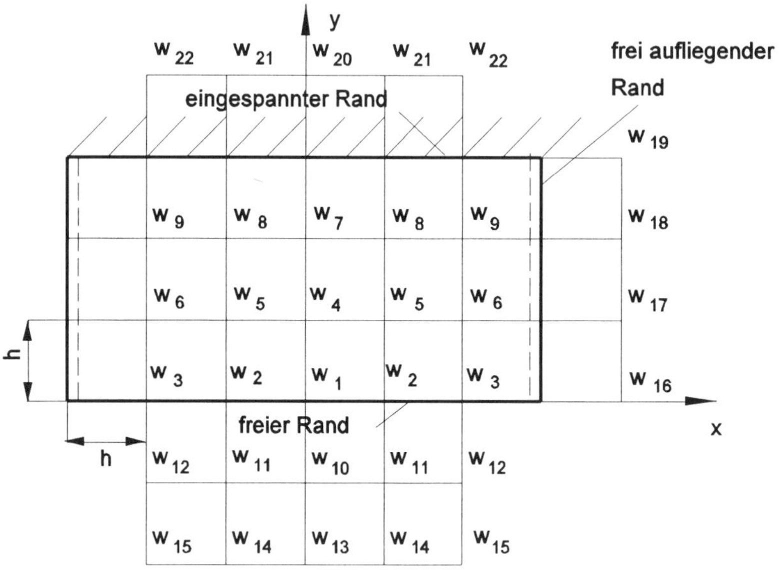

Bild 2.8 Kirchhoffsche Platte mit Gitternetz

Dazu kommen die Randbedingungen. Sie lauten:
Für den eingespannten Rand:

$$w_i = 0 \quad ; \quad \frac{1}{2h} \begin{array}{|c|} \hline 1 \\ \hline 0 \\ \hline -1 \\ \hline \end{array} \{w_i\} = 0$$

Für die frei aufliegenden Ränder:

$$w_j = 0 \quad ; \quad \frac{1}{h^2} \begin{array}{|c|c|c|} \hline 1 & -2 & 1 \\ \hline \end{array} \{w_j\} = 0$$

Für den freien Rand:

$$\frac{1}{h^2} \begin{array}{|c|c|c|} \hline & 1 & \\ \hline \nu & -2(1+\nu) & \nu \\ \hline & 1 & \\ \hline \end{array} \{w_l\} = 0$$

$$\left(\frac{1}{2h^3} \begin{array}{|c|} \hline 1 \\ \hline -2 \\ \hline 0 \\ \hline 2 \\ \hline -1 \\ \hline \end{array} + (2-\nu)\frac{1}{2h^3} \begin{array}{|c|c|c|} \hline 1 & -2 & 1 \\ \hline 0 & 0 & 0 \\ \hline -1 & 2 & -1 \\ \hline \end{array} \right) \{w_l\} = 0$$

Eliminiert man aus den Gl.(d) mit Hilfe der RB die Werte für die Außenpunkte, so erhält man die gesuchten Bewegungsgleichungen für w_1 bis w_9. Auf die Angabe dieser Gleichungen wird verzichtet.

2.1.3 Methode der gewichteten Residuen

2.1.3.1 Allgemeines

Eine Gruppe von Verfahren wird unter dem Oberbegriff "Methode der gewichteten Residuen", kurz Residuenmethode genannt, zusammengefaßt. Ausgangspunkt dieser Methode ist die Rand- Anfangswertformulierung des Problems. Bei der Ortsdiskretisierung geht es zunächst um die Lösung des Randwertproblems. Nach Gl.(1.119) ist das lineare Rand- Anfangswertproblem der Elastodynamik durch die DGL

$$\boldsymbol{D}^T \boldsymbol{E}^* \boldsymbol{D}\boldsymbol{u}(x,y,z,t) + \bar{\boldsymbol{q}}(x,y,z,t) - \varrho\ddot{\boldsymbol{u}}(x,y,z,t) = 0 \quad \in V \tag{2.8}$$

die RB

$$\boldsymbol{T}_n^T \sigma = \boldsymbol{T}_n^T \boldsymbol{E}^* \boldsymbol{D}\boldsymbol{u} = \bar{\boldsymbol{p}} \quad \in A_p \tag{2.9}$$

$$\boldsymbol{u} = \bar{\boldsymbol{u}} \quad \in A_u \tag{2.10}$$

und die Anfangsbedingungen

$$\boldsymbol{u}(t=0) = \boldsymbol{u}_0 \; ; \quad \dot{\boldsymbol{u}}(t=0) = \bar{\dot{\boldsymbol{u}}}_0 \tag{2.11}$$

$$\boldsymbol{u}^T = [u(x,y,z,t) \;\; v(x,y,z,t) \;\; w(x,y,z,t)]$$

gegeben. Dabei sind die Matrizen $\boldsymbol{D}$, $\boldsymbol{T}_n$ und $\boldsymbol{E}^*$ durch die Gln.(1.28), (1.120) und (1.79) bestimmt. Für die Verschiebung wird nun ein Näherungsansatz

$$\boldsymbol{u}(x,y,z,t) = \begin{bmatrix} u(x,y,z,t) \\ v(x,y,z,t) \\ w(x,y,z,t) \end{bmatrix}$$

$$= \begin{bmatrix} \boldsymbol{f}^T(x,y,z) & \boldsymbol{0}^T & \boldsymbol{0}^T \\ \boldsymbol{0}^T & \boldsymbol{g}^T(x,y,z) & \boldsymbol{0}^T \\ \boldsymbol{0}^T & \boldsymbol{0}^T & \boldsymbol{h}^T(x,y,z) \end{bmatrix} \begin{bmatrix} \boldsymbol{a}(t) \\ \boldsymbol{b}(t) \\ \boldsymbol{c}(t) \end{bmatrix} \tag{2.12}$$

$$+ \begin{bmatrix} \boldsymbol{f}_0(x,y,z,t) \\ \boldsymbol{g}_0(x,y,z,t) \\ \boldsymbol{h}_0(x,y,z,t) \end{bmatrix} = \boldsymbol{G}(x,y,z,t)\,\boldsymbol{d}(t) + \boldsymbol{G}_0(x,y,z,t)$$

gewählt. Darin sind $\boldsymbol{f}^T = (f_1 \dots f_l)$; $\boldsymbol{g}^T = (g_1 \dots g_m)$; $\boldsymbol{h}^T = (h_1 \dots h_n)$ die Koordinatenfunktionen für die Verschiebungen u, v, w, die alle homogenen RB erfüllen müssen und $\boldsymbol{a}^T = (a_1 \dots a_l)$; $\boldsymbol{b}^T = (b_1 \dots b_m)$; $\boldsymbol{c}^T = (c_1 \dots c_n)$ zeitabhängige Freiwerte, die zu einem Vektor $\boldsymbol{d}$(t) zusammengefaßt werden können. $\boldsymbol{G}$ ist die Matrix der Koordinatenfunktionen und $\boldsymbol{G}_0$ ein Vektor, der diejenigen Anteile der Koordinatenfunktionen umfaßt, die zur Erfüllung inhomogener RB erforderlich sind.

Setzt man den Näherungsansatz (2.12) in die DGL (2.8) ein, so ist diese im allgemeinen nicht erfüllt, sondern es bleibt auf der rechten Seite der Gleichung ein Rest, das sogenannte Residuum $\boldsymbol{R}$:

$$\boldsymbol{D}^T\boldsymbol{E}^*\boldsymbol{D}(\boldsymbol{G}\boldsymbol{d} + \boldsymbol{G}_0) + \bar{\boldsymbol{q}} - \varrho(\boldsymbol{G}\ddot{\boldsymbol{d}} + \ddot{\boldsymbol{G}}_0) = \boldsymbol{R}(x,y,z,t) \tag{2.13}$$

Die unbekannten freien Parameter in $\boldsymbol{d}$ sind nun so zu bestimmen, daß dieser Rest, der ja ein Maß für den Fehler ist, möglichst klein wird. Dazu wird verlangt, daß das Integral über das Residuum, erstreckt über das Definitionsgebiet, im gewichteten Mittel verschwindet. Mit den Gewichtsfunktionen

$$\boldsymbol{\Phi}(x,y,z) = \begin{bmatrix} \boldsymbol{\Phi}_u^T & \boldsymbol{0}^T & \boldsymbol{0}^T \\ \boldsymbol{0}^T & \boldsymbol{\Phi}_v^T & \boldsymbol{0}^T \\ \boldsymbol{0}^T & \boldsymbol{0}^T & \boldsymbol{\Phi}_w^T \end{bmatrix} \tag{2.14}$$

$$\boldsymbol{\Phi}_u^{\,T} = (\phi_{u_1} \dots \phi_{u_l})\,; \quad \boldsymbol{\Phi}_v^{\,T} = (\phi_{v_1} \dots \phi_{v_m})\,;$$
$$\boldsymbol{\Phi}_w^{\,T} = (\phi_{w_1} \dots \phi_{w_n}) \qquad (2.15)$$

führt dies auf die Beziehung

$$\int_{(V)} \boldsymbol{\Phi}^T(x,y,z)\,\boldsymbol{R}(x,y,z,t)\,dV = 0 \qquad (2.16)$$

Gl.(2.16) stellt ein System von l+m+n DGL zur Bestimmung der in $\boldsymbol{d}$ enthaltenen gleichen Anzahl von Freiwerten dar. Da Gl.(2.16) nur erfüllt ist, wenn die Vektoren $\boldsymbol{\Phi}_u^T$, $\boldsymbol{\Phi}_v^T$, $\boldsymbol{\Phi}_w^T$ zum Vektor $\boldsymbol{R}$ orthogonal sind, wird diese Methode auch als Orthogonalisierungsmethode bezeichnet. Je nach Wahl der Gewichtsfunktionen ergeben sich unterschiedliche Näherungsverfahren. Einige von ihnen werden im folgenden dargestellt.

Die Ansatzfunktionen in Gl.(2.12) müssen voneinander linear unabhängig und hinreichend oft differenzierbar sein. Und zwar muß die Ordnung der Differenzierbarkeit der Funktionen $\boldsymbol{f}$, $\boldsymbol{g}$ und $\boldsymbol{h}$ mindestens der Ordnung der Differentialoperatoren für die Verschiebungen u, v, w entsprechen. Außerdem müssen die Koordinatenfunktionen sowohl die geometrischen (wesentlichen) als auch die kinetischen (restlichen) Randbedingungen erfüllen.

Man kann jedoch die Residuenmethode dadurch erweitern, daß man die kinetischen RB in den Orthogonalisierungsprozeß einbezieht. In diesem Fall wird der zusätzliche Fehler, der durch die Nichterfüllung der kinetischen RB entsteht, durch das Verfahren ebenfalls minimiert. Die Koordinatenfunktionen brauchen jetzt nur den geometrischen RB zu genügen, während die Anforderungen an ihre Differenzierbarkeit unverändert bleiben. Die Orthogonalisierungsbedingung lautet in diesem Fall:

$$\int_{(V)} \boldsymbol{\Phi}^T(\boldsymbol{D}^T\boldsymbol{E}^*\boldsymbol{D}\boldsymbol{u} + \overline{\boldsymbol{q}} - \varrho\ddot{\boldsymbol{u}})\,dV + \int_{(A_p)} \boldsymbol{\Phi}^T(\overline{\boldsymbol{p}} - \boldsymbol{T}_n^{\,T}\boldsymbol{E}^*\boldsymbol{D}\boldsymbol{u})\,dA = 0 \qquad (2.17)$$

Auch die Anforderungen an die Differenzierbarkeit der Koordinatenfunktionen lassen sich herabsetzen. Dazu wird das Volumenintegral in Gl.(2.17) umgeformt

$$\int_{(V)} \boldsymbol{\Phi}^T(\boldsymbol{D}^T\boldsymbol{E}^*\boldsymbol{D}\boldsymbol{u})\,dV = \int_{(V)} \left[\boldsymbol{\Phi}^T(\boldsymbol{D}^T\boldsymbol{E}^*\boldsymbol{D}\boldsymbol{u}) + (\boldsymbol{D}\boldsymbol{\Phi})^T\boldsymbol{E}^*\boldsymbol{D}\boldsymbol{u}\right]dV$$
$$- \int_{(V)} (\boldsymbol{D}\boldsymbol{\Phi})^T\boldsymbol{E}^*\boldsymbol{D}\boldsymbol{u}\,dV \qquad (2.18)$$

und anschließend das erste Integral auf der rechten Seite von Gl.(2.18) mit Hilfe des Gaußschen Integralsatzes partiell integriert:

$$\int_{(V)} \left[\boldsymbol{\Phi}^{\mathrm{T}} (\boldsymbol{D}^{\mathrm{T}}\boldsymbol{E}^{*}\boldsymbol{D}\boldsymbol{u}) + (\boldsymbol{D}\boldsymbol{\Phi})^{\mathrm{T}}\boldsymbol{E}^{*}\boldsymbol{D}\boldsymbol{u}\right] \mathrm{dV} = \int_{(A)} \boldsymbol{\Phi}^{\mathrm{T}}\boldsymbol{T}_{\mathrm{n}}^{\mathrm{T}}\boldsymbol{E}^{*}\boldsymbol{D}\boldsymbol{u}\,\mathrm{dA} \tag{2.19}$$

Mit Gl.(2.18) und Gl.(2.19) erhält man aus Gl.(2.17):

$$\int_{(V)} \left[(\boldsymbol{D}\boldsymbol{\Phi})^{\mathrm{T}}\boldsymbol{E}^{*}\boldsymbol{D}\boldsymbol{u} - \boldsymbol{\Phi}^{\mathrm{T}}\overline{\boldsymbol{q}} + \varrho\boldsymbol{\Phi}^{\mathrm{T}}\ddot{\boldsymbol{u}}\right] \mathrm{dV} - \int_{(A_p)} \boldsymbol{\Phi}^{\mathrm{T}}\overline{\boldsymbol{p}}\,\mathrm{dA} = 0 \tag{2.20}$$

Setzt man für $\boldsymbol{u}$ aus Gl.(2.12) in Gl.(2.20) ein, so erhält man schließlich:

$$\begin{aligned} &\int_{(V)} (\boldsymbol{D}\boldsymbol{\Phi})^{\mathrm{T}}\boldsymbol{E}^{*}\boldsymbol{D}(\boldsymbol{G}\boldsymbol{d} + \boldsymbol{G}_0)\,\mathrm{dV} - \int_{(V)} \boldsymbol{\Phi}^{\mathrm{T}}\overline{\boldsymbol{q}}\,\mathrm{dV} \\ &+ \int_{(V)} \varrho\boldsymbol{\Phi}^{\mathrm{T}}(\boldsymbol{G}\ddot{\boldsymbol{d}} + \ddot{\boldsymbol{G}}_0)\,\mathrm{dV} - \int_{(A_p)} \boldsymbol{\Phi}^{\mathrm{T}}\,\mathrm{dA} = 0 \end{aligned} \tag{2.21}$$

In Gl.(2.20) wird der Differentialoperator $\boldsymbol{D}$ nur noch einmal auf $\boldsymbol{u}$ angewandt. Da außerdem die Koordinatenfunktionen nur die geometrischen RB zu erfüllen brauchen, besitzt die Formulierung der Residuenmethode in der Form (2.20) bzw. (2.21) wesentliche Vorteile gegenüber Gl.(2.16). Die Gl.(2.21) wird deshalb bevorzugt angewendet. Mit dem Operator $\boldsymbol{E}^*$ nach Gl.(1.79), der die Werkstoffdämpfung erfaßt und mit

$$\overline{\boldsymbol{p}} = \overline{\boldsymbol{p}}_1 - \mu\dot{\boldsymbol{u}} \tag{2.22}$$

wobei μ die Dämpfungskonstante einer geschwindigkeitsproportionalen äußeren Dämpfung und $\overline{\boldsymbol{p}}_1$ den vorgegebenen Oberflächendruck bedeuten, erhält man aus Gl.(2.21) die ortsdiskretisierten Bewegungsgleichungen

$$\boldsymbol{M}\ddot{\boldsymbol{d}} + \boldsymbol{B}\dot{\boldsymbol{d}} + \boldsymbol{K}\boldsymbol{d} = \boldsymbol{f}(\mathrm{t}) \tag{2.23}$$

Darin sind:

$$\boldsymbol{M} = \int_{(V)} \varrho\boldsymbol{\Phi}^{\mathrm{T}}\boldsymbol{G}\,\mathrm{dV} \tag{2.24}$$

die Massenmatrix,

$$\begin{aligned} \boldsymbol{B} &= \int_{(V)} \vartheta\,(\boldsymbol{D}\boldsymbol{\Phi})^{\mathrm{T}}\boldsymbol{E}\,(\boldsymbol{D}\boldsymbol{G})\,\mathrm{dV} + \int_{(A_D)} \mu\,\boldsymbol{\Phi}^{\mathrm{T}}\boldsymbol{G}\,\mathrm{dA} \\ &= \vartheta\boldsymbol{K} + \mu\int_{(A_D)} \boldsymbol{\Phi}^{\mathrm{T}}\boldsymbol{G}\,\mathrm{dA} \end{aligned} \tag{2.25}$$

die Dämpfungsmatrix,

$$\boldsymbol{K} = \int_{(V)} (\boldsymbol{D}\boldsymbol{\Phi})^{\mathrm{T}}\boldsymbol{E}\,(\boldsymbol{D}\boldsymbol{G})\,\mathrm{dV} \tag{2.26}$$

die Steifigkeitsmatrix und

$$\boldsymbol{f}(t) = \int_{(V)} \boldsymbol{\Phi}^T \overline{\boldsymbol{q}} \, dV - \int_{(V)} (\boldsymbol{D\Phi})^T \boldsymbol{E} \boldsymbol{D} (\boldsymbol{G}_0 + \vartheta \dot{\boldsymbol{G}}_0) \, dV$$
$$- \int_{(V)} \varrho \boldsymbol{\Phi}^T \ddot{\boldsymbol{G}}_0 \, dV - \mu \int_{(A_D)} \boldsymbol{\Phi}^T \dot{\boldsymbol{G}}_0 \, dV + \int_{(A_p)} \boldsymbol{\Phi}^T \overline{\boldsymbol{p}}_1 \, dA \tag{2.27}$$

der Belastungsvektor. Verwendet man speziell die virtuellen Verschiebungen $\delta \boldsymbol{u}$ als Gewichtsfunktionen, so folgt mit

$$\boldsymbol{\Phi} = \delta \boldsymbol{u} \; ; \quad \boldsymbol{\varepsilon} = \boldsymbol{D}\boldsymbol{u} \; ; \quad \delta \boldsymbol{\varepsilon} = \boldsymbol{D}(\delta \boldsymbol{u}) \tag{2.28}$$
$$\boldsymbol{\sigma} = \boldsymbol{E}^* \boldsymbol{\varepsilon} = \boldsymbol{E}^* \boldsymbol{D}\boldsymbol{u}$$

aus Gl.(2.20) unmittelbar

$$\int_{(V)} \delta \boldsymbol{\varepsilon}^T \boldsymbol{\sigma} \, dV + \int_{(V)} \varrho \, \delta \boldsymbol{u}^T \ddot{\boldsymbol{u}} \, dV - \int_{(V)} \delta \boldsymbol{u}^T \overline{\boldsymbol{q}} \, dV - \int_{(A_p)} \delta \boldsymbol{u}^T \overline{\boldsymbol{p}} \, dA = 0 \tag{2.29}$$

Gl.(2.29) stimmt, bis auf den Summenausdruck für die virtuelle Arbeit von Einzelkräften, mit Gl.(1.110) überein, d.h., in dieser Form läßt sich das Prinzip der virtuellen Arbeiten als Sonderfall der Residuenmethode auffassen. Mit dem Ansatz nach Gl.(2.12) für $\boldsymbol{u}$ erhält man

$$\boldsymbol{\varepsilon} = \boldsymbol{D}\boldsymbol{u} = \boldsymbol{D}(\boldsymbol{G}\boldsymbol{d} + \boldsymbol{G}_0)$$
$$\delta \boldsymbol{\varepsilon}^T = \delta \boldsymbol{d}^T (\boldsymbol{D}\boldsymbol{G})^T$$

und mit Gl.(2.28):

$$\boldsymbol{\sigma} = \boldsymbol{E}^* \boldsymbol{D}\boldsymbol{u} = \boldsymbol{E}^* \boldsymbol{D}(\boldsymbol{G}\boldsymbol{d} + \boldsymbol{G}_0)$$

Verwendet man schließlich noch den Operator E* nach Gl.(1.79) sowie Gl.(2.22), so erhält man wieder die Gl.(2.23).

Die Matrizen $\boldsymbol{M}$, $\boldsymbol{B}$ und $\boldsymbol{K}$ sowie der Vektor $\boldsymbol{f}$ ergeben sich in diesem Fall wie folgt:

$$\boldsymbol{M} = \int_{(V)} \varrho \boldsymbol{G}^T \boldsymbol{G} \, dV \tag{2.30}$$

$$\boldsymbol{B} = \vartheta \boldsymbol{K} + \mu \int_{(V)} \boldsymbol{G}^T \boldsymbol{G} \, dV \tag{2.31}$$

$$\boldsymbol{K} = \int_{(V)} (\boldsymbol{D}\boldsymbol{G})^T \boldsymbol{E} (\boldsymbol{D}\boldsymbol{G}) \, dV \tag{2.32}$$

$$\boldsymbol{f} = \int_{(V)} \boldsymbol{G}^T \overline{\boldsymbol{q}} \, dV - \int_{(V)} (\boldsymbol{D}\boldsymbol{G})^T \boldsymbol{E} \boldsymbol{D} (\boldsymbol{G}_0 + \vartheta \dot{\boldsymbol{G}}_0) \, dV$$
$$- \int_{(V)} \varrho \boldsymbol{G}^T \ddot{\boldsymbol{G}}_0 \, dV - \mu \int_{(A_D)} \boldsymbol{G}^T \dot{\boldsymbol{G}}_0 \, dA + \int_{(A_p)} \boldsymbol{G}^T \overline{\boldsymbol{p}}_1 \, dA \tag{2.33}$$

Dieselben Matrizen erhält man aus den Gln.(2.24) bis (2.27), wenn man darin $\boldsymbol{\Phi}^T = \boldsymbol{G}^T$ setzt. Das Prinzip der virtuellen Arbeiten als Ausgangspunkt zum Aufstellen der ortsdiskretisierten Bewegungsgleichungen für lineare Probleme erweist sich als sehr zweckmäßig. Wir werden diese Vorgehensweise deshalb häufig verwenden.

Bemerkenswert ist, daß Gl.(2.29) auch für nichtlineare Stoffgesetze gilt, wenn man für $\boldsymbol{\varepsilon}$ und $\boldsymbol{\sigma}$ die entsprechenden Beziehungen wählt und die Integrale über V und A richtig deutet (siehe Abschnitt 1.5).

2.1.3.2 Kollokationsmethode

Wählt man als Gewichtsfunktion in Gl.(2.16) die Dirac-Funktion $\delta(x_i, y_i, z_i)$ in den diskreten Punkten $P_i(x_i, y_i, z_i)$, so erhält man als Orthogonalitätsbedingung

$$\int_{(V)} \delta(x_i, y_i, z_i)\, R(x_i, y_i, z_i, t)\, dV = 0 \tag{2.34}$$

bzw.

$$R(x_i, y_i, z_i, t) = 0 \;; \quad (i=1,2,\ldots,n) \tag{2.35}$$

Das bedeutet, daß in den Punkten P_i , $i = 1,2,\ldots,n$, der Rest Null wird, die DGL der Bewegung in diesen Punkten daher exakt erfüllt ist. Im Ergebnis erhält man wieder Bewegungsgleichungen in der Form (2.1) mit im allgemeinen unsymmetrischen Matrizen, die außerdem voll besetzt sind und bei ungünstiger Wahl der Kollokationspunkte schlecht konditioniert sein können. Für die zweckmäßige Wahl der Kollokationspunkte gibt es keine allgemeingültigen Regeln. Randpunkte können in die Kollokation einbezogen werden. Eine Kombination der Kollokationsmethode mit der Fehlerquadratmethode (siehe Abschnitt 2.1.3.4) beseitigt den Nachteil unsymmetrischer Matrizen, kompliziert aber das Verfahren erheblich. Die Koordinatenfunktionen müssen alle RB erfüllen oder die Kollokation muß auch die Randpunkte einbeziehen.

2.1.3.3 Verfahren von Galerkin

Eine sehr häufig angewandte und effektive Variante der Methode der gewichteten Residuen ist das Verfahren von Galerkin. Hierbei werden die Koordinatenfunktionen $\boldsymbol{G}$ selbst als Gewichtsfunktionen verwendet. Gl.(2.16) hat dann die Form

$$\int_{(V)} \boldsymbol{G}^{\mathrm{T}}(x,y,z)\,\boldsymbol{R}(x,y,z,t)\,\mathrm{d}V$$
$$= \int_{(V)} \boldsymbol{G}^{\mathrm{T}}\left[\boldsymbol{D}^{\mathrm{T}}\boldsymbol{E}^{*}\boldsymbol{D}(\boldsymbol{G}\boldsymbol{d} + \boldsymbol{G}_0) + \varrho\,(\boldsymbol{G}\ddot{\boldsymbol{d}} + \ddot{\boldsymbol{G}}_0) - \overline{\boldsymbol{q}}\right]\mathrm{d}V = 0 \qquad (2.36)$$

Gl.(2.36) wird auch als Galerkinsche Vorschrift bezeichnet. Besser ist es jedoch, von Gl.(2.21) auszugehen. Mit $\boldsymbol{\Phi} = \boldsymbol{G}$
erhält man daraus

$$\int_{(V)} (\boldsymbol{D}\boldsymbol{G})^{\mathrm{T}}\boldsymbol{E}^{*}\boldsymbol{D}(\boldsymbol{G}\boldsymbol{d} + \boldsymbol{G}_0)\,\mathrm{d}V + \int_{(V)} \varrho\,\boldsymbol{G}^{\mathrm{T}}(\boldsymbol{G}\ddot{\boldsymbol{d}} + \ddot{\boldsymbol{G}}_0)\,\mathrm{d}V$$
$$- \int_{(V)} \boldsymbol{G}^{\mathrm{T}}\overline{\boldsymbol{q}}\,\mathrm{d}V - \int_{(A_p)} \boldsymbol{G}^{\mathrm{T}}\overline{\boldsymbol{p}}\,\mathrm{d}A = 0 \qquad (2.37)$$

Der Vorteil von Gl.(2.37) besteht darin, daß die Koordinatenfunktionen nur die geometrischen RB zu erfüllen brauchen.
Gl.(2.37) führt auf dieselben Bewegungsgleichungen wie Gl.(2.29) mit den Matrizen (2.30) bis (2.33).

Beispiel 2.4

Für das in Bild 2.9 dargestellte Schwingungssystem sind die Eigenfrequenzen und die Zwangsschwingungen für eine Wegerregung am Stabende zu ermitteln. Es seien folgende Werte gegeben:

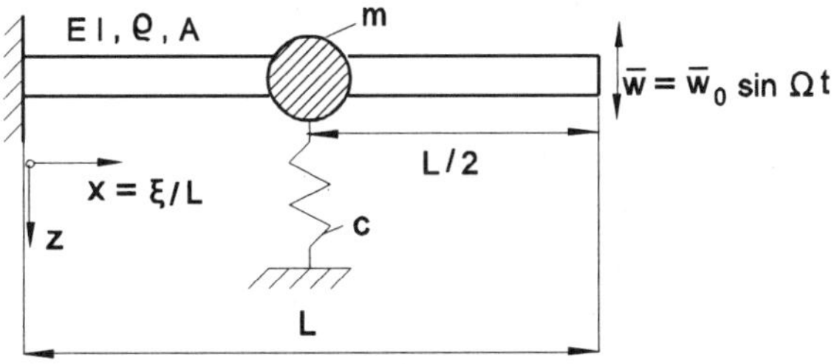

Bild 2.9 Schwingungssystem zu Beispiel 2.4

$$\frac{cL^3}{\varrho}AL = 50 \;;\; \frac{\varrho A L^4}{EI} = 100 \;;\; \frac{m}{\varrho AL} = 0{,}5 \;;\; \Omega^2 = 3 \qquad (a)$$

Für den Euler -Bernoulli-Balken gilt mit der dimensionslosen Koordinate $\xi = x/L$

$$\varepsilon = -\frac{z}{L^2}w'' \;;\; D = -\frac{z}{L^2}(\ldots)'' \;;\; (\ldots)' = \frac{d}{d\xi} \qquad (b)$$

Wegen $\boldsymbol{u} = (0\;0\;w)$ gilt ferner

$$\boldsymbol{G}(\xi) = \boldsymbol{h}^{\mathrm{T}}(\xi) \qquad (c)$$

Aufgrund der Wegerregung am Balkenende ist noch

$$G_0(\xi,t) = h_0(\xi)\overline{w} = h_0(\xi)\overline{w}_0\sin\Omega t \tag{d}$$

einzuführen. Wir gehen nun von Gl.(2.37) aus. Mit F_0 als Federkraft und F_m als Trägheitskraft der Masse m gilt:

$$\int_{(A_p)} \boldsymbol{G}^T\overline{\boldsymbol{p}}dA \quad \rightarrow \quad -h(\frac{1}{2})\,(F_c + F_m) \tag{e}$$

Der Ansatz für die Verschiebung w(ξ,t) lautet:

$$w((\xi,t) = \boldsymbol{h}^T(\xi)\,\boldsymbol{d}(t) + h_0(\xi)\overline{w}(t) \tag{f}$$

Damit ergibt sich:

$$\begin{aligned} F_c &= -cw(\frac{1}{2},t) = -c[\boldsymbol{h}^T(\frac{1}{2})\,\boldsymbol{d} + h_0(\frac{1}{2})\overline{w}] \\ F_m &= -m\ddot{w}(\frac{1}{2},t) = m[\boldsymbol{h}^T(\frac{1}{2})\,\ddot{\boldsymbol{d}} + h_0(\frac{1}{2})\,(\ddot{\overline{w}})\,] \end{aligned} \tag{g}$$

Aus Gl.(2.37) folgt nun die Bewegungsgleichung in der Form

$$\boldsymbol{M}\ddot{\boldsymbol{d}} + \boldsymbol{K}\boldsymbol{d} = \boldsymbol{f} \tag{h}$$

mit

$$\boldsymbol{M} = \varrho AL\int_0^1 \boldsymbol{h}\boldsymbol{h}^T d\xi + m\boldsymbol{h}(\frac{1}{2})\boldsymbol{h}^T(\frac{1}{2}) \tag{i}$$

$$\boldsymbol{K} = \frac{EI}{L^3}\int_0^1 \boldsymbol{h}''\,(\boldsymbol{h}^T)''d\xi + c\boldsymbol{h}(\frac{1}{2})\boldsymbol{h}^T(\frac{1}{2}) \tag{j}$$

$$\begin{aligned} \boldsymbol{f} = &-\frac{EI}{L^3}\int_0^1 \boldsymbol{h}''h_0 d\xi\,\overline{w} - \varrho AL\int_0^1 \boldsymbol{h}h_0 d\xi\,\overline{w} \\ &- c\boldsymbol{h}(\frac{1}{2})h_0(\frac{1}{2})\,\overline{w} - m\boldsymbol{h}(\frac{1}{2})h_0(\frac{1}{2})\,\overline{w} \end{aligned} \tag{k}$$

Es werden folgende Ansätze benutzt:

$$\boldsymbol{h}^T = (h_1\ h_2) = [\,(\xi^2 - \xi^3)\ \ (\xi^2 - \xi^4)\,] \quad ; \quad h_0 = \xi^2 \tag{l}$$

Damit erhält man aus den Gln.(i) bis (k) die Matrizen ***M*** und ***K*** und den Vektor $\boldsymbol{f}$ und die BGLn lauten:

$$\frac{\varrho AL}{100}\begin{bmatrix}1,7336 & 2,7195\\ 2,7195 & 4,2975\end{bmatrix}\begin{bmatrix}\ddot{d}_1\\ \ddot{d}_2\end{bmatrix} + \frac{EI}{L^3}\begin{bmatrix}7,1250 & 11,0875\\ 11,0875 & 23,8312\end{bmatrix}\begin{bmatrix}d_1\\ d_2\end{bmatrix}$$
$$= \frac{EI}{L^3}\begin{bmatrix}0,4375\\ -0,6875\end{bmatrix}\overline{w} - \frac{\varrho AL}{100}\begin{bmatrix}4,8958\\ 10,4018\end{bmatrix}\overline{w} \qquad \text{(m)}$$

Die Lösung des Eigenwertproblems (siehe Abschnitt 2.2.2.1) mit $\boldsymbol{f} = 0$ liefert die kleinste Eigenkreisfrequenz zu

$$\omega_1 = 2,02711 \ \frac{1}{s} \qquad \text{(n)}$$

Die Wegerregung am Balkenende mit der Erregerkreisfrequenz $\Omega = 1,73205$ 1/s ergibt mit $\boldsymbol{d}(t) = \hat{\boldsymbol{d}} \sin\Omega t$

$$\hat{\boldsymbol{d}} = \begin{bmatrix}\hat{d}_1\\ \hat{d}_2\end{bmatrix} = \begin{bmatrix}4,1980\\ 15,9297\end{bmatrix}\overline{w}_0 \qquad \text{(o)}$$

Der örtliche und zeitliche Verlauf der Schwingung ergibt sich aus

$$w(\xi,t) = \hat{w}(\xi)\sin\Omega t \qquad \text{(p)}$$

mit

$$\hat{w}(\xi) = [\hat{d}_1(\xi^2 - \xi^3) + \hat{d}_2(\xi^2 - \xi^4) + \xi^2]\overline{w}_0$$
$$= [21,1778\,\xi^2 - 4,1980\,\xi^3 - 15,9797\,\xi^4]\overline{w}_0 \qquad \text{(q)}$$

2.1.4 Fehlerquadratmethode

Bei dieser Methode geht man davon aus, daß das Integral über das Quadrat des Fehlers (Residuums) $\boldsymbol{R}$ zu einem Minimum gemacht werden soll:

$$I = \int_{(V)} \boldsymbol{R}^T\boldsymbol{R}\,dV = \text{Min} \qquad (2.38)$$

wobei $\boldsymbol{R}$ aus Gl.(2.13) folgt. Die Fehlerquadratmethode läßt sich bei ihrer Anwendung in der Mechanik aus dem Gaußschen Prinzip des kleinsten Zwanges, das immer ein Minimalprinzip ist, herleiten. Bei der Bildung der Variation $\delta I = 0$ ist zu beachten, daß hier die sogenannte Gaußsche Variation anzuwenden ist [13]. Ist

$$I = I(\boldsymbol{d}, \dot{\boldsymbol{d}}, \ddot{\boldsymbol{d}}, t) \qquad 2.39)$$

so wird bei der Gaußschen Variation nur die Beschleunigung variiert. Es ist daher

$$\delta I = \frac{\partial I}{\partial \ddot{\boldsymbol{d}}} \delta \ddot{\boldsymbol{d}} = 0$$

die Bedingung dafür, daß das Integral (2.38) zu einem Minimum wird. Man erhält somit die Bedingung

$$\int_{(V)} \frac{\partial \boldsymbol{R}^T}{\partial \ddot{\boldsymbol{d}}} \boldsymbol{R} \, dV = 0 \qquad (2.40)$$

2.1.5 Verfahren von Ritz

Grundlage des Ritzschen Verfahrens zur Lösung kinetischer Probleme ist das Prinzip von Hamilton (Gl.(1.132)):

$$\delta \int_{t_1}^{t_2} \Pi \, dt = \delta \int_{t_1}^{t_2} (T - W_f) \, dt = 0 \quad \text{bzw.} \qquad (2.41)$$

$$\int_{t_1}^{t_2} \Pi \, dt = \text{stationär} \qquad (2.42)$$

In dieser Form ist das Hamiltonsche Prinzip ein Variationsprinzip im Sinne der Variationsrechnung und das Ritzsche Verfahren eine direkte Methode zur näherungsweisen Lösung des Variationsproblems. Mit dem Ansatz (2.12) und $\boldsymbol{G}_0 = \boldsymbol{0}$ ergibt sich

$$\boldsymbol{u} = \boldsymbol{G}\boldsymbol{d}$$

und damit

$$\boldsymbol{\varepsilon} = \boldsymbol{D}\boldsymbol{u} = \boldsymbol{D}\boldsymbol{G}\boldsymbol{d} \qquad (2.43)$$

$$\boldsymbol{\sigma} = \boldsymbol{E}\boldsymbol{\varepsilon} = \boldsymbol{E}\boldsymbol{D}\boldsymbol{G}\boldsymbol{d} \qquad (2.44)$$

Für die kinetische Energie T erhält man nun

$$T = \frac{1}{2} \int_{(V)} \varrho \dot{\boldsymbol{u}}^T \dot{\boldsymbol{u}} \, dV = \frac{1}{2} \dot{\boldsymbol{d}}^T \boldsymbol{M} \dot{\boldsymbol{d}} \qquad (2.45)$$

mit

$$\boldsymbol{M} = \int_{(V)} \varrho\, \boldsymbol{G}^T \boldsymbol{G}\, dV \tag{2.46}$$

Die Formänderungsarbeit, auch elastisches Potential genannt, ergibt sich nach Gl.(1.129) zu

$$W_f = \frac{1}{2} \int_{(V)} \boldsymbol{\varepsilon}^T \sigma\, dV = \frac{1}{2} \int_{(V)} \boldsymbol{d}^T (\boldsymbol{D}\boldsymbol{G})^T \boldsymbol{E} (\boldsymbol{D}\boldsymbol{G})\, \boldsymbol{d}\, dV = \frac{1}{2} \boldsymbol{d}^T \boldsymbol{K} \boldsymbol{d} \tag{2.47}$$

mit der Steifigkeitsmatrix

$$\boldsymbol{K} = \int_{(V)} (\boldsymbol{D}\boldsymbol{G})^T \boldsymbol{E} (\boldsymbol{D}\boldsymbol{G})\, dV \tag{2.48}$$

Die Matrizen (2.46) und (2.48) stimmen mit den Matrizen (2.30) und (2.32) überein.

Mit der diskretisierten kinetischen Energie und der diskretisierten Formänderungsarbeit können wir nun die Lagrangesche Funktion

$$L = T - U = \frac{1}{2} \dot{\boldsymbol{d}}^T \boldsymbol{M} \dot{\boldsymbol{d}} - \frac{1}{2} \boldsymbol{d}^T \boldsymbol{K} \boldsymbol{d} \tag{2.49}$$

bilden. Das Variationsproblem (2.41) lautet damit

$$\delta \int_{t_1}^{t_2} L\, dt = 0 \tag{2.50}$$

dessen Lösung durch die Eulerschen Gleichungen

$$\frac{d}{dt}\left(\frac{\partial L}{\partial \dot{\boldsymbol{q}}} \right) - \frac{\partial L}{\partial \boldsymbol{q}} = 0 \tag{2.51}$$

gegeben ist.

Die Ausführung der Differentiationen in Gl.(2.51) führt unter Beachtung der Gl.(2.49) auf die BGL

$$\boldsymbol{M} \ddot{\boldsymbol{d}} + \boldsymbol{K} \boldsymbol{d} = 0 \tag{2.52}$$

Sie beschreiben freie ungedämpfte Schwingungen. Die Koordinatenfunktionen $\boldsymbol{G}$ brauchen nur die geometrischen RB zu erfüllen, die kinetischen RB werden durch das Variationsprinzip bereits berücksichtigt. Die Matrizen $\boldsymbol{M}$ und $\boldsymbol{K}$ sind bei diesem Verfahren stets symmetrisch und voll besetzt. Bei der Lösung von Eigenwertproblemen gilt die Aussage, daß die Näherungswerte für die Eigenwerte immer oberhalb der exakten Werte liegen.

Liegt ein allgemeineres Problem vor, zu dessen Lösung das Hamiltonsche Prinzip ebenfalls anwendbar ist, ergeben sich keine Vorteile gegenüber den bisher beschriebenen Methoden,so daß darauf hier nicht eingegangen wird.

2.1.6 Methode der finiten Elemente für lineare Berechnungen

2.1.6.1 Allgemeines

Das wohl universellste und auch effektivste Verfahren zur Diskretisierung von Kontinua ist die Methode der finiten Elemente, auch Finite-Elemente-Methode (FEM) genannt. Sie wird deshalb in großen Programmsystemen für statische und dynamische Berechnungen fast ausschließlich angewandt.

Die direkte Anwendung der Residuenmethoden bzw. des Ritzschen Verfahrens auf die Gesamtstruktur hat den Nachteil, daß es schwer oder unmöglich ist, Ansatzfunktionen zu finden, die den geforderten RB genügen. Ein weiterer Nachteil besteht darin, daß die sich ergebenden Matrizen voll besetzt sind, was die numerische Lösbarkeit der Probleme erschwert. Deshalb ist die Anwendung dieser Methoden auf einfache Strukturen beschränkt. Mit Hilfe der FEM lassen sich die genannten Nachteile vermeiden.

Der Grundgedanke dieser Methode besteht darin, eine der dargelegten Integralformulierungen nicht auf die gesamte Struktur, sondern auf Teilstrukturen derselben anzuwenden und die für die Teilbereiche geltenden Gleichungen in geeigneter Weise zu Gleichungen für die Gesamtstruktur zusammenzufügen. Dazu wird die zu untersuchende Struktur in eine endliche Anzahl einfacher Teilbereiche, die sogenannten finiten Elemente (FE), so eingeteilt, daß die Gesamtheit der Elemente die Struktur möglichst gut approximiert.

Der Verschiebungszustand im Innern jedes Elementes wird durch die Verschiebungen diskreter Punkte, den Elementknoten, mit Hilfe von Approximationsfunktionen beschrieben. Bei der Zusammensetzung der Elementgleichungen zu denen der Gesamtstruktur sind Gleichgewichts- und Kontinuitätsbedingungen an den Elementknoten und an den Elementrändern zu beachten.

Über die FEM und ihre verschiedenen Varianten gibt es inzwischen ein umfangreiches Schrifttum [1], [3], [24], [32]. Es kann deshalb nicht die Aufgabe dieses Buches sein, die Grundlagen der FEM und ihre Anwendung in ihren Einzelheiten hier darzulegen. Vielmehr beschränken sich die folgenden Ausführungen auf die Zusammenstellung wichtiger Beziehungen und auf einige allgemeine Hinweise zur Anwendung der FEM, insbesondere bei der Nutzung von FE-Rechenprogrammen. Auf spezielle, kommerziell angebotene

Programme wird nicht eingegangen.

Für die Lösung kinetischer Kontinuumsprobleme hat sich die sogenannte Verschiebungsgrößenmethode als besonders zweckmäßig erwiesen. Deshalb beschränken wir uns im folgenden ausschließlich auf diese Variante der FEM.

2.1.6.2 Elementbeziehungen

Die zu untersuchende Struktur wird als System endlich vieler endlicher (finiter) Elemente dargestellt, die in den auf den Elementrändern liegenden Knotenpunkten miteinander verbunden sind. Bild 2.10 zeigt ein räumliches Kontinuum in einem raumfesten globalen Koordinatensystem x, y, z und ein finites Element mit einem, diesem zugeordneten lokalen Bezugssystem x', y', z'. Kleine Kreise auf den Elementrändern kennzeichnen die Elementknoten.

An jedem Knoten treten unbekannte verallgemeinerte Verschiebungsgrößen (Verschiebungen, Verdrehungen) auf. Die Anzahl der Verschiebungsgrößen an einem Knoten kennzeichnet dessen Freiheitsgrad. Die Gesamtzahl der Knotenfreiheitsgrade eines Elementes bestimmt den Elementfreiheitsgrad.

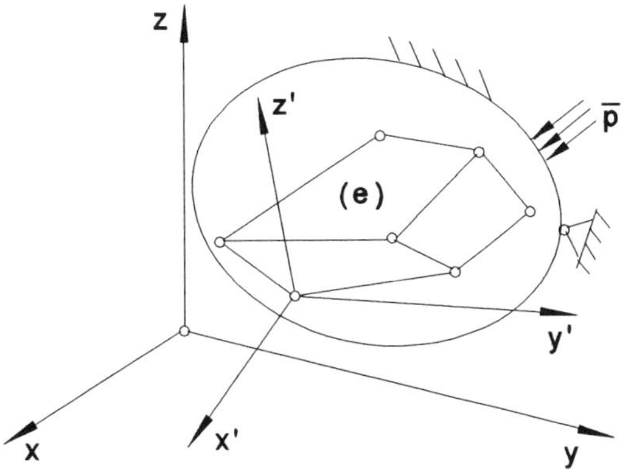

Bild 2.10 Finites Element in einem Kontinuum mit lokalem (x', y', z') und globalem (x, y, z)-Koordinatensystem

Für die Verschiebungen im Innern des Elementes, den Feldverschiebungen, werden Näherungsansätze der Form

$$\mathbf{u}_e(x', y', z', t) = \begin{bmatrix} u_e \\ v_e \\ w_e \end{bmatrix} = \begin{bmatrix} \mathbf{n}_{x'}^T & \mathbf{0}^T & \mathbf{0}^T \\ \mathbf{0}^T & \mathbf{n}_{y'}^T & \mathbf{0}^T \\ \mathbf{0}^T & \mathbf{0}^T & \mathbf{n}_{z'}^T \end{bmatrix} \begin{bmatrix} \mathbf{r}_{x'} \\ \mathbf{r}_{y'} \\ \mathbf{r}_{z'} \end{bmatrix} = \mathbf{N}_e'(x', y', z')\, \mathbf{r}_e(t) \tag{2.53}$$

gemacht. Dabei sind dieAnsatzfunktionen in $\boldsymbol{N}_e'(x', y', z')$ in der Regel Polynome und der Vektor $\boldsymbol{r}_e(t)$ enthält zeitabhängige Koeffizienten, die so bestimmt werden, daß die Verschiebungen in den Knoten durch den Knotenverschiebungsvektor

$$\boldsymbol{d}_e'^T(t) = [\boldsymbol{u}_e'(t) \ \boldsymbol{v}_e'(t) \ \boldsymbol{w}_e'(t)] \qquad (2.54)$$

ausgedrückt werden. Die Anzahl der zeitabhängigen Freiwerte in $\boldsymbol{r}_e(t)$ muß deshalb gleich der Anzahl der Elementknotenverschiebungen in $\boldsymbol{d}_e'$ sein. Mit der quadratischen Matrix $\boldsymbol{A}_e$ muß also gelten:

$$\boldsymbol{d}_e'(t) = \boldsymbol{A}_e \boldsymbol{r}_e(t) \qquad (2.55)$$

wobei sich die Matrix $\boldsymbol{A}_e$ aus Gl.(2.53) dadurch ergibt, daß man dort der Reihe nach die Koordinaten der Knoten x_i', y_i', z_i', $i = 1, 2, ..., n$, einsetzt. Wenn $\boldsymbol{A}_e$ regulär ist, folgt aus Gl.(2.55):

$$\boldsymbol{r}_e(t) = \boldsymbol{A}_e^{-1} \boldsymbol{d}_e'(t) \qquad (2.56)$$

Damit ergibt sich aus Gl.(2.53):

$$\boldsymbol{u}_e = \boldsymbol{N}_e' \boldsymbol{A}_e^{-1} \boldsymbol{d}_e'(t) = \boldsymbol{G}_e'(x', y', z') \, \boldsymbol{d}_e'(t) \qquad (2.57)$$

mit

$$\boldsymbol{G}_e' = \boldsymbol{N}_e' \boldsymbol{A}_e^{-1} = \begin{bmatrix} \boldsymbol{f}^T(x', y', z') & \boldsymbol{0}^T & \boldsymbol{0}^T \\ \boldsymbol{0}^T & \boldsymbol{g}^T(x, y, z) & \boldsymbol{0}^T \\ \boldsymbol{0}^T & \boldsymbol{0}^T & \boldsymbol{h}^T(x', y', z') \end{bmatrix} \qquad (2.58)$$

Die Elemente der Matrix $\boldsymbol{G}_e'$ werden als Formfunktionen bezeichnet. Die hochgestellten Striche kennzeichnen die Bezugnahme auf ein lokales Koordinatensystem.

Auf diese Weise ist eine große Anzahl von ein-, zwei- und dreidimensionalen Elementtypen entwickelt worden, die in verschiedenen Kombinationen in zahlreichen Computerprogrammen verwendet werden. Dabei ist zwischen kompatiblen und nichtkompatiblen Elementen zu unterscheiden. Bei den kompatiblen Elementen werden die Stetigkeitsbedingungen nicht nur in den Elementknoten auf den Rändern, sondern auf den Elementrändern insgesamt gewährleistet. Bei den nichtkompatiblen Elementen ist die Stetigkeit nur in den Knoten gegeben. Dadurch treten bei linearen Elementen an den Rändern zusätzliche Zwänge auf, die Einfluß auf die Genauigkeit der Ergebnisse und auf die Konvergenz des Verfahrens haben.

Für die Elementverzerrungen erhält man mit Gl(2.57)

$$\boldsymbol{\varepsilon}_e' = \boldsymbol{D}' \boldsymbol{u}_e = \boldsymbol{D}' \boldsymbol{G}_e' \boldsymbol{d}_e' = \boldsymbol{C}_e'(x', y', z') \, \boldsymbol{d}_e'(t) \qquad (2.59)$$

mit der Verzerrungsmatrix

$$\boldsymbol{C}_e' = \boldsymbol{D}'\boldsymbol{G}_e' \tag{2.60}$$

Für die Spannungen gilt

$$\boldsymbol{\sigma}_e' = \boldsymbol{E}_e^* \boldsymbol{\varepsilon}_e' \tag{2.61}$$

Zur Formulierung der kinetischen Gleichgewichtsbedingungen für das Element wird von Gl.(2.29) ausgegangen, was der Anwendung des Prinzips der virtuellen Arbeiten entspricht:

$$\begin{aligned} &\int_{(V_e)} \delta\boldsymbol{\varepsilon}'^T_e \boldsymbol{\sigma}_e' dV + \int_{(V_e)} \varrho_e \delta\boldsymbol{u}_e^T \ddot{\boldsymbol{u}}_e dV \\ &- \int_{(V_e)} \delta\boldsymbol{u}_e^T \overline{\boldsymbol{q}}_e' dV - \int_{(A_{p_e})} \delta\boldsymbol{u}_e^T \overline{\boldsymbol{p}}_e' dA = 0 \end{aligned} \tag{2.62}$$

Beachtet man ferner, daß nach Gl.(2.22)

$$\overline{\boldsymbol{p}}_e' = \overline{\boldsymbol{p}}_{1e}' - \mu \dot{\boldsymbol{u}}_e = \overline{\boldsymbol{p}}_{1e}' - \mu \boldsymbol{D}' \dot{\boldsymbol{d}}_e' \tag{2.63}$$

ist, so erhält man die Bewegungsgleichung für das Element "e" in der Form

$$\boldsymbol{M}_e' \ddot{\boldsymbol{d}}_e' + \boldsymbol{B}_e' \dot{\boldsymbol{d}}_e' + \boldsymbol{K}_e' \boldsymbol{d}_e' = \boldsymbol{f}_e' \tag{2.64}$$

Die Matrizen M_e', B_e', K_e' und der Vektor $\boldsymbol{f}_e'$ in Gl.(2.64) erhält man unter Berücksichtigung der Gln.(2.59). (2.60), (2.61) und (1.79) aus Gl.(2.62):
Elementmassenmatrix:

$$\boldsymbol{M}_e' = \int_{(V_e)} \varrho_e \boldsymbol{G}_e'^T \boldsymbol{G}_e' dV \tag{2.65}$$

Elementsteifigkeitsmatrix:

$$\boldsymbol{K}_e' = \int_{(V_e)} \boldsymbol{C}_e'^T \boldsymbol{E}\, \boldsymbol{C}_e' dV \tag{2.66}$$

Elementdämpfungsmatrix:

$$\boldsymbol{B}_e' = \vartheta \boldsymbol{K}_e' + \int_{(A_{D_e})} \mu \boldsymbol{G}_e'^T \boldsymbol{G}_e' dA \tag{2.67}$$

Elementbelastungsvektor:

$$\boldsymbol{f}_e' = \int_{(V_e)} \boldsymbol{G}_e'^T \overline{\boldsymbol{q}}_e' dV + \int_{(A_{p_e})} \boldsymbol{G}_e'^T \overline{\boldsymbol{p}}_{1e}' dA \tag{2.68}$$

Damit sind die Elementbeziehungen im lokalen Bezugssystem formuliert.

2.1.6.3 Systemgleichungen

Um die Bewegungsgleichungen für das Gesamtsystem angeben zu können, müssen aus den Elementmatrizen die entsprechenden Systemmatrizen konstruiert werden. Diese ergeben sich durch Summation der Elementmatrizen unter Beachtung der Zuordnung der Element- und Systemknoten. Sind die Elementbeziehungen bereits auf das globale Koordinatensystem bezogen, so kann die Summation unmittelbar erfolgen. Sonst müssen die auf das lokale Koordinatensystem bezogenen Elementmatrizen vorher auf das globale Bezugssystem transformiert werden. Das erfolgt mit Hilfe einer Elementtransformationsmatrix $\boldsymbol{T}_e$, die sich aus einfachen geometrischen Betrachtungen ergibt:

$$\boldsymbol{d}_e' = \boldsymbol{T}_e \boldsymbol{d}_e \tag{2.69}$$

In Gl.(2.69) ist $\boldsymbol{d}_e'$ der Elementverschiebungsvektor im lokalen, $\boldsymbol{d}_e$ der entsprechende Vektor im globalen Koordinatensystem. Die Anordnung der Elemente in $\boldsymbol{d}_e'$ bzw. $\boldsymbol{d}_e$ kann entweder in der Reihenfolge

$$\boldsymbol{d}_e'^T = [u_1 v_1 w_1 \; u_2 v_2 w_2 \; ... \; u_m v_m w_m]$$

oder in der Form

$$\boldsymbol{d}_e'^T = [u_1 u_2 ... u_m \; v_1 v_2 ... v_m \; w_1 w_2 ... w_m]$$

erfolgen.

Setzt man Gl.(2.69) in Gl.(2.64) ein, so erhält man nach Linksmultiplikation mit $\boldsymbol{T}_e^T$ die auf das globale Kordinatensystem bezogene Elementgleichung

$$\boldsymbol{M}_e \ddot{\boldsymbol{d}}_e + \boldsymbol{B}_e \dot{\boldsymbol{d}}_e + \boldsymbol{K}_e \boldsymbol{d}_e = \boldsymbol{f}_e \tag{2.70}$$

mit den Matrizen

$$\boldsymbol{M}_e = \boldsymbol{T}_e^T \boldsymbol{M}_e' \boldsymbol{T}_e \tag{2.71a}$$

$$\boldsymbol{B}_e = \boldsymbol{T}_e^T \boldsymbol{B}_e' \boldsymbol{T}_e \tag{2.71b}$$

$$\boldsymbol{K}_e = \boldsymbol{T}_e^T \boldsymbol{K}_e' \boldsymbol{T}_e \tag{2.71c}$$

$$\boldsymbol{f}_e = \boldsymbol{T}_e^T \boldsymbol{f}_e' \tag{2.71d}$$

Die Zuordnung der Elementknoten zu den Systemknoten erfolgt mittels der Zuordnungsmatrix $\boldsymbol{Z}_e$ durch die Beziehung

$$\boldsymbol{d}_e = \boldsymbol{Z}_e \boldsymbol{d} \tag{2.72}$$

Durch Gl.(2.72) wird dem Elementverschiebungsvektor $\boldsymbol{d}_e$ mit m_e Zeilen dem Systemknotenverschiebungsvektor $\boldsymbol{d}$ mit n Zeilen zugeordnet. Die Matrix $\boldsymbol{Z}_e$ hat demnach m_e Zeilen und n Spalten. Mit Gl.(2.72) wird die auf die Elementknoten bezogene Gl.(2.70) nach Linksmultiplikation mit $\boldsymbol{Z}_e^T$ für jedes Element auf eine Elementgleichung in bezug auf die Systemknoten transformiert:

$$\boldsymbol{M}_e^{(s)} \ddot{\boldsymbol{d}} + \boldsymbol{B}_e^{(s)} \dot{\boldsymbol{d}} + \boldsymbol{K}_e^{(s)} \boldsymbol{d} = \boldsymbol{f}_e^{(s)} \tag{2.73}$$

mit den Matrizen

$$\begin{aligned} \boldsymbol{M}_e^{(s)} &= \boldsymbol{Z}_e^T \boldsymbol{M}_e \boldsymbol{Z}_e \\ \boldsymbol{B}_e^{(s)} &= \boldsymbol{Z}_e^T \boldsymbol{B}_e \boldsymbol{Z}_e \\ \boldsymbol{K}_e^{(s)} &= \boldsymbol{Z}_e^T \boldsymbol{K}_e \boldsymbol{Z}_e \\ \boldsymbol{f}_e^{(s)} &= \boldsymbol{Z}_e^T \boldsymbol{f}_e \end{aligned} \tag{2.74}$$

Die Matrizen in Gl.(2.74) haben das Format (n, n) und der Belastungsvektor $\boldsymbol{f}_e^{(s)}$ das Format (n, 1).

Diese Matrizen bzw. der Vektor können nun unmittelbar durch Summation zu den Systemmatrizen $\boldsymbol{M}$, $\boldsymbol{B}$, $\boldsymbol{K}$ bzw. zum Systemvektor $\boldsymbol{f}$ zusammengefaßt werden:

$$\begin{aligned} \boldsymbol{M} &= \sum_{(e)} \boldsymbol{M}_e^{(s)} \; ; \quad \boldsymbol{B} = \sum_{(e)} \boldsymbol{B}_e^{(s)} \\ \boldsymbol{K} &= \sum_{(e)} \boldsymbol{K}_e^{(s)} \; ; \quad \boldsymbol{f} = \sum_{(e)} \boldsymbol{f}_e^{(s)} \end{aligned} \tag{2.75}$$

Die Bewegungsgleichung für das Gesamtsystem lautet mit Gl.(2.75):

$$\boldsymbol{M}\ddot{\boldsymbol{d}} + \boldsymbol{B}\dot{\boldsymbol{d}} + \boldsymbol{K}\boldsymbol{d} = \boldsymbol{f} \tag{2.76}$$

Die Systemgleichung (2.76) muß noch den geometrischen RB angepaßt werden. Dies geschieht zweckmäßig dadurch, daß die RB bereits bei der Formulierung des Systemknotenverschiebungsvektors berücksichtigt werden. Ist das der Fall, so ist Gl.(2.76) mit den Matrizen (2.75) bereits die zu dem betrachteten System gehörige Bewegungsgleichung.

2.1.6.4 Das isoparametrische Konzept zur Berechnung der Elementmatrizen

Zur effektiven Berechnung der Elementmatrizen werden häufig sogenannte isoparametrische

Elemente verwendet. Damit können auch Elemente mit gekrümmten Rändern beschrieben werden, wodurch die Anpassungsfähigkeit der FEM an geometrisch komplizierte Strukturen erhöht wird. Der Grundgedanke dieser Methode besteht darin, daß das reale Element im globalen Bezugssystem auf ein Basis-Einheitselement mit den natürlichen lokalen Koordinaten ξ, η, ζ transformiert wird.

Als Basis-Einheitselemente werden je nach Dimension des Problems Einheitsstabelemente, Einheitsquadrate oder Einheitsquader mit den Seitenlängen 1 oder 2 verwendet.

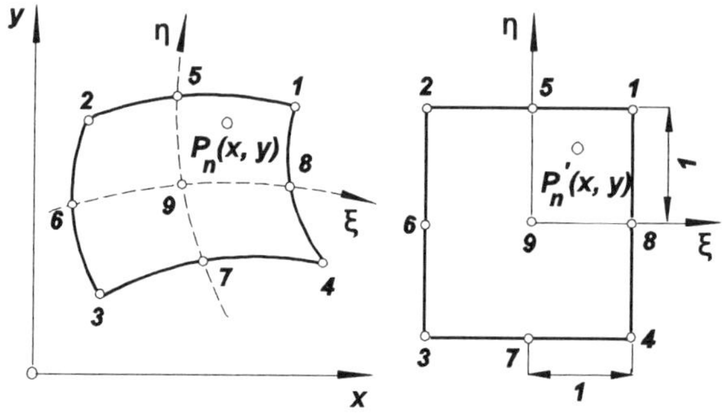

Bild 2.11 9-Knoten-Scheibenelement mit Basis-Einheitselement

Das Prinzip der Vorgehensweise werde an einem 9-Knoten-Scheibenelement dargestellt. Bild 2.11 zeigt ein solches Element und das entsprechende Basiselement. Ein Punkt $P_n(x, y)$ im realen Element, bezogen auf das Globalsystem wird mit Hilfe einer Transformationsmatrix $\boldsymbol{R}_e'(\xi, \eta)$ auf einen Punkt $P_n'(\xi, \eta)$ im Einheits-Basiselement transformiert.

$$\begin{bmatrix} x'(\xi,\eta) \\ y'(\xi,\eta) \end{bmatrix} = \begin{bmatrix} \boldsymbol{r}_x'^T(\xi,\eta) & \boldsymbol{0}^T \\ \boldsymbol{0}^T & \boldsymbol{r}_y'^T(\xi,\eta) \end{bmatrix} \begin{bmatrix} \boldsymbol{x} \\ \boldsymbol{y} \end{bmatrix} = \boldsymbol{R}_e'(\xi,\eta) \begin{bmatrix} \boldsymbol{x} \\ \boldsymbol{y} \end{bmatrix} \qquad (2.77)$$

Darin sind

$$\boldsymbol{x}^T = (x_1 x_2 \ldots x_N) \;\; ; \;\; \boldsymbol{y}^T = (y_1 y_2 \ldots y_N)$$

die Koordinaten der N Knoten des realen Elementes im globalen Bezugssystem und $x'(\xi,\eta)$, $y'(\xi, \eta)$ die Koordinaten eines Elementpunktes $P_n'(\xi, \eta)$ bezogen auf das lokale natürliche Koordinatensystem.

Der Verschiebungszustand wird nun in den Basis-Einheitselementen, bezogen auf deren natürliche Koordinaten , approximiert:

$$\boldsymbol{u}_e'(\xi,\eta) = \begin{bmatrix} u'(\xi,\eta) \\ v'(\xi,\eta) \end{bmatrix} = \begin{bmatrix} \boldsymbol{f}'^T(\xi,\eta) & \boldsymbol{0}^T \\ \boldsymbol{0}^T & \boldsymbol{g}'^T(\xi,\eta) \end{bmatrix} = \boldsymbol{G}_e'(\xi,\eta)\, \boldsymbol{d}_e(t) \qquad (2.78)$$

Wenn für die Transformationsmatrix $\boldsymbol{R}_e'(\xi, \eta)$ die Matrix der Formfunktionen $\boldsymbol{G}_e'(\xi, \eta)$ verwendet wird, so heißen diese Elemente isoparametrische Elemente. In diesem Falle ist

$$\begin{bmatrix} x'(\xi,\eta) \\ y'(\xi,\eta) \end{bmatrix} = \boldsymbol{G}_e'(\xi,\eta) \begin{bmatrix} \boldsymbol{x} \\ \boldsymbol{y} \end{bmatrix} \tag{2.79}$$

Ist der Grad der Funktionen in $\boldsymbol{R}_e'$ kleiner als der Grad der Formfunktionen in $\boldsymbol{G}_e'$, so erhält man sogenannte subparametrische Elemente, im umgekehrten Fall, wenn die Funktionen in $\boldsymbol{R}_e'$ von höherem Grad sind als die Formfunktionen, entstehen superparametrische Elemente.

Bei isoparametrischen Elementen ist die Übertragung der Stetigkeitseigenschaften auf das Basiselement in jedem Falle gesichert. Sie werden deshalb bevorzugt verwendet.

Bei der Berechnung der Elementmatrizen wird wie folgt vorgegangen. Die Elementsteifigkeitsmatrix ergibt sich nach Gl(2.66) aus

$$\boldsymbol{K}_e' = h \int_{(A_e)} [\boldsymbol{D}'(x,y)\, \boldsymbol{G}_e'(\xi,\eta)]^T \boldsymbol{E}\, [\boldsymbol{D}'(x,y)\, \boldsymbol{G}_e'(\xi,\eta)]\, dx\, dy \tag{2.80}$$

mit h als Dicke und dA = dxdy als Flächenelement der Scheibe.

In Gl.(2.80) sind die Formfunktionen in Abhängigkeit von den Basiskoordinaten, die Differentialmatrix $\boldsymbol{D}'$ jedoch als Funktion von x und y gegeben. Um die Integration ausführen zu können, müssen alle Funktionen auf die Koordinaten ξ, η bezogen und die Integration über dieselben Variablen ausgeführt werden. Mit der Jacobi-Matrix

$$\boldsymbol{J} = \begin{bmatrix} \dfrac{\partial x}{\partial \xi} & \dfrac{\partial y}{\partial \xi} \\ \dfrac{\partial x}{\partial \eta} & \dfrac{\partial y}{\partial \eta} \end{bmatrix} \tag{2.81}$$

gelten die Beziehungen

$$\begin{bmatrix} \dfrac{\partial}{\partial \xi} \\ \dfrac{\partial}{\partial \eta} \end{bmatrix} = \boldsymbol{J} \begin{bmatrix} \dfrac{\partial}{\partial x} \\ \dfrac{\partial}{\partial y} \end{bmatrix} ; \quad \begin{bmatrix} \dfrac{\partial}{x} \\ \dfrac{\partial}{\partial y} \end{bmatrix} = \boldsymbol{J}^{-1} \begin{bmatrix} \dfrac{\partial}{\partial \xi} \\ \dfrac{\partial}{\partial \eta} \end{bmatrix} \tag{2.82}$$

Damit diese Transformationen eindeutig möglich sind, ist hinreichend und notwendig, daß $\boldsymbol{J}$ regulär und det($\boldsymbol{J}$) positiv ist.

Mit Gl.(2.82) kann der Differentialoperator $\boldsymbol{D}'$ für ebene Probleme

$$\boldsymbol{D}'(x,y) = \begin{bmatrix} \frac{\partial}{\partial x} & 0 \\ 0 & \frac{\partial}{\partial y} \\ \frac{\partial}{\partial y} & \frac{\partial}{\partial x} \end{bmatrix} \tag{2.83}$$

in den Operator

$$\boldsymbol{D}'(\xi,\eta) = \begin{bmatrix} 1 & 0 & 0 & 0 \\ 0 & 0 & 0 & 1 \\ 0 & 1 & 1 & 0 \end{bmatrix} \begin{bmatrix} \boldsymbol{J}^{-1} & \boldsymbol{0} \\ \boldsymbol{0} & \boldsymbol{J}^{-1} \end{bmatrix} \begin{bmatrix} \frac{\partial}{\partial \xi} & 0 \\ \frac{\partial}{\partial \eta} & 0 \\ 0 & \frac{\partial}{\partial \xi} \\ 0 & \frac{\partial}{\partial \eta} \end{bmatrix} \tag{2.84}$$

transformiert werden. Mit dxdy = det($\boldsymbol{J}$)dξdη erhält man nun für die Steifigkeitsmatrix (2.80):

$$\boldsymbol{K}_e' = h \int_{-1}^{1} \int_{-1}^{1} [\boldsymbol{D}'(\xi,\eta)\,\boldsymbol{G}_e']^T \boldsymbol{E}\,\boldsymbol{D}'(\xi,\eta)\,\boldsymbol{G}_e'(\xi,\eta)\,\det\boldsymbol{J}\,d\xi\,d\eta \tag{2.85}$$

Die Massenmatrix wird aus

$$\boldsymbol{M}_e' = h \int_{-1}^{1} \int_{-1}^{1} \varrho_e \boldsymbol{G}_e'^T \boldsymbol{G}_e'(\xi,\eta)\,\det\boldsymbol{J}\,d\xi\,d\eta \tag{2.86}$$

berechnet. Die Berechnung von $\boldsymbol{B}_e'$ und $\boldsymbol{f}_e'$ erfolgt analog. Bei ein- und dreidimensionalen Problemen ist entsprechend zu verfahren.

In der Literatur werden zahlreiche ein-, zwei- und dreidimensionale Elementtypen mit den zugeordneten Interpolationsformeln angeboten, die in Computerprogrammen verwendet werden. Hier müssen wir auf ihre Darstellung verzichten.

Die Berechnung der Integrale (2.85) und (2.86) ist meist nicht in geschlossener Form möglich. Dies ist jedoch kein Nachteil, da selbst dort, wo eine geschlossene Integration möglich wäre, numerische Integrationsmethoden effektiver sind. Als numerisches Verfahren hat sich besonders das Gaußsche Verfahren bewährt. Bei ihm werden die Integrale durch Summen in der Form

$$\int_{(l)} F(\xi)\,d\xi = \sum_{(i)} w_i F(\xi_i) + R_n$$

$$\int_{(A)} F(\xi,\eta)\,d\xi\,d\eta = \sum_{(i,j)} w_{ij} F(\xi_i,\eta_i) + R_n \tag{2.87}$$

$$\int_{(V)} F(\xi,\eta,\zeta)\,d\xi\,d\eta\,d\zeta = \sum_{(i,j,k)} w_{ijk} F(\xi_i,\eta_i,\zeta_i) + R_n$$

dargestellt. Die Beiwerte w_i, w_{ij}, w_{ijk} sind Gewichtsfunktionen, die R_n Fehlerglieder, die allerdings in der Praxis nicht berechnet werden. Die Ordnung der Approximation und damit die Genauigkeit hängt von der Anzahl der Stützstellen P_i ab.

2.1.6.5 Bemerkungen zur weiteren Entwicklung der FEM und zu verwandten Verfahren

Neben den dargestellten Standardelementen und -algorithmen gibt es zahlreiche weitere Elementtypen, Elementkombinationen und spezielle effektive Algorithmen.

Genannt seien Algorithmen zur Netzverfeinerung in Bereichen hoher Spannungsgradienten und ihre von einer vorgegebenen Fehlerschranke abhängige automatische Generierung auf Computern. Ferner die Entwicklung von Übergangselementen, die Bereiche unterschiedlicher Elementtypen miteinander verknüpfen.

Bei der Lösung von Schwingungsproblemen können mitunter streifenförmige Elemente von Vorteil sein. Bei ihnen werden in Streifenrichtung Fourierreihen angesetzt, während in der anderen Richtung übliche Polynomansätze verwendet werden. Man erreicht damit eine erhebliche Reduktion der Freiheitsgradanzahl. Solche Elemente werden auch als finite Streifenelemente bezeichnet.

Die Kombination finiter Streifen mit üblichen finiten Elementen bietet vor allem bei dünnwandigen komplizierten Strukturen ebenfalls erhebliche Vorteile. Hierzu sind spezielle Algorithmen, z.B. die Methode der gemischten Interpolation, entwickelt worden.

Erwähnt seien ferner die sogenannten Mehrfeldformulierungen und die hybriden Elemente der FEM, die jedoch für Schwingungsuntersuchungen keine große Bedeutung haben.

Alternativ zur FEM wird seit einigen Jahren zur Lösung spezieller Probleme der Festkörpermechanik die Randelementmethode (engl.: Boundary-Element-Method, BEM) angewendet. Der Grundgedanke der BEM besteht darin, das in Form von Gebietsdifferentialgleichungen und RB vorliegende Problem in geeigneter Weise auf eine integrale Beschreibung auf dem

Gebietsrand zu transformieren. Die so erhaltene Problembeschreibung reduziert die Dimension jeweils um eins: dreidimensionale Probleme werden auf zweidimensionale und zweidimensionale auf eindimensionale zurückgeführt.

Dies kann dadurch geschehen, daß auf die vorliegende Differentialgleichung die Residuenmethode angewandt wird. Durch partielle Integration wird dann das Gebietsintegral in ein Randintegral und in ein anderes Gebietsintegral überführt. Die Gewichtsfunktion wird nun so gewählt, daß sie einerseits eine Fundamentallösung der Differentialgleichung (ohne Berücksichtigung der RB) ist und daß sich andererseits das Gebietsintegral geschlossen auswerten läßt. Dadurch entsteht eine Integralgleichung für die Verschiebungen auf dem Gebietsrand. Diese wird durch Diskretisierung des Randes in ein System algebraischer Gleichungen überführt.

Die Reduzierung der Dimension des Problems führt auch zu einer Verminderung der Anzahl der Freiheitsgrade und damit zu einem geringeren Aufwand für die Datenaufbereitung. Diesen Vorteilen stehen aber als Nachteile gegenüber, daß die bei der BEM auszuwertenden Matrizen voll besetzt und im allgemeinen unsymmetrisch sind und daß außerdem die Berechnung der Matrizenelemente aufwendiger ist als bei der FEM. Deshalb konzentriert sich die Anwendung der BEM in der Festkörpermechanik auf spezielle Probleme, z.B. auf Probleme der Bruchmechanik, bei denen in erster Linie die Feldzustände in eng begrenzten Bereichen von Interesse sind. Ein hier interessierendes Anwendungsgebiet der BEM ist die Berechnung von Schwingungen flüssigkeitsbeaufschlagter Festkörperstrukturen, wobei zweckmäßigerweise die BEM für das Flüssigkeitsgebiet mit der FEM für die Struktur kombiniert wird. In diesem Rahmen können wir auf die BEM nicht näher eingehen. Wir werweisen deshalb auf die einschlägige Literatur [4], [16], [26].

Beispiel 2.5

Gegeben sei ein Stabtragwerk nach Bild 2.12. Es sind die ortsdiskretisierten Bewegungsgleichungen mit Hilfe der FEM zu ermitteln.

Für die Verschiebungen u_e, v_e werden im lokalen Bezugssystem folgende Polynomansätze gemacht (Gl.(2.53)):

$$\boldsymbol{N}_e' = \begin{bmatrix} 1 & x' & 0 & 0 & 0 & 0 \\ 0 & 0 & 1 & x' & x'^2 & x'^3 \end{bmatrix} \qquad \text{(a)}$$

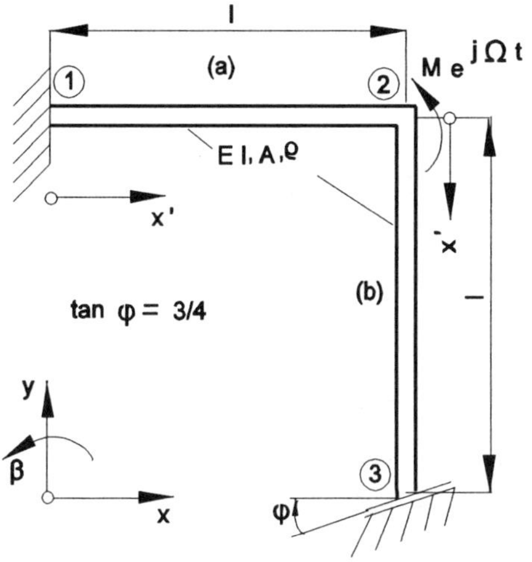

Bild 2.12 Stabtragwerk, bestehend aus den Stäben (a) und (b) mit lokalen und globalen Koordinaten

Wegen $\beta_e = \partial v_e / \partial x'$ wird für β_e kein weiterer Ansatz benötigt.

Der Elementverschiebungsvektor sei

$$\boldsymbol{d}_e'^T = (u_1' \; u_2' \; v_1' \; v_2' \; \beta_1' \; \beta_2') \tag{b}$$

Um die Matrix $\boldsymbol{A}_e$ nach Gl.(2.55) zu erhalten, werden in Gl.(2.53) der Reihe nach die Koordinaten der Knoten x_i', i = 1,2, unter Berücksichtigung von Gl.(a) eingesetzt. Man erhält so

$$\boldsymbol{A}_e = \begin{bmatrix} 1 & 0 & 0 & 0 & 0 & 0 \\ 1 & l & 0 & 0 & 0 & 0 \\ 0 & 0 & 1 & 0 & 0 & 0 \\ 0 & 0 & 1 & l & l^2 & l^3 \\ 0 & 0 & 0 & 1 & 0 & 0 \\ 0 & 0 & 0 & 1 & 2l & 3l^2 \end{bmatrix} \tag{c}$$

(l = Elementlänge). Die Inversion von $\boldsymbol{A}_e$ ergibt

$$\boldsymbol{A}_e^{-1} = \begin{bmatrix} 1 & 0 & 0 & 0 & 0 & 0 \\ -1/l & 1/l & 0 & 0 & 0 & 0 \\ 0 & 0 & 1 & 0 & 0 & 0 \\ 0 & 0 & 0 & 0 & 1 & 0 \\ 0 & 0 & -3/l^2 & 3/l^2 & -2/l & -1/l \\ 0 & 0 & 2/l^3 & -2/l^3 & 1/l^2 & 1/l^2 \end{bmatrix} \tag{d}$$

Damit erhält man entsprechend Gl.(2.58) die Matrix der Formfunktionen

$$\boldsymbol{G}_e{}' = \boldsymbol{N}_e{}'\boldsymbol{A}_e^{-1} = \begin{bmatrix} f_1 & f_2 & 0 & 0 & 0 & 0 \\ 0 & 0 & h_1 & h_2 & h_3 & h_4 \end{bmatrix} \tag{e}$$

Mit $\xi = x'/l$ und $d(...)/d\xi = (...)'$ erhält man

$$\begin{aligned} & f_1 = 1 - \xi \; ; \; f_2 = \xi \; ; \; h_1 = 1 - 3\xi^2 + 2\xi^3 \\ & h_2 = 3\xi^2 - 2\xi^3 \; ; \; h_3 = l(\xi - 2\xi^2 + \xi^3) \; ; \; h_4 = l(-\xi^2 + \xi^3) \end{aligned} \tag{f}$$

Das Tragwerk besteht aus den Elementen (a) und (b). In den lokalen Bezugssystemen gilt:

$$\boldsymbol{M}_a{}' = \boldsymbol{M}_b{}' \; ; \; \boldsymbol{K}_a{}' = \boldsymbol{K}_b{}' \tag{g}$$

Die Berechnung der Massen- und der Steifigkeitsmatrix erfolgt nach Gl.(2.65) und Gl.(2.66), wobei $\boldsymbol{G}_e{}'$ nach Gl.(e) mit Gl.(f) zu verwenden ist.

Die Differentialmatrix $\boldsymbol{D}'$ lautet für einen Balken mit Längsdehnung und Biegung (siehe Abschnitt 3.4)

$$\boldsymbol{D}' = \begin{bmatrix} \frac{\partial}{\partial x'} & 0 \\ 0 & -y\frac{\partial^2}{\partial x'^2} \end{bmatrix} = \frac{1}{l^2}\begin{bmatrix} l\frac{\partial}{\partial \xi} & 0 \\ 0 & -y\frac{\partial^2}{\partial \xi^2} \end{bmatrix} \tag{h}$$

Aus Gl.(265) bzw. (2.66) folgt damit unter Berücksichtigung der Anordnung der Elemente im Verschiebungsvektor $\boldsymbol{d}_e{}'$:

$$\boldsymbol{M}_a{}' = \boldsymbol{M}_b{}' = \frac{\varrho A l}{420}\begin{bmatrix} 140 & 70 & 0 & 0 & 0 & 0 \\ & 140 & 0 & 0 & 0 & 0 \\ & & 156 & 54 & 22\,l & -13\,l \\ \text{symm.} & & & 156 & 13\,l & -22\,l \\ & & & & 4\,l^2 & -3\,l^2 \\ & & & & & 4\,l^2 \end{bmatrix} \tag{i}$$

$$\boldsymbol{K}_a' = \boldsymbol{K}_b' = \frac{EI}{l^3}\begin{bmatrix} \kappa & -\kappa & 0 & 0 & 0 & 0 \\ & \kappa & 0 & 0 & 0 & 0 \\ & & 12 & -12 & 6l & 6l \\ \text{symm.} & & & 12 & -6l & -6l \\ & & & & 4l^2 & 2l^2 \\ & & & & & 4l^2 \end{bmatrix} \tag{j}$$

$$(\kappa = \frac{Al^2}{I})$$

Der Belastungsvektor wird dem Element (a) zugeordnet. Das Moment $Me^{j\Omega t}$ greift dabei am rechten Elementende an. Die virtuelle Arbeit des Erregermomentes ist

$$\beta'_{2(a)}\,\overline{M}e^{j\Omega t}$$

Die Belastungsvektoren lauten daher

$$\boldsymbol{f}_a' = (0\;0\;0\;0\;0\;\overline{M}e^{j\Omega t})^T\;;\;\boldsymbol{f}_b' = \boldsymbol{0}^T \tag{k}$$

Die Matrizen $\boldsymbol{M}_a'$, $\boldsymbol{K}_a'$ und der Vektor $\boldsymbol{f}_a'$ sind nun auf das globale Kordinatensystem zu transformieren. Für das Element (a) gilt aber

$$\boldsymbol{M}_a = \boldsymbol{M}_a'\;;\;\boldsymbol{K}_a = \boldsymbol{K}_a'\;;\;\boldsymbol{f}_a = \boldsymbol{f}_a' \tag{l}$$

Die Matrizen für das Element (b) werden mittels der Beziehung

$$\boldsymbol{d}_b = \boldsymbol{T}_b\boldsymbol{d}_b' \tag{m}$$

auf das globale Bezugssystem transformiert. Wegen

$$\begin{aligned} u &= u'\cos\alpha + v'\sin\alpha = -v' \\ v &= -u'\sin\alpha + v'\cos\alpha = u' \\ \beta &= \beta'\;;\quad (\alpha = \pi/2) \end{aligned} \tag{n}$$

ergibt sich für die Transformationsmatrix

$$\boldsymbol{T}_b = \begin{bmatrix} 0 & 0 & -1 & 0 & 0 & 0 \\ 0 & 0 & 0 & -1 & 0 & 0 \\ 1 & 0 & 0 & 0 & 0 & 0 \\ 0 & 1 & 0 & 0 & 0 & 0 \\ 0 & 0 & 0 & 0 & 1 & 0 \\ 0 & 0 & 0 & 0 & 0 & 1 \end{bmatrix} \tag{o}$$

Damit erhält man:

$$\boldsymbol{M}_b = \boldsymbol{T}_b^{\,T}\boldsymbol{M}_b{}'\,\boldsymbol{T}_b = \frac{\varrho AL}{420}\begin{bmatrix} 156 & 54 & 0 & 0 & 22\,l & -13\,l \\ & 156 & 0 & 0 & 13\,l & 22\,l \\ & & 140 & 70 & 0 & 0 \\ \text{symm.} & & & 140 & 0 & 0 \\ & & & & 4\,l^2 & -3\,l^2 \\ & & & & & 4\,l^2 \end{bmatrix} \qquad \text{(p)}$$

$$\boldsymbol{K}_b = \boldsymbol{T}_b^{T}\boldsymbol{K}_b{}'\,\boldsymbol{T}_b = \frac{EI}{l^3}\begin{bmatrix} 12 & -12 & 0 & 0 & 6\,l & 6\,l \\ & -12 & 0 & 0 & -6\,l & -6\,l \\ & & \kappa & -\kappa & 0 & 0 \\ \text{symm.} & & & \kappa & 0 & 0 \\ & & & & 4\,l^2 & 2\,l^2 \\ & & & & & 4\,l^2 \end{bmatrix} \qquad \text{(q)}$$

Bildung der Systemgleichungen:

Der Systemverschiebungsvektor $\boldsymbol{d}$ wird unter Berücksichtigung der RB mit Hilfe der Zuordnungsmatrizen $\boldsymbol{Z}_a$ und $\boldsymbol{Z}_b$ gebildet:

$$\boldsymbol{d}_a = \boldsymbol{Z}_a\boldsymbol{d}\ ;\ \boldsymbol{Z}_b = \boldsymbol{Z}_b\boldsymbol{d} \qquad \text{(r)}$$

Mit

$$\boldsymbol{d} = (u_2\ v_2\ \beta_2\ u_3\ \beta_3)^T \qquad \text{(s)}$$

und der Bedingung

$$v_{2(b)} = u_3\tan\varphi$$

erhält man für Element (a):

$$\begin{bmatrix} u_{1(a)} \\ u_{2(a)} \\ v_{1(a)} \\ v_{2(a)} \\ \beta_{1(a)} \\ \beta_{2(a)} \end{bmatrix} = \begin{bmatrix} 0 & 0 & 0 & 0 & 0 \\ 1 & 0 & 0 & 0 & 0 \\ 0 & 0 & 0 & 0 & 0 \\ 0 & 1 & 0 & 0 & 0 \\ 0 & 0 & 0 & 0 & 0 \\ 0 & 0 & 1 & 0 & 0 \end{bmatrix}\begin{bmatrix} u_2 \\ v_2 \\ \beta_2 \\ u_3 \\ \beta_3 \end{bmatrix} = \boldsymbol{Z}_a\boldsymbol{d} \qquad \text{(t)}$$

und für Element (b):

$$\begin{bmatrix} u_{1(b)} \\ u_{2(b)} \\ v_{1(b)} \\ v_{2(b)} \\ \beta_{1(b)} \\ \beta_{2(b)} \end{bmatrix} = \begin{bmatrix} 1 & 0 & 0 & 0 & 0 \\ 0 & 0 & 0 & 1 & 0 \\ 0 & 1 & 0 & 0 & 0 \\ 0 & 0 & 0 & \tan\varphi & 0 \\ 0 & 0 & 1 & 0 & 0 \\ 0 & 0 & 0 & 0 & 1 \end{bmatrix} \begin{bmatrix} u_2 \\ v_2 \\ \beta_2 \\ u_3 \\ \beta_3 \end{bmatrix} = \boldsymbol{Z}_b \boldsymbol{d} \tag{u}$$

Mit diesen Zuordnungsmatrizen erhält man die Systemmatrizen

$$\begin{aligned} \boldsymbol{M} &= \boldsymbol{Z}_a^T \boldsymbol{M}_a \boldsymbol{Z}_a + \boldsymbol{Z}_b^T \boldsymbol{M}_b \boldsymbol{Z}_b \\ \boldsymbol{K} &= \boldsymbol{Z}_a^T \boldsymbol{K}_a \boldsymbol{Z}_a + \boldsymbol{Z}_b^T \boldsymbol{K}_b \boldsymbol{Z}_b \end{aligned} \tag{v}$$

Explizit ergeben sich somit die Systemmatrizen zu:

$$\boldsymbol{M} = \frac{\varrho A l}{420} \begin{bmatrix} 296 & 0 & 22\,l & 54 & -13\,l \\ & 296 & -22\,l & 70\,c & 0 \\ \text{symm.} & & 8\,l^2 & 13\,l & -3\,l^2 \\ & & & 156+140\,c^2 & -22\,l \\ & & & & 4\,l^2 \end{bmatrix} \tag{w}$$

$$\boldsymbol{K} = \frac{EI}{l^3} \begin{bmatrix} 12+\kappa & 0 & 6\,l & -12 & 6\,l \\ & 12+\kappa & -6\,l & -\kappa c & 0 \\ \text{symm.} & & 8\,l^2 & -6\,l & 2\,l^3 \\ & & & 12+c^2\kappa & -6\,l \\ & & & & 4\,l^2 \end{bmatrix} \tag{x}$$

Der Systembelastungsvektor folgt aus

$$\boldsymbol{f} = \boldsymbol{Z}_a^T \boldsymbol{f}_a = (0 \;\; 0 \;\; \overline{M} e^{j\Omega t} \;\; 0 \;\; 0)^T \tag{y}$$

Die Bewegungsgleichungen lauten damit

$$\boldsymbol{M}\ddot{\boldsymbol{d}} + \boldsymbol{K}\boldsymbol{d} = \boldsymbol{f} \tag{z}$$

2.1.7 Abschließende Bemerkungen

Für spezielle Schwingungsprobleme gibt es weitere Verfahren, die in der Vergangenheit häufig, manche auch heute noch gelegentlich mit Erfolg angewendet werden. Zu ihnen zählt insbesondere das Übertragungsmatrizenverfahren. Dieses Verfahren wurde und wird hauptsächlich auf Stabtragwerke, bei Schwingungsproblemen insbesondere auf Torsionsschwingungen von Stäben und Biegeschwingungen von Balken angewandt. Die Hauptvorteile des Übertragungsmatrizenverfahrens liegen in seiner einfachen Anwendbarkeit und in der guten Programmierbarkeit der entstehenden Algorithmen. Nachteilig ist, daß das Verfahren nur auf stationäre Schwingungen anwendbar ist und bei größeren Systemen numerische Stabilitätsprobleme beim Lösungsalgorithmus auftreten können. Wir wollen uns hier aus Platzgründen auf diese Hinweise beschränken und auf die einschlägige Literatur verweisen [15], [22], [33].

2.2 Methoden zur Lösung der linearen ortsdiskretisierten Bewegungsgleichungen

2.2.1 Allgemeine Bemerkungen

In Abschnitt 2.1 wurde gezeigt, daß sich die Schwingungen jedes linear-elastischen Kontinuums durch Ortsdiskretisierung näherungsweise durch ein System gewöhnlicher DGL der Form

$$\boldsymbol{M}\ddot{\boldsymbol{d}} + \boldsymbol{B}\dot{\boldsymbol{d}} + \boldsymbol{K}\boldsymbol{d} = \boldsymbol{f}(t) \tag{2.88}$$

beschreiben lassen. $\boldsymbol{M}$, $\boldsymbol{B}$, $\boldsymbol{K}$ sind darin die Massenmatrix, die Dämpfungsmatrix bei geschwindigkeitsproportionaler Dämpfung und die Steifigkeitsmatrix. Wie bereits in Abschnitt 2.1.1 erwähnt, können in $\boldsymbol{B}$ auch gyroskopische Glieder infolge Kreiselwirkung in rotierenden Systemen und in $\boldsymbol{K}$ sogenannte Anfachungsglieder, z.B. infolge einer Ölfilmsteifigkeit in Gleitlagern enthalten sein. Der Vektor $\boldsymbol{f}(t)$ umfaßt die von außen auf das System wirkenden Erregerkräfte. Der Verschiebungsvektor $\boldsymbol{d}$ beschreibt je nach dem verwendeten Ortsdiskretisierungsverfahren verallgemeinerte Verschiebungen in diskreten Punkten oder zeitabhängige Freiwerte, die im Zusammenhang mit den Koordinatenfunktionen Verschiebungen ergeben.

Die Matrizen $\boldsymbol{M}$ und $\boldsymbol{K}$ (ohne Anfachungsglieder) können entweder positiv definit oder positiv semidefinit sein. Letzteres ist der Fall, wenn in $\boldsymbol{M}$ zu bestimmten Freiheitsgraden keine Massen gehören und wenn $\boldsymbol{K}$ auch Starrkörperbewegungen einschließt.

Die DGL (2.88) beschreibt in Abhängigkeit vom konkreten Inhalt der Matrizen $\boldsymbol{M}$, $\boldsymbol{B}$ und $\boldsymbol{K}$ und dem Vektor $\boldsymbol{f}(t)$ sehr unterschiedliche Schwingungserscheinungen. Haupttkriterium ist dabei die Schwingungserregung. Man kann danach die folgende Einteilung vornehmen:

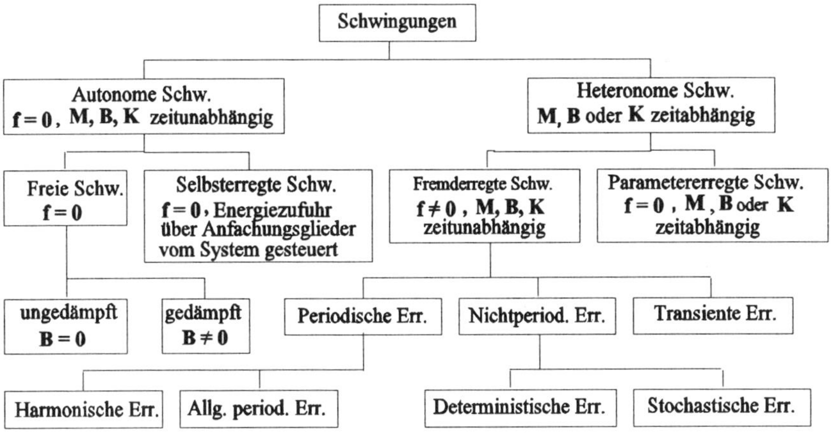

Bild 2.13 Einteilung der Schwingungen nach der Art der Erregung

2.2.2 Freie ungedämpfte Schwingungen

Die Kenntnis der Eigenfrequenzen und Eigenvektoren (Eigenschwingformen) ist in vielen praktischen Fällen ausreichend zur Beurteilung des Schwingungsverhaltens von Kontinua. Manchmal genügt sogar die Kenntnis der Eigenfrequenzen allein.

Die Dämpfung ist in kontinuierlichen Systemen meist so klein, daß sie die Werte der Eigenfrequenzen nur geringfügig beeinflußt. Deshalb darf der Dämpfungseinfluß bei der Lösung des Eigenwertproblems im allgemeinen vernachlässigt werden.

Bei der Behandlung fremderregter Schwingungen ist die Dämpfung dagegen von entscheidender Bedeutung, ebenso bei selbsterregten und parametererregten Schwingungen.

Die Lösung des Eigenwertproblems ist die Grundlage jeder Schwingungsanalyse. Dabei sind zwei Aufgaben zu lösen: Die Berechnung der Eigenwerte (Eigenfrequenzen) und die Berechnung der Eigenfunktionen (Eigenschwingformen). Für das diskretisierte Kontinuum erhält man statt der Eigenfunktionen Eigenvektoren.

Zur vollständigen Beschreibung des zeitlichen Verlaufs der freien Schwingungen ist die

Lösung des Anfangswertproblems erforderlich.

2.2.2.1 Berechnung der Eigenfrequenzen und der Eigenschwingformen

Die freien ungedämpften Schwingungen werden durch die lineare DGL

$$\boldsymbol{M}\ddot{\boldsymbol{d}} + \boldsymbol{K}\boldsymbol{d} = 0 \tag{2.89}$$

beschrieben. Mit dem Lösungsansatz

$$\boldsymbol{d} = \boldsymbol{x}\, e^{j\omega t} \;;\quad \boldsymbol{x}^T = (x_1\; x_2\; \ldots\; x_n) \tag{2.90}$$

geht Gl.(2.89) in das allgemeine Matrizeneigenwertproblem

$$(\boldsymbol{K} - \lambda\boldsymbol{M})\boldsymbol{x} = 0 \;;\quad \lambda = \omega^2 \tag{2.91}$$

über.

Für die Existenz nichttrivialer Lösungen von Gl.(2.91) ist notwendig und hinreichend, daß die Determinante der charakteristischen Matrix ($\boldsymbol{K} - \lambda\boldsymbol{M}$) verschwindet:

$$P(\lambda) = \det(\boldsymbol{K} - \lambda\boldsymbol{M}) = 0 \tag{2.92}$$

$P(\lambda)$ wird als charakteristisches Polynom, Gl.(2.92) als charakteristische Gleichung des Eigenwertproblems bezeichnet. Wenn $\boldsymbol{M}$ regulär ist, so liefert Gl.(2.92) genau n Wurzeln λ_k, wenn $P(\lambda)$ ein Polynom vom Grade n ist. Zu jedem λ_k läßt sich aus Gl.(2.91) genau ein nichttrivialer Lösungsvektor

$$\boldsymbol{x}_k^T = (x_{1k}\; x_{2k}\; \ldots\; x_{nk}) \;;\quad (k = 1,2,\ldots,n) \tag{2.93}$$

gewinnen. Er wird als Eigenvektor bezeichnet. Es existieren also auch n Eigenvektoren. Treten Eigenwerte mehrfach auf, so sind sie entsprechend ihrer Vielfachheit zu zählen. Die Eigenwerte λ_k sind stets reell und bei regulärer Matrix $\boldsymbol{K}$ auch positiv. Bei singulärem $\boldsymbol{K}$ existieren auch verschwindende Eigenwerte. Die zugehörigen Eigenvektoren beschreiben in diesem Falle die Starrkörperbewegungen des Systems.

Aus der Homogenität von Gl.(2.91) folgt, daß ihre Lösung unendlich vieldeutig ist. Das bedeutet, daß die Eigenvektoren nur bis auf einen willkürlichen konstanten Faktor bestimmbar sind. Ist z.B. $\boldsymbol{x}_k$ eine Lösung von Gl.(2.91), so ist auch $\alpha\boldsymbol{x}_k$ $\alpha \neq 0$, eine Lösung. Die Willkür kann durch eine geeignete Normierung behoben werden. Im einfachsten Falle legt man fest, daß das betragsgrößte Element in jedem Eigenvektor gleich Eins sein soll. Eine weitere Möglichkeit besteht darin, den Betrag jedes Eigenvektors gleich Eins zu setzen:

$$\left|\boldsymbol{x}_k\right| = \sqrt{x_{1k}^2 + x_{2k}^2 + \ldots + x_{nk}^2} = 1 \tag{2.94}$$

Meist nutzt man jedoch die Orthogonalitätseigenschaften der Eigenvektoren zur Normierung aus. Für zwei verschiedene Eigenwerte λ_j, λ_k ergibt sich nämlich aus Gl.(2.91):

$$\boldsymbol{x}_j^T \boldsymbol{M} \boldsymbol{x}_k = \begin{cases} 0 & \text{für } j \neq k \\ a_k & \text{für } j = k \end{cases} \tag{2.95}$$

Setzt man $a_k = 1$, so gilt die Normierungsbedingung

$$\boldsymbol{x}_j^T \boldsymbol{M} \boldsymbol{x}_k = \delta_{jk} \tag{2.96}$$

(δ_{jk} ist das Kronecker-Symbol). Eigenvektoren, die der Bedingung (2.96) genügen, heißen $\boldsymbol{M}$-orthonormiert.

Die dargestellte Methode ist der direkte analytische Weg zur Lösung des Eigenwertproblems. Er ist nur bei einer geringen Anzahl von Freiheitsgraden anwendbar. Für große Systeme wurden effektive numerische Methoden entwickelt, auf die wir in Abschnitt 2.4 zu sprechen kommen.

2.2.2.2 Lösung des Anfangswertproblems

Das Anfangswertproblem besteht in der Lösung von Gl.(2.89). Die allgemeine Lösung dieser DGL läßt sich aus 2n linear voneinander unabhängigen Fundamentallösungen konstruieren. Wegen

$$\omega_k = \pm\sqrt{\lambda_k}$$

gehören zu jedem $\lambda_k \neq 0$ zwei Fundamentallösungen, die sich mit den willkürlichen Konstanten $\bar{A}_k$ und $\bar{B}_k$ zur Teillösung

$$\boldsymbol{x}_k (\bar{A}_k e^{j\omega_k t} + \bar{B}_k e^{j\omega_k t}) \tag{2.97}$$

zusammenfassen lassen. Zu jedem Wert $\lambda_k = 0$ läßt sich die Teillösung der Gestalt

$$\boldsymbol{x}_k (A_k + B_k t) \tag{2.98}$$

angeben. Hat das Eigenwertproblem p Eigenwerte $\lambda_k = 0$ und n - p einfache Eigenwerte $\lambda_k \neq 0$, so ergibt sich die Gesamtlösung durch Überlagerung der Teillösungen zu

$$\boldsymbol{d}(t) = \sum_{k=1}^{p} \boldsymbol{x}_k (A_k + B_k t) + \sum_{k=p+1}^{n} \boldsymbol{x}_k (\bar{A}_k e^{j\omega_k t} + \bar{B}_k e^{j\omega_k t}) \tag{2.99}$$

Darin sind die $\boldsymbol{x}_k^T = (x_{1k} \ldots x_{nk})$ die zum Eigenwert $\lambda_k = \omega_k^2$ gehörigen Eigenvektoren. Mit der Euler-Relation

$$e^{\pm j\omega_k t} = \cos\omega_k t \pm \sin\omega_k t \tag{2.100}$$

folgt aus Gl.(2.99) die reelle Darstellung

$$\begin{aligned} \boldsymbol{d}(t) &= \sum_{k=1}^{p} \boldsymbol{x}_k (A_k + B_k t) \\ &+ \sum_{k=p+1}^{n} \boldsymbol{x}_k (A_k \cos\omega_k t + B_k \sin\omega_k t) \end{aligned} \tag{2.101}$$

mit den neuen Konstanten

$$A_k = \bar{A}_k + \bar{B}_k \ ; \quad B_k = j(\bar{A}_k - \bar{B}_k) \ ; \quad (k=p+1,...,n) \tag{2.102}$$

Ferner gilt:

$$\dot{\boldsymbol{d}}(t) = \sum_{k=1}^{p} \boldsymbol{x}_k B_k + \sum_{k=p+1}^{n} \boldsymbol{x}_k \omega_k (-A_k \sin\omega_k t + B_k \cos\omega_k t) \tag{2.103}$$

Die Gln.(2.101) und (1.103) lassen sich wie folgt zusammenfassen:

$$\begin{bmatrix} \boldsymbol{d}(t) \\ \dot{\boldsymbol{d}}(t) \end{bmatrix} = \begin{bmatrix} \boldsymbol{X}_p + \boldsymbol{XC} & \boldsymbol{X}_p t + \boldsymbol{XS} \\ -\boldsymbol{X\omega S} & \boldsymbol{X}_p + \boldsymbol{X\omega C} \end{bmatrix} \begin{bmatrix} \boldsymbol{a} \\ \boldsymbol{b} \end{bmatrix} \tag{2.104}$$

Darin bedeuten:

$$\boldsymbol{X}_p = (\boldsymbol{x}_1 \ \boldsymbol{x}_2 \ldots \boldsymbol{x}_p) \tag{2.105}$$

die sogenannte Modalmatrix der zu den verschwindenden Eigenwerten $\lambda_k = 0$, k=1,2,...,p gehörigen Eigenvektoren,

$$\boldsymbol{X} = (\boldsymbol{x}_{p+1} \ \boldsymbol{x}_{p+2} \ldots \boldsymbol{x}_n) \tag{2.106}$$

die Modalmatrix der zu $\lambda_k \neq 0$ gehörigen Eigenvektoren $\boldsymbol{x}_k$, (k = p+1, ..., n),

$$\begin{aligned} &\boldsymbol{S} = \boldsymbol{diag}(\sin\omega_k t) \ ; \ \boldsymbol{C} = \boldsymbol{diag}(\cos\omega_k t) \\ &\boldsymbol{\omega} = \boldsymbol{diag}(\omega_k) \quad \text{(Spektralmatrix)} \\ &\boldsymbol{a}^T = (A_1 \ A_2 \ldots A_n) \ : \ \boldsymbol{b}^T = (B_1 \ B_2 \ldots B_n) \end{aligned} \tag{2.107}$$

(Die Abkürzung "***diag***" bedeutet Diagonalmatrix). Die 2n Integrationskonstanten A_k, B_k sind den Anfangsbedingungen zur Zeit $t = t_0$ anzupassen. Wenn $t_0 = 0$ gesetzt wird, so erhält man die Konstanten aus

$$\begin{bmatrix} \boldsymbol{d}(t=0) \\ \dot{\boldsymbol{d}}(t=0) \end{bmatrix} = \begin{bmatrix} \boldsymbol{X}_p + \boldsymbol{X} & \boldsymbol{0} \\ \boldsymbol{0} & \boldsymbol{X}_p + \boldsymbol{\omega X} \end{bmatrix} \begin{bmatrix} \boldsymbol{a} \\ \boldsymbol{b} \end{bmatrix} \tag{2.108}$$

Nach Auflösung der Gl.(2.108) nach $\boldsymbol{a}$ und $\boldsymbol{b}$ und Einsetzen in Gl.(2.104) erhält man die allgemeine Lösung des Anfangswertproblems

$$\begin{bmatrix} \boldsymbol{d}(t) \\ \dot{\boldsymbol{d}}(t) \end{bmatrix} = \begin{bmatrix} \boldsymbol{X}_p + \boldsymbol{XC} & \boldsymbol{X}_p t + \boldsymbol{XS} \\ -\boldsymbol{X}\omega\boldsymbol{S} & \boldsymbol{X}_p + \boldsymbol{X}\omega\boldsymbol{C} \end{bmatrix} \begin{bmatrix} (\boldsymbol{X}_p + \boldsymbol{X})^{-1}\boldsymbol{d}(0) \\ (\boldsymbol{X}_p + \omega\boldsymbol{X})^{-1}\dot{\boldsymbol{d}}(0) \end{bmatrix} \tag{2.109}$$

Unter Nutzung der $\boldsymbol{M}$-Orthogonalität der Eigenvektoren lassen sich die Konstanten A_k und B_k auch explizit aus

$$\begin{aligned} A_k &= \frac{\boldsymbol{x}_k^T\boldsymbol{M}\boldsymbol{d}(0)}{\boldsymbol{x}_k^T\boldsymbol{M}\boldsymbol{x}_k} \; ; \quad (k=1,2,\ldots,n) \\ B_k &= \frac{\boldsymbol{x}_k^T\boldsymbol{M}\dot{\boldsymbol{d}}(0)}{\boldsymbol{x}_k^T\boldsymbol{M}\boldsymbol{x}_k} \; ; \quad (k=1,2,\ldots,p) \\ B_k &= \frac{\boldsymbol{x}_k^T\boldsymbol{M}\dot{\boldsymbol{d}}(0)}{\omega_k\,\boldsymbol{x}_k^T\boldsymbol{M}\boldsymbol{x}_k} \; ; \quad (k=p+1,\ldots n) \end{aligned} \tag{2.110}$$

bestimmen.

2.2.3 Freie gedämpfte Schwingungen

2.2.3.1 Direkte Lösung

Die ortsdiskretisierte Bewegungsgleichung für freie gedämpfte Schwingungen lautet:

$$\boldsymbol{M}\ddot{\boldsymbol{d}} + \boldsymbol{B}\dot{\boldsymbol{d}} + \boldsymbol{K}\boldsymbol{d} = \boldsymbol{0} \tag{2.111}$$

Mit dem Lösungsansatz

$$\boldsymbol{d}(t) = \boldsymbol{z}e^{\lambda t} \tag{2.112}$$

erhält man das Matrizeneigenwertproblem

$$(\boldsymbol{K} + \lambda\boldsymbol{B} + \lambda^2\boldsymbol{M})\,\boldsymbol{z} = 0 \tag{2.113}$$

Die zugehörige charakteristische Gleichung lautet

$$P(\lambda) = \det(\boldsymbol{K} + \lambda\boldsymbol{B} + \lambda^2\boldsymbol{M}) = 0 \tag{2.114}$$

Bei regulärer Matrix $\boldsymbol{M}$ hat das Polynom $P(\lambda)$ den Grad 2n, wenn n die Anzahl der Freiheitsgrade bedeutet.

Die Wurzeln von Gl.(2.114) sind entweder reell oder konjugiert komplex. Zunächst werde der Fall betrachtet, daß alle Wurzeln λ_k voneinander verschieden und konjugiert komplex sind. Sie haben die Form

$$\lambda_k = -\delta_k \pm j\omega_k \tag{2.115}$$

Die zugehörigen, ebenfalls konjugiert komplexen Eigenvektoren folgen aus Gl.(2.113):

$$z_k = x_k \pm jy_k \tag{2.116}$$

In Gl.(2.115) stellen die ω_k die Eigenkreisfrequenzen der gedämpften Eigenschwingungen dar. Die allgemeine Lösung läßt sich wieder aus den Fundamentallösungen aufbauen:

$$\begin{aligned} \boldsymbol{d}(t) = \sum_{k=1}^{n} e^{-\delta_k t}\Big[&\bar{A}_k e^{j\omega_k t}(\boldsymbol{x}_k + j\boldsymbol{y}_k) \\ &+\bar{B}_k e^{-j\omega_k t}(\boldsymbol{x}_k - j\boldsymbol{y}_k)\Big] \end{aligned} \tag{2.117}$$

In reeller Form erhält man daraus mit Gl.(2.100)

$$\begin{aligned} \boldsymbol{d}(t) = \sum_{k=1}^{n} e^{-\delta_k t}\Big[&A_k(\boldsymbol{x}_k \cos\omega_k t - \boldsymbol{y}_k \sin\omega_k t) \\ &+B_k(\boldsymbol{x}_k \sin\omega_k t + \boldsymbol{y}_k \cos\omega_k t)\Big] \end{aligned} \tag{2.118}$$

mit

$$A_k = \bar{A}_k + \bar{B}_k \;; \quad B_k = j(\bar{A}_k - \bar{B}_k) \tag{2.119}$$

Aus Gl.(2.118) läßt sich unter Verwendung der bereits eingeführten Matrizen (Gl.(2.107)) und mit

$$\begin{aligned} &\boldsymbol{\Lambda} = \boldsymbol{diag}(e^{-\delta_k t}) \;; \quad \boldsymbol{\delta} = \boldsymbol{diag}(\delta_k) \\ &\boldsymbol{X} = (\boldsymbol{x}_1\, \boldsymbol{x}_2 \ldots \boldsymbol{x}_n) \;; \quad \boldsymbol{Y} = (\boldsymbol{y}_1\, \boldsymbol{y}_2 \ldots \boldsymbol{y}_n) \\ &\boldsymbol{Z} = \boldsymbol{X} + j\boldsymbol{Y} \\ &\boldsymbol{x}_k^T = (x_{1k} \ldots x_{nk}) \;; \quad \boldsymbol{y}_k^T = (y_{1k} \ldots y_{nk}) \end{aligned} \tag{2.120}$$

in Matrizenform schreiben:

$$\boldsymbol{d}(t) = \big[(\boldsymbol{XC} - \boldsymbol{YS}) \quad (\boldsymbol{XS} + \boldsymbol{YC})\big]\boldsymbol{\Lambda}\begin{bmatrix}\boldsymbol{a} \\ \boldsymbol{b}\end{bmatrix} \tag{2.121}$$

$\boldsymbol{X}$ und $\boldsymbol{Y}$ sind der Real- und der Imaginärteil der komplexen Modalmatrix $\boldsymbol{Z}$.
Die konstanten Vektoren $\boldsymbol{a}$ und $\boldsymbol{b}$ lassen sich aus den Anfangsbedingungen zur Zeit t = 0 berechnen. Diese lauten:

$$\begin{bmatrix}\boldsymbol{d}(0) \\ \dot{\boldsymbol{d}}(0)\end{bmatrix} = \begin{bmatrix}\boldsymbol{X} & \boldsymbol{Y} \\ -(\boldsymbol{\delta X} + \boldsymbol{Y\omega}) & (-\boldsymbol{\delta Y} + \boldsymbol{X\omega})\end{bmatrix}\begin{bmatrix}\boldsymbol{a} \\ \boldsymbol{b}\end{bmatrix} \tag{2.122}$$

Hat die charakteristische Gleichung (2.114) mehrfache Wurzeln λ_k mit der Vielfachheit s_k, so hängt das Lösungsverhalten vom Rangabfall r_k der charakteristischen Matrix $(\boldsymbol{K} + \lambda_k \boldsymbol{B} + \lambda_k^2 \boldsymbol{M})$ ab. Ist $r_k = s_k$, so lassen sich aus Gl.(2.113) genau s_k Eigenvektoren $\boldsymbol{z}_k$ berechnen und die Lösung hat wieder die Gestalt (2.118) bzw. (2.121). Ist jedoch $r_k < s_k$, so muß zur Lösung (2.118) noch die Teillösung

$$\boldsymbol{d}_k = e^{\lambda_k t} \sum_{\nu=1}^{s_k - r_k} \boldsymbol{z}_k^{(\nu)} t^{\nu} \tag{2.123}$$

hinzugefügt werden.

2.2.3.2 Lösung durch Überlagerung modaler Schwingformen

Wenn sich die Dämpfungsmatrix in der Form

$$\boldsymbol{B} = \alpha \boldsymbol{K} + \beta \boldsymbol{M} \tag{2.124}$$

mit den Konstanten α und β darstellen läßt, so ist die Lösung des Anfangswertproblems durch Überlagerung modaler Schwingformen bequemer als der beschriebene Weg. Von der Näherung (2.124) wird häufig Gebrauch gemacht, obwohl zwischen der Dämpfungsmatrix für die äußere Dämpfung und der Massenmatrix $\boldsymbol{M}$ kein linearer Zusammenhang besteht, da $\boldsymbol{B}^{(a)}$ aus einer Integration über die Systemoberfläche und $\boldsymbol{M}$ aus einer Integration über das Volumen gebildet wird. Die Konstanten α und β müssen experimentell ermittelt werden.

Es sei $\boldsymbol{X}$ die aus den $\boldsymbol{M}$-orthonormierten Eigenvektoren $\boldsymbol{x}_k$ bestehende Modalmatrix und ω_{0k} seien die Eigenkreisfrequenzen des ungedämpften Systems. Dann gilt wegen Gl.(2.96):

$$\boldsymbol{X}^T \boldsymbol{M} \boldsymbol{X} = \boldsymbol{I} \quad (\boldsymbol{I} \text{ ist Einheitsmatrix}) \tag{2.125}$$

Außerdem ist

$$\boldsymbol{X}^T \boldsymbol{K} \boldsymbol{X} = \boldsymbol{\omega}_0^2 = \boldsymbol{diag}(\omega_{0k}^2) \tag{2.126}$$

Zur Lösung von Gl.(2.111) werden die sogenannten modalen Koordinaten oder Hauptkoordinaten $\boldsymbol{y}^T = (y_1\ y_2 \ldots y_n)$ mittels der Transformation

$$\boldsymbol{d} = \boldsymbol{X} \boldsymbol{y} \tag{2.127}$$

eingeführt. Nach Linksmultiplikation mit $\mathbf{X}^T$ erhält man unter Berücksichtigung von Gl.(2.124)

$$\boldsymbol{X}^T \boldsymbol{M} \boldsymbol{X} \ddot{\boldsymbol{y}} + (\alpha \boldsymbol{X}^T \boldsymbol{K} \boldsymbol{X} + \beta \boldsymbol{X}^T \boldsymbol{M} \boldsymbol{X}) \dot{\boldsymbol{y}} + \boldsymbol{X}^T \boldsymbol{K} \boldsymbol{X} = \boldsymbol{0} \tag{2.128}$$

Unter Beachtung von Gl.(2.125) und Gl.(2.126) stellt Gl.(2.128) ein entkoppeltes Gleichungssystem dar:

$$\ddot{\boldsymbol{y}} + (\alpha \boldsymbol{\omega}_0^2 + \beta \boldsymbol{I})\,\dot{\boldsymbol{y}} + \boldsymbol{\omega}_0^2 \boldsymbol{y} = \boldsymbol{0} \tag{2.129}$$

bzw.

$$\ddot{y}_k + (\alpha \omega_{0k}^2 + \beta)\,\dot{y} + \omega_{0k}^2 y_k = 0 \tag{2.130}$$

Mit den Beziehungen

$$\begin{aligned} \alpha \omega_{0k}^2 + \beta &= 2\delta_k = 2\vartheta_k \omega_{0k} \\ \omega_k &= \omega_{0k}\sqrt{1 - \vartheta_k^2} \end{aligned} \tag{2.131}$$

lauten die Lösungen für die Gln.(2.130)

$$\begin{aligned} y_k(t) &= e^{-\vartheta_k \omega_{0k} t}(A_k \cos\omega_k t + B_k \sin\omega_k t) \\ &(k = 1,2,\ldots,n) \end{aligned} \tag{2.132}$$

Mit $y_k(t)$ ist wegen Gl.(2.127) auch der Lösungsvektor $\boldsymbol{d}$(t) bekannt. Aus Gl.(2.127) folgt

$$\boldsymbol{y} = \boldsymbol{X}^{-1}\boldsymbol{d} \tag{2.133}$$

und wegen

$$\boldsymbol{X}^T \boldsymbol{M} \boldsymbol{X} \boldsymbol{X}^{-1} = \boldsymbol{I}\boldsymbol{X}^{-1} = \boldsymbol{X}^T \boldsymbol{M} \tag{2.134}$$

ist auch

$$\boldsymbol{y} = \boldsymbol{X}^T \boldsymbol{M}\,\boldsymbol{d} \tag{2.135}$$

Die transformierten Anfangsbedingungen zum Zeitpunkt t = 0 werden durch die Beziehungen

$$\begin{aligned} \boldsymbol{y}(0) &= \boldsymbol{X}^T \boldsymbol{M}\,\boldsymbol{d}(0) \\ \dot{\boldsymbol{y}}(0) &= \boldsymbol{X}^T \boldsymbol{M}\,\dot{\boldsymbol{d}}(0) \end{aligned} \tag{2.136}$$

ausgedrückt. Die Rücktransformation mit Hilfe von Gl.(2.127) liefert dann die explizite Lösung $\boldsymbol{d}$(t), die in Matrizenform wie folgt lautet:

$$\boldsymbol{d}(t) = \boldsymbol{X}\left\{\left(\boldsymbol{C} + \boldsymbol{S}\boldsymbol{\omega}^{-1}(\boldsymbol{\vartheta\omega}_0)\right) \quad (\boldsymbol{S}\boldsymbol{\omega}^{-1})\right\}\boldsymbol{X}^T \boldsymbol{M}\boldsymbol{\Delta}^* \begin{bmatrix} \boldsymbol{d}(0) \\ \dot{\boldsymbol{d}}(0) \end{bmatrix} \tag{2.137}$$

Mit den schon bekannten Größen $\boldsymbol{C}$ und $\boldsymbol{S}$ und mit

$$\boldsymbol{\Delta}^* = \boldsymbol{diag}(e^{-\vartheta_k \omega_{0k} t}) \; ; \quad (\boldsymbol{\vartheta\omega}_0) = \boldsymbol{diag}(\vartheta_k \omega_{0k}) \tag{2.138}$$

$$\boldsymbol{\omega}^{-1} = \boldsymbol{diag}(1/\omega_{0k}) \tag{2.139}$$

Wenn die Matrix $\boldsymbol{B}$ die Bedingung (2.124) nicht erfüllt, so ist ebenfalls eine modale Darstellung möglich, wobei aber mit komplexen Modalmatrizen zu arbeiten ist. Darauf wollen wir hier nicht näher eingehen.

2.2.4 Erzwungene Schwingungen

2.2.4.1 Erzwungene Schwingungen bei periodischer Erregung

Jede periodische Erregerfunktion $\boldsymbol{f}(t)$ kann in eine Fourierreihe mit harmonischen Funktionen entwickelt werden. Deshalb werden zunächst harmonische Erregerfunktionen der Form

$$\boldsymbol{f}(t) = \boldsymbol{g} \sin\Omega t + \boldsymbol{h} \cos\Omega t \tag{2.140}$$

bzw. in komplexer Darstellung

$$\boldsymbol{f}(t) = \tilde{\boldsymbol{f}}\, e^{j\Omega t} \tag{2.141}$$

betrachtet. Ω ist die Erregerfrequenz und $\boldsymbol{g}$ und $\boldsymbol{h}$ sind Vektoren mit reellen konstanten Elementen, $\tilde{\boldsymbol{f}}$ ist die komplexe Erregerkraftamplitude.

Die allgemeine Lösung von Gl.(2.88), die jetzt gesucht wird, setzt sich aus der allgemeinen Lösung $\boldsymbol{d}_h(t)$ der zugehörigen homogenen DGL und der die vollständige DGL befriedigende partikuläre Lösung $\boldsymbol{d}_p(t)$ zusammen, d.h. es gilt

$$\boldsymbol{d}(t) = \boldsymbol{d}_h(t) + \boldsymbol{d}_p(t) \tag{2.142}$$

Wegen der Dämpfung klingt die Lösung $\boldsymbol{d}_h(t)$ mit der Zeit t ab und es verbleibt die partikuläre Lösung $\boldsymbol{d}_p(t)$, die den stationären Schwingungszustand des Systems kennzeichnet. Da die Lösung der homogene DGL bereits in Abschnitt 2.2.3 behandelt wurde, besteht nun die Aufgabe darin, die partikuläre Lösung bei harmonischer Erregung zu bestimmen.

Ein Lösungsansatz von der Form der Erregerfunktion (2.140) bzw. (2.141) führt zum Ziel:

$$\boldsymbol{d}_p(t) = \boldsymbol{u} \sin\Omega t + \boldsymbol{v} \cos\Omega t \tag{2.143}$$

Einsetzen von Gl.(2.143) in Gl.(2.88) ergibt mit Gl.(2.140) nach Koeffizientenvergleich in den Sinus- und Cosinusgliedern das Gleichungssystem

$$\begin{bmatrix} \boldsymbol{K} - \Omega^2\boldsymbol{M} & -\Omega\boldsymbol{B} \\ \Omega\boldsymbol{B} & \boldsymbol{K} - \Omega^2\boldsymbol{M} \end{bmatrix} \begin{bmatrix} \boldsymbol{u} \\ \boldsymbol{v} \end{bmatrix} = \begin{bmatrix} \boldsymbol{g} \\ \boldsymbol{h} \end{bmatrix} \tag{2.144}$$

Daraus können die Größen $\boldsymbol{u}$ und $\boldsymbol{v}$ für jeden Wert von Ω berechnet werden. Die

Amplituden der Schwingungen erhält man aus

$$x_k = \sqrt{u_k^2 + v_k^2}\ ; \quad (k=1,2,\ldots,n) \tag{2.145}$$

und ihre Phasenlage ist durch

$$\tan\varphi_k = \frac{v_k}{u_k} \tag{2.146}$$

gegeben.

Für den Fall, daß die Gültigkeit des Dämpfungsgesetzes nach Gl.(2.124) (Rayleighsche Dämpfung) angenommen werden kann, läßt sich die Lösung vorteilhaft aus der Überlagerung modaler Schwingformen gewinnen. Mit der Transformation (2.127) läßt sich die DGL (2.88) in gleicher Weise entkoppeln, wie in Abschnitt 2.2.3.2 für die freien Schwingungen dargestellt. Mit den dort verwendeten Beziehungen erhält man

$$\ddot{\boldsymbol{y}} + 2(\boldsymbol{\vartheta\omega}_0)\dot{\boldsymbol{y}} + \boldsymbol{\omega}_0^2\boldsymbol{y} = \boldsymbol{f}^*(t) \tag{2.147}$$

wobei die rechte Seite von Gl.(2.147) durch Linksmultiplikation von Gl.(2.88) mit $\boldsymbol{X}^T$ entsteht:

$$\boldsymbol{f}^*(t) = \boldsymbol{X}^T\boldsymbol{f}(t) = \boldsymbol{X}^T(\boldsymbol{g}\sin\Omega t + \boldsymbol{h}\cos\Omega t) \tag{2.148}$$

In Komponentenschreibweise lautet Gl.(2.147)

$$\ddot{y}_k + 2\vartheta_k\omega_{0k}\dot{y}_k + \omega_{0k}^2 y_k = g_k^*\sin\Omega t + h_k^*\cos\Omega t \qquad (k=1,2,\ldots,n) \tag{2.149}$$

mit

$$g_k^* = \boldsymbol{x}_k^T\boldsymbol{g}\ ; \quad h_k^* = \boldsymbol{x}_k^T\boldsymbol{h} \tag{2.150}$$

Der Ansatz

$$y_{pk} = u_k^*\sin\Omega t + v_k^*\cos\Omega t \tag{2.151}$$

liefert die partikuläre Lösung mit

$$u_k^* = \frac{(\omega_{0k}^{\ 2} - \Omega^2)g_k^* + 2\vartheta_k\omega_{0k}\Omega h_k^*}{(\omega_{0k}^{\ 2} - \Omega^2)^2 + 4\vartheta_k^{\ 2}\omega_{0k}^{\ 2}\Omega^2}$$

$$v_k^* = \frac{-2\vartheta_k\omega_{0k}\Omega g_k^* + (\omega_{0k}^{\ 2} - \Omega^2)h_k^*}{(\omega_{0k}^{\ 2} - \Omega^2)^2 + 4\vartheta_k^{\ 2}\omega_{0k}^{\ 2}\Omega^2} \tag{2.152}$$

Die Rücktransformation ergibt die partikuläre Lösung in den ursprünglichen Koordinaten

$$\boldsymbol{d}_p(t) = \boldsymbol{X}\boldsymbol{y}_p = \boldsymbol{X}(\boldsymbol{u}^* \sin\Omega t + \boldsymbol{v}^* \cos\Omega t) \tag{2.153}$$

mit

$$\boldsymbol{u}^{*T} = (u_1^* \, u_2^* \ldots u_n^*) \; ; \quad \boldsymbol{v}^{*T} = (v_1^* \, v_2^* \ldots v_n^*) \tag{2.154}$$

Zur Darstellung der Lösung (2.153) werden neben den gegebenen Erregerfunktionen nur die Eigenkreisfrequenzen und die zugehörigen $\boldsymbol{M}$-orthonormierten Eigenvektoren des Eigenwertproblems (2.89) benötigt.

Ein besonderer Vorteil der Modalüberlagerung besteht darin, daß man zur Darstellung einer Näherungslösung nicht alle Schwingformen zu überlagern braucht. Das ist für Systeme mit einer großen Anzahl von Freiheitsgraden von Bedeutung.

Die bisher betrachtete harmonische Erregung ist ein Sonderfall der allgemeinen periodischen Erregung. Liegt eine solche vor, so wird der Erregerkraftvektor $\boldsymbol{f}(t)$ in eine Fourierreihe entwickelt, dann die DGL (2.88) für jeden harmonischen Anteil gelöst und diese Lösungen zur partikulären Gesamtlösung überlagert.

Die Fourierreihendarstellung für $\boldsymbol{f}(t)$ lautet

$$\boldsymbol{f}(t) = \sum_{\nu=0}^{\infty} (\boldsymbol{g}_\nu \sin\nu\Omega t + \boldsymbol{h}_\nu \cos\nu\Omega t) \tag{2.155}$$

mit

$$\begin{aligned} \boldsymbol{h}_0 &= \frac{1}{T}\int_0^T \boldsymbol{f}(t)\,dt \\ \boldsymbol{g}_\nu &= \frac{2}{T}\int_0^T \boldsymbol{f}(t)\sin(\nu\Omega t)\,dt \\ \boldsymbol{h}_\nu &= \frac{2}{T}\int_0^T \boldsymbol{f}(t)\cos(\nu\Omega t)\,dt \end{aligned} \tag{2.156}$$

Mit Gl.(2.155) wird vorausgesetzt, daß alle Komponenten von $\boldsymbol{f}(t)$ die gleiche Periodendauer $T = 2\pi/\Omega$ haben. Die Überlagerung der einzelnen Harmonischen $\boldsymbol{d}_{p(\nu)}(t)$ zur Gesamtlösung ergibt

$$\boldsymbol{d}_p(t) = \boldsymbol{d}_0 + \sum_{\nu=1}^{\infty} \boldsymbol{d}_{p(\nu)} \tag{2.157}$$

$$\boldsymbol{d}_0 = \boldsymbol{K}^{-1}\boldsymbol{h}_0 \tag{2.158}$$

$\boldsymbol{d}_0$ beschreibt die statische Auslenkung infolge des konstanten Erregerkraftanteils $\boldsymbol{h}_0$.

Falls die Komponenten von $\boldsymbol{f}(t)$ unterschiedliche Periodendauern T_ν, $\nu = 1,2,\ldots,n$ haben, so muß dies in der Reihendarstellung (2.155) berücksichtigt werden. Die Überlagerung (2.157) gilt dann ebenfalls, die partikuläre Lösung (2.157) ist allerdings im allgemeinen nicht mehr periodisch.

2.2.4.2 Erzwungene Schwingungen mit nichtperiodischer Krafterregung

Unter der Voraussetzung, daß Rayleighsche Dämpfung angenommen werden kann, gilt Gl.(2.149)

$$\ddot{y}_k + 2\vartheta_k\omega_{0k}\dot{y}_k + \omega_{0k}{}^2 y_k = f_k^*(t) \tag{2.159}$$

wobei die $f_k{}^*(t)$ hier jedoch beliebige nichtperiodische Funktionen sind.

Zur Gewinnung einer partikulären Lösung von Gl.(2.159) gibt es mehrere Methoden. Die Methode der Variation der Konstanten führt auf die Lösungsformel

$$y_{pk} = \frac{1}{\omega_k}\int_0^t e^{-\vartheta_k\omega_{0k}(t-\tau)} \sin\omega_k(t-\tau)\, f_k^*(\tau)\,d\tau$$
$$\omega_k = \omega_{0k}\sqrt{1-\vartheta_k{}^2} \tag{2.160}$$

Mit den Matrizen

$$\begin{aligned}
\boldsymbol{\omega}^{-1} &= \boldsymbol{diag}(1/\omega_k)\\
\boldsymbol{\Delta}(t-\tau) &= \boldsymbol{diag}\left[e^{-\vartheta_k\omega_{0k}(t-\tau)}\right]\\
\boldsymbol{S}(t-\tau) &= \boldsymbol{diag}\left[\sin\omega_k(t-\tau)\right]\\
\boldsymbol{f}^{*T}(\tau) &= \left(f_1^*(\tau)\; f_2^*(\tau)\; \ldots\; f_n^*(\tau)\right)
\end{aligned} \tag{2.161}$$

läßt sich Gl.(2.160) zu einer Matrizengleichung zusammenfassen:

$$\boldsymbol{y}_p(t) = (\boldsymbol{\omega}^{-1})\int_0^t \boldsymbol{\Delta}(t-\tau)\, \boldsymbol{S}(t-\tau)\, \boldsymbol{f}^*(\tau)\,d\tau \tag{2.162}$$

Die Rücktransformation auf die ursprünglichen Koordinaten ergibt

$$\boldsymbol{d}_p(t) = \boldsymbol{X}\boldsymbol{\omega}^{-1}\int_0^t \boldsymbol{\Delta}(t-\tau)\,\boldsymbol{S}(t-\tau)\,\boldsymbol{f}^*(\tau)\,d\tau \tag{2.163}$$

Die Integrale in Gl.(2.163) müssen meist numerisch berechnet werden. In vielen Fällen ist jedoch eine direkte numerische Integration der DGL (2.88) effektiver.

Eine weitere Möglichkeit, die Lösung von Gl.(2.88) bei nichtperiodischer Erregung darzustellen, besteht in der Anwendung von Integraltransformationen. Für Schwingungsprobleme ist die Fouriertransformation die wichtigste.

Wenn die nichtperiodischen Funktionen $\boldsymbol{f}(t)$ in $\boldsymbol{f}^*(t) = \boldsymbol{X}^T\boldsymbol{f}(t)$ stückweise stetig sind und die Komponenten $f_k(t)$ die Bedingungen

$$\int_{-\infty}^{\infty} |f_k(t)|\,dt < C\ ,\quad C = \text{konst.}\ ,\quad (k=1,2,\ldots,n) \tag{2.164}$$

erfüllen, dann können die Funktionen $f_k(t)$ durch Fourierintegrale dargestellt werden.

$$f_k(t) = \frac{1}{2\pi}\int_{-\infty}^{\infty} F_k(j\Omega)\,e^{j\Omega t}\,d\Omega \tag{2.165}$$

mit

$$F_k(j\Omega) = \int_{-\infty}^{\infty} f_k(t)\,e^{-j\Omega t}\,dt \tag{2.166}$$

Die Funktionen $F_k(j\Omega)$ sind die Fouriertransformierten der Funktionen $f_k(t)$. Sie transformieren die Funktionen $f_k(t)$ aus dem Zeitbereich in den Frequenzbereich.

Zur Ermittlung einer partikulären Lösung von Gl.(2.159) wird der Ansatz

$$y_k(t) = \frac{1}{2\pi}\int_{-\infty}^{\infty} Y_k(j\Omega)\,e^{j\Omega t}\,d\Omega \tag{2.167}$$

in diese DGL eingesetzt. Man erhält dann die Beziehung

$$(\omega_{0k}^2 - \Omega^2 + 2j\vartheta_k\omega_{0k}\Omega)\,Y_k(j\Omega) = \boldsymbol{x}_k^T\,\boldsymbol{f}(j\Omega)$$

bzw.

$$Y_k(j\Omega) = G_k(j\Omega)\,\boldsymbol{x}_k^T\,\boldsymbol{F}(j\Omega) \tag{2.168}$$

mit

$$\boldsymbol{F}(j\Omega) = [(F_1(j\Omega)\ \ldots\ F_n(j\Omega)]^T\ , \tag{2.169}$$

$\boldsymbol{x}_k^T$ als k-tem Eigenvektor und

$$G_k(j\Omega) = \frac{1}{\omega_{0k}^2 - \Omega^2 + 2j\vartheta_k\omega_{0k}\Omega} \qquad (2.170)$$

Durch Gl.(2.170) wird der sogenannte Frequenzgang der k-ten modalen Schwingung definiert. Da er komplex ist, läßt er sich auch als Zeiger in der komplexen Zahlenebene darstellen:

$$G_k(j\Omega) = |G_k(j\Omega)|\,e^{j\varphi_k} \qquad (2.171)$$

Wegen

$$|Y_k(j\Omega)| = |G_k(j\Omega)|\,|\boldsymbol{x}_k^T\boldsymbol{F}(j\Omega)| \qquad (2.172)$$

ist $|G_k(j\Omega)|$ durch das Verhältnis von Antwortsignal zu Eingangssignal im Frequenzbereich definiert. Der Winkel φ_k ist der Nullphasenwinkel der k-ten modalen Schwingung:

$$\varphi_k = \arg|G_k(j\Omega)| \qquad (2.173)$$

Der geometrische Ort aller Zeigerspitzen als Funktion der Kreisfrequenz Ω ergibt die Ortskurve. Der Betrag des Frequenzganges entspricht der sogenannten Vergrößerungsfunktion $V(\Omega)$

$$|G_k(j\Omega)| = V(\Omega) \qquad (2.174)$$

In Matrizenform erhält man mit Gl.(2.169) und

$$\begin{aligned} \boldsymbol{Y}^T(j\Omega) &= [Y_1(j\Omega) \ldots Y_n(j\Omega)] \\ \boldsymbol{G}(j\Omega) &= \boldsymbol{diag}(G_k(j\Omega)) \end{aligned} \qquad (2.175)$$

aus Gl.(2.168):

$$\boldsymbol{Y}(j\Omega) = \boldsymbol{G}(j\Omega)\,\boldsymbol{X}^T\boldsymbol{F}(j\Omega) \qquad (2.176)$$

Die Rücktransformation mittels Gl.(2.127) ergibt:

$$\boldsymbol{d}_p(t) = \frac{1}{2\pi}\int_{-\infty}^{\infty}\boldsymbol{G}^*(j\Omega)\,\boldsymbol{F}(j\Omega)\,e^{j\Omega t}\,d\Omega \qquad (2.177)$$

mit

$$\boldsymbol{G}^*(j\Omega) = \boldsymbol{X}\boldsymbol{G}(j\Omega)\boldsymbol{X}^T \qquad (2.178)$$

als Freqenzgangsmatrix, die zu den ursprünglichen Koordinaten $\boldsymbol{d}(t)$ gehört.

Die Methode der Fouriertransformation läßt sich natürlich auch direkt auf die DGL (2.88) anwenden.

Auf weitere Einzelheiten, insbesondere auf die effektive Bestimmung der Frequenzgangsmatrix sowie auf die Darstellung der Rücktransformation in den Zeitbereich kann hier nicht eingegangen werden.

Die Darstellung im Frequenzbereich ist jedoch derjenigen im Zeitbereich völlig gleichwertig, so daß die Rücktransformation nicht immer erforderlich ist. Oft wird die Fouriertransformation nur vorgenommen, wenn eine Schwingungsanalyse im Frequenzbereich erfolgen soll.

2.2.4.3 Erzwungene Schwingungen infolge von Wegerregung

Neben der Erregung eines schwingungsfähigen Systems durch äußere Kräfte und Momente können Schwingungen auch durch Wegerregung erzwungen werden. In diesem Falle sind in bestimmten diskreten Punkten zeitabhängige Verschiebungsgrößen vorgegeben. Zur Untersuchung wegerregter Schwingungen wird der Verschiebungsvektor $\boldsymbol{d}(\mathrm{t})$ in einen Anteil mit den zu bestimmenden unbekannten Verschiebungsgrößen $\boldsymbol{d}_{\mathrm{u}}(\mathrm{t})$ und in einen Anteil $\boldsymbol{d}_{\mathrm{v}}(\mathrm{t})$ mit den vorgegebenen Verschiebungen aufgespalten. Die DGL (2.88) läßt sich dann wie folgt partitionieren

$$\begin{bmatrix} \boldsymbol{M}_{vv} & \boldsymbol{M}_{vu} \\ \boldsymbol{M}_{uv} & \boldsymbol{M}_{uu} \end{bmatrix} \begin{bmatrix} \ddot{\boldsymbol{d}}_{v} \\ \ddot{\boldsymbol{d}}_{u} \end{bmatrix} + \begin{bmatrix} \boldsymbol{B}_{vv} & \boldsymbol{B}_{vu} \\ \boldsymbol{B}_{uv} & \boldsymbol{B}_{uu} \end{bmatrix} \begin{bmatrix} \dot{\boldsymbol{d}}_{v} \\ \dot{\boldsymbol{d}}_{u} \end{bmatrix} + \begin{bmatrix} \boldsymbol{K}_{vv} & \boldsymbol{K}_{vu} \\ \boldsymbol{K}_{uv} & \boldsymbol{K}_{uu} \end{bmatrix} \begin{bmatrix} \boldsymbol{d}_{v} \\ \boldsymbol{d}_{u} \end{bmatrix} = \begin{bmatrix} \boldsymbol{f}_{u} \\ \boldsymbol{f}_{v} \end{bmatrix} \qquad (2.179)$$

$\boldsymbol{f}_{\mathrm{u}}(\mathrm{t})$ sind unbekannte Erregerkräfte, die an Stellen mit vorgegebenen Verschiebungen angreifen und $\boldsymbol{f}_{\mathrm{v}}(\mathrm{t})$ sind vorgegebene Erregerkräfte. Aus der zweiten Zeile von Gl.(2.179) folgt nach Umordnung der Glieder

$$\begin{aligned} \boldsymbol{M}_{uu}\ddot{\boldsymbol{d}}_{u} + \boldsymbol{B}_{uu}\dot{\boldsymbol{d}}_{u} + \boldsymbol{K}_{uu}\boldsymbol{d}_{u} &= \boldsymbol{f}_{u} \\ -(\boldsymbol{M}_{uv}\ddot{\boldsymbol{d}}_{v}v + \boldsymbol{B}_{uv}\dot{\boldsymbol{d}}_{v} + \boldsymbol{K}_{uv}\boldsymbol{d}_{v}) &= \boldsymbol{f}_{v}^{*}(t) \end{aligned} \qquad (2.180)$$

Da $\boldsymbol{f}_{\mathrm{v}}{}^{*}(\mathrm{t})$ ein Vektor mit vorgegebenen Zeitfunktionen ist, kann aus Gl.(2.180) der Vektor $\boldsymbol{d}_{\mathrm{u}}(\mathrm{t})$ nach den bisher behandelten Methoden berechnet werden. Der Vektor $\boldsymbol{f}_{\mathrm{u}}(\mathrm{t})$ wird anschließend aus der ersten Zeile von Gl.(2.179) bestimmt:

$$\begin{aligned} \boldsymbol{f}_{u}(t) = {} & \boldsymbol{M}_{vv}\ddot{\boldsymbol{d}}_{v} + \boldsymbol{M}_{vu}\ddot{\boldsymbol{d}}_{u} + \boldsymbol{B}_{vv}\dot{\boldsymbol{d}}_{v} + \boldsymbol{B}_{vu}\dot{\boldsymbol{d}}_{u} \\ & + \boldsymbol{K}_{vv}\boldsymbol{d}_{v} + \boldsymbol{K}_{vu}\boldsymbol{d}_{u} \end{aligned} \qquad (2.181)$$

2.2.4.4 Erzwungene Schwingungen bei stochastischer Erregung

Erregerkräfte bei Kontinua wirken entweder als Volumen- oder als Oberflächenkräfte. Haben die Erregerkräfte Zufallscharakter, so müssen diese allgemein durch sogenannte Zufallsfeldprozesse beschrieben werden. Zufallsfeldprozesse sind Zufallsgrößen, die sowohl vom Ort als auch von der Zeit abhängen. Bezüglich der im weiteren verwendeten Begriffe siehe z.B. [21].

Durch die Ortsdiskretisierung des Kontinuums gehen die ursprünglich partiellen DGL der Bewegung in gewöhnliche DGL der Form (2.88) über. In Gl.(2.88) sind die Komponenten des Erregerkraftvektors reine Zeitfunktionen, deren Angriffspunkte durch die Diskretisierung festliegen.

Sowohl die am Kontinuum angreifenden verteilten Erregerkräfte als auch mögliche Einzelerregerkräfte werden dabei in durch das Verfahren bestimmter Weise auf den Erregerkraftvektor $\boldsymbol{f}(t)$ reduziert. Die Komponenten $f_k(t)$ des Erregervektors $\boldsymbol{f}(t)$ können nun als Realisierungen von Zufallsprozessen (stochastischen Prozessen) aufgefaßt werden. Der Zufallsvektorprozeß selbst werde durch

$$\boldsymbol{\varphi}^T = [\varphi_1(t)\ \varphi_2(t) \ldots \varphi_n(t)]$$

dargestellt. Zufallsprozesse werden durch Zufallsgrößen beschrieben, die nur von der Zeit abhängen.

Im weiteren wird davon ausgegangen, daß sich bei der Reduktion des ursprünglichen Problems auf die DGL (2.88) auch der stochastische Vektorprozeß $\boldsymbol{\varphi}(t)$ durch die Zufallsfeldprozesse, deren Realisierungen $\bar{\boldsymbol{q}}(x,y,z,t)$ bzw. $\bar{\boldsymbol{p}}(x,y,z,t)$ seien, ausdrücken läßt.Mit $\boldsymbol{\varphi}(t)$ als Eingangsprozeß und $\boldsymbol{\xi}(t)$ als gesuchtem Ausgangsprozeß läßt sich nun Gl.(2.88) wie folgt schreiben:

$$\boldsymbol{M}\ddot{\xi} + \boldsymbol{B}\dot{\xi} + \boldsymbol{K}\xi = \boldsymbol{\varphi}(t) \qquad (2.182)$$

Die Lösung der DGL (2.182) kann hier nicht in voller Allgemeinheit behandelt werden, sondern wir setzen voraus, daß der Erregerkraftvektor $\boldsymbol{\varphi}(t)$ ein reeller, im weiteren Sinne stationärer und zentrierter Zufallsvektorprozeß ist. Dann ist bei linearen DGL auch $\boldsymbol{\xi}^T(t) = (\xi_1(t)\ \xi_2(t) \ldots \xi_n(t))$ ein stationärer Zufallsprozeß mit den gleichen Eigenschaften wie $\boldsymbol{\varphi}(t)$.

$\boldsymbol{\xi}(t)$ ist natürlich nur dann stationär, wenn die instationären Lösungsanteile von Gl.(2.88) infolge der Dämpfung abgeklungen sind. Für ungedämpfte Systeme haben diese Betrachtungen deshalb keinen Sinn. Auch muß vorausgesetzt werden, daß $\boldsymbol{K}$ regulär ist, da die Realteile der Wurzeln der charakteristischen Gleichung alle kleiner als Null sein müssen.

Zur statistischen Charakterisierung des Ausgangsprozesses kann man entweder die Spektraldichten (Frequenzbereich) oder die Korrelationsfunktionen (Zeitbereich) der Prozesse verwenden.

Ist die Matrix der Spektraldichten des Eingangsprozesses $\boldsymbol{S}_{\varphi}(\Omega)$ bekannt, so läßt sich nach [21] die Spektraldichtematrix des Ausgangsprozesses $\boldsymbol{S}_{\xi}(\Omega)$ durch die Beziehung

$$\boldsymbol{S}_{\xi}(\Omega) = \overline{\boldsymbol{G}}_1(\mathrm{j}\Omega)\,\boldsymbol{S}_{\varphi}(\Omega)\,\boldsymbol{G}_1^{\mathrm{T}}(\mathrm{j}\Omega) \qquad (2.183)$$

angeben. Darin ist $\boldsymbol{G}_1(\mathrm{j}\Omega)$ die Frequenzgangsmatrix

$$\boldsymbol{G}_1(\mathrm{j}\Omega) = [\boldsymbol{K} - \Omega^2\boldsymbol{M} - \mathrm{j}\Omega\boldsymbol{B}]^{-1} \qquad (2.184)$$

und $\overline{\boldsymbol{G}}_1(\mathrm{j}\Omega)$ die dazugehörige konjugiert komplexe Frequenzgangsmatrix.

Die Spektraldichtematrizen enthalten sowohl die Spektraldichten der einzelnen Komponenten als auch die gegenseitigen Spektraldichten:

$$\boldsymbol{S}_{\varphi} = \begin{bmatrix} S_{\varphi_1\varphi_1} & S_{\varphi_1\varphi_2} & \cdots & S_{\varphi_1\varphi_n} \\ \cdot & \cdot & & \cdot \\ \cdot & \cdot & & \cdot \\ \cdot & \cdot & & \cdot \\ S_{\varphi_n\varphi_1} & S_{\varphi_n\varphi_2} & \cdots & S_{\varphi_n\varphi_n} \end{bmatrix} \qquad (2.185)$$

$$\boldsymbol{S}_{\xi} = \begin{bmatrix} S_{\xi_1\xi_1} & S_{\xi_1\xi_2} & \cdots & S_{\xi_1\xi_n} \\ \cdot & \cdot & & \cdot \\ \cdot & \cdot & & \cdot \\ \cdot & \cdot & & \cdot \\ S_{\xi_n\xi_1} & S_{\xi_n\xi_2} & \cdots & S_{\xi_n\xi_n} \end{bmatrix} \qquad (2.186)$$

Zwischen den Korrelationsfunktionen $K_{\alpha_i\alpha_k}$ und den Spektraldichten $S_{\alpha_i\alpha_k}$ bestehen Beziehungen, die man als Wiener-Chintschin-Relationen bezeichnet.

$$K_{\alpha_i\alpha_k}(\tau) = \frac{1}{2\pi}\int_{-\infty}^{\infty} S_{\alpha_i\alpha_k}(\Omega)\,e^{\mathrm{j}\Omega\tau}\,d\Omega \qquad (2.187)$$

$$S_{\alpha_i\alpha_k}(\Omega) = \frac{1}{2\pi}\int_{-\infty}^{\infty} K_{\alpha_i\alpha_k}(\tau)\,e^{-\mathrm{j}\Omega\tau}\,d\tau \qquad (2.188)$$

Sie gelten in der angegebenen Form nur für stationäre Zufallsprozesse [21].

Aus Gl.(2.187) läßt sich die Kovarianzmatrix oder Korrelationsmatrix (für zentrierte Prozesse sind beide Begriffe identisch) bilden:

$$\boldsymbol{K}_{\alpha}(\tau) = \begin{bmatrix} K_{\alpha_1\alpha_1}(\tau) & \dots & K_{\alpha_1\alpha_n}(\tau) \\ \cdot & & \cdot \\ \cdot & & \cdot \\ \cdot & & \cdot \\ K_{\alpha_n\alpha_1}(\tau) & \dots & K_{\alpha_n\alpha_n}(\tau) \end{bmatrix} \qquad (2.189)$$

Die Elemente auf der Hauptdiagonalen von Gl.(2.189) heißen Autokorrelationsfunktionen, alle anderen Kreuzkorrelationsfunktionen. Ist speziell $\tau = t_2 - t_1 = 0$, so stehen auf der Hauptdiagonalen die sogenannten Dispersionen des stationären Zufallsprozesses:

$$\sigma^2_{\alpha_k} = K_{\alpha_k\alpha_k}(0) \; ; \quad (k=1,2,\dots,n) \qquad (2.190)$$

Die Angabe der Korrelationsfunktionen $K_{\xi_i\xi_k}$ für den Ausgangsprozeß entspricht der Darstellung des Schwingungsverhaltens im Zeitbereich. Sie lassen sich unter Verwendung von Gl.(2.183) und Gl.(2.187) wie folgt berechnen:

$$K_{\xi_i\xi_k}(\tau) = \frac{1}{2\pi}\sum_{l,m=1}^{n}\int_{-\infty}^{\infty}\bar{G}_{il}(j\Omega)\,G_{km}(j\Omega)\,S_{\varphi_k\varphi_m}(\Omega)\,e^{j\Omega\tau}\,d\Omega \qquad (2.191)$$

Aus den Gln.(2.187) und (2.188) ist zu ersehen, daß die Spektraldichten die Fouriertransformierten der Korrelationsfunktionen sind.

Zur Bestimmung der Spektraldichtematrix des Ausgangsprozesses nach Gl.(2.183) benötigt man die Spektraldichtematrix $\boldsymbol{S}_{\varphi}$ des Eingangsprozesses. Deren Elemente müssen im allgemeinen als Funktion von Ω mittels Filter gewonnen werden. Eine andere Möglichkeit zu ihrer Bestimmung besteht in der Ermittlung der Elemente der Korrelationsmatrix aus aufgezeichneten Realisierungen des Eingangsprozesses und der Anwendung von Gl.(2.188).

Die bisherigen Darlegungen lassen sich auch unmittelbar auf das entkoppelte DGL-System (2.147) anwenden. Man erhält:

$$\ddot{\boldsymbol{\eta}} + 2(\boldsymbol{\vartheta}\boldsymbol{\omega}_0)\,\dot{\boldsymbol{\eta}} + \boldsymbol{\omega}_0^2\,\boldsymbol{\eta} = \boldsymbol{X}^{T}\boldsymbol{\varphi}(t) \qquad (2.192)$$

mit $\boldsymbol{\varphi}^T(t) = [\varphi_1(t) \dots \varphi_n(t)]$ als Eingangs- und $\boldsymbol{\eta}^T(t) = [\eta_1(t) \dots \eta_n(t)]$ als Ausgangsprozeß. Entsprechend Gl.(2.183) gilt nun für die Spektraldichtematrix

$$\boldsymbol{S}_{\eta} = \bar{\boldsymbol{G}}(j\Omega)\,\boldsymbol{X}^{T}\boldsymbol{S}_{\varphi}(\Omega)\,\boldsymbol{X}\boldsymbol{G}(j\Omega) \qquad (2.193)$$

Hierin bedeuten:

$$\boldsymbol{G}(j\Omega) = \boldsymbol{diag}(G_k) \;;\; G_k = \frac{1}{\omega_{0k}^2 - \Omega^2 + j\,2\vartheta_k\omega_{0k}\Omega} \tag{2.194}$$

und

$$\bar{\boldsymbol{G}}(j\Omega) = \boldsymbol{diag}(\bar{G}_k) \;;\; \bar{G}_k = \frac{1}{\omega_{0k}^2 - \Omega^2 - j\,2\vartheta_k\omega_{0k}\Omega} \tag{2.195}$$

Wegen $\boldsymbol{d}(t) = \boldsymbol{X}\boldsymbol{y}(t)$ gilt auch

$$\xi(t) = \boldsymbol{X}\eta(t) \tag{2.196}$$

und daraus folgt die Spektraldichtematrix für das gekoppelte DGL-System (2.182)

$$\boldsymbol{S}_\xi = \boldsymbol{X}\boldsymbol{S}_\eta\boldsymbol{X}^T \tag{2.197}$$

Die Korrelationsmatrix $\boldsymbol{K}_\xi(\tau)$ kann entsprechend Gl.(2.187) berechnet werden:

$$\boldsymbol{K}_\xi(\tau) = \frac{1}{2\pi}\int_{-\infty}^{\infty}\boldsymbol{S}_\xi(\Omega)\,e^{j\Omega t}\,d\Omega \tag{2.198}$$

2.2.4.5 Systeme mit Starrkörperverschiebungen

Bei nicht gefesselten Systemen sind neben den elastischen Schwingungen auch Starrkörperbewegungen möglich. Die Steifigkeitsmatrix $\boldsymbol{K}$ ist in einem solchen Fall singulär, ihr Rangabfall ergibt sich aus der Freiheitsgradanzahl der möglichen Starrkörperbewegungen. Die zu diesen Freiheitsgraden gehörigen Eigenfrequenzen sind Null. Solche Probleme lassen sich zunächst nicht durch Überlagerung modaler Schwingformen lösen.

Um trotzdem Modalanalysemethoden anwenden zu können, müssen vorher die Starrkörperfreiheitsgrade eliminiert werden. Dies erfolgt mit Hilfe des Schwerpunktsatzes und des Drallsatzes für den starren Körper. Die darin vorkommenden Verschiebungen werden dabei ebenfalls mit den zur Ortsdiskretisierung verdendeten Koordinatenfunktionen bzw. Formfunktionen diskretisiert. Mit Hilfe dieser zusätzlichen Gleichungen lassen sich die Verschiebungen der Starrkörperbewegung eliminieren. Das so entstehende DGL-System besitzt nun eine reguläre Steifigkeitsmatrix $\boldsymbol{K}$.

2.3 Numerische Methoden zur Lösung der ortsdiskretisierten Bewegungsgleichungen

2.3.1 Einleitung

Die in Abschnitt 2.2 behandelten analytischen Methoden zur Lösung der ortsdiskretisierten Bewegungsgleichungen lassen sich bei Systemen mit hoher Freiheitsgradanzahl nicht mehr effektiv anwenden. Eine Ausnahme bildet die Modalanalyse, wenn zur Lösung des Eigenwertproblems ein effektiver numerischer Algorithmus zur Verfügung steht.

Alternativ dazu lassen sich die DGL (2.88) oder die entkoppelten DGL (2.147) als Anfangswertproblem numerisch integrieren.

Im Zusammenhang mit der Computertechnik wurde in den letzten Jahren eine Reihe leistungsfähiger numerischer Integrationsmethoden entwickelt, von denen wir einige im folgenden nur soweit kurz vorstellen, als es für einen Programmanwender nützlich erscheint.

Alle diese Verfahren sind sogenannte Schritt-für-Schritt-Verfahren, bei denen man von einem bekannten Zustand der Verschiebung $\boldsymbol{d}(t)$ der Geschwindigkeit $\dot{\boldsymbol{d}}(t)$ und der Beschleunigung $\ddot{\boldsymbol{d}}(t)$ zur Zeit t ausgeht und nun im nächsten Schritt diese Größen zum Zeitpunkt $t+\Delta t$ berechnet. Wichtige Kriterien dieser Verfahren sind ihre Genauigkeit und ihr Stabilitätsverhalten.

Man bezeichnet ein Verfahren als unbedingt stabil, wenn ein "Abwandern" der Näherungslösung von der wahren Lösung, unabhängig von der gewählten Schrittweite Δt, nicht auftritt. Bedingte Stabilität liegt vor, wenn das "Abwandern" bei Überschreiten einer bestimmten Grenze für die Schrittweite eintreten kann. Die Genauigkeit der Näherung hängt natürlich in jedem Fall von der gewählten Schrittweite ab.

Die Schritt-für-Schritt-Verfahren lassen sich auch zur Lösung nichtlinearer Bewegungsgleichungen anwenden und sind für solche Aufgaben als Standardverfahren zu betrachten.

Nach dem Zeitpunkt, für den die orstsdiskretisierte Bewegungsgleichung aufgestellt wird, lassen sich die Schritt-für-Schritt-Verfahren in explizite und implizite Verfahren einteilen. Bei den expliziten Verfahren werden die Bewegungsgleichungen für den augenblicklichen Zeitpunkt t_k aufgestellt und der Bewegungszustand für den Zeitpunkt $t_k + \Delta t$ ermittelt. Diese Verfahren sind nur bedingt stabil. Bei den impliziten Verfahren wird von den Bewegungsgleichungen zu einem Zeitpunkt $t = t_k + \Theta\Delta t$ ausgegangen. Dabei ist Θ ein konstanter

Faktor, der so bestimmt wird, daß unbedingte Stabilität und eine möglichst hohe Genauigkeit erreicht werden.

2.3.2 Verfahren von Runge-Kutta-Nyström

Das Verfahren von Runge-Kutta-Nyström gehört zu den expliziten , d.h. nur bedingt stabilen Verfahren mit nichtiterativem Algorithmus. Es eignet sich insbesondere zur Ermittlung von Startwerten für andere numerische Integrationsverfahren, da es für kleine Zeitintervalle eine hohe Genauigkeit aufweist.

Im folgenden sei der Algorithmus zusammenfassend angegeben (siehe auch [38]). Gegeben sei die DGL

$$\ddot{\boldsymbol{d}}(t) = \boldsymbol{f}(\boldsymbol{d},\dot{\boldsymbol{d}},t) \tag{2.199}$$

mit den Anfangswerten

$$\boldsymbol{d}(0) = \boldsymbol{d}_0 \quad ; \quad \dot{\boldsymbol{d}}(0) = \dot{\boldsymbol{d}}_0$$

Die Werte für den Zeitschritt $t_k + \Delta t$ folgen mit $\Delta t = h$ aus

$$\begin{aligned} \boldsymbol{d}_{k+1} &= \boldsymbol{d}_k + h\dot{\boldsymbol{d}}_k + \frac{h}{3}(\boldsymbol{k}_1 + \boldsymbol{k}_2 + \boldsymbol{k}_3) \\ \dot{\boldsymbol{d}}_{k+1} &= \dot{\boldsymbol{d}}_k + \frac{1}{3}(\boldsymbol{k}_1 + 2\boldsymbol{k}_2 + 2\boldsymbol{k}_3 + \boldsymbol{k}_4) \\ &(k = 0,1,2,\ldots) \end{aligned} \tag{2.200}$$

mit

$$\begin{aligned} \boldsymbol{k}_1 &= \frac{h}{2}\boldsymbol{f}(\boldsymbol{d}_k,\dot{\boldsymbol{d}}_k,t_k) \\ \boldsymbol{k}_2 &= \frac{h}{2}\boldsymbol{f}(\dot{\boldsymbol{d}}_k+\boldsymbol{k}_1\,;\,\boldsymbol{d}_k+\frac{h}{2}\dot{\boldsymbol{d}}_k+\frac{h}{4}\boldsymbol{k}_1\,;\,t_k+\frac{h}{2}) \\ \boldsymbol{k}_3 &= \frac{h}{2}\boldsymbol{f}(\dot{\boldsymbol{d}}_k+\boldsymbol{k}_2\,;\,\boldsymbol{d}_k+\frac{h}{2}\dot{\boldsymbol{d}}_k+\frac{h}{4}\boldsymbol{k}_1\,;\,t_k+\frac{h}{2}) \\ \boldsymbol{k}_4 &= \frac{h}{2}\boldsymbol{f}(\dot{\boldsymbol{d}}_k+2\boldsymbol{k}_3\,;\,\boldsymbol{d}_k+h\dot{\boldsymbol{d}}_k+h\boldsymbol{k}_3\,;\,t_k+h) \\ h &= \Delta t \end{aligned} \tag{2.201}$$

Das Verfahren von Runge-Kutta-Nyström ist sehr genau. Der Fehler ist annähernd der 4. Potenz der Schrittweite h proportional. Für die Wahl der Schrittweite zur Vermeidung des "Abwanderns" der Lösung gibt es keine allgemeingültigen Kriterien. Moderne Computerprogramme arbeiten mit einer automatischen Schrittweitensteuerung, so daß die auftretenden Fehler vorgegebene Schranken nicht überschreiten.

2.3.3 Differenzenverfahren

Differenzenverfahren finden in verschiedenen Varianten praktische Anwendung. Wir betrachten zunächst das Verfahren der zentralen Differenzen, das nur bedingt stabil ist. Damit ist sein Anwendungsbereich auf instationäre Einschwingvorgänge beschränkt.

Bei diesem DV werden die zeitabhängigen Differentialoperatoren durch entsprechende Differenzenoperatoren zum Zeitpunkt $t = t_k$ ersetzt

$$\begin{aligned} \dot{\boldsymbol{d}}_k &= \frac{1}{2h}(\boldsymbol{d}_{k+1} - \boldsymbol{d}_{k-1}) \\ \ddot{\boldsymbol{d}}_k &= \frac{1}{h^2}(\boldsymbol{d}_{k+1} - 2\boldsymbol{d}_k + \boldsymbol{d}_{k-1}) \\ (\boldsymbol{d}_k &= \boldsymbol{d}(t_k) \; ; \; \boldsymbol{d}_{k+1} = \boldsymbol{d}(t_k+h)) \end{aligned} \tag{2.202}$$

Die Einführung der Differenzenausdrücke in die DGL (2.88) zum Zeitpunkt t_k

$$\boldsymbol{M}\ddot{\boldsymbol{d}}_k + \boldsymbol{B}\dot{\boldsymbol{d}}_k + \boldsymbol{K}\boldsymbol{d}_k = \boldsymbol{f}_k \tag{2.203}$$

liefert

$$\boldsymbol{d}_{k+1} = (\boldsymbol{M}_k^*)^{-1}\boldsymbol{f}_k^* \tag{2.204}$$

mit

$$\begin{aligned} \boldsymbol{M}^* &= \frac{1}{h^2}\boldsymbol{M} + \frac{1}{2h}\boldsymbol{B} \\ \boldsymbol{f}_k^* &= \boldsymbol{f}_k - \boldsymbol{K}\boldsymbol{d}_k + \frac{1}{2h}\boldsymbol{B}\,\boldsymbol{d}_{k-1} + \frac{1}{h^2}\boldsymbol{M}(2\boldsymbol{d}_k - \boldsymbol{d}_{k-1}) \end{aligned} \tag{2.205}$$

Für den Start wird außerdem der Vektor $\boldsymbol{d}(-h) = \boldsymbol{d}_{-1}$ benötigt. Er wird aus einer Taylorreihenentwicklung zum Zeitpunkt t = 0 ermittelt:

$$\boldsymbol{d}(-h) = \boldsymbol{d}_{-1} = \boldsymbol{d}_0 - h\dot{\boldsymbol{d}}_0 + \frac{h^2}{2}\ddot{\boldsymbol{d}}_0 \tag{2.206}$$

wobei $\ddot{\boldsymbol{d}}_0$ aus der DGL (2.203) für t = 0 folgt.

Die Verwendung von Differenzenoperatoren für den Zeitpunkt $t = t_k + h$ führt auf die Rückwärts-Differenzenformeln

$$\ddot{\boldsymbol{d}}_{k+1} = \frac{1}{h^2}(2\boldsymbol{d}_{k+1} - 5\boldsymbol{d}_k + 4\boldsymbol{d}_{k-1} - \boldsymbol{d}_{k-2})$$
$$\dot{\boldsymbol{d}}_{k+1} = \frac{1}{6h}(11\boldsymbol{d}_{k+1} - 18\boldsymbol{d}_k + 9\boldsymbol{d}_{k-1} - 2\boldsymbol{d}_{k-2}) \tag{2.207}$$

Einführung von Gl.(2.207) in die Gl.(2.88) zum Zeitpunkt t_k+h ergibt

$$\boldsymbol{d}_{k+1} = \left(\frac{2}{h^2}\boldsymbol{M} + \frac{11}{6h}\boldsymbol{B} + \boldsymbol{K}\right)^{-1}\left[\boldsymbol{f}_k + \frac{1}{h^2}\boldsymbol{M}(5\boldsymbol{d}_k - 4\boldsymbol{d}_{k-1} + \boldsymbol{d}_{k-2}) + \frac{1}{h}\boldsymbol{B}\left(3\boldsymbol{d}_k - \frac{3}{2}\boldsymbol{d}_{k-1} + \frac{1}{3}\boldsymbol{d}_{k-2}\right)\right] \tag{2.208}$$

Dieses implizite Verfahren, das als Houbolt-Verfahren bekannt ist, gewährleistet unbedingte Stabilität. Es benötigt Startwerte für $\boldsymbol{d}_{k-1}$ und $\boldsymbol{d}_{k-2}$, die z.B. mit dem Runge-Kutta-Nyström-Verfahren oder dem zentralen DV ermittelt werden können.

2.3.4 Methoden der Beschleunigungsapproximation

Bei diesen Methoden wird innerhalb der zu betrachtenden Zeitintervalle der Beschleunigungsverlauf vorgegeben. Im einfachsten Falle kann man im Zeitintervall $t_k + \Delta t$ eine mittlere konstante Beschleunigung oder eine linear veränderliche Beschleunigung annehmen. Als besonders effektiv haben sich Erweiterungen der linearen Beschleunigungsmethode erwiesen, weil sie bei hoher Genauigkeit unbedingt stabil sind.

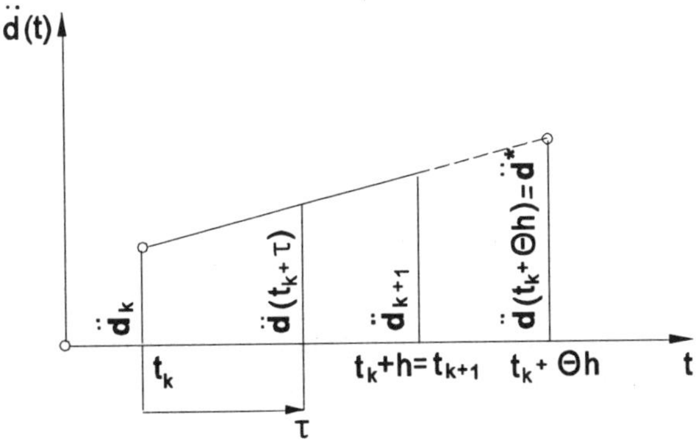

Bild 2.14 Extrapolation des linearen Beschleunigungsverlaufs nach Wilson

Bei der Wilsonschen Θ-Methode wird ein linear veränderlicher Beschleunigungsverlauf im Intervall $t_k + \Theta h$, $\Theta > 1$, konstant, angenommen. Nach Bild 2.14 ergibt sich dann für die Beschleunigung zum Zeitpunkt τ innerhalb des Intervalls $t_k + \Theta h$

$$\ddot{\boldsymbol{d}}(t_k+\tau) = \ddot{\boldsymbol{d}}_k + \frac{\tau}{\Theta h}[\ddot{\boldsymbol{d}}(t_k+\Theta h) - \ddot{\boldsymbol{d}}_k] \tag{2.209}$$

Zweimalige Integration von Gl.(2.209) über τ und Einsetzen von $\tau = \Theta h$ ergibt mit $\boldsymbol{d}(t_k + \Theta h) = \boldsymbol{d}^*$, $\dot{\boldsymbol{d}}(t_k + \Theta h) = \dot{\boldsymbol{d}}^*$, $\ddot{\boldsymbol{d}}(t_k + \Theta h) = \ddot{\boldsymbol{d}}^*$ die Gleichungen

$$\begin{aligned} \dot{\boldsymbol{d}}^* &= \frac{3}{\Theta h}(\boldsymbol{d}^* - \boldsymbol{d}_k) - 2\dot{\boldsymbol{d}}_k - \frac{\Theta h}{2}\ddot{\boldsymbol{d}}_k \\ \ddot{\boldsymbol{d}}^* &= \frac{6}{\Theta^2 h^2}(\boldsymbol{d}^* - \boldsymbol{d}_k) - \frac{6}{\Theta h}\dot{\boldsymbol{d}}_k - 2\ddot{\boldsymbol{d}}_k \end{aligned} \tag{2.210}$$

Setzt man Gl.(2.210) in Gl.(2.88) zum Zeitpunkt $t_k + \Theta h$ ein, so ergibt sich:

$$\begin{aligned} \left(\frac{6}{\Theta^2 h^2}\boldsymbol{M} + \frac{3}{\Theta h}\boldsymbol{B} + \boldsymbol{K}\right)\boldsymbol{d}^* &= \boldsymbol{M}\left(\frac{6}{\Theta^2 h^2}\boldsymbol{d}_k + \frac{6}{\Theta h}\dot{\boldsymbol{d}}_k + 2\ddot{\boldsymbol{d}}_k\right) \\ &\quad + \boldsymbol{B}\left(\frac{3}{\Theta h}\boldsymbol{d}_k + 2\dot{\boldsymbol{d}}_k + \frac{\Theta h}{2}\ddot{\boldsymbol{d}}_k\right) + \boldsymbol{f}^* \end{aligned} \tag{2.211}$$

$$(\boldsymbol{f}^* = \boldsymbol{f}(t_k + \Theta h))$$

Aus Gl.(2.211) läßt sich der Vektor $\boldsymbol{d}^*$ berechnen. Die gesuchten Werte von $\boldsymbol{d}_{k+1}$, $\dot{\boldsymbol{d}}_{k+1}$, $\ddot{\boldsymbol{d}}_{k+1}$ zum Zeitpunkt $t_k + h$ ergeben sich nun durch zweimalige Integration von Gl.(2.209) über τ und Einsetzen von $\tau = h$:

$$\begin{aligned} \ddot{\boldsymbol{d}}_{k+1} &= \ddot{\boldsymbol{d}}_k + \frac{1}{\Theta}(\ddot{\boldsymbol{d}}^* - \ddot{\boldsymbol{d}}_k) \\ \dot{\boldsymbol{d}}_{k+1} &= \dot{\boldsymbol{d}}_k + h\ddot{\boldsymbol{d}}_k + \frac{h}{2\Theta}(\ddot{\boldsymbol{d}}^* - \ddot{\boldsymbol{d}}_k) \\ \boldsymbol{d}_{k+1} &= \boldsymbol{d}_k + h\dot{\boldsymbol{d}}_k + \frac{h^2}{2}\ddot{\boldsymbol{d}}_k + \frac{h^2}{6\Theta}(\ddot{\boldsymbol{d}}^* - \ddot{\boldsymbol{d}}_k) \end{aligned} \tag{2.212}$$

Die rechten Seiten dieser Gleichungen enthalten nur Werte, die aus dem vorangegangenen Rechenschritt bekannt sind. Der konstante Faktor wird meist gleich 1,4 gesetzt: $\Theta = 1{,}4$.

Auch das Verfahren von Newmark ist eine Erweiterung der linearen Beschleunigungsmethode. Auf ähnlichem Wege wie bei der Wilsonschen Θ-Methode kommt man für die Geschwindigkeit und die Verschiebung zu folgenden Ansätzen:

$$\begin{aligned} \dot{\boldsymbol{d}}_{k+1} &= \boldsymbol{d}_k + h\ddot{\boldsymbol{d}}_k + \delta h(\ddot{\boldsymbol{d}}_{k+1} - \ddot{\boldsymbol{d}}_k) \\ \boldsymbol{d}_{k+1} &= \boldsymbol{d}_k + h\boldsymbol{d}_k + \frac{h^2}{2}\ddot{\boldsymbol{d}}_k + \alpha h^2(\ddot{\boldsymbol{d}}_{k+1} - \ddot{\boldsymbol{d}}_k) \end{aligned} \tag{2.213}$$

δ und α sind konstante Parameter, die so gewählt werden, daß einerseits undedingte

Stabilität und andererseits eine möglichst hohe Genauigkeit erreicht wird. Unbedingte Stabilität ergibt sich für

$$\delta \geq 0{,}5 \quad ; \quad \alpha \geq 0{,}25(0{,}5+\delta)^2$$

Aus der zweiten Gleichung von Gl.(2.213) erhält man

$$\ddot{\boldsymbol{d}}_{k+1} = \frac{1}{\alpha h^2}[\boldsymbol{d}_{k+1} - \boldsymbol{d}_k - h\dot{\boldsymbol{d}}_k + (\alpha - \frac{1}{2})h^2\ddot{\boldsymbol{d}}_k] \tag{2.214}$$

Setzt man dies in die erste Gleichung von Gl.(2.213) ein, so ergibt sich

$$\dot{\boldsymbol{d}}_{k+1} = \frac{\delta}{\alpha h}(\boldsymbol{d}_{k+1} - \boldsymbol{d}_k) + (1 - \frac{\delta}{\alpha})\dot{\boldsymbol{d}}_k + h(1 - \frac{\delta}{2\alpha})\ddot{\boldsymbol{d}}_k \tag{2.215}$$

$\ddot{\boldsymbol{d}}_{k+1}$ und $\dot{\boldsymbol{d}}_{k+1}$ aus Gl.(2.214) und Gl.(2.215) zum Zeitpunkt t_k+h in die Bewegungsgleichungen (2.88) eingesetzt liefert schließlich

$$\begin{aligned}\boldsymbol{d}_{k+1} = {} & [\alpha h^2\boldsymbol{K} + \delta h\boldsymbol{B} + \boldsymbol{M}]^{-1}\{\alpha h^2\boldsymbol{f}_{k+1} \\ & + [\boldsymbol{M} + \delta h\boldsymbol{B}]\boldsymbol{d}_k + h[\boldsymbol{M} - h(\alpha - \delta)\boldsymbol{B}]\dot{\boldsymbol{d}}_k \\ & + h^2[(\frac{1}{2} - \alpha)\boldsymbol{M} + h(\frac{\delta}{2} - \alpha)\boldsymbol{B}]\ddot{\boldsymbol{d}}_k\}\end{aligned} \tag{2.216}$$

Auf diese Auswahl der bekanntesten Methoden zur numerischen Lösung von DGL wollen wir uns beschränken. Auch auf Details, wie diese Methoden effektiv zur Programmierung für Computer aufbereitet werden können, wird hier verzichtet. Der interessierte Leser sei auf die Literatur [3], [9] verwiesen.

Die numerische Integration kann auf die Bewegungsgleichungen (2.88) oder auf die entkoppelten Bewegungsgleichungen (2.147) angewendet werden.

Die vorherige Entkopplung ist dann besonders vorteilhaft, wenn zur näherungsweisen Darstellung der Lösung nicht alle modalen Schwingformen benötigt werden, was häufig der Fall ist.

Als Ergebnis der Zeitintegration erhält man die Vektoren $\boldsymbol{d}(t)$, $\dot{\boldsymbol{d}}(t)$, und $\ddot{\boldsymbol{d}}_{k+1}$, d.h. die Verschiebungen, die Geschwindigkeiten und die Beschleunigungen als Funktion der Zeit. Für eine Schwingungsanalyse sind diese Funktionen meist nur wenig aussagekräftig. Deshalb ist in der Regel noch eine Frequenzanalyse der ermittelten Zeitfunktionen erforderlich.

2.4 Numerische Berechnung von Eigenfrequenzen und Eigenschwingformen

2.4.1 Allgemeines

Die Kenntnis der Eigenfrequenzen (Eigenwerte) und Eigenschwingformen (Eigenvektoren) ist für jede Schwingungsanalyse von grundlegender Bedeutung. Zur effektiven Lösung des Eigenwertproblems sind zahlreiche numerische Methoden entwickelt worden. Die wichtigsten von ihnen werden in diesem Abschnitt in ihren Grundgedanken und -beziehungen in kurzer Form dargelegt. Dabei beschränken wir uns auf das lineare Eigenwertproblem, das sich aus der Betrachtung der freien ungedämpften Schwingungen ergibt (siehe Abschnitt 2.2.2)

$$(\boldsymbol{K} - \lambda \boldsymbol{M})\boldsymbol{x} = 0 \tag{2.217}$$

Neben diesem allgemeinen Eigenwertproblem gibt es noch das spezielle Eigenwertproblem, das sich aus Gl.(2.217) entweder in der Form

$$(\boldsymbol{K}^* - \lambda \boldsymbol{I})\boldsymbol{x} = 0 \;;\; \boldsymbol{K}^* = \boldsymbol{M}^{-1}\boldsymbol{K} \;;\; \boldsymbol{M} \text{ regulär} \tag{2.218}$$

oder in der Form

$$(\boldsymbol{M}^* - \frac{1}{\lambda} \boldsymbol{I})\boldsymbol{x} = 0 \;;\; \boldsymbol{M}^* = \boldsymbol{K}^{-1}\boldsymbol{M} \;;\; \boldsymbol{K} \text{ regulär} \tag{2.219}$$

mit $\boldsymbol{I}$ als Einheitsmarix ableiten läßt. In den meisten Fällen ist es zweckmäßig, das zu lösende Eigenwertproblem zunächst auf ein spezielles Eigenwertproblem zurückzuführen.

Bei symmetrischen Matrizen ist die Anwendung der Gln.(2.218) oder (2.219) nicht empfehlenswert, weil dabei die wichtige Eigenschaft der Symmetrie verlorengeht. Man kann jedoch die Symmetrie erhalten, wenn man z.B. die Massenmatrix $\boldsymbol{M}$ nach Cholesky in das Produkt zweier Dreiecksmatrizen zerlegt.

$$\boldsymbol{M} = \boldsymbol{R}_c^T \boldsymbol{R}_c \tag{2.220}$$

Damit erhält man aus Gl.(2.217)

$$(\boldsymbol{K} - \lambda \boldsymbol{R}_c^T \boldsymbol{R}_c)\boldsymbol{x} = 0 \tag{2.221}$$

und nach Linksmultiplikation mit $(\boldsymbol{R}_c^T)^{-1}$ und Ausklammern von $\boldsymbol{R}_c$

$$(\boldsymbol{K}^* - \lambda \boldsymbol{I})\boldsymbol{x}^* = 0 \tag{2.222}$$

mit

$$\boldsymbol{K}^* = (\boldsymbol{R}_c^T)^{-1} \boldsymbol{K} \boldsymbol{R}_c^{-1} \;;\; \boldsymbol{x}^* = \boldsymbol{R}_c \boldsymbol{x} \tag{2.223}$$

Gl.(2.222) liefert dieselben Eigenwerte wie das allgemeine Eigenwertproblem (2.217). Der

Eigenvektor folgt durch Rücktransformation mittels der Beziehung

$$\boldsymbol{x} = \boldsymbol{R}_c^{-1}\boldsymbol{x}^* \tag{2.224}$$

Die Anwendung der Choleskyzerlegung setzt voraus, daß $\boldsymbol{M}$ positiv definit ist. Bezüglich der numerischen Berechnung von $\boldsymbol{R}_c$ siehe z.B. [10].

Mitunter kann es nützlich sein, vor der Lösung des Eigenwertproblems eine sogenannte Verschiebung des Eigenwertes vorzunehmen. Dadurch kann erreicht werden, daß auch bei singulärer Matrix $\boldsymbol{K}$ alle Eigenwerte $\lambda > 0$ werden. Die Verschiebung erfolgt durch die Transformation

$$\boldsymbol{K} + \mu\boldsymbol{M} = \boldsymbol{K}^* \tag{2.225}$$

mit μ als konstantem Faktor. Mit Gl.(2.225) geht das allgemeine Eigenwertproblem (2.217) in das "verschobene" Eigenwertproblem

$$(\boldsymbol{K}^* - \lambda^*\boldsymbol{M})\boldsymbol{x}^* = \boldsymbol{0} \tag{2.226}$$

über, wobei

$$\lambda^* = \lambda + \mu \tag{2.227}$$

ist. Der Eigenvektor ändert sich bei dieser Verschiebung nicht.

Eine wichtige Eigenschaft eines Eigenwertproblems besteht darin, daß die Wurzeln der charakteristischen Gleichung eine Sturmsche Kette bilden. Bei symmetrischen Matrizen $\boldsymbol{M}$ und $\boldsymbol{K}$ kann folgende Zerlegung vorgenommen werden:

$$\boldsymbol{K} - \nu_k\boldsymbol{M} = \boldsymbol{L}\boldsymbol{D}\boldsymbol{L}^T \tag{2.228}$$

Darin ist $\boldsymbol{L}$ eine Linksdreiecksmatrix und $\boldsymbol{D}$ eine Diagonalmatrix. Die Eigenwerte bilden eine Sturmsche Kette, d.h., die Anzahl der negativen Elemente in $\boldsymbol{D}$ gibt an, wieviele Eigenwerte kleiner als ν_k sind. Wird $\boldsymbol{D}$ für zwei Werte ν_k, ν_l, $\nu_k < \nu_l$, gebildet, so kann die Anzahl der Eigenwerte bestimmt werden, die innerhalb des Intervalls $\nu_k \dots \nu_l$ liegen.

2.4.2 Methoden zur Ermittlung von Eigenwerten und Eigenvektoren

Die hier zu behandelnden Verfahren sind Iterationsverfahren, deren Ziel es ist, ohne die charakteristische Gleichung

$$P(\lambda) = \det(\boldsymbol{K} - \lambda\boldsymbol{M}) = 0 \tag{2.229}$$

direkt lösen zu müssen, die Eigenwerte λ_k, $k = 1,2,\dots, n$ zu berechnen.

Zu jedem Eigenwert λ_k gehört ein Eigenvektor $\boldsymbol{x}_k$. Man bezeichnet die beiden Größen λ_k, $\boldsymbol{x}_k$ auch als Eigenpaar. Ist ein Eigenwert λ_k bekannt, so kann $\boldsymbol{x}_k$ auch ohne Iteration aus

$$(\boldsymbol{K} - \lambda_k \boldsymbol{M})\boldsymbol{x}_k = \boldsymbol{0} \tag{2.230}$$

berechnet werden. Umgekehrt folgt bei bekanntem Eigenvektor $\boldsymbol{x}_k$ der zugehörige Eigenwert aus dem Rayleighschen Quotienten

$$\lambda_k = \frac{\boldsymbol{x}_k^T \boldsymbol{K} \boldsymbol{x}_k}{\boldsymbol{x}_k^T \boldsymbol{M} \boldsymbol{x}_k} \tag{2.231}$$

2.4.2.1 Polynomiteration

Der direkte Weg zur Lösung eines Eigenwertproblems führt, wie bereits bemerkt, über die Ermittlung der Nullstellen der charakteristischen Gleichung (2.229). Für Systeme mit einer größeren Anzahl von Freiheitsgraden ist dieser Weg jedoch uneffektiv.

Man kann aber z.B. so vorgehen, daß man bestimmte Werte λ_i vorgibt und damit den Wert des Polynoms $P(\lambda_i)$ berechnet. Dieser erfüllt für beliebiges λ_i natürlich nicht Gl.(2.229). Mit Hilfe eines Suchalgorithmus kann jedoch λ_i solange variiert werden, bis Gl.(2.229) mit einer gewünschten Genauigkeit erfüllt ist. Da bei jedem Suchschritt die Determinante zu berechnen ist, ist die Zerlegung der Matrix $\boldsymbol{K} - \lambda\boldsymbol{M}$ in

$$\boldsymbol{K} - \lambda\boldsymbol{M} = \boldsymbol{L}\boldsymbol{R} \tag{2.232}$$

bzw. bei symmetrischen Matrizen in

$$\boldsymbol{K} - \lambda\boldsymbol{M} = \boldsymbol{L}\boldsymbol{D}\boldsymbol{L}^T \tag{2.233}$$

zweckmäßig. $\boldsymbol{L}$ ist eine Einheits-Linksdreiecksmatrix und $\boldsymbol{R}$ eine Rechtsdreiecksmatrix sowie $\boldsymbol{D}$ eine Diagonalmatrix. Der Wert der Determinante ist dann

$$P(\lambda) = \prod_{i=1}^{n} r_{ii} \tag{2.234}$$

für Gl.(2.232) und

$$P(\lambda) = \prod_{i=1}^{n} d_{ii} \tag{2.235}$$

für Gl.(2.233). Die Größen r_{ii} bzw. d_{ii} sind die Diagonalelemente von $\boldsymbol{R}$ bzw. $\boldsymbol{D}$. Auf die möglichen Suchstrategien kann hier nicht eingegangen werden.

2.4.2.2 Vektoriterationsverfahren

Vektoriterationsverfahren werden sehr häufig angewendet. Dabei wird vorausgesetzt, daß alle Eigenwerte $\lambda_k > 0$ sind. Wenn das nicht der Fall ist, so muß vorher eine Verschiebung der Eigenwerte vorgenommen werden. Das Iterationsverfahren nach von Mises liefert zunächst den betragsgrößten Eigenwert und den zugehörigen Eigenvektor. Durch Modifikation des Verfahrens lassen sich auch der kleinste Eigenwert mit zugehörigem Eigenvektor oder auch mehrere Eigenpaare gleichzeitig bestimmen. Unter der Voraussetzung diagonalähnlicher Matrizen [37] lautet die Iterationsvorschrift für den Eigenvektor z_k

$$\boldsymbol{M}\boldsymbol{z}_{\kappa+1} = \boldsymbol{K}\boldsymbol{z}_{\kappa} \quad ; \quad (\kappa=1,2,\ldots) \tag{2.236}$$

bzw.

$$\boldsymbol{z}_{\kappa+1} = \boldsymbol{M}^{-1}\boldsymbol{K}\boldsymbol{z}_{\kappa} = \boldsymbol{A}\boldsymbol{z}_{\kappa} \tag{2.237}$$

mit z_1 als Startvektor. Der Index κ kennzeichnet den Iterationsschritt. Für hinreichend große Werte von κ folgt der größte Eigenwert aus der Beziehung

$$\lambda_{\kappa} = \frac{(\boldsymbol{z}_{\kappa+1}^{T}\boldsymbol{z}_{\kappa+1})^{1/2}}{(\boldsymbol{z}_{\kappa}^{T}\boldsymbol{z}_{\kappa})^{1/2}} \rightarrow \lambda_n \text{ für } \kappa \rightarrow \infty \tag{2.238}$$

oder- bei symmetrischen Matrizen- aus dem Rayleighschen Quotienten

$$\lambda(\boldsymbol{z}_{\kappa}) = \frac{\boldsymbol{z}_{\kappa}^{T}\boldsymbol{K}\boldsymbol{z}_{\kappa}}{\boldsymbol{z}_{\kappa}^{T}\boldsymbol{M}\boldsymbol{z}_{\kappa}} = \frac{\boldsymbol{z}_{k}^{T}\boldsymbol{M}\boldsymbol{z}_{k+1}}{\boldsymbol{z}_{k}^{T}\boldsymbol{M}\boldsymbol{z}_{k}} \leqq \lambda_{max} = \lambda_n \tag{2.239}$$

Da die Zahlenwerte mit jedem Iterationsschritt schnell anwachsen oder abnehmen, ist es zweckmäßig, mit normierten Vektoren, z.B., mit *M*-orthonormierten Vektoren

$$\boldsymbol{z}_{\kappa}^{(N)} = \frac{\boldsymbol{z}_{\kappa}}{(\boldsymbol{z}_{\kappa}\boldsymbol{M}\boldsymbol{z}_{\kappa})^{1/2}} \tag{2.240}$$

zu rechnen. In diesem Falle lautet die Iterationsvorschrift

$$\boldsymbol{z}_{\kappa+1} = \boldsymbol{M}^{-1}\boldsymbol{K}\boldsymbol{z}_{\kappa}^{(N)} \tag{2.241}$$

und der größte Eigenwert ergibt sich aus

$$\lambda_{\kappa} = \frac{(\boldsymbol{z}_{\kappa+1}^{T}\boldsymbol{z}_{\kappa+1})^{1/2}}{[(\boldsymbol{z}_{\kappa}^{(N)})^{T}\boldsymbol{z}_{\kappa}^{(N)}]^{1/2}} \tag{2.242}$$

In den meisten Fällen interessieren vor allem die kleinsten Eigenwerte. Diese ermittelt man mit Hilfe der inversen Vektoriteration. Die entsprechende Iterationsvorschrift lautet

$$\boldsymbol{K}\boldsymbol{z}_{\kappa+1} = \boldsymbol{M}\boldsymbol{z}_{\kappa}$$

bzw.

$$\boldsymbol{z}_{\kappa+1} = \boldsymbol{K}^{-1}\boldsymbol{M}\boldsymbol{z}_{\kappa} \qquad (2.243)$$

Bei Verwendung $\boldsymbol{M}$-orthonormierter Vektoren erhält man die Vorschrift

$$\boldsymbol{z}_{\kappa+1} = \boldsymbol{K}^{-1}\boldsymbol{M}\boldsymbol{z}_{\kappa}^{(N)} \qquad (2.244)$$

Der kleinste Eigenwert folgt nun für hinreichend große κ aus

$$\frac{1}{(\lambda_1)_{\kappa}} = \frac{(\boldsymbol{z}_{\kappa+1}^T\,\boldsymbol{z}_{\kappa+1})^{1/2}}{[(\boldsymbol{z}_{\kappa}^{(N)})^T\,\boldsymbol{z}_{\kappa}^{(N)}]^{1/2}} \qquad (2.245)$$

Für symmerische Matrizen erhält man aus dem Rayleighschen Quotienten

$$\frac{1}{(\lambda_1)_{\kappa}} = \frac{\boldsymbol{z}_{\kappa}^T\boldsymbol{M}\boldsymbol{z}_{\kappa}}{\boldsymbol{z}_{\kappa}^T\boldsymbol{K}\boldsymbol{z}_{\kappa}} \leqq \frac{1}{\lambda_1} = \frac{1}{\lambda_{min}} \qquad (2.246)$$

Zur Bestimmung höherer Eigenwerte dürfen die Startvektoren keine Anteile der bereits bestimmten Eigenvektoren enthalten. Sie müssen also zu diesen orthogonal sein. Die Vektororthogonalisierung muß außer für die Startvektoren im Laufe des Iterationsprozesses nach jedem Iterationsschritt vorgenommen werden, um eine Konvergenz zu den bereits bekannten Eigenvektoren zu vermeiden. Sind die ersten m Eigenpaare $(\lambda_k, \boldsymbol{x}_k)$, k=1,2,...,m bekannt, so folgt ein zu diesen Eigenvektoren orthogonaler Startvektor aus der Beziehung

$$\tilde{\boldsymbol{z}}_0 = \boldsymbol{z}_0 - \sum_{k=1}^{m} \alpha_k \boldsymbol{x}_k \qquad (2.247)$$

Die Vektoren $\boldsymbol{x}_k$ sind die bekannten Eigenvektoren. Die Koeffizienten α_k ergeben sich aus

$$\alpha_k = \frac{\boldsymbol{x}_k^T\boldsymbol{M}\boldsymbol{z}_0}{\boldsymbol{x}_k^T\boldsymbol{M}\boldsymbol{x}_k} \qquad (2.248a)$$

bzw. für $\boldsymbol{M}$-orthonormierte Eigenvektoren

$$\alpha_k = \boldsymbol{x}_k^T\boldsymbol{M}\boldsymbol{z}_0 \qquad (2.248b)$$

z_0 ist ein beliebiger meist vollbesetzter Startvektor.

Von besonderer Bedeutung ist die simultane Vektoriteration. Bei großen Systemen ist es im allgemeinen nicht erforderlich, alle Eigenpaare zu berechnen, sondern es interessieren nur die ersten p < n Eigenpaare. Die Aufgabe, die ersten p Eigenpaare zu berechnen, kann mit Hilfe der simultanen Vektoriteration gelöst werden, indem diese gleichzeitig iterativ bestimmt werden. Die gesuchten p Eigenvektoren spannen einen p-dimensionalen Unterraum des n-dimensionalen Raumes der Eigenvektoren auf. Dabei werden die Matrizen $\boldsymbol{M}$ und $\boldsymbol{K}$ auf die Basis des Unterraumes abgebildet und damit das auf den Unterraum reduzierte Eigenwertproblem gelöst (Unterraumiteration). Bei dieser Iteration werden die kleinsten Eigenwerte am genauesten berechnet. Um das interessierende p-te Eigenpaar noch hinreichend genau zu erhalten, verwendet man q > p Startvektoren für die Iteration. Die Startvektoren müssen $\boldsymbol{M}$-orthogonal oder $\boldsymbol{M}$-orthonormal sein. Nach jedem Iterationsschritt ist eine erneute Orthogonalisierung der iterierten Vektoren erforderlich. Bezüglich weiterer Einzelheiten zu dieser effektiven Methode sei auf die Literatur [3], [32] verwiesen.

2.4.2.3 Transformationsmethode von Jacobi

Ist $\boldsymbol{X}$ die $\boldsymbol{M}$-orthonormierte Modalmatrix, so gilt

$$\boldsymbol{X}^T \boldsymbol{M} \boldsymbol{X} = \boldsymbol{I} \;;\; \boldsymbol{X}^T \boldsymbol{K} \boldsymbol{X} = \boldsymbol{diag}(\omega_{0k}^2) = \boldsymbol{diag}(\lambda_k) = \Lambda \tag{2.249}$$

Das Jacobi-Verfahren liefert eine Vorschrift, die es ermöglicht, die Modalmatrix $\boldsymbol{X}$ auf iterativem Wege zu bestimmen und damit sowohl die Eigenwerte als auch die Eigenvektoren zu berechnen. Liegt ein spezielles Eigenwertproblem vor, so lautet die Iterationsvorschrift von Jacobi:

$$\boldsymbol{K}_{\kappa+1} = \boldsymbol{X}_\kappa^T \boldsymbol{K}_\kappa \boldsymbol{X}_\kappa \;;\quad (\kappa=1,2,\dots) \tag{2.250}$$

mit $\boldsymbol{K}_1 = \boldsymbol{K}$.

Durch die Vorschrift (2.250) wird $\boldsymbol{K}$ einer Folge von Ähnlichkeitstransformationen mit einfachen orthogonalen Transformationsmatrizen der Form

$$\boldsymbol{X}_\kappa = \begin{bmatrix} 1 &&&&&&&& \\ & \ddots &&&&&&& \\ && 1 &&&&&& \\ &&& \cos\varphi_\kappa & \cdots && \sin\varphi_\kappa && \\ &&&& 1 &&&& \\ &&& \vdots && \ddots & \vdots && \\ &&&&& 1 &&& \\ &&& -\sin\varphi_\kappa & \cdots && \cos\varphi_\kappa && \\ &&&&&&& 1 & \\ &&&&&&&& \ddots \\ &&&&&&&&& 1 \end{bmatrix} \begin{array}{l} \\ \\ \\ \text{Zeile } i \\ \\ \\ \\ \text{Zeile } j \\ \\ \\ \\ \end{array} \tag{2.251}$$

Spalte i Spalte j

unterworfen. Die Winkel φ_κ werden in jedem Iterationsschritt so bestimmt, daß gerade die

Elemente (i, j) in der Matrix $\boldsymbol{K}_{\kappa+1}$ zu Null werden. Dies wird erreicht, wenn man φ_κ aus

$$\tan 2\varphi_\kappa = \frac{2\,k_{ij}^{(\kappa)}}{k_{ii}^{(\kappa)} - k_{jj}^{(\kappa)}} \;;\quad k_{ii}^{(\kappa)} \neq k_{jj}^{(\kappa)}$$

$$\varphi_\kappa = \frac{\pi}{4} \quad \text{für } k_{ii}^{(\kappa)} = k_{jj}^{(\kappa)} \tag{2.252}$$

berechnet. Die $k_{ij}^{(\kappa)}$ sind die Elemente von $\boldsymbol{K}_\kappa$.

Bei jedem Iterationsschritt wird jeweils ein Element außerhalb der Hauptdiagonalen zu Null gemacht. Bei der nachfolgenden Iteration nimmt dieses Element wieder einen von Null verschiedenen Wert an, während ein anderes Element verschwindet.

Für den Iterationsalgorithmus sind verschiedene Strategien möglich. Beim klassischen Jacobi-Verfahren wird bei jeder Transformation das jeweils betragsgrößte Nichtdiagonalelement zum Verschwinden gebracht. Dies sichert eine gute Konvergenz, erfordert aber zur Realisierung einen komplizierten Suchalgorithmus.

Beim zyklischen Verfahren wird jedes Element oberhalb (oder unterhalb) der Hauptdiagonalen genau einmal zu Null gemacht. Eine weitere Variante des zyklischen Verfahrens erhält man, wenn in jedem Zyklus nur diejenigen Nichtdiagonalelemente zu Null gemacht werden, deren Absolutbetrag eine vorgegebene Schranke überschreitet.

Das Verfahren von Jacobi konvergiert für hinreichend große κ immer. Die Modalmatrix $\boldsymbol{X}$ ergibt sich als Produkt der iterierten Matrizen:

$$\boldsymbol{X} = \boldsymbol{X}_1 \boldsymbol{X}_2 \boldsymbol{X}_3 \ldots \tag{2.253}$$

Die Eigenwerte stehen in ungeordneter Reihenfolge auf der Hauptdiagonalen von $\boldsymbol{\Lambda}$.

Liegt ein allgemeines Eigenwertproblem vor, so muß bei der Iteration sowohl $\boldsymbol{K}$ als auch $\boldsymbol{M}$ diagonalisiert werden. Es empfiehlt sich aber, das allgemeine Eigenwertproblem vor der Iteration auf ein spezielles zurückzuführen.

2.4.3 Elimination von Freiheitsgraden und Modalsynthesemethoden

Die Lösung sehr großer Eigenwertprobleme kann zeit- und kostenaufwendig oder aus technischen Gründen nicht durchführbar sein. In solchen Fällen ist eine Reduktion der Anzahl der Freiheitsgrade des Systems angezeigt.

Im folgenden sollen Möglichkeiten zur Reduzierung von Freiheitsgraden aufgezeigt werden, wobei hier nur wenige Grundzüge dieser Methoden dargelegt werden können. Für weitergehende Studien sei auf die einschlägige Literatur verwiesen [3], [15], [32].

Prinzipiell sind zwei Vorgehensweisen möglich:

1. Elimintion von Freiheitsgraden des Gesamtsystems durch sogenannte Kondensation

2. Zerlegung des Gesamtsystems in Teilsysteme. Konstruktion der Lösung des Gesamtsystems aus den modalen Lösungen der Teilsysteme, wobei nur ein Teil der modalen Schwingformen berücksichtigt wird (Modalsynthesemethoden).

Auch eine Kombination beider Wege ist möglich.

Bei der Elimination von Freiheitsgraden wird vorausgesetzt, daß sich diese in äußere oder wesentliche (engl.: masters) und in innere oder restliche (engl.: slaves) Freiheitsgrade einteilen lassen und daß das Gesamtsystem auf die äußeren Freiheitsgrade "kondensiert" werden kann. Diese Kondensation kann sowohl auf Elementebene (bei Anwendung der FEM) als auch auf Systemebene vorgenommen werden.

Die Wahl der Lage und Anzahl der äußeren Knoten ist dabei sehr wesentlich zur Erreichung einer guten Näherung und setzt viel Erfahrung voraus. Die Kondensation führt zu einer Verkürzung des berechenbaren Frequenzspektrums. Mit zunehmender Ordnung der Eigenpaare wächst auch der Fehler. Deshalb kann man auch nur für Frequenzen am unteren Rand des Spektrums mit einer guten Näherung rechnen. Auf Möglichkeiten der Fehlerabschätzung kann hier nicht eingegangen werden.

Wir betrachten im folgenden die Kondensation des Eigenwertproblems (2.217). Hier sind die Komponenten des Eigenvektors bestimmten Freiheitsgraden des Systems zugeordnet. Durch Umordnung dieser Komponenten läßt sich der Vektor $\boldsymbol{x}$ wie folgt schreiben:

$$\boldsymbol{x} = (\boldsymbol{x}_a \ \boldsymbol{x}_i) \qquad (2.254)$$

wobei in $\boldsymbol{x}_a$ die den äußeren und in $\boldsymbol{x}_i$ die den inneren Freiheitsgraden zugeordneten Komponenten zusammengefaßt sind. Vertauscht man entsprechend der Umordnung der Zeilen in $\boldsymbol{x}$ auch die Zeilen und Spalten in den Matrizen $\boldsymbol{K}$ und $\boldsymbol{M}$, so läßt sich Gl.(2.217) in partitionierter Form schreiben

$$\left\{\begin{bmatrix} \boldsymbol{K}_{aa} & \boldsymbol{K}_{ai} \\ \boldsymbol{K}_{ia} & \boldsymbol{K}_{ii} \end{bmatrix} - \lambda \begin{bmatrix} \boldsymbol{M}_{aa} & \boldsymbol{M}_{ai} \\ \boldsymbol{M}_{ia} & \boldsymbol{M}_{ii} \end{bmatrix}\right\} \begin{bmatrix} \boldsymbol{x}_a \\ \boldsymbol{x}_i \end{bmatrix} = \begin{bmatrix} 0 \\ 0 \end{bmatrix} \qquad (2.255)$$

Aus der zweiten Zeile von Gl.(2.55) ergibt sich

$$(\boldsymbol{K}_{ia} - \lambda \boldsymbol{M}_{ia})\,\boldsymbol{x}_a + (\boldsymbol{K}_{ii} - \lambda \boldsymbol{M}_{ii})\,\boldsymbol{x}_i = \boldsymbol{0}$$

bzw., falls die Inversion möglich ist,

$$\boldsymbol{x}_i = -(\boldsymbol{K}_{ii} - \lambda \boldsymbol{M}_{ii})^{-1}(\boldsymbol{K}_{ia} - \lambda \boldsymbol{M}_{ia})\,\boldsymbol{x}_a = \boldsymbol{T}(\lambda)\,\boldsymbol{x}_a \qquad (2.256)$$

Gl.(2.256) gibt noch den exakten Zusammenhang zwischen $\boldsymbol{x}_i$ und $\boldsymbol{x}_a$ wieder. Sie ist jedoch nur formal richtig, praktisch läßt sich die Kehrmatrix $(\boldsymbol{K}_{ii} - \lambda \boldsymbol{M}_{ii})^{-1}$ mit unbekanntem λ nicht bilden. Für die weitere Rechnung muß für $\boldsymbol{T}(\lambda)$ eine Näherung gefunden werden.

Im einfachsten Falle setzt man $\lambda = 0$ und erhält so eine statische Kondensation. Damit wird

$$\boldsymbol{x}_i = \boldsymbol{K}_{ii}^{-1}\boldsymbol{K}_{ia}\boldsymbol{x}_a = \boldsymbol{T}_{ia}\boldsymbol{x}_a \qquad (2.257)$$

und es ist

$$\boldsymbol{x} = \begin{bmatrix} \boldsymbol{x}_a \\ \boldsymbol{x}_i \end{bmatrix} = \begin{bmatrix} \boldsymbol{I} \\ \boldsymbol{T}_{ia} \end{bmatrix} \boldsymbol{x}_a = \boldsymbol{T}\boldsymbol{x}_a \qquad (2.258)$$

$\boldsymbol{I}$ ist die Einheitsmatrix, deren Ordnung mit der Dimension des Vektors $\boldsymbol{x}_a$ übereinstimmt und $\boldsymbol{T}_{ia}$ eine konstante rechteckige Transformationsmatrix, deren Zeilenzahl gleich der Dimension von $\boldsymbol{x}_i$ und deren Spaltenzahl gleich der Dimension von $\boldsymbol{x}_a$ ist. Die Transformation zwischen $\boldsymbol{x}$ und $\boldsymbol{x}_a$ wird durch die Rechteckmatrix $\boldsymbol{T}$ vermittelt. Mit Gl.(2.258) erhält man aus Gl.(2.217) nach Linksmultiplikation mit $\boldsymbol{T}^T$ das statisch kondensierte Eigenwertproblem

$$(\boldsymbol{K}^* - \lambda \boldsymbol{M}^*)\,\boldsymbol{x}_a = \boldsymbol{0} \qquad (2.259)$$

mit

$$\boldsymbol{K}^* = \boldsymbol{T}^T \boldsymbol{K}\,\boldsymbol{T} \quad ; \quad \boldsymbol{M}^* = \boldsymbol{T}^T \boldsymbol{M}\,\boldsymbol{T} \qquad (2.260)$$

Das Nullsetzen von λ in Gl.(2.256) bedeutet physikalisch, daß man den Einfluß der Trägheitskräfte (Massen) an den internen Knoten sowie die Trägheitskopplung zwischen den Freiheitsgraden $\boldsymbol{x}_a$ und $\boldsymbol{x}_i$ vernachlässigt.

Man könnte also auch $\boldsymbol{M}_{ii} = \boldsymbol{0}$; $\boldsymbol{M}_{ia}^T = \boldsymbol{M}_{ai} = \boldsymbol{0}$ setzen und erhält

$$\boldsymbol{M}^* = \boldsymbol{M}_{aa} \qquad (2.261)$$

In der Praxis wird man die verteilten Massen von vornherein auf die äußeren Knoten konzentrieren, so daß $\boldsymbol{M}_{aa}$ eine Diagonalmatrix wird. Das kondensierte Eigenwertproblem ist dann durch

$$(\boldsymbol{K}^* - \lambda \boldsymbol{M}_{aa})\,\boldsymbol{x}_a = \boldsymbol{0} \qquad (2.262)$$

mit $\boldsymbol{K}^*$ nach Gl.(2.260) gegeben.

Diese Näherungsverfahren liefern für die unteren Schwingungsgrade dann brauchbare Werte, wenn die Frequenzen, die zu den eliminierten Freiheitsgraden gehören, hinreichend weit entfernt von den berechneten liegen. Daraus lassen sich Empfehlungen für die Wahl der inneren Freiheitsgrade ableiten.

Soll nur ein Freiheitsgrad eliminiert werden, so muß er so gewählt werden , daß er zu einem möglichst hohen Eigenwert führt, wenn alle anderen Freiheitsgrade behindert sind. Er hat also die Bedingung

$$\max_{(i)} \lambda_i = \frac{k_{ii}}{m_{ii}} \tag{2.263}$$

zu erfüllen. Die Verallgemeinerung dieser Empfehlung besagt, daß als innere Freiheitsgrade diejenigen festzulegen sind, die die größten Verhältnisse der Hauptdiagonalelemente von Steifigkeits- und Massenmatrix ergeben.

Eine Verbesserung der Ergebnisse ist möglich, wenn man statt der statischen Kondensation eine dynamische Kondensation vornimmt, bei der die Eigenwerte λ in Gl.(2.256) näherungsweise berücksichtigt werden. Eine Möglichkeit besteht darin, einen Näherungswert $\tilde{\lambda}$ für λ einzusetzen. Dann ist $\boldsymbol{T}(\tilde{\lambda})$ eine vom gesuchten Eigenwert unabhängige Transformationsmatrix und man erhält wieder ein Eigenwertproblem der Form (2.259), allerdings mit veränderter Transformationsmatrix. Die Genauigkeit dieser Methode hängt wesentlich von der Wahl der Näherungswerte $\tilde{\lambda}$ ab. Entspricht $\tilde{\lambda}$ einem Eigenwert des nichtkondensierten Problems, so ergeben sich für die eliminierten Variablen die exakten Werte. Eine weitere Möglichkeit besteht darin, daß man für jeden Freiheitsgrad i einen festen Näherungswert $\tilde{\lambda}_i$ in Gl.(2.256) verwendet. Diese lassen sich z.B. mit Hilfe der statischen Kondensation gewinnen.

Bei der Modalsynthese geht man davon aus, daß das Gesamtsystem aus mehreren Teilsystemen besteht, deren Schwingungsverhalten jeweils für sich betrachtet werden kann. Diese Vorgehensweise ist besonders dann sinnvoll, wenn große Strukturen aufgrund ihrer konstruktiven Gestaltung aus Substrukturen bestehen.

Für jede Substruktur kann das entsprechende Eigenwertproblem aufgestellt und gelöst werden, wobei bezüglich der Freiheitsgrade in den Verbindungsknoten zu einer Nachbarstruktur bestimmte Annahmen getroffen werden müssen. Z.B. kann man alle Freiheitsgrade in diesen Knoten fixieren oder sie als völlig frei betrachten.

Für jede Substruktur sind dann die unteren Eigenpaare bekannt. Dabei kann bei sehr großen Substrukturen auch von den Kondensationsmethoden Gebrauch gemacht werden.

Die Modalsynthese besteht nun darin, unter Verwendung eines Teils der modalen Schwingformen und Eigenfrequenzen der Substrukturen, die unteren Schwingformen und Eigenfrequenzen der Gesamtstruktur näherungsweise zu berechnen. Dazu gibt es eine Reihe, z.T. sehr effektiver Methoden, auf deren Darstellung wir jedoch verzichten müssen. Wir verweisen in diesem Zusammenhang auf die einschlägige Fachliteratur, z.B [15].

2.5 Methoden zur Berechnung nichtlinearer Kontinuumsschwingungen

2.5.1 Allgemeines

Zur Berechnung nichtlinearer Schwingungen kontinuierlicher Systeme sind die in Abschnitt 2.1 zur Aufstellung der ortsdiskretisierten Bewegungsgleichungen dargestellten Methoden und die in Abschnitt 2.3 behandelten numerischen Verfahren zur Zeitintegration dieser Bewegungsgleichungen ebenfalls anwendbar.

In diesem Abschnitt soll auf einige Besonderheiten bei der Anwendung dieser Methoden auf nichtlineare Schwingungen eingegangen werden.

Zunächst muß zwischen geometrischer und physikalischer Nichtlinearität unterschieden werden. Bei geometrischer Nichtlinearität ist es zweckmäßig, zu unterscheiden, ob es sich um kleine oder große Verschiebungen bzw. um kleine oder große Verzerrungen handelt. Die folgenden Betrachtungen beschränken sich auf endlich große Verschiebungen aber so kleine Verzerrungen, daß die Dichteänderungen bei der Deformation vernachlässigt werden können.

Große Verschiebungen erfordern stets die Betrachtung der kinetischen Gleichgewichtsbedingungen am verformten Element. Ferner ist in diesem Falle der Green-Lagrangesche Verzerrungstensor mit dem 2. Piola-Kirchhoffschen Spannungstensor zu verbinden (siehe Abschnitt 1.2, 1.3 und 1.5).

Liegt allein stoffliche Nichtlinearität vor, so ist meist die Benutzung des linearen Verzerrungstensors Gl.(1.17) zulässig.

Eine weitere Eischränkung der nachfolgenden Ausführungen besteht darin, daß das Werkstoffverhalten als tensoriell elastisch vorausgesetzt wird. Ausgenommen hiervon sind die Ansätze für die Werkstoffdämpfung (siehe Abschnitt 1.4.4), in denen die Dämpfungsspannungen als tensoriell linear zu den Verzerrungsgeschwindigkeiten angenommen werden.

Für die meisten Schwingungsprobleme sind diese Modellvorstellungen ausreichend.

Die Bewegungsgleichungen können in direkter oder in inkrementeller Form angegeben werden. Zur Lösung von Schwingungsaufgaben ist in Verbindung mit der Anwendung numerischer Schritt-für-Schritt-Verfahren zur Zeitintegration der ortsdiskretisiertten Bewegungsgleichungen das direkte Verfahren meist vorzuziehen.

Der entscheidende Unterschied gegenüber den linearen Systemen besteht bei den nichtlinearen Problemen darin, daß in den ortsdiskretisierten Bewegungsgleichungen die unbekannten diskreten Verschiebungsgrößen in nichtlinearer Form auftreten. Insbesondere gilt das Überlagerungsprinzip nicht mehr, das bei der Lösung linearer Probleme sehr häufig angewandt wird.

Die Ortsdiskretisierung liefert im allgemeinen Fall ein nichtlineares System gewöhnlicher DGL der Form

$$\boldsymbol{M}\ddot{\boldsymbol{d}} + \boldsymbol{F}(\boldsymbol{d}, \dot{\boldsymbol{d}}, t) = 0 \qquad (2.264)$$

Als Ausgangspunkt für die Ableitung der Gl.(2.264) kann das Prinzip der virtuellen Arbeiten nach Gl.(1.94) mit $J=J^*=1$ dienen, wobei noch das zu verwendende Stoffgesetz einzuführen ist.

Bei nichtlinearen Problemen spielen Fragen der Stabilität der Lösungen eine beachtliche Rolle. Deshalb sind zur Zeitintegration der Bewegungsgleichungen nur unbedingt stabil arbeitende Verfahren zu verwenden, um gegebenenfalls auftretende physikalisch bedingte Bewegungsinstabilitäten von numerischen unterscheiden zu können. Das sind z.B. die Wilsonsche Θ-Methode oder das Newmark-Verfahren. Die Bewegungsgleichungen sind demnach für den Zeitpunkt $t = t_k + \Theta h$ oder $t = t_k + h$ aufzustellen

$$\boldsymbol{M}\ddot{\boldsymbol{d}}_{k+1} + \boldsymbol{F}(\boldsymbol{d}_{k+1}, \dot{\boldsymbol{d}}_{k+1}, t) = 0 \qquad (2.265)$$

In Gl.(2.265) sind aber $\boldsymbol{d}_{k+1}$ und $\dot{\boldsymbol{d}}_{k+1}$ unbekannte Größen. Die Auflösung des Gleichungssystems ist deshalb nur iterativ möglich.

Für schwach nichtlineare Bewegungsgleichungen stehen auch analytische Näherungsverfahren zur Verfügung [5], [12].

2.5.2 Direkte Form der Bewegungsgleichungen und ihre Lösung

Zur Aufstellung der ortsdiskretisierten Bewegungsgleichungen wird vom Prinzip der virtuellen Arbeiten Gl.(1.94) in der Form

$$\int_{(V)} \sigma_{0ij}\delta\varepsilon_{0ij}dV + \int_{(V)} \varrho\ddot{u}_i\delta u_i dV = \int_{(V)} \overline{q}_i\delta u_i dV + \int_{(A)} \overline{p}_i\delta u_i dV \qquad (2.266)$$

ausgegangen. In Gl.(2.266) bedeuten

$$\sigma_{0ij} = \sigma_{0ij}^{(el)} + \sigma_{0ij}^{(D)} \qquad (2.267)$$

den in einen elastischen und einen Dämpfungsanteil aufgespaltenen 2. Piola-Kirchhoffschen Spannungstensor und

$$\varepsilon_{0ij} = \frac{1}{2}(u_{i/j} + u_{j/i} + u_{k/i}u_{k/j}) \; ; \quad (i,j,k=1,2,3) \qquad (2.268)$$

den Green-Lagrangeschen Verzerrungstensor. Wenn tensoriell elastisches Materialverhalten mit linearer Volumendehnung vorausgesetzt wird, so ergeben sich die Komponenten des elastischen Spannungstensors (siehe Abschnitt 1.4.3 und Gl.(1.59)) aus

$$\sigma_{0ij}^{(el)} = \frac{E}{1+\nu}\,\varphi(\varepsilon_{0v})(\varepsilon_{0ij} - \delta_{ij}e_0) + \frac{E}{1-2\nu}\,\delta_{ij}e_0 \qquad (2.269)$$
$$(i,j = 1,2,3)$$

Die äußeren Dämpfungskräfte werden als proportional zur Oberflächengeschwindigkeit vorausgesetzt:

$$\overline{p}_i = \overline{p}_i(t) - \mu\dot{u}_i \qquad (2.270)$$

Für die aus der inneren Dämpfung folgenden Spannungsanteile kann in erster Näherung

$$\sigma_{0ij}^{(D)} = \frac{E}{1+\nu}\,\vartheta\left(\dot{\varepsilon}_{0ij} + \delta_{ij}\frac{3\nu}{1-2\nu}\,\dot{e}_0\right) \qquad (2.271)$$

angenommen werden (siehe Gl.(1.76)).

Damit ist das nichtlineare Problem unter den genannten einschränkenden Bedingungen vollständig beschrieben. Werden die Beziehungen (2.267) bis (2.271) in Gl.(2.266) eingesetzt, so entstehen Integralausdrücke, die nur noch die Verschiebungen $u_i(t)$ als unbekannte Größen enthalten. Die Ortsdiskretisierung wird nun, ähnlich wie im linearen Fall, durch Ansätze der Form

$$u_i(x_1, x_2, x_3, t) = g_{i\alpha}(x_1, x_2, x_3)\, d_{i\alpha}(t) \qquad (2.272)$$
$$(i=1,2,3, \quad \alpha=1,2,\ldots,f_i)$$

erreicht. Darin sind die $g_{i\alpha}$ die den Verschiebungen u_i zugeordneten Koordinatenfunktionen bzw. Formfunktionen und die $d_{i\alpha}$ zeitabhängige Freiwerte bzw., bei Anwendung der FEM, die verallgemeinerten Knotenverschiebungen. Der Ansatz (2.272) läßt für jede Verschiebungskomponente u_i unterschiedliche Approximationsgrade zu; f_i stellt die der jeweiligen Verschiebung u_i zugeordnete Anzahl von Freiheitsgraden dar.

Die diskretisierte Form des Green-Lagrangeschen Verzerrungstensors laute mit dem Ansatz (2.272):

$$\varepsilon_{0ij} = \frac{1}{2}[g_{i\alpha/j}\, d_{i\alpha} + g_{j\alpha/i}\, d_{j\alpha} + g_{k\alpha/i}\, g_{k\beta/j}\, d_{k\alpha}\, d_{k\beta}] \qquad (2.273)$$
$$(i,j,k=1,2,3\ ,\quad \alpha,\beta=1,2,\ldots,f_i)$$

Daraus folgt die virtuelle Verzerrung

$$\delta\varepsilon_{0ij} = \frac{1}{2}[g_{i\alpha/j}\,\delta d_{i\alpha} + g_{j\alpha/i}\,\delta d_{j\alpha} + g_{k\alpha/i}\, g_{k\beta/j}\,(\delta d_{k\alpha}\, d_{k\beta} + d_{k\alpha}\,\delta d_{k\beta}] \qquad (2.274)$$

Ferner gilt

$$\delta u_i = g_{i\alpha}\,\delta d_{i\alpha} \qquad (2.275)$$

Im weiteren wollen wir die bisherigen und die folgenden Gleichungen in Matrizenschreibweise formulieren. Für nichtlineare Systeme, die den eingangs gemachten Einschränkungen unterliegen, ist die Matrizenschreibweise übersichtlicher. Das Prinzip der virtuellen Arbeiten (2.266) lautet in Matrizenform:

$$\int_{(V)} \delta\boldsymbol{\varepsilon}^T \boldsymbol{\sigma}\, dV + \int_{(V)} \varrho\,\delta\,\mathbf{u}^T \ddot{\mathbf{u}}\, dV = \int_{(V)} \delta\mathbf{u}^T \bar{\boldsymbol{q}}\, dV + \int_{(A)} \delta\mathbf{u}^T \bar{\boldsymbol{p}}\, dA \qquad (2.276)$$

mit

$$\mathbf{u}^T = (u_1\, u_2\, u_3)$$
$$\boldsymbol{\varepsilon}^T = (\varepsilon_{011}\, \varepsilon_{022}\, \varepsilon_{033}\, \varepsilon_{012}\, \varepsilon_{023}\, \varepsilon_{031}) \qquad (2.277)$$
$$\boldsymbol{\sigma}^T = (\sigma_{011}\, \sigma_{022}\, \sigma_{033}\, \sigma_{012}\, \sigma_{023}\, \sigma_{032})$$

Der Verzerrungstensor $\boldsymbol{\varepsilon}$ folgt aus dem Verschiebungsvektor $\boldsymbol{u}$ durch die Matrizengleichung

$$\boldsymbol{\varepsilon} = \boldsymbol{D}\mathbf{u} \qquad (2.278)$$

wobei $\boldsymbol{D}$ im Falle geometrischer Nichtlinearität ein nichtlinearer Differentialoperator ist. Er folgt aus Gl.(2.268) zu

$$\boldsymbol{D} = \frac{1}{2}\begin{bmatrix} 2\partial_1 + \partial_1^2 & \partial_1^2 & \partial_1^2 \\ \partial_2^2 & 2\partial_2 + \partial_2^2 & \partial_2^2 \\ \partial_3^2 & \partial_3^2 & 2\partial_3 + \partial_3^2 \\ \partial_2 + \partial_1\partial_2 & \partial_1 + \partial_1\partial_2 & \partial_1\partial_2 \\ \partial_2\partial_3 & \partial_3 + \partial_2\partial_3 & \partial_2 + \partial_2\partial_3 \\ \partial_3 + \partial_1\partial_3 & \partial_1\partial_3 & \partial_1 + \partial_1\partial_3 \end{bmatrix} \tag{2.279}$$

mit

$$\partial_i = \frac{\partial}{\partial x_i} = (\ldots)_{/i} \ ; \ \partial_i^2 = \frac{\partial^2}{\partial x_i^{\,2}} = (\ldots)_{/ii}$$
$$\partial_i \partial_j = \frac{\partial}{\partial x_i}\frac{\partial}{\partial x_j} = (\ldots)_{/ij} \ ; \quad (i,j=1,2,3) \tag{2.280}$$

Die Ortsdiskretisierung lautet

$$\boldsymbol{u} = \boldsymbol{G}\boldsymbol{d} \ ; \quad \delta\boldsymbol{u} = \boldsymbol{G}\,\delta\boldsymbol{d} \tag{2.281}$$

mit der Matrix der Ansatzfunktionen

$$\boldsymbol{G} = \begin{bmatrix} \boldsymbol{g}_1^T & \boldsymbol{0}^T & \boldsymbol{0}^T \\ \boldsymbol{0}^T & \boldsymbol{g}_2^T & \boldsymbol{0}^T \\ \boldsymbol{0}^T & \boldsymbol{0}^T & \boldsymbol{g}_3^T \end{bmatrix} \tag{2.282}$$

Aus Gl.(2.278) und Gl.(2.281) folgt:

$$\boldsymbol{\varepsilon} = \boldsymbol{D}(\boldsymbol{G}\boldsymbol{d}) \quad ; \quad \delta\boldsymbol{\varepsilon} = \delta[\boldsymbol{D}(\boldsymbol{G}\boldsymbol{d})] \tag{2.283}$$

Wegen der Nichtlinearität gilt

$$\boldsymbol{D}(\boldsymbol{G}\boldsymbol{d}) \neq (\boldsymbol{D}\boldsymbol{G})\,\boldsymbol{d}$$
$$\delta[\boldsymbol{D}(\boldsymbol{G}\boldsymbol{d})]^T \neq \delta\boldsymbol{d}^T(\boldsymbol{D}\boldsymbol{G})^T$$

Der Spannungsvektor $\boldsymbol{\sigma}^{(el)}$ wird aus

$$\boldsymbol{\sigma}^{(el)} = \boldsymbol{E}^{(el)}\,\boldsymbol{\varepsilon} = \boldsymbol{E}^{(el)}[\boldsymbol{D}(\boldsymbol{G}\boldsymbol{d})] \tag{2.284}$$

ermittelt. $\boldsymbol{E}^{(el)}$ ist bei nichtlinearem Stoffgesetz ebenfalls nichtlinear. Mit Gl.(2.269) erhält man

$$\boldsymbol{E}^{(el)} = \frac{E}{1+\nu}\begin{bmatrix} E_1 & E_2 & E_2 & 0 & 0 & 0 \\ 0 & E_1 & E_2 & 0 & 0 & 0 \\ 0 & 0 & E_1 & 0 & 0 & 0 \\ 0 & 0 & 0 & \varphi/2 & 0 & 0 \\ 0 & 0 & 0 & 0 & \varphi/2 & 0 \\ 0 & 0 & 0 & 0 & 0 & \varphi/2 \end{bmatrix} \tag{2.285}$$

mit

$$E_1 = \frac{2}{3}\varphi + \frac{1+\nu}{3(1-2\nu)} \; ; \; E_2 = -\frac{\varphi}{3} + \frac{1+\nu}{3(1-2\nu)} \tag{2.286}$$

Die Spannung aus der inneren Dämpfung ergibt sich aus der linearen Beziehung (2.271) mit der Elastizitätsmatrix nach Gl.(1.54) zu

$$\boldsymbol{\sigma}^{(D)} = \vartheta \boldsymbol{E}\dot{\boldsymbol{\varepsilon}} = \vartheta \boldsymbol{E}[\boldsymbol{D}(\boldsymbol{G}\dot{\boldsymbol{d}})] \tag{2.287}$$

Die Matrix $\boldsymbol{E}$ ergibt sich aus Gl.(2.285) mit $\varphi = 1$. Setzen wir noch

$$\bar{\boldsymbol{p}} = \bar{\boldsymbol{p}}_1 - \mu\dot{\boldsymbol{u}} \tag{2.288}$$

so erhält man durch Einsetzen der Beziehungen (2.278) bis (2.288) in Gl.(2.276)

$$\begin{aligned} &\int_{(V)} \delta[\boldsymbol{D}(\boldsymbol{G}\boldsymbol{d})]^T \boldsymbol{E}^{(el)}[\boldsymbol{D}(\boldsymbol{G}\boldsymbol{d})]\,dV \\ &+ \int_{(V)} \vartheta\,\delta[\boldsymbol{D}(\boldsymbol{G}\boldsymbol{d})]^T \boldsymbol{E}\,[\boldsymbol{D}(\boldsymbol{G}\dot{\boldsymbol{d}})]\,dV \\ &+ \delta\boldsymbol{d}^T \int_{(V)} \varrho \boldsymbol{G}^T\boldsymbol{G}\,dV\,\ddot{\boldsymbol{d}} + \mu\,\delta\boldsymbol{d}^T \int_{(A)} \boldsymbol{G}^T\boldsymbol{G}\,dV\,\dot{\boldsymbol{d}} \\ &= \delta\boldsymbol{d}^T \int_{(V)} \boldsymbol{G}^T\bar{\boldsymbol{q}}\,dV + \delta\boldsymbol{d}^T \int_{(A)} \boldsymbol{G}^T\bar{\boldsymbol{p}}\,dA \end{aligned} \tag{2.289}$$

Die Ausführung der Integrationen in Gl.(2.289) liefert mit den Formfunktionen $\boldsymbol{G}$ nach Gl.(2.282) eine nichtlineare Matrizendifferentialgleichung der Form (2.264), die etwas detaillierter geschrieben die folgende Gestalt hat

$$\boldsymbol{M}\ddot{\boldsymbol{d}} + [\boldsymbol{B}^{(l)} + \boldsymbol{B}^{(nl)}(\boldsymbol{d})]\dot{\boldsymbol{d}} + [\boldsymbol{K}^{(l)} + \boldsymbol{K}^{(nl)}(\boldsymbol{d})]\boldsymbol{d} = \boldsymbol{f}(\boldsymbol{d},t) \tag{2.290}$$

In Gl.(2.290) sind die Dämpfungsmatrix $\boldsymbol{B}$ und die Steifigkeitsmatrix $\boldsymbol{K}$ noch jeweils in einen linearen ($\boldsymbol{B}^{(l)}$, $\boldsymbol{K}^{(l)}$) und in einen nichtlinearen Anteil ($\boldsymbol{B}^{(nl)}$, $\boldsymbol{K}^{(nl)}$) aufgespalten.

Bei der Anwendung der FEM zur Ortsdiskretisierung erhält man für jedes Element (e) eine solche Gleichung. Im lokalen Bezugssystem gilt also:

$$\boldsymbol{M}_e'\ddot{\boldsymbol{d}}_e' + [\boldsymbol{B}'^{(l)}_e + \boldsymbol{B}'^{(nl)}_e(\boldsymbol{d}_e')]\dot{\boldsymbol{d}}_e' + [\boldsymbol{K}'^{(l)}_e + \boldsymbol{K}'^{(nl)}_e(\boldsymbol{d}_e']\boldsymbol{d}_e' = \boldsymbol{f}_e'(\boldsymbol{d}_e',t) \tag{2.291}$$

Mit Hilfe der Transformationsbeziehung

$$\boldsymbol{d}_e' = \boldsymbol{T}_e\boldsymbol{d}_e \tag{2.292}$$

erfolgt in gleicher Weise wie bei linearen Systemen die Transformation auf das globale Bezugssystem. Die Zuordnung der Elementknotenverschiebungen zu den Systemknotenverschiebungen erfolgt ebenfalls wie bei den linearen Systemen durch die Beziehung

$$\boldsymbol{d}_e = \boldsymbol{Z}_e\boldsymbol{d}^{(s)} \tag{2.293}$$

wobei $\boldsymbol{d}^{(s)}$ der Systemknotenverschiebungsvektor ist.

Zu beachten ist, daß $\boldsymbol{B}_e^{(nl)}$ und $\boldsymbol{K}_e^{(nl)}$ von den Verschiebungen abhängen und dies bei der Zuordnung berücksichtigt werden muß. Es ist also z.B.

$$\boldsymbol{K}_e^{(nl)}(\boldsymbol{d}_e) = \boldsymbol{K}_e^{(nl)}(\boldsymbol{Z}_e\boldsymbol{d}^{(s)}) \tag{2.294}$$

Nach diesen Operationen kann die Summation der nunmehr auf das globale Koordinatensystem und auf die Systemknoten bezogenen Elementgleichungen unmittelbar erfolgen. Das Ergebnis ist eine Gleichung der Gestalt (2.290).

Die Zeitintegration von Gl.(2.290) erfolgt nach einem der in Abschnitt 2.3 angegebenen unbedingt stabilen Verfahren. Im Unterschied zu den linearen Problemen hängen nun die Matrizen $\boldsymbol{B}^{(nl)}$ und $\boldsymbol{K}^{(nl)}$ von den gesuchten unbekannten Größen $\boldsymbol{d}(t_k+h) = \boldsymbol{d}_{k+1}$ bzw. $\boldsymbol{d}(t_k+\Theta h) = \boldsymbol{d}^*$ ab. Diese Matrizen können deshalb nur iterativ berechnet werden. Das bedeutet, daß sie je nach Konvergenz für jeden Zeitschritt mehrfach ermittelt werden müssen. In der Literatur werden mehrere Verfahren zur Konvergenzbeschleunigung angegeben, auf die hier nicht eingegangen werden kann.

2.5.3 Inkrementelle Form der Bewegungsgleichungen

In Abschnitt 1.5.3 haben wir die kinetischen Gleichgewichtsbeziehungen auf der Grundlage des Prinzips der virtuellen Arbeiten in inkrementeller Form angegeben (siehe Gl.(1.143) oder Gl.(1.144).

Ersetzt man in Gl.(2.143) $\delta(\Delta\varepsilon_{0ij})$ und $\delta(\Delta\varepsilon_{0ij}^{(nl)})$ mittels der Gln.(1.137) bis (1.139) durch die Verschiebungen und ihre inkrementellen Änderungen, so erhält man wegen der Symmetrie des 2. Piola-Kirchhoffschen Spannungstensors folgende Gleichung:

$$
\begin{aligned}
&\int_{(V)} [\delta(\Delta u_{i/j}) + \delta(\Delta u_{k/i})(u_{k/j} + \Delta u_{k/j})]\Delta\sigma_{0ij} dV \\
&+ \int_{(V)} \delta(\Delta u_{k/i})\Delta u_{k/j}\sigma_{oij} dV + \int_{(V)} \varrho\,\delta(\Delta u_i)\Delta\ddot{u}_i dV \\
&= \int_{(V)} \delta(\Delta u_i)\Delta\overline{q}_i dV + \int_{(A)} \delta(\Delta u_i)\Delta\overline{p}_i dA
\end{aligned}
\tag{2.295}
$$

Gl.(2,295) berücksichtigt nichtlineare geometrische Beziehungen bei kleinen Verzerrungen und gilt für beliebige Stoffgesetze.

Bei Annahme eines tensoriell nichtlinearen elastischen Materialverhaltens folgt der Spannungstensor $\sigma_{0ij}^{(el)}$ aus Gl.(2.269) und die inkrementelle Änderung desselben aus der Beziehung

$$
\begin{aligned}
\Delta\sigma_{0ij}^{(el)} = \frac{E}{1+\nu}\{&\varphi(\varepsilon_v)[\Delta\varepsilon_{0ij} - \delta_{ij}\Delta e_0] \\
&+ \Delta\varphi[\varepsilon_{0ij} + \Delta\varepsilon_{0ij} - \delta_{ij}(e_0 + \Delta e_0)]\} \\
&+ \frac{E}{1-2\nu}\delta_{ij}\,\Delta e_0
\end{aligned}
\tag{2.296}
$$

mit

$$
\varphi(\varepsilon_v + \Delta\varepsilon_v) = \varphi(\varepsilon_v) + \Delta\varphi \tag{2.297}
$$

Analog zu Gl.(2.271) kann für die Änderung der Dämpfungsspannungen wegen der Linearität dieses Gesetzes

$$
\Delta\sigma_{0ij}^{(D)} = \frac{E}{1+\nu}\,\vartheta\,(\Delta\dot{\varepsilon}_{0ij} + \delta_{ij}\frac{3\nu}{1-2\nu}\,\Delta\dot{e}_0) \tag{2.298}
$$

geschrieben werden.

Zur Ortsdiskretisierung werden entsprechend Gl.(2.272) die Ansätze

$$
\begin{aligned}
u_i &= g_{i\alpha} d_{i\alpha} \\
\Delta u_i &= g_{i\alpha}\Delta(d_{i\alpha}) \ ; \quad (i=1,2,3 \ ; \quad \alpha=1,2,\ldots,f_i)
\end{aligned}
\tag{2.299}
$$

gemacht.

Mit Hilfe dieser Ansätze, der Beziehungen für ε_{0ij}, $\Delta\,\varepsilon_{0ij}$, $\delta(\Delta\,\varepsilon_{0ij})$ sowie der Gln.(2.296) und (2.298) erhält man schließlich aus Gl.(2.295) die Bewegungsgleichungen mit den Unbekannten $\Delta\,d_{i\alpha}$ und $d_{i\alpha}$ in inkrementeller Form.

Im Sonderfall eines linear-elastischen Stoffgesetzes kann der Spannungstensor aus

$$\sigma^{(el)}_{0ij} = E_{ijkl}\,\varepsilon_{0kl} \quad \text{bzw.}$$
$$\Delta\sigma^{(el)}_{0ij} = E_{ijkl}\,\Delta\varepsilon_{0kl}\;; \quad (i,j,k,l=1,2,3) \tag{2.300}$$

ermittelt werden.

3 Schwingungen spezieller Kontinua

3.1 Fadenschwingungen

3.1.1 Bewegungsgleichungen des idealen Fadens

Ein idealer Faden ist ein eindimensionaler, kontinuierlich mit Masse belegter Körper, dessen Querschnittsabmessungen klein im Verhältnis zu seiner Länge sind. Er wird geometrisch durch seine Mittellinie charakterisiert, und er besitzt keine Biegesteifigkeit.

Den so definierten Eigenschaften entsprechen im Idealfall Seile, Saiten und Ketten. Im allgemeinen ist der ideale Faden dehnbar. Zur Herleitung der Bewegungsgleichung wird ein Fadenelement entsprechend Bild 3.1 betrachtet. Es werden folgende Bezeichnungen verwendet:

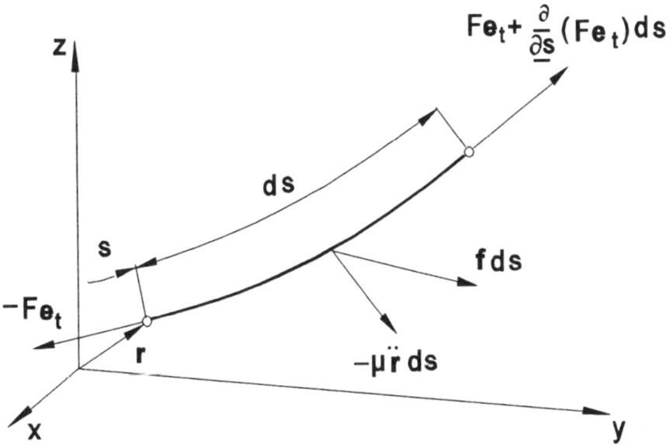

Bild 3.1 Geometrie und Kräfte am Fadenelement

$\boldsymbol{r}(s,t)$ Ortsvektor des Fadenelementes

ds_0, ds Bogenlänge des ungedehnten und des gedehnten Elementes

$\mu(s) = \mu(s_0) = \partial s_0/\partial s$ Fadenmasse je Längeneinheit

$\boldsymbol{f}(s,t) = \boldsymbol{f}(s_0,t)\partial s_0/\partial s$ Vektor der äußeren Kräfte je Längeneinheit

$\boldsymbol{e}_t(s,t)$ Tangenteneinheitsvektor

F(s,t) Betrag der Fadenkraft

Die Gleichgewichtsbetrachtung am Fadenelement ergibt:

$$\frac{\partial}{\partial s}(F\boldsymbol{e}_t) + \boldsymbol{f}(s,t) = \mu(s)\,\ddot{\boldsymbol{r}}(s,t) \qquad (3.1)$$

Wird in Gl.(3.1) alles auf die ursprüngliche Bogenlänge bezogen, so gilt:

$$\frac{\partial}{\partial s_0}(F\boldsymbol{e}_t) + \boldsymbol{f}(s_0,t) = \mu(s_0)\,\ddot{\boldsymbol{r}}(s_0,t) \qquad (3.2)$$

Als geometrische Bedingung kommt noch die Beziehung

$$\left(\frac{dx}{ds}\right)^2 + \left(\frac{dy}{ds}\right)^2 + \left(\frac{dz}{ds}\right)^2 = 1 \tag{3.3}$$

hinzu.

Da die Gl.(3.1) bzw. Gl.(3.2) nur in wenigen Sonderfällen lösbar sind, ist man meist auf numerische Lösungen angewiesen. Diese erfolgt nach Ortsdiskretisierung der Bewegungsgleichungen mittels Zeitintegrationsverfahren.

3.1.2 Numerische Lösung der Bewegungsgleichungen

Zunächst wird eine Ortsdiskretisierung vorgenommen. Das führt auf ein System gewöhnlicher nichtlinearer DGL.

Die einfachste und meist ausreichende Ortsdiskretisierung besteht darin, den Faden durch ein Modell zu ersetzen, das aus einer endlichen Anzahl diskreter Einzelmassen besteht, die durch masselose, dehnbare oder dehnstarre Fäden miteinander verbunden sind, die keine Druckkräfte aufnehmen können (Bild 3.2).

Das Gleichgewicht an jeder Einzelmasse m_k lautet:

$$F_k \boldsymbol{e}_k - F_{k-1} \boldsymbol{e}_{k-1} + \boldsymbol{f}_k = m_k \ddot{\boldsymbol{r}}_k \; ; \quad (k=1,2,...) \tag{3.4}$$

Darin bedeuten F_{k-1}, und F_k die Fadenkräfte in den Abschnitten k-1 und k, $\boldsymbol{f}_k^T = (f_{kx}\; f_{ky}\; f_{kz})$ die an der Einzelmasse m_k angreifenden äußeren Kräfte bzw. ihre kartesischen Komponenten, l_{k-1}, l_k die Längen der Fadenabschnitte k-1 und k, $\boldsymbol{e}_{k-1}$, $\boldsymbol{e}_k$ die Einheitsvektoren, die die Richtung der Fadenabschnitte k-1 bzw. k kennzeichnen, $\ddot{\boldsymbol{r}}_k^T = (\ddot{x}_k, \ddot{y}_k, \ddot{z}_k)$ die Beschleunigung der Masse m_k bzw. ihre kartesischen Komponenten.

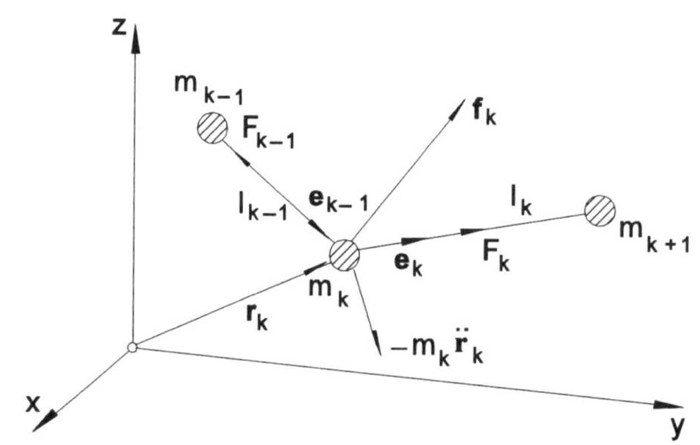

Bild 3.2 Ortsdiskretisiertes Fadenmodell

Ziel der Zeitintegration ist es, zunächst die Ortsvektoren $\boldsymbol{r}_k(t)$ bei bekannter Ausgangskonfiguration $\boldsymbol{r}_k(t=0) = \boldsymbol{r}_{0k}$, $\dot{\boldsymbol{r}}_k(t=0) = \dot{\boldsymbol{r}}_{0k}$ zu bestimmen. Um Gl.(3.4) integrieren zu können, muß vorher von folgenden Beziehungen Gebrauch gemacht werden.

$$l_k = \sqrt{(\boldsymbol{r}_{k+1} - \boldsymbol{r}_k)^2} = \sqrt{(\boldsymbol{r}_{k+1} - \boldsymbol{r}_k)^T(\boldsymbol{r}_{k+1} - \boldsymbol{r}_k)} \tag{3.5}$$

Bei linearer Dehnelastizität ergeben sich die Fadenkräfte zu

$$F_k(t) = \left(\frac{l_k(t)}{l_{k0}} - 1\right) E A_k = \left(\frac{\sqrt{(\boldsymbol{r}_{k+1} - \boldsymbol{r}_k)^2}}{l_{k0}} - 1\right) E A_k \tag{3.6}$$

mit $F_k(t) > 0$ und l_{k0} als Seillänge des ungedehnten Zustandes.

Die Einheitsvektoren ergeben sich aus den Beziehungen

$$\boldsymbol{e}_k = \begin{bmatrix} \cos\alpha_k \\ \cos\beta_k \\ \cos\gamma_k \end{bmatrix} = \frac{1}{l_k}\begin{bmatrix} x_{k+1} - x_k \\ y_{k+1} - y_k \\ z_{k+1} - z_k \end{bmatrix} = \frac{1}{l_k}(\boldsymbol{r}_{k+1} - \boldsymbol{r}_k)$$

$$= \frac{\boldsymbol{r}_{k+1} - \boldsymbol{r}_k}{\sqrt{(\boldsymbol{r}_{k+1} - \boldsymbol{r}_k)^2}} \tag{3.7}$$

Zur numerischen Zeitintegration kommen die in Abschnitt 2.3 behandelten Methoden in Betracht. Hier soll die Anwendung des Verfahrens von Houbolt (siehe Abschnitt 2.3.3) beschrieben werden.

Nach Gl.(2.207) wird die Beschleunigung durch den Ausdruck

$$\ddot{\boldsymbol{r}}_k^{(\kappa+1)} = \frac{1}{h^2}\left(2\boldsymbol{r}_k^{(\kappa+1)} - 5\boldsymbol{r}_k^{(\kappa)} + 4\boldsymbol{r}_k^{(\kappa-1)} - \boldsymbol{r}_k^{(\kappa-2)}\right) \tag{3.8}$$

approximiert; κ kennzeichnet den entsprechenden Zeitabschnitt. Die Bewegungsgleichung (3.4) wird nun für den Zeitpunkt $t_\kappa + \Delta t = t_\kappa + h = \kappa h + h = t_{\kappa+1}$; ($\kappa = 1,2,...$) aufgestellt:

$$m_k \frac{1}{h^2}\left(2\boldsymbol{r}_k^{(\kappa+1)} - 5\boldsymbol{r}_k^{(\kappa)} + 4\boldsymbol{r}_k^{(\kappa-1)} - \boldsymbol{r}_k^{(\kappa-2)}\right) = \boldsymbol{R}_k^{(\kappa+1)} \tag{3.9}$$

mit

$$\boldsymbol{R}_k^{(\kappa+1)} = F_k^{(\kappa+1)}\boldsymbol{e}_k^{(\kappa+1)} + F_{k-1}^{(\kappa+1)}\boldsymbol{e}_{k-1}^{(\kappa+1)} + \boldsymbol{f}_k^{(\kappa+1)} \tag{3.10}$$

Daraus folgt:

$$\boldsymbol{r}_k^{(\kappa+1)} = \frac{5}{2}\boldsymbol{r}_k^{(\kappa)} - 2\boldsymbol{r}_k^{(\kappa-1)} + \frac{1}{2}\boldsymbol{r}_k^{(\kappa-2)} + \frac{h^2}{2m_k}\boldsymbol{R}_k^{(\kappa+1)} \tag{3.11}$$

$\boldsymbol{R}_k$ wird mit Hilfe der Gln.(3.5) bis (3.7) ermittelt. Da aber die $\boldsymbol{r}_k$ nur für die Zeitabschnitte bis κ bekannt sind, muß $\boldsymbol{R}_k^{(\kappa+1)}$ iterativ bestimmt werden, wobei für den ersten Iterationsschritt $\boldsymbol{R}_k^{(\kappa)}$ einzuführen ist. Zum Beginn der Rechnung werden Startwerte für $\boldsymbol{r}_k^{(\kappa-1)}$ und $\boldsymbol{r}_k^{(\kappa-2)}$ benötigt, die aus einer Taylorreihenentwicklung gemäß Gl.(2.206) gewonnen werden. Wird der Faden als dehnstarr angenommen, so stellt Gl.(3.5) eine starre Bindung mit vorgegebenen Längen

$$l_{k0} = \sqrt{(\boldsymbol{r}_{k+1} - \boldsymbol{r}_k)^2}$$

dar. Die Gl.(3.6) entfällt dann. Es ist jedoch meist zweckmäßiger, auch in diesem Falle den Faden als dehnelastisch mit großer Dehnsteifigkeit zu betrachten.

3.1.3 Kleine Schwingungen des Fadens um eine statische Gleichgewichtslage

Die Bewegungsgleichungen vereinfachen sich, wenn man kleine Schwingungen um eine statische Gleichgewichtslage betrachtet.

In der statischen Gleichgewichtslage seien die Seillängen l_k, die Winkel α_k, β_k, γ_k zwischen dem k-ten Seilabschnitt und den Koordinatenachsen x, y, z sowie die Fadenkräfte F_k gegeben (k=1,2,...). Für die statische Gleichgewichtslage und für eine, dieser benachbarten Lage lauten die Gleichgewichtsbedingungen gemäß Bild 3.3

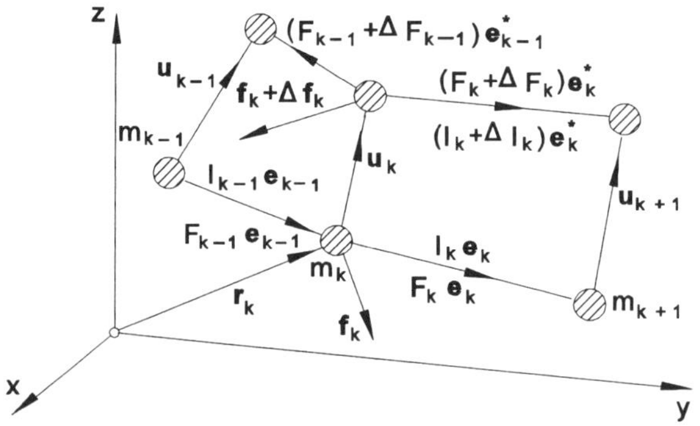

Bild 3.3 Gleichgewichtsbedingungen am diskreten Fadenmodell

$$F_k \boldsymbol{e}_k - F_{k-1}\boldsymbol{e}_{k-1} + \boldsymbol{f}_k = 0 \tag{3.12}$$

$$(F_k+\Delta F_k)\boldsymbol{e}_k^* - (F_{k-1}+\Delta F_{k-1})\boldsymbol{e}_{k-1}^* + \boldsymbol{f}_k^* = m_k \ddot{\boldsymbol{r}}_k^* \tag{3.13}$$

Darin bedeuten:

$$\mathbf{e}_k = \begin{bmatrix} \cos\alpha_k \\ \cos\beta_k \\ \cos\gamma_k \end{bmatrix} ; \quad \mathbf{e}_k^* = \begin{bmatrix} \cos(\alpha_k + \Delta\alpha_k) \\ \cos(\beta_k + \Delta\beta_k) \\ \cos(\gamma_k + \Delta\gamma_k) \end{bmatrix} \tag{3.14}$$

$$\mathbf{f}_k^* = \mathbf{f}_k + \Delta\mathbf{f}_k \; ; \quad \mathbf{r}_k^* = \mathbf{r}_k + \mathbf{u}_k \tag{3.15}$$

Für kleine Winkeländerungen $\Delta\alpha_k$, $\Delta\beta_k$, $\Delta\gamma_k$ gilt

$$\mathbf{e}_k^* = \mathbf{e}_k + \Delta\mathbf{e}_k \tag{3.16}$$

und

$$\Delta\mathbf{e}_k = - \begin{bmatrix} \Delta\alpha_k \sin\alpha_k \\ \Delta\beta_k \sin\beta_k \\ \Delta\gamma_k \sin\gamma_k \end{bmatrix} \tag{3.17}$$

Aus Gl.(3.13) folgt mit Gl.(3.15) und Gl.(3.16) und unter Beachtung von Gl.(3.12) bei Vernachlässigung von Gliedern mit $\Delta F \Delta l_k$

$$\Delta F_k \mathbf{e}_k + F_k \Delta\mathbf{e}_k - \Delta F_{k-1} \mathbf{e}_{k-1} - F_{k-1} \Delta\mathbf{e}_{k-1} + \Delta\mathbf{f}_k = m_k \ddot{\mathbf{u}}_k \tag{3.18}$$

Die Längenänderung Δl_k des k-ten Fadenabschnittes folgt aus

$$\begin{aligned} \Delta l_k &= \sqrt{(\mathbf{e}_k l_k + \mathbf{u}_{k+1} - \mathbf{u}_k)^2} - l_k \\ &= l_k \sqrt{1 + \frac{1}{l_k^2} (\mathbf{u}_{k+1}^2 + \mathbf{u}_k^2) + 2 \frac{1}{l_k} \mathbf{e}_k^T (\mathbf{u}_{k+1} - \mathbf{u}_k)} - l_k \end{aligned} \tag{3.19}$$

Bei Vernachlässigung der quadratischen Glieder in den Verschiebungen $\boldsymbol{u}_k$ und Entwicklung der Wurzel in eine Reihe ergibt sich daraus

$$\Delta l_k = \mathbf{e}_k^T (\mathbf{u}_{k+1} - \mathbf{u}_k) \tag{3.20}$$

Für linear-elastisches Materialverhalten erhält man die Fadenkraftänderung aus

$$\Delta F_k = \frac{\Delta l_k}{l_k} E A_k = \frac{1}{l_k} \mathbf{e}_k^T (\mathbf{u}_{k+1} - \mathbf{u}_k) E A_k \tag{3.21}$$

Schließlich ergibt sich das in Gl.(3.17) definierte $\Delta\boldsymbol{e}_k$ unter Beachtung von Gl.(3.16) aus der geometrischen Beziehung (siehe Bild 3.3)

$$l_k \mathbf{e}_k + \mathbf{u}_{k+1} = \mathbf{u}_k + (l_k + \Delta l_k)(\mathbf{e}_k + \Delta\mathbf{e}_k)$$

zu

$$\Delta\mathbf{e}_k = \frac{1}{l_k + \Delta l_k} (\mathbf{u}_{k+1} - \mathbf{u}_k - \Delta l_k \mathbf{e}_k)$$

und nach Linearisierung

$$\Delta \boldsymbol{e}_k = \frac{1}{l_k}\{\boldsymbol{u}_{k+1} - \boldsymbol{u}_k - [\boldsymbol{e}_k^T(\boldsymbol{u}_{k+1} - \boldsymbol{u}_k)]\boldsymbol{e}_k\} \tag{3.22}$$

Nach Einführen von ΔF (Gl.(3.21)) und $\Delta \boldsymbol{e}$ (Gl.(3.22)) in die DGL (3.18) erhält man ein lineares System von DGL in den Verschiebungen $\boldsymbol{u}_k$.

3.1.4 Querschwingungen von Saiten

Als Saiten werden vorgespannte Fäden bezeichnet, die an beiden Enden starr oder elastisch befestigt sind. Bei den folgenden Betrachtungen wird angenommen, daß die Vorspannkraft so groß ist, daß die Wirkung des Eigengewichtes der Saite vernachlässigt werden darf. Bei Beschränkung auf kleine Schwingungen um die statische Gleichgewichtslage kann auch die Änderung der Saitenkraft während der Schwingung unberücksichtigt bleiben. Zur Aufstellung der Bewegungsgleichung für Saitenschwingungen in der x-y-Ebene werden die in Bild 3.4 angegebenen Bezeichnungen verwendet. Das Gleichgewicht am Saitenelement ergibt unter Beachtung, daß für kleine Auslenkungen die Näherungen

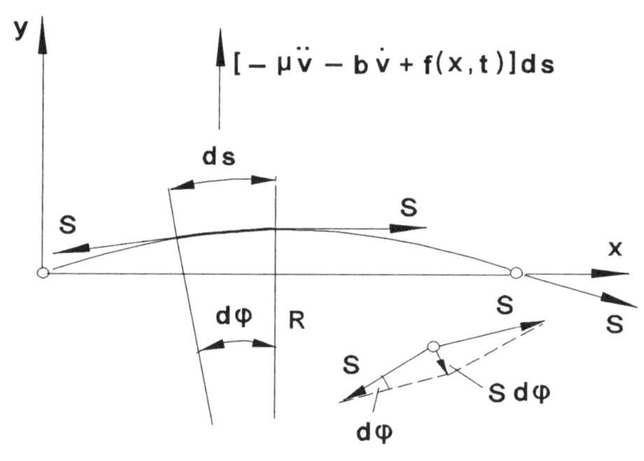

Bild 3.4 Gleichgewicht am Saitenelement

$$d\varphi = \frac{ds}{R} \approx \frac{dx}{R} \approx v_{/xx}dx$$

gelten, die Beziehung

$$S\,v_{/xx} - b\dot{v} - \mu\ddot{v} + f(x,t) = 0 \tag{3.23}$$

In Gl.(3.23) ist S die konstante Saitenkraft, v(x,t) die Querauslenkung, μ(x) die Masse je Längeneinheit, b die Dämpfungskraft je Längen- und Geschwindigkeitseinheit und f(x,t) die äußere Erregerkraft je Längeneinheit. Die partiellen Ableitungen nach der Zeit werden wieder durch Punkte über den Symbolen dargestellt.

Für freie ungedämpfte Schwingungen und μ = konstant, erhält man aus Gl.(3.23) mit der Wellenausbreitungsgeschwindigkeit

$$c = \sqrt{S/\mu} \tag{3.24}$$

die eindimensionale Wellengleichung

$$\ddot{v} = c^2 v_{/xx} \tag{3.25}$$

Sie läßt sich auf analytischem Wege lösen. Mit dem Bernoullischen Produktansatz

$$v(x,t) = X(x)\,T(t) \tag{3.26}$$

folgt aus Gl.(3.25)

$$X(x)\,\ddot{T}(t) = c^2 X''(x)\,T(t) \;; \qquad \frac{d}{dx} = (\ldots)'$$

bzw.

$$c^2 \frac{X''(x)}{X(x)} = \frac{\ddot{T}(t)}{T(t)} = -\omega^2 \tag{3.27}$$

Da in Gl.(3.27) links nur Funktionen von x, rechts nur Funktionen von t stehen, kann Gleichheit beider Seiten nur bestehen, wenn die Ausdrücke auf beiden Seiten konstant sind. Diese Konstante wurde in Gl.(3.27) mit $-\omega^2$ bezeichnet. Damit erhält man die beiden gewöhnlichen DGL

$$\begin{aligned} X''(x) + \left(\frac{\omega}{c}\right)^2 X(x) &= 0 \\ \ddot{T}(t) + \omega^2 T(t) &= 0 \end{aligned} \tag{3.28}$$

Ihre Lösungen lauten:

$$\begin{aligned} X(x) &= B_1 \cos\lambda x + B_2 \sin\lambda x \\ T(t) &= A_1 \cos\omega t + A_2 \sin\omega t = A \sin(\omega t + \varphi) \\ &(\lambda = \omega/c) \end{aligned} \tag{3.29}$$

Die Konstanten B_1 und B_2 sind aus den Randbedingungen, die Konstanten A_1 und A_2 bzw. A und φ aus den Anfangsbedingungen zu bestimmen.

Für die beidseitig eingespannte Saite der Länge l gilt:

$$\begin{aligned} v(x=0,t) = 0 \quad &\rightarrow \quad X(0) = 0 = B_1 \\ v(x=l,t) = 0 \quad &\rightarrow \quad X(l) = 0 = B_2 \sin\lambda l \end{aligned} \tag{3.30}$$

Die Forderung, daß die Koeffizientendeterminante des homogenen Gleichungssystem

$$\begin{bmatrix} 1 & 0 \\ \sin\lambda l & 0 \end{bmatrix} \begin{bmatrix} B_1 \\ B_2 \end{bmatrix} = \begin{bmatrix} 0 \\ 0 \end{bmatrix} \tag{3.31}$$

verschwinden muß, führt auf die Eigenwertgleichung

$$\sin\lambda l = 0 \tag{3.32}$$

aus der die Eigenwerte

$$\lambda_k = \frac{k\pi}{l} \quad ; \quad (k=1,2,\ldots) \tag{3.33}$$

folgen. Die Eigenfrequenzen ω_k erhält man wegen $\omega_k = \lambda_k c$ und Gl.(3.24) aus

$$\omega_k = \frac{k\pi}{l}\sqrt{\frac{S}{\mu}} \tag{3.34}$$

Die zugehörigen Eigenschwingformen sind durch die Eigenfunktionen

$$X_k(x) = B_{2k}\sin k\pi\frac{x}{l} \tag{3.35}$$

bestimmt. Die Konstanten B_{2k} bleiben willkürlich; sie sind frei wählbar. Eine Partikulärlösung von Gl.(3.25) ist damit

$$v_k(x,t) = (A_{1k}\cos\omega_k t + A_{2k}\sin\omega_k t)\sin k\pi\frac{x}{l} \tag{3.36}$$

Zur Bestimmung der Konstanten A_{1k} und A_{2k} dienen die Anfangsbedingungen. Sie lauten für $t = t_0 = 0$ allgemein

$$v(x,t=0) = f(x) \quad ; \quad \dot{v}(x,t=0) = g(x) \tag{3.37}$$

Setzt man die durch Summation der partikulären Lösungen (3.36) folgende allgemeinere Lösung

$$v(x,t) = \sum_{k=1}^{\infty} v_k(x,t) \tag{3.38}$$

in die Anfangsbedingungen (3.37) ein, so ergibt sich:

$$\begin{aligned} \sum_{k=1}^{\infty} A_{1k}\sin\frac{k\pi x}{l} &= f(x) \\ \sum_{k=1}^{\infty} \omega_k A_{2k}\sin\frac{k\pi x}{l} &= g(x) \end{aligned} \tag{3.39}$$

Multiplikation der Gln.(3.39) mit $\sin(j\pi x/l)$ und Integration über die Saitenlänge l liefert wegen der Orthogonalität der Sinusfunktionen

$$A_{1k} = \frac{2}{l}\int_0^l f(x)\,\sin\frac{k\pi}{l}x\,dx$$
$$A_{2k} = \frac{2}{\omega_k l}\int_0^l g(x)\,\sin\frac{k\pi}{l}x\,dx \tag{3.40}$$

Damit ist die Gesamtlösung dieses Anfangswertproblems explizit bestimmt:

$$v(x,t) = \sum_{k=1}^{\infty}(A_{1k}\cos\omega_k t + A_{2k}\sin\omega_k t)\sin\frac{k\pi}{l}x \tag{3.41}$$

Dieselbe Lösungsmethode läßt sich auch zur Untersuchung gedämpfter freier Schwingungen anwenden. Die Bewegungsgleichung (3.23) hat in diesem Falle wegen $f(x,t) = 0$ die Form

$$c^2 v_{/xx} = 2\delta\dot{v} + \ddot{v} \tag{3.42}$$

mit c nach Gl.(3.24) und

$$\delta = \frac{b}{2\mu}\ ; \quad (\mu = \text{konst.}) \tag{3.43}$$

Der Produktansatz nach Gl.(3.26) führt nun auf die beiden gewöhnlichen DGL

$$X''(x) + \left(\frac{\omega_0}{c}\right)^2 X(x) = 0$$
$$\ddot{T}(t) + 2\delta\dot{T}(t) + \omega_0^2 T(t) = 0 \tag{3.44}$$

mit den Lösungen

$$X(x) = B_1\cos\lambda x + B_2\sin\lambda x\ ; \quad (\lambda = \omega_0/c) \tag{3.45}$$

und

$$T(t) = e^{-\delta t}(A_1\cos\omega t + A_2\sin\omega t)$$
$$(\omega = \omega_0\sqrt{1-(\delta/\omega_0)^2} = \omega_0\sqrt{1-\vartheta^2} \tag{3.46}$$
$$\vartheta = \delta/\omega_0)$$

Die Gesamtlösung ergibt sich analog zu Gl.(3.38) zu

$$v(x,t) = \sum_{k=1}^{\infty} X_k(x)\,T_k(t) = e^{-\delta t}\sum_{k=1}^{\infty}(B_{1k}\cos\lambda_k x$$
$$+ B_{2k}\sin\lambda_k x)(A_{1k}\cos\omega_k t + A_{2k}\sin\omega_k t) \tag{3.47}$$

Die Konstanten B_{1k} und B_{2k} sind aus den Randbedingungen zu berechnen. Das Einsetzen von Gl.(3.45) in die RB führt im allgemeinen auf ein homogenes Gleichungssystem zur Bestimmung von B_{1k} und B_{2k}, dessen Koeffizientendeterminante verschwinden muß. Das Nullsetzen dieser Determinante führt auf die Eigenwertgleichung, aus der die Eigenwerte λ_k berechnet werden können. Zu jedem Eigenwert λ_k gehört eine Eigenfunktion $X_k(x)$, die sich aus Gl.(3.45) ergibt. Sie ist nur bis auf eine willkürliche Konstante bestimmbar.

Die Eigenfunktionen der ungedämpften Eigenschwingungen Gl.(3.29) eignen sich auch zur Gewinnung von Lösungen zwangserregter Schwingungen. Zur Lösung der DGL (3.23) mit μ = konst. macht man den Ansatz

$$v(x,t) = \sum_{k=1}^{\infty} X_k(x)\, T_k^*(t) \tag{3.48}$$

Hierin sind die $X_k(x)$ die Eigenfunktionen des ungedämpften Systems, $T_k{}^*$ sind noch zu bestimmende Zeitfunktionen. Mit Gl.(3.48) erhält man aus Gl.(3.23) mit Gl.(3.24) und Gl.(3.25):

$$\sum_{k=1}^{\infty} \left(X_k \ddot{T}_k + 2\delta X_k \dot{T}_k - c^2 X_k'' T_k \right) = \frac{1}{\mu} f(x,t) \tag{3.49}$$

Aus Gl.(3.28) folgt nun

$$c^2 X_k'' = -\omega_{0k}^2 X_k \tag{3.50}$$

womit Gl.(3.49 übergeht in

$$\sum_{k=1}^{\infty} \left(\ddot{T}_k + 2\delta \dot{T}_k + \omega_{0k}^2 T_k \right) X_k = \frac{1}{\mu} f(x,t) \tag{3.51}$$

Unter Nutzung der Orthogonalität der Eigenfungtionen $X_k(x)$ erhält man aus Gl.(3.51) nach Multiplikation mit X_i und Integration über die Saitenlänge l:

$$\begin{aligned} \ddot{T}_k(t) + 2\delta \dot{T}_k(t) + \omega_{0k}^2 T_k(t) &= \frac{2}{\mu l} \int_0^l f(x,t)\, X_k(x)\, dx \\ &= \varphi_k(t) \end{aligned} \tag{3.52}$$

mit der allgemeinen Lösung

$$\begin{aligned} T_k(t) = T_{kh} + T_{kp} &= e^{-\delta t} (A_{1k} \cos\omega_k t + A_{2k} \sin\omega_k t) \\ &\quad + T_{kp} \end{aligned} \tag{3.53}$$

In Gl.(3.53) sind die T_{kp} die partikulären Lösungen. Sie können in bekannter Weise in Abhängigkeit von den Störfunktionen $\varphi_k(t)$ bestimmt werden.

Die hier dargestellte Vorgehensweise ist typisch für die Gewinnung analytischer Lösungen von Schwingungsproblemen einfacher kontinuierlicher Systeme. Allgemein kann man zur Untersuchung von Saitenschwingungen auch numerische Methoden anwenden, z.B. wenn $\mu(x)$ nicht konstant ist oder wenn sich auf der Saite noch Einzelmassen befinden. Die Vorgehensweise ist dann ähnlich wie in Abschnitt 3.3 beschrieben, wobei die Annahme kleiner Auslenkungen die linearisierte Form der Bewegungsgleichungen mit konstanten Saitenkräften

$$F_k^* = F_k = S_k = S$$

ergibt. Für Saitenschwingungen in der x-y-Ebene und äquidistanten Einzelmassenabständen Δl ergibt sich die DGL

$$m_k \ddot{v}_k + b_k \dot{v}_k + (-v_{k-1} + 2v_k + v_{k+1})\,\frac{S}{\Delta l} = f_k(t)$$

$$(k = 1,2,\ldots,n\;;\quad v_0 = v_{n+1} = 0)$$

bzw.

$$\boldsymbol{M}\ddot{\boldsymbol{v}} + \boldsymbol{b}\dot{\boldsymbol{v}} + \boldsymbol{K}\boldsymbol{v} = \boldsymbol{f}(t) \tag{3.54}$$

mit

$$\boldsymbol{M} = \boldsymbol{diag}(m_k)\;;\quad \boldsymbol{B} = \boldsymbol{diag}(b_k)$$
$$\boldsymbol{v}^T = (v_1\, v_2 \ldots v_n)\;;\quad \boldsymbol{f}^T(t) = [f_1(t)\, f_2(t) \ldots f_n(t)] \tag{3.55a}$$

$$\boldsymbol{K} = \frac{S}{\Delta l}\begin{bmatrix} 2 & -1 & 0 & \cdots & & & 0 \\ & 2 & -1 & 0 & \cdots & & 0 \\ & & 2 & -1 & 0 & \cdots & 0 \\ \text{symm.} & & & 2 & -1 & 0 \cdots & 0 \\ & & & & & & \\ & & & & & & 2 \end{bmatrix} \tag{3.55b}$$

<u>*Beispiel 3.1*</u>

Es sind die Schwingungen eines frei herabhängenden Seiles mit Endmasse bei Vernachlässigung von Dämpfungseinflüssen zu untersuchen. In Bild 3.5 ist das System und das diskrete Ersatzmodell dargestellt. Die Anfangsstörung wird durch die in Bild 3.5 eingezeichnete Anfangsauslenkung in x- und y-Richtung bewirkt. Sie sei so gewählt,

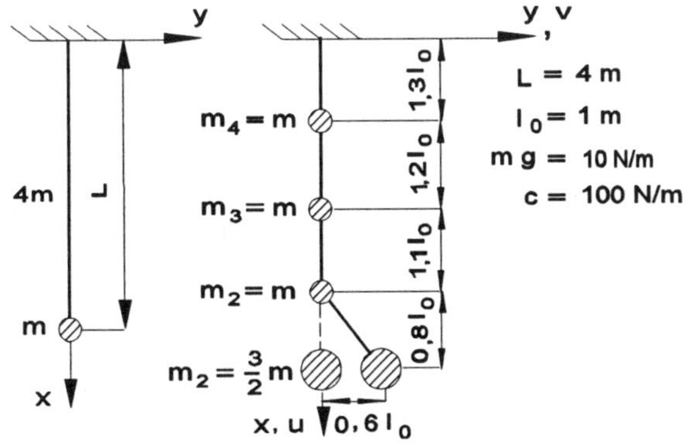

Bild 3.5 Herabhängendes Seil mit Endmasse und diskretes Modell in der Ausgangslage

daß die Fadenkraft F_1 im ausgelenkten Seilabschnitt verschwindet. Die Seildehnung (Seilsteifigkeit c) ist zu berücksichtigen.

Mit den gewählten Bezeichnungen lauten die Bewegungsgleichungen für jede Teilmasse:

$$\begin{aligned} m_k \ddot{x}_k &= f_{kx} + F_{k-1}\cos\alpha_{k-1} - F_k \cos\alpha_k \\ m_k \ddot{y}_k &= f_{ky} + F_{k-1}\sin\alpha_{k-1} - F_k \sin\alpha_k \\ &(k = 1,\ldots,4) \end{aligned} \tag{a}$$

Die Anwendung der Methode der zentralen Differenzen (siehe Abschnitt 2.3.3) zur numerischen Zeitintegration der DGL (a) führt auf folgenden Algorithmus:

$$\begin{aligned} x_k^{(\kappa+1)} &= 2x_k^{(\kappa)} - x_k^{(\kappa-1)} + \frac{\Delta t^2}{m_k}\left(f_{kx} + F_{k-1}^{(\kappa)}\cos\alpha_{k-1}^{(\kappa)} - F_k^{(\kappa)}\cos\alpha_k^{(\kappa)}\right) \\ y_k^{(\kappa+1)} &= 2y_k^{(\kappa)} - y_k^{(\kappa-1)} + \frac{\Delta t^2}{m_k}\left(f_{ky} + F_{k-1}^{(\kappa)}\sin\alpha_{k-1}^{(\kappa)} - F_k^{(\kappa)}\sin\alpha_k^{(\kappa)}\right) \end{aligned} \tag{b}$$

Darin ist Δt die Zeitschrittweite und κ kennzeichnet den Zeitschritt. Für den Zeitpunkt $t_\kappa = \kappa\Delta t$ sind die Auslenkungen $x_k^{(\kappa)}$ und $y_k^{(\kappa)}$ unter Berücksichtigung der Anfangsbedingungen

$$\begin{aligned} &x_1 = 4{,}4\,l_0\ ;\ x_2 = 3{,}6\,l_0\ ;\ x_3 = 2{,}5\,l_0\ ;\ x_4 = 1{,}3\,l_0\ ;\ \dot{x}_k = 0 \\ &y_1 = 0{,}6\,l_0\ ;\ y_2 = y_3 = y_4 = 0\ ;\ \dot{y}_k = 0 \end{aligned} \tag{c}$$

bekannt. Nun gelten nacheinander die Beziehungen

$$\begin{aligned} l_{kx}^{(\kappa)} &= x_k^{(\kappa)} - x_{k-1}^{(\kappa)}\ ;\ l_{ky} = y_k^{(\kappa)} - y_{k-1}^{(\kappa)} \\ l_k^{(\kappa)} &= \left[\left(l_{kx}^{(\kappa)}\right)^2 + \left(l_{ky}^{(\kappa)}\right)^2\right]^{1/2} \\ \cos\alpha_k^{(\kappa)} &= l_{kx}^{(\kappa)}/l_k^{(\kappa)}\ ;\ \sin\alpha_k^{(\kappa)} = l_{ky}^{(\kappa)}/l_k^{(\kappa)} \\ F_k^{(\kappa)} &= c\Delta l_k^{(\kappa)}\ ;\ F_{k-1}^{(\kappa)} = c\Delta l_{k-1}^{(\kappa)}\ ;\ \Delta l_k^{(\kappa)} = \frac{l_k^{(\kappa)} - l_k^{(\kappa-1)}}{l_k^{(\kappa-1)}} \end{aligned} \tag{d}$$

Damit sind alle Größen auf der rechten Seite der Gl.(b) bestimmt und es können die $x_k^{(\kappa)}$ und $y_k^{(\kappa)}$ berechnet werden.

Die numerische Auswertung mit $\Delta t = 0{,}2$ s führt auf das in Bild 3.6 dargestellte Ergebnis. Es zeigt qualitativ das zeitliche und räummliche (wellenartige) Ausbreiten der Anfangsstörung in x- und y- Richtung.

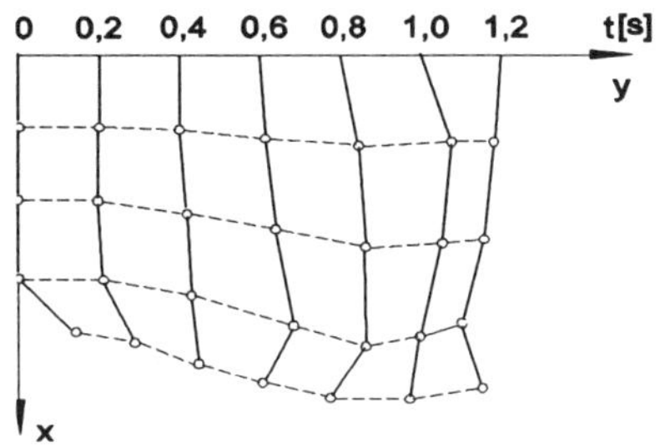

Bild 3.6 Auslenkungen am diskreten Modell als Funktion der Zeit

3.2 Schwingungen von Stäben

3.2.1 Einleitung

Als Stäbe werden allgemein Körper bezeichnet, für die eine eindeutige Achse definiert werden kann und deren Abmessungen senkrecht zur Stabachse klein gegenüber den Abmessungen in Achsenrichtung sind.

Das Verhalten realer Stäbe wird durch vereinfachende geometrische und physikalische Annahmen idealisiert. Die wichtigsten Unterscheidungsmerkmale für Stabmodelle sind in Tabelle 3.1 zusammengestellt. Dazu kommen noch die Unterscheidungen hinsichtlich der Stoffgesetze und der Erregungen bei Stabschwingungen. Die in Tabelle 3.1 angegebenen Merkmale können in sehr unterschiedlicher Weise miteinander kombiniert vorhanden sein. Stäbe können Axial-, Transversal- und Torsionsschwingungen ausführen, die auch gekoppelt auftreten. Es sei noch erwähnt, daß in besonderen Fällen Stäbe auch als zwei- oder dreidimensionale Kontinua modelliert werden.

Merkmal	Kriterium
Stabachse	eben, räumlich, gerade, gekrümmt
Größe der Deformation	klein, groß
Querschnitt	Querschnittskontur bleibt bei Deformation erhalten; Querschnitte bleiben eben oder verwölben sich
Querkraftschubdeformation	wird vernachlässigt oder berücksichtigt
Trägheitskräfte und -momente	Vernachlässigung oder Berücksichtigung der Axial- und Rotationsträgheiten

Tabelle 3.1 Unterscheidungsmerkmale für Stabmodelle

3.2.2 Bewegungsgleichungen gerader Stäbe

Im folgenden werden die allgemeinen Bewegungsgleichungen für gerade Stäbe unter Beschränkung auf kleine Deformationen und unter Berücksichtigung von Querkraftschubverformungen, Querschnittsverwölbungen und Rotations- und Axialträgheiten hergeleitet. Für die Werkstoffdämpfung werden lineare Ansätze verwendet. Die Querschnittsformen sollen bei den Deformationen unverändert bleiben. Als Bezugssystem dienen die Querschnittshauptachsen und die Stabachse. Die zur Darstellung der geometrischen Beziehungen verwendeten Bezeichnungen sind in Bild 3.7 angegeben.

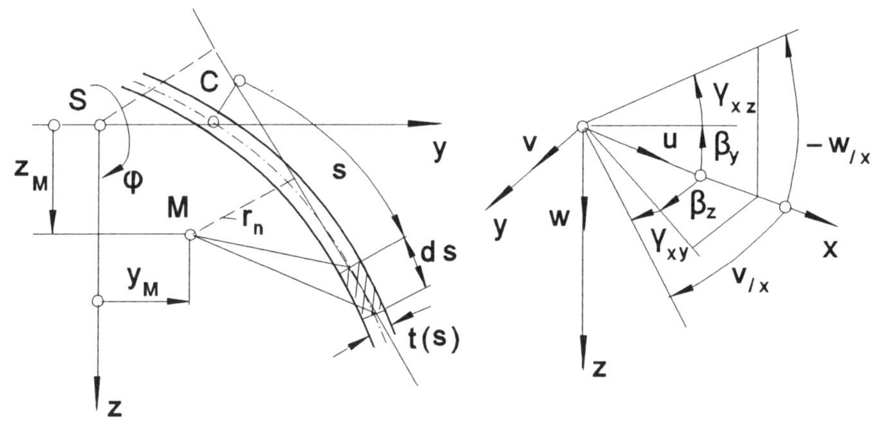

Bild 3.7 Geometrische Bezeichnungen und Bezugssystem

Für offene dünnwandige Querschnitte erhält man die Verschiebungen nach der Theorie von Vlassov [33] aus

$$\begin{aligned} u(x,s,t) &= u_s(x,t) + z(s)\,\beta_y(x,t) - y(s)\,\beta_z(x,t) \\ &\quad - \varphi_{/x}(x,t)\,\omega_M \\ v(x,s,t) &= v_M(x,t) - \varphi(x,t)\,[z(s) - z_M] \\ w(x,s,t) &= w_M(x,t) + \varphi(x,t)\,[y(s) - y_M] \end{aligned} \tag{3.56}$$

Darin bedeuten:

u(x,s,t), v(x,s,t), w(x,s,t) Verschiebungen eines Punktes des Querschnittes mit der Skelettlinienkoordinate s

$u_s(x,t)$ Verschiebung des Schwerpunktes S in axialer Richtung
$v_M(x,t)$, $w_M(x,t)$ Verschiebungen des Schubmittelpunktes M
$\beta_y(x,t)$, $\beta_z(x,t)$ Biegewinkel aus reiner Biegung für die (x,z)- bzw. (x,y)- Ebene
$\varphi(x,t)$ Torsionswinkel

$$\omega_M(s) = \int_0^s r_n(\bar{s})\, d\bar{s}$$

Einheitsverwölbung bezogen auf den Schubmittelpunkt

Bei dünnwandigen geschlossenen Querschnitten denkt man sich zunächst den Stab parallel zur Stabachse durch einen Punkt der Kontur (nach Bild 3.8 durch C) geschlitzt und bringt dort den Schubfluß T_c an, der die Klaffung der Schnittufer beseitigt. Die Verwölbung am offenen Querschnitt infolge von T_c beträgt

$$u_c = \int_0^{l_s} \frac{T_c}{t(\bar{s})\,G}\, d\bar{s} \tag{3.57}$$

Sie muß gleich sein der aus der Torsion folgenden Schnittuferverschiebung

$$u_c = \varphi_{/x}(x,t)\, \omega_M(l_s) \tag{3.58}$$

mit l_s als Länge der Skelettlinie für einen Umlauf. Durch Gleichsetzen dieser Beziehungen erhält man den Schubfluß

$$T_c = \varphi_{/x}(x,t)\, \omega_M(l_s) \frac{G}{\displaystyle\int_0^{l_s} \frac{d\bar{s}}{t(\bar{s})}} \tag{3.59}$$

Die Verschiebung infolge Verwölbung des geschossenen Querschnitts folgt nun mit Gl.(3.57) und Gl.(3.59) aus Gl.(3.56) zu

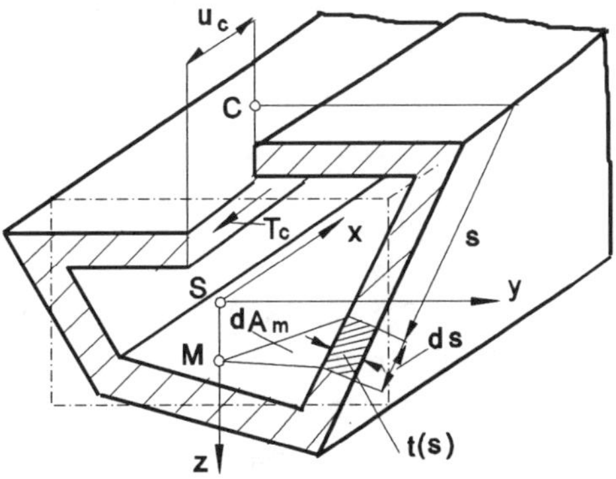

Bild 3.8 Querschnittsverwölbung bei geschlossenem dünnwandigen Profil

$$u(x,s,t) = u_s(x,t) + z(s)\,\beta_y(x,t) - y(s)\,z(x,t) - \varphi_{/x}(x,t)\,\Omega_M(s) \tag{3.60}$$

mit

$$\Omega_M = \omega_M(s) - \omega_M(l_s)\,\frac{\int_0^s \frac{d\bar{s}}{t(\bar{s})}}{\int_0^{l_s} \frac{d\bar{s}}{t(\bar{s})}} \tag{3.61}$$

Bei geschossenen Querschnitten ist also die Einheitsverwölbung $\omega_M(s)$ durch $\Omega_M(s)$ nach Gl.(3.61) zu ersetzen.

Die Verzerrungen $\varepsilon_x(x,s,t)$, $\gamma_{xz}(x,s,t)$, $\gamma_{xy}(x,s,t)$ ergeben sich unter der Voraussetzung eines einachsigen Spannungszustandes wie folgt:

$$\begin{aligned} \varepsilon_x(x,s,t) &= u_{s/x}(x,t) + z(s)\,\beta_{y/x}(x,t) \\ &\quad - y(s)\,\beta_{z/x}(x,t) - \varphi_{/xx}(x,t)\,\omega_M(s) \\ \gamma_{xz}(x,t) &= -w_{M/x}(x,t) - \beta_y(x,t) \\ \gamma_{xy}(x,t) &= v_{M/x}(x,t) - \beta_z(x,t) \end{aligned} \tag{3.62}$$

Die Verzerrungen γ_{xz} und γ_{xy} sind die gemittelten Querkraftschub--verzerrungen in den Ebenen (x,z) bzw. (x,y).

Die kinetischen Gleichgewichtsbedingungen am Stabelement lassen sich nach Bild 3.9 mit den dort eingezeich-neten Kräften und Momenten wie folgt ablesen:

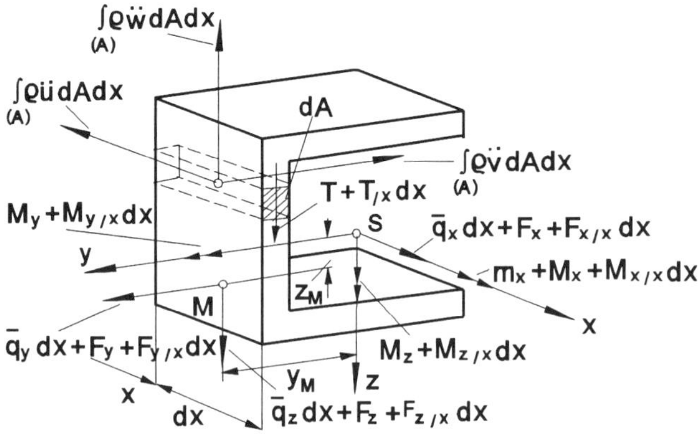

Bild 3.9 Kräftc und Momente am Stabelement

$$
\begin{aligned}
&F_{x/x} - \int_{(A)} \varrho \ddot{u}\, dA + \overline{q}_x = 0 \; ; \; F_{y/x} - \int_{(A)} \varrho \ddot{v}\, dA + \overline{q}_y = 0 \\
&F_{z/x} - \int_{(A)} \varrho \ddot{w}\, dA + \overline{q}_z = 0 \\
&M_{x/x} + F_{z/x} y_M - F_{y/x} z_M + \overline{m}_x + \overline{q}_z y_M - \overline{q}_y z_M \\
&\quad + \int_{(A)} \varrho \ddot{v} z\, dA - \int_{(A)} \varrho \ddot{w} y\, dA = 0 \\
&M_{y/x} - F_z - \int_{(A)} \varrho \ddot{u} z\, dA = 0 \; ; \; M_{z/x} + F_y + \int_{(A)} \varrho \ddot{u} y\, dA = 0
\end{aligned}
\tag{3.63}
$$

$\overline{q}_x, \overline{q}_y, \overline{q}_z$ und $\overline{m}_x$ sind die eingeprägten Kräfte und Momente je Längeneinheit. Äußere Dämpfungskräfte sind in diese einzubeziehen. Die Werkstoffdämpfung wird wie bisher durch den linearen Ansatz

$$
\begin{aligned}
\sigma_x(x,s,t) &= E[\varepsilon_x(x,s,t) + \vartheta \dot{\varepsilon}(x,s,t)] \\
&= E^* \varepsilon_x(x,s,t)
\end{aligned}
\tag{3.64}
$$

mit dem Operator

$$
E^* = E(1 + \vartheta \frac{\partial}{\partial t})
$$

erfaßt. Entsprechend folgt für die Dämpfung aus der Schubverformung

$$
\tau = G^* \gamma \tag{3.65}
$$

mit

$$
G^* = G(1 + \vartheta \frac{\partial}{\partial t}) \tag{3.66}
$$

Die Schnittgrößen F_x, F_y, F_z, M_x, M_y, M_z lassen sich wie folgt durch die Spannungen bzw. Verzerrungen ausdrücken:

$$
\begin{aligned}
F_x(x,t) &= \int_{(A)} \sigma_x(x,s,t)\, dA = \int_{(A)} E^* \varepsilon_x(x,s,t)\, dA \\
F_y(x,t) &= k_y A(x) G^* \overline{\gamma}_{xy}(x,t) \\
F_z(x,t) &= -k_z A(x) G^* \overline{\gamma}_{xz}(x,t) \\
M_x(x,t) &= M_T(x,t) + \int_{(l_s)} T(x,\overline{s},t)\, r_n(\overline{s})\, d\overline{s} \\
M_y(x,t) &= \int_{(A)} \sigma_x(x,s,t)\, z\, dA = \int_{(A)} E^* \varepsilon_x(x,s,t)\, dA \\
M_z(x.t) &= -\int_{(A)} \sigma_x(x,s,t)\, y\, dA = -\int_{(A)} E^* \varepsilon_x(x,s,t)\, dA
\end{aligned}
\tag{3.67}
$$

In Gl.(3.67) sind k_y und k_z die Schubfaktoren für die y- bzw. z-Richtung im Sinne der Timoshenko-Theorie, bei der die Schubverformungen bei eben bleibenden Querschnitten als gemittelt vorausgesetzt werden (siehe [17], [18]). M_T stellt das Torsionsmoment infolge St.-Venantscher und Bredtscher Torsion dar, und

$$M_\omega = \int_{(l_s)} T(x,s,t)\, r_n(\bar{s})\, d\bar{s} \tag{3.68}$$

ist das Torsionsmoment infolge Querschnittsverwölbung. Voraussetzungsgemäß sind die Achsen y und z Hauptachsen (genauer: Hauptzentralachsen). Für sie gilt:

$$\int_{(A)} y\, dA = 0 \ ; \quad \int_{(A)} z\, dA = 0 \ ; \quad \int_{(A)} yz\, dA = 0 \tag{3.69}$$

Ferner werden der Drehpol M, der sogenannte Schubmittelpunkt und der Nullpunkt C für die Skelettlinienkoordinate s so gewählt, daß auch die Integrale

$$\int_{(A)} \omega_M\, dA = 0 \ ; \quad \int_{(A)} \omega_M y\, dA = 0 \ ; \quad \int_{(A)} \omega_M z\, dA = 0 \tag{3.70}$$

werden. Bei geschlossenen Profilen ist ω_M stets durch Ω_M nach Gl.(3.61) zu ersetzen.

Unter Verwendung der Gl.(3.62) erhält man mit Gl.(3.69) und Gl.(3.70) aus Gl.(3.67) nach Ausführung der Integrationen über die Querschnittsfläche

$$\begin{aligned}
F_x &= E^* A u_{s/x} \\
F_y &= k_y G^* A (v_{M/x} - \beta_z) \ ; \quad F_z = k_z G^* A (w_{M/x} + \beta_y) \\
M_x &= G^* I_t \varphi_{/x} + M_\omega \\
M_y &= E^* I_{yy} \beta_{y/x} \ ; \quad M_z = E^* I_{zz} \beta_{z/x}
\end{aligned} \tag{3.71}$$

Darin ist I_t der Torsionswiderstand für St.-Venantsche und Bredtsche Torsion, und I_{yy} und I_{zz} sind die Hauptträgheitsmomente in bezug auf das x-y-System.

$$I_{yy} = \int_{(A)} z^2\, dA \ ; \quad I_{zz} = \int_{(A)} y^2\, dA \tag{3.72}$$

Um das Wölbmoment M_ω berechnen zu können, benötigt man noch den Schubfluß T. Er folgt gemäß Bild 3.10 aus

$$T(x,s,t) = -\int_0^s (\sigma_x t(\bar{s})\, d\bar{s})_{/x} + \int_0^s \varrho \ddot{u} t(s)\, ds \tag{3.73}$$

In Gl.(3.73) bezeichnet t(s) die Profildicke. Aus Gl.(3.68) erhält man nun:

Bild 3.10 Zur Definition des Schubflusses

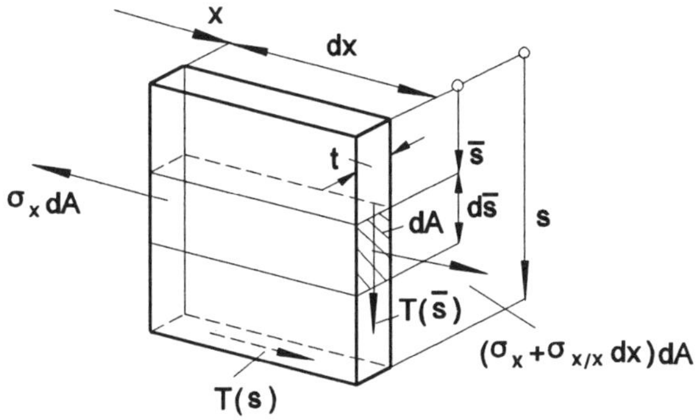

$$
\begin{aligned}
M_\omega &= \int_0^{l_s} T(x,\bar{s},t)\, r_n(\bar{s})\, d\bar{s} = \int_0^{l_s} T(x,\bar{s},t)\, d\omega(\bar{s}) \\
&= T(x,\bar{s},t) \Big|_0^{l_s} - \int_0^{l_s} \frac{\partial T(x,\bar{s},t)}{\partial \bar{s}}\, \omega_M(\bar{s})\, d\bar{s}
\end{aligned}
\qquad (3.74)
$$

Die Einführung von Gl.(3.73) in Gl.(3.74) liefert wegen

$$T(x,\bar{s},t)\,\omega_M \Big|_0^{l_s} = 0:$$

$$
\begin{aligned}
M_\omega &= \int_0^{l_s} (\sigma_x t(\bar{s}))_{/x}\, \omega_M d\bar{s} - \int_0^{l_s} \varrho \ddot{u} t(\bar{s})\, \omega_M d\bar{s} \\
&= -(E^* I_{\omega\omega} \varphi_{/xx})_{/x} + \varrho I_{\omega\omega} \ddot{\varphi}_{/x}
\end{aligned}
\qquad (3.75)
$$

mit

$$I_{\omega\omega} = \int_{(A)} \omega_M^2 dA \qquad (3.76)$$

Aus den Gleichgewichtsbeziehungen (3.63) erhält man unter Berücksichtigung der Gln.(3.69), (3.70) und (3.72) nach Ausführung der Integrationen über die Querschnittsfläche die folgenden Gleichungen:

$$
\begin{aligned}
& F_{x/x} - \varrho A \ddot{u}_s + \overline{q}_x = 0 \\
& F_{y/x} - \varrho A(\ddot{v}_M + z_M \ddot{\varphi}) + \overline{q}_y = 0 \\
& F_{z/x} - \varrho A(\ddot{w}_M - y_M \ddot{\varphi}) + \overline{q}_z = 0 \\
& M_{x/x} + F_{z/x} y_M - F_{y/x} z_M + \overline{m}_x + \overline{q}_z y_M \\
& \qquad - \overline{q}_y z_M - \varrho \ddot{\varphi}(I_{yy} + I_{zz}) = 0 \\
& M_{y/x} - F_z - \varrho I_{yy} \ddot{\beta}_y = 0 \\
& M_{z/x} + F_y - \varrho I_{zz} \ddot{\beta}_z = 0
\end{aligned}
\tag{3.77}
$$

Eliminiert man aus der vierten Gleichung von Gl.(3.77) F_y und F_z mit Hilfe der zweiten und dritten Gleichung, so erhält man nach Einführung der Schnittgrößen nach Gl.(3.71) die Bewegungsgleichungen in der Form

$$
\begin{aligned}
& (E^* A u_{s/x})_{/x} - \varrho A \ddot{u}_s + \overline{q}_x = 0 \\
& [k_y G^* A(v_{M/x} - \beta_z)]_{/x} - \varrho A(\ddot{v}_M + z_M \ddot{\varphi}) + \overline{q}_y = 0 \\
& [k_z G^* A(w_{M/x} + \beta_y)]_{/x} - \varrho A(\ddot{w}_M - y_M \ddot{\varphi}) + \overline{q}_z = 0 \\
& \\
& (G^* I_t \varphi_{/x})_{/x} - (E^* I_{\omega\omega} \varphi_{/xx})_{/xx} + (\varrho I_{\omega\omega} \ddot{\varphi}_{/x})_{/x} \\
& - \varrho(I_{yy} + I_{zz})\ddot{\varphi} - \varrho A y_M(\ddot{w}_M - y_M \ddot{\varphi}) \\
& - \varrho A z_M(\ddot{v}_M + z_M \ddot{\varphi}) + \overline{m}_x = 0 \\
& \\
& (E^* I_{yy} \beta_{y/x})_{/x} - k_z G^* A(w_{m/x} + \beta_y) - \varrho I_{yy} \ddot{\beta}_y = 0 \\
& (E^* I_{zz} \beta_{z/x})_{/x} - k_y G^* A(v_{M/x} - \beta_z) - \varrho I_{zz} \ddot{\beta}_z = 0
\end{aligned}
\tag{3.78}
$$

Das Gleichungssystem (3.78) mit den unbekannten Größen u_s, v_M, w_M, β_y, β_z und φ stellt die allgemeinen Bewegungsgleichungen für den geraden Stab mit dünnwandigem offenem oder geschlossenem Querschnitt bei kleinen Verformungen und linear-elastischem Stoffgesetz dar.

Die Gln.(3.78) gelten mit Eischränkungen auch für Stäbe mit Vollquerschnitten. Der Torsionswiderstand I_t muß in diesem Falle nach der St.-Venantschen Torsionstheorie für Stäbe mit Vollquerschnitt ermittelt werden. Diese Theorie setzt voraus, daß die Verwölbung über die Stablänge konstant ist und daß sie sich ungehindert ausbreiten kann. Es entstehen also aus der Theorie keine Axialspannungen. Bei Stabschwingungen sind diese zuletzt genannten Voraussetzungen nicht erfüllt. Bei Vollquerschnitten ist jedoch der Einfluß der Querschnittsverwölbung auf das Schwingungsverhalten sehr gering, so daß er vernachlässigt werden kann.

Die Bewegungsgleichungen für Stäbe mit Vollquerschnitt folgen aus Gl.(3.78), wenn man $z_M = y_M = 0$, $v_M = v_S$, $w_M = w_S$ und $I_{\omega\omega} = 0$ setzt.

Im Sonderfall von Stäben mit Kreis- bzw. Kreisringquerschnitten gilt die elementare Torsionstheorie, in der keine Verwölbung der Querschnitte eintritt und bei denen $I_t = I_p$ (I_p ist polares Trägheitsmoment) gilt.

3.2.3 Arbeitsformulierung der Bewegungsgleichungen für den geraden Stab

Im Hinblick auf die Anwendung von Näherungsverfahren zur Ortsdiskretisierung ist es erforderlich, die dem Rand- Anfangswertproblem äquivalenten Gleichungen zur Verfügung zu haben, die sich aus dem Prinzip der virtuellen Arbeiten ergeben.

Für den geraden Stab gilt unter den in Abschnitt 3.2.2 gemachten Voraussetzungen

$$\begin{aligned}&\int_{(A)}\int_{(l)} \delta\varepsilon_x \sigma_x \, dA\,dx + \int_{(l)} \delta\gamma_{xy} F_y \, dx - \int_{(l)} \delta\gamma_{xz} F_z \, dx \\ &+ \int_{(l)} \delta\varphi M_{x/x} \, dx + \int_{(A)}\int_{(l)} \varrho(\delta u\ddot{u} + \delta v\ddot{v} + \delta w\ddot{w})\, dA\,dx \\ &- \int_{(l)} (\delta u\bar{q}_x + \delta v\bar{q}_y + \delta w\bar{q}_z + \delta\varphi\bar{m}_x)\, dx = 0\end{aligned} \tag{3.79}$$

Falls erforderlich, kann in Gl.(3.79) auch die virtuelle Arbeit von gegebenen äußeren Einzelkräften und -momenten berücksichtigt werden.

Mit den Verschiebungen nach Gl.(3.56), den Verzerrungen nach Gl.(3.62), den Spannungen nach Gl.(3.64) und Gl.(3.65) und nach Integration über die Querschnittsfläche ergibt sich aus Gl.(3.79) folgender Ausdruck:

$$
\begin{aligned}
&\int_{(l)} E^* \Big[A\delta(u_{/x})u_{/x} + I_{zz}\delta(\beta_{y/x})\beta_{y/x} + I_{yy}\delta(\beta_{z/x})\beta_{z/x} \\
&+I_{\omega\omega}\delta(\varphi_{/xx})\varphi_{/xx}\Big]dx + \int_{(l)}\Big[k_y G^* A\delta(v_{M/x} - \beta_z)(v_{M/x} - \beta_z) \\
&+ k_z G^* A\delta(w_{M/x} + \beta_y)(w_{M/x} + \beta_y)\Big]dx \\
&+ \int_{(l)} \delta\varphi\Big[(G^* I_t \varphi_{/x})_{/x} - (E^* I_{\omega\omega}\varphi_{/xx})_{/xx}\Big]dx \\
&+ \int_{(l)} \varrho\Big[\delta u_s \ddot{u}_s A + \delta\beta_y I_{zz}\ddot{\beta}_y + \delta\beta_z I_{yy}\ddot{\beta}_z \\
&+ \delta(\varphi_{/x}) I_{\omega\omega}\ddot{\varphi}_{/x} + \delta\varphi(I_{\omega\omega}\ddot{\varphi}_{/x})_{/x} \\
&+ \delta v_M A(\ddot{v}_M + z_M\ddot{\varphi}) + \delta\varphi(I_{zz} + z_M^2 A)\ddot{\varphi} \\
&+ \delta w_M A(\ddot{w}_M - y_M\ddot{\varphi}) + \delta\varphi(I_{yy} + y_M^2 A)\ddot{\varphi}\Big]dx \\
&+ \int_{(l)}\Big[\delta u_s \overline{q}_x + \delta v_M \overline{q}_y + \delta\varphi(z_M\overline{q}_y - y_M\overline{q}_z) \\
&+ \delta w_M \overline{q}_z + \delta\overline{m}_x\Big]dx = 0
\end{aligned}
\tag{3.80}
$$

Für die Ortsdiskretisierung dieser Gleichungen werden folgende Ansätze verwendet:

$$
\begin{aligned}
u_s(x,t) &= \boldsymbol{h}_u^T(x)\,\boldsymbol{u}_s(t) \;;\; v_M(x,t) = \boldsymbol{h}_v^T(x)\,\boldsymbol{v}_M(t) \\
w_M(x,t) &= \boldsymbol{h}_w^T(x)\,\boldsymbol{w}_M(t) \;;\; \varphi(x,t) = \boldsymbol{h}_\varphi^T(x)\,\boldsymbol{\varphi}(t) \\
\beta_y(x,t) &= \boldsymbol{h}_{\beta_y}^T(x)\,\boldsymbol{\beta}_y(t) \;;\; \beta_z(x,t) = \boldsymbol{h}_{\beta_z}^T(x)\,\boldsymbol{\beta}_z(t)
\end{aligned}
\tag{3.81}
$$

Je nach Diskretisierungsmethode sind die $\boldsymbol{h}_u^T$, $\boldsymbol{h}_v^T$ usw. Koordinatenfunktionen oder Formfunktionen und die Vektoren $\boldsymbol{u}_S$, $\boldsymbol{v}_M$ usw. zeitabhängige Freiwerte oder Knotenverschiebungen. Führt man die Ansätze (3.81) in die Gl.(3.80) ein, so entsteht folgendes System gewöhnlicher DGL in Matrizenform:

$$
\begin{bmatrix}
\boldsymbol{K}_{11} & \boldsymbol{0} & \boldsymbol{0} & \boldsymbol{0} & \boldsymbol{0} & \boldsymbol{0} \\
 & \boldsymbol{K}_{22} & \boldsymbol{0} & \boldsymbol{0} & \boldsymbol{0} & \boldsymbol{K}_{26} \\
 & & \boldsymbol{K}_{33} & \boldsymbol{0} & \boldsymbol{K}_{35} & \boldsymbol{0} \\
\text{symm.} & & & \boldsymbol{K}_{44} & \boldsymbol{0} & \boldsymbol{0} \\
 & & & & \boldsymbol{K}_{55} & \boldsymbol{0} \\
 & & & & & \boldsymbol{K}_{66}
\end{bmatrix}
\begin{bmatrix}
\boldsymbol{u}_S \\ \boldsymbol{v}_M \\ \boldsymbol{w}_M \\ \boldsymbol{\varphi} \\ \boldsymbol{\beta}_y \\ \boldsymbol{\beta}_z
\end{bmatrix}
+
\begin{bmatrix}
\boldsymbol{M}_{11} & \boldsymbol{0} & \boldsymbol{0} & \boldsymbol{0} & \boldsymbol{0} & \boldsymbol{0} \\
 & \boldsymbol{M}_{22} & \boldsymbol{0} & \boldsymbol{M}_{24} & \boldsymbol{0} & \boldsymbol{0} \\
 & & \boldsymbol{M}_{33} & \boldsymbol{M}_{34} & \boldsymbol{0} & \boldsymbol{0} \\
\text{symm.} & & & \boldsymbol{M}_{44} & \boldsymbol{0} & \boldsymbol{0} \\
 & & & & \boldsymbol{M}_{55} & \boldsymbol{0} \\
 & & & & & \boldsymbol{M}_{66}
\end{bmatrix}
\begin{bmatrix}
\ddot{\boldsymbol{u}}_S \\ \ddot{\boldsymbol{v}}_M \\ \ddot{\boldsymbol{w}}_M \\ \ddot{\boldsymbol{\varphi}} \\ \ddot{\boldsymbol{\beta}}_y \\ \ddot{\boldsymbol{\beta}}_z
\end{bmatrix}
=
\begin{bmatrix}
\boldsymbol{f}_1 \\ \boldsymbol{f}_2 \\ \boldsymbol{f}_3 \\ \boldsymbol{f}_4 \\ \boldsymbol{f}_5 \\ \boldsymbol{f}_6
\end{bmatrix}
\tag{3.82}
$$

Die in Gl.(3.82) enthaltenen Untermatrizen und Vektoren sind wie folgt definiert:

$$\boldsymbol{K}_{11} = \int_{(l)} E^* A\, \boldsymbol{h}_{u/x} \boldsymbol{h}_{u/x}^T dx \; ; \; \boldsymbol{K}_{22} = \int_{(l)} k_y G^* A\, \boldsymbol{h}_{v/x} \boldsymbol{h}_{v/x}^T dx$$

$$\boldsymbol{K}_{33} = \int_{(l)} k_z G^* A\, \boldsymbol{h}_{w/x} \boldsymbol{h}_{w/x}^T dx$$

$$\boldsymbol{K}_{44} = \int_{(l)} \left[\boldsymbol{h}_{\varphi} (G^* I_t \boldsymbol{h}_{\varphi/x}^T)_{/x} - \boldsymbol{h}_{\varphi} (E^* I_{\omega\omega} \boldsymbol{h}_{\varphi/xx}^T)_{/xx} \right] dx$$

$$\boldsymbol{K}_{26} = - \int_{(l)} k_y G^* A \boldsymbol{h}_{v/x} \boldsymbol{h}_{\beta_z}^T dx \; ; \; \boldsymbol{K}_{35} = \int_{(l)} k_z G^* A \boldsymbol{h}_{w/x} \boldsymbol{h}_{\beta_y}^T dx$$

$$\boldsymbol{K}_{55} = \int_{(l)} \left[E^* I_{zz} \boldsymbol{h}_{\beta_y/x} \boldsymbol{h}_{\beta_y/x}^T + k_z G^* A \boldsymbol{h}_{\beta_y} \boldsymbol{h}_{\beta_y}^T \right] dx$$

$$\boldsymbol{K}_{66} = \int_{(l)} \left[E^* I_{yy} \boldsymbol{h}_{\beta_z/x} \boldsymbol{h}_{\beta_z/x}^T + k_y G^* A \boldsymbol{h}_{\beta_z} \boldsymbol{h}_{\beta_z}^T \right] dx$$

$$\boldsymbol{M}_{11} = \int_{(l)} \varrho A \boldsymbol{h}_u \boldsymbol{h}_u^T dx \; ; \; \boldsymbol{M}_{22} = \int_{(l)} \varrho A \boldsymbol{h}_v \boldsymbol{h}_v^T dx \qquad (3.83)$$

$$\boldsymbol{M}_{33} = \int_{(l)} \varrho A \boldsymbol{h}_w \boldsymbol{h}_w^T dx$$

$$\boldsymbol{M}_{44} = \int_{(l)} \Big[\boldsymbol{h}_{\varphi} (\varrho I_{\omega\omega} \boldsymbol{h}_{\varphi/x}^T)_{/x} + \boldsymbol{h}_{\varphi/x} \varrho I_{\omega\omega} \boldsymbol{h}_{\varphi/x}^T + \varrho \left(I_{zz} + I_{yy} + (z_M^2 + y_M^2) A \right) \boldsymbol{h}_{\varphi} \boldsymbol{h}_{\varphi}^T \Big] dx$$

$$\boldsymbol{M}_{55} = \int_{(l)} \varrho I_{zz} \boldsymbol{h}_{\beta_y} \boldsymbol{h}_{\beta_y}^T dx \; ; \; \boldsymbol{M}_{66} = \int_{(l)} \varrho I_{yy} \boldsymbol{h}_{\beta_z} \boldsymbol{h}_{\beta_z}^T dx$$

$$\boldsymbol{M}_{24} = \int_{(l)} \varrho A z_M \boldsymbol{h}_v \boldsymbol{h}_{\varphi}^T dx \; ; \; \boldsymbol{M}_{34} = \int_{(l)} \varrho A y_M \boldsymbol{h}_w \boldsymbol{h}_{\varphi}^T dx$$

$$\boldsymbol{f}_1 = \int_{(l)} \boldsymbol{h}_u \bar{q}_x dx \; ; \; \boldsymbol{f}_2 = \int_{(l)} \boldsymbol{h}_v \bar{q}_y dx \; ; \; \boldsymbol{f}_3 = \int_{(l)} \boldsymbol{h}_w \bar{q}_z dx$$

$$\boldsymbol{f}_4 = \int_{(l)} \boldsymbol{h}_{\varphi} (z_M \bar{q}_y - y_M \bar{q}_z + \bar{m}_x) dx \; ; \; \boldsymbol{f}_5 = \boldsymbol{f}_6 = 0$$

Die Matrizengleichung (3.82) läßt die verschiedenen Kopplungen erkennen. Bei Stabsystemen mit unterschiedlichen Richtungen der Stabachsen treten weitere Kopplungen auf.

Aus den allgemeinen Bewegungsgleichungen (3.78) bzw. (3.82) lassen sich die Bewegungsgleichungen für wichtige Sonderfälle ableiten. Bezüglich der Stabmodelle, insbesondere der Torsionstheorie von Stäben mit Vollquerschnitten, dünnwandigen offenen bzw. geschlossenen Querschnitten, deren Kenntnis hier vorausgesetzt wird, sei nochmals auf die einschlägige Literatur verwiesen [18].

3.2.4 Axialschwingungen von Stäben

Aus den Gln.(3.78) bzw. (3.82) folgt, daß Axialschwingungen (Längsschwingungen) nicht mit anderen Schwingformen gekoppelt sind, sofern Querschnittsschwerpunkt und Querschnittsmassenmittelpunkt zusammenfallen. Sie werden durch die partielle DGL

$$\left(E^* A u_{s/x}\right)_{/x} - \varrho A \ddot{u}_s + \bar{q}_x = 0 \tag{3.84}$$

oder - in diskretisierter Form - durch die gewöhnlichen DGL

$$\boldsymbol{K}_{11} \boldsymbol{u}_s + \boldsymbol{M}_{11} \ddot{\boldsymbol{u}}_s = \boldsymbol{f}_1 \tag{3.85}$$

beschrieben.

Für den Sonderfall der freien ungedämpften Axialschwingungen von Stäben mit konstantem Querschnitt folgt aus Gl.(3.84) die DGL

$$E u_{s/xx} - \varrho \ddot{u}_s = 0 \tag{3.86}$$

Diese sogenannte Wellengleichung kann mit Hilfe der d'Alembertschen oder der Bernoullischen Methode (siehe Abschnitt 1.6) gelöst werden. Mit dem Bernoullischen Produktansatz

$$u_s(x,t) = U(x)\,T(t) \tag{3.87}$$

erhält man für U(x) und T(x) Lösungen der Form

$$\begin{aligned} U(x) &= B_1 \cos\lambda x + B_2 \sin\lambda x \\ T(t) &= A_1 \cos\omega t + A_2 \sin\omega t \end{aligned} \tag{3.88}$$

mit

$$\lambda^2 = \frac{\omega^2 \varrho}{E} \tag{3.89}$$

Die Anpassung der Funktionen U (x) an die Randbedingungen liefert die Eigenwerte λ_k aus der Bedingung, daß die Koeffizientendeterminante des entstehenden homogenen Gleichungssystems verschwinden muß. Für einige häufig vorkommende Lagerungsfälle sind die Eigenwertgleichung, z.T. die Eigenwerte und die zugehörigen Eigenfunktionen (Eigenschwingformen) in Tabelle 3.2 angegeben.

Lagerung	Eigenwert-gleichung	Eigenwerte	Eigenschwingformenn
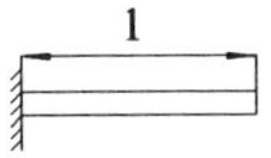	$\cos\lambda l = 0$	$\lambda_k = \frac{2k-1}{2l}\pi$	$U_k(x) = \sin\lambda_k x$
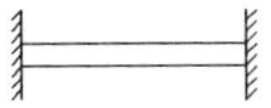	$\sin\lambda l = 0$	$\lambda_k = \frac{k\pi}{l}$	$U_k(x) = \sin\lambda_k x$
	$\sin\lambda l = 0$	$\lambda_k = \frac{k\pi}{l}$	$U_k(x) = \cos\lambda_k x$
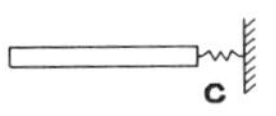	$\lambda\tan\lambda l = c/EI$	—	$U_k(x) = \cos\lambda_k x$
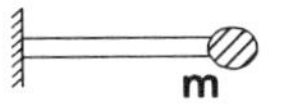	$\tan\frac{\lambda l}{\lambda} = \frac{EA}{m\omega^2}$	—	$U_k(x) = \sin\lambda_k x$

Tabelle 3.2 Eigenwertgleichungen, Eigenwerte und Eigenschwingformen für Axialschwingungen von Stäben

Die Eigenkreisfrequenzen ergeben sich aus

$$\omega_k = \lambda_k\sqrt{E/\varrho} \quad ; \quad (k = 1,2,\ldots)$$

Beispiel 3.2

Es ist die Vergrößerungsfunktion für den harmonisch erregten längsschwingenden Stab mit Endmasse analytisch zu ermitteln. Die Werkstoffdämpfung sei durch den komplexen E-Modul (siehe Abschnitt 1.4.4.1) gegeben.

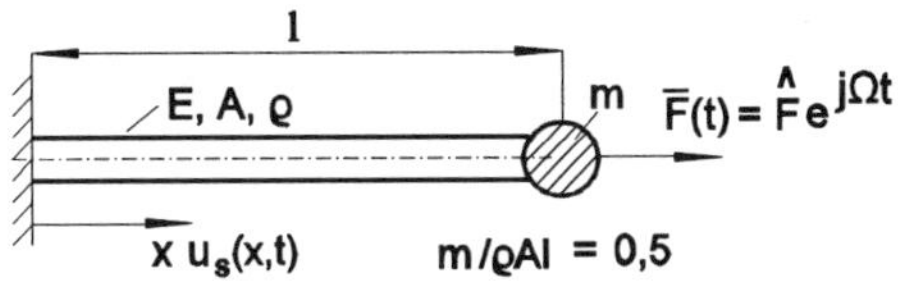

Bild 3.11 Längsschwingender Stab mit Endmasse

$$\tilde{E} = E(1 + j\omega\vartheta) = E(1 + j\vartheta^*) \ ; \quad \vartheta^* = 0{,}1$$

Die Bewegungsgleichung nach Gl.(3.84) lautet mit A = konst. und $q_x = 0$

$$\tilde{E} u_{s/xx} - \varrho \ddot{u}_s = 0 \tag{a}$$

Mit dem Produktansatz für harmonische Erregung

$$u_s(x,t) = U(x)\, e^{j\Omega t} \qquad (\Omega = \text{Erregerkreisfrequenz}) \tag{b}$$

ergibt sich nach Einsetzen in Gl.(a)

$$U_{/xx} + \Lambda^2 U = 0 \tag{c}$$

mit

$$\Lambda^2 = \frac{\varrho\Omega^2}{E(1 + j\vartheta^*)} \tag{d}$$

Randbedingungen:

$$\begin{aligned} &u_s(x{=}0,t) = 0 && \rightarrow U(0) = 0 \\ &\tilde{E} A u_{s/x}(x{=}l,t) + m\ddot{u}_s(x{=}l,t) = \overline{F} && \rightarrow \tilde{E} A U_{/x}(l) - m\Omega^2 U(l) = \hat{F} \end{aligned} \tag{e}$$

Die allgemeine Lösung von Gl.(a) ist

$$U(x) = B_1 \cos\Lambda x + B_2 \sin\Lambda x \tag{f}$$

Einführung der allgemeinen Lösung (f) in die RB (e) ergibt

$$U(x) = \frac{\hat{F}}{\tilde{E} A \Lambda \cos(\Lambda l) - m\Omega^2 \sin(\Lambda l)} \sin(\Lambda x) \tag{g}$$

Mit der statischen Auslenkung am Stabende infolge F

$$U_{St}(l) = \frac{\hat{F} l}{EA} \tag{h}$$

erhält man die Vergrößerungsfunktion für das Stabende

$$\frac{U(l)}{U_{St}(l)} = \frac{\sin(\Lambda l)}{(1 + j\vartheta^*)\Lambda l \left[\cos(\Lambda l) - \Lambda l \dfrac{m}{\varrho A l} \sin(\Lambda l)\right]} \tag{i}$$

Der Betrag dieses Verhältnisses ergibt sich aus

$$\left|\frac{U(l)}{U_{St}(l)}\right| = \sqrt{\left(\frac{U(l)}{U_{St}(l)}\right)^2_{Re} + \left(\frac{U(l)}{U_{St}(l)}\right)^2_{Im}} \tag{j}$$

Die numerische Auswertung von Gl.(j) liefert den in Bild 3.12 dargestellten Verlauf der auf die statische Auslenkung bezogenen Ausschläge der Endmasse in Abhängigkeit von der auf die kleinste Eigenkreisfrequenz bezogenen Erregerkreisfrequenz.

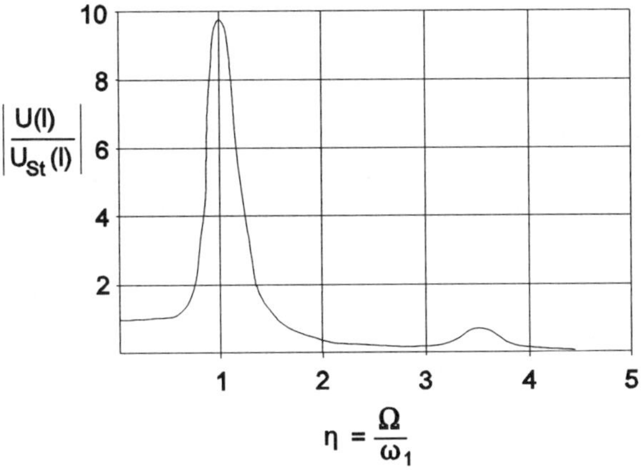

Bild 3.12 Bezogene Amplitude in Abhängigkeit von η

Die Eigenkreisfrequenzen der ungedämpften Schwingungen folgen nach Tabelle 3.2 aus der Eigenwertgleichung

$$\frac{\tan\lambda l}{\lambda} = \frac{EA}{m\omega^2} = \frac{\varrho A}{m\lambda^2} = \frac{2}{\lambda^2 l}$$

bzw.

$$\tan\lambda l = \frac{2}{\lambda l} \tag{k}$$

Daraus ergeben sich die Eigenkreisfrequenzen zu

$$\omega_1 = 1{,}0769\sqrt{\frac{E}{\varrho l^2}}\ ;\ \omega_2 = 3{,}6436\sqrt{\frac{E}{\varrho l^2}}$$
$$\omega_3 = 6{,}5783\sqrt{\frac{E}{\varrho l^2}}\ ;\ \omega_k \approx (k-1)\pi\sqrt{\frac{E}{\varrho l^2}} \quad \text{für } k > 3 \tag{l}$$

3.2.5 Euler-Bernoulli-Stab

Einen wichtigen einfachen Sonderfall stellen die Transversalschwingungen (Biegeschwingungen) von Stäben nach dem Modell von Euler und Bernoulli dar. Bei diesem Modell wird vorausgesetzt, daß ebene Querschnitte auch nach der Deformation eben bleiben und daß jede Normale zur Stabachse auch nach der Verformung senkrecht zur Stabachse steht.

Das bedeutet, daß Querkraftschubdeformationen und Querschnittsverwölbungen vernachlässigt werden. Außerdem werden alle axialen Trägheitswirkungen und damit auch die Rotationsträgheit der Stabelemente nicht berücksichtigt.

Mit diesen Annahmen gilt, wenn z.B. Schwingungen in der x-z-Ebene betrachtet werden, daß

$$\gamma_{xz} = 0 \; ; \; \beta_y = -w_{/x} \; ; \; \ddot{\beta}_y = 0$$

sind.

Unter Berücksichtigung der hier getroffenen Annahmen können die Bewegungsgleichungen für den Euler-Bernoulli-Stab aus den Gln.(3.78) abgeleitet werden. Wegen der Bedeutung dieses Modells wollen wir aber die Ableitung direkt durchführen. Nach Bild 3.13 ergeben sich folgende Gleichgewichtsbeziehungen

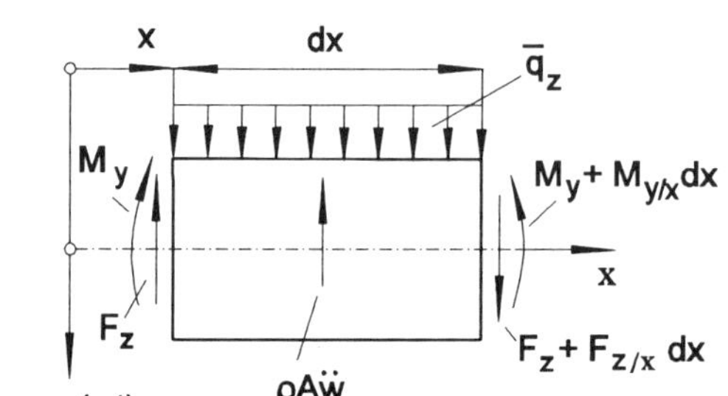

Bild 3.13 Kräfte und Momente am Element des Euler-Bernoulli-Stabes

$$F_{z/x} - \varrho A\ddot{w} + \bar{q}_z = 0 \; ; \; M_{y/x} - F_z = 0 \tag{3.90}$$

Elimination von F_z ergibt

$$M_{y/xx} - \varrho A\ddot{w} + \bar{q}_z = 0 \tag{3.91}$$

Mit dem Schnittmoment

$$M_y = -E^* I_{yy} w_{/xx} \tag{3.92}$$

erhält man aus Gl.(3.91) die Bewegungsgleichung

$$\left(E^* I_{yy} w_{/xx}\right)_{/xx} + \varrho A \ddot{w} - \overline{q}_z = 0 \tag{3.93}$$

Die zu Gl.(3.93) äquivalente Arbeitsformulierung ergibt sich aus

$$\int_{(A)}\int_{(l)} \delta \varepsilon_x \sigma_x \, dA dx + \int_{(l)} \delta w \ddot{w} \varrho A dx - \int_{(l)} \delta w \overline{q}_z dx = 0 \tag{3.94}$$

Mit $\varepsilon_x = -z w_{/xx}$; $\sigma_x = E^* \varepsilon_x$ folgt daraus nach Integration über A:

$$\int_{(l)} \delta (w_{/xx}) w_{/xx} E^* I_{yy} dx + \int_{(l)} \delta w \ddot{w} \varrho A dx - \int_{(l)} \delta w \overline{q}_z dx = 0 \tag{3.95}$$

Diskretisierung mit

$$w(x,t) = \boldsymbol{h}_w^T(x)\, \boldsymbol{w}(t) \tag{3.96}$$

ergibt

$$\int_{(l)} E^* I_{yy} \boldsymbol{h}_{/xx} \boldsymbol{h}_{/xx}^T dx\, \boldsymbol{w}(t) + \int_{(l)} \varrho A \boldsymbol{h}_w \boldsymbol{h}_w^T dx\, \ddot{\boldsymbol{w}}(t) - \int_{(l)} \boldsymbol{h}_w \overline{q}_z dx = 0 \tag{3.97}$$

bzw.

$$\boldsymbol{M} \ddot{\boldsymbol{w}} + \boldsymbol{B} \dot{\boldsymbol{w}} + \boldsymbol{K} \boldsymbol{w} = \boldsymbol{f} \tag{3.98}$$

mit

$$\boldsymbol{M} = \int_{(l)} \varrho A \boldsymbol{h}_w \boldsymbol{h}_w^T dx \; ; \; \boldsymbol{B} = \vartheta \int_{(l)} E I_{yy} \boldsymbol{h}_{/xx} \boldsymbol{h}_{/xx}^T dx$$
$$\boldsymbol{K} = \int_{(l)} E I_{yy} \boldsymbol{h}_{/xx} \boldsymbol{h}_{/xx}^T dx \; ; \; \boldsymbol{f} = \int_{(l)} \boldsymbol{h}_w \overline{q}_z dx \tag{3.99}$$

Eine vorhandene geschwindigkeitsproportionale äußere Dämpfung wäre in $\overline{q}_z$ enthalten und würde noch einen Beitrag zur Matrix ***B*** liefern.

Für Stäbe mit prismatischem Querschnittsverlauf ($A(x) = $ konst., $I_{yy} = $ konst.) läßt sich für die freien ungedämpften Schwingungen eine analytische Lösung angeben. Mit dem Produktansatz

$$w(x,t) = W(x)\, T(t) = W(x)\, e^{j\omega t} \tag{3.100}$$

und

$$\lambda^4 = \frac{\varrho A l^4}{E I_{yy}} \omega^2 \tag{3.101}$$

erhält man aus Gl.(3.93) die gewöhnliche DGL

$$w_{/xxxx} - \left(\frac{\lambda}{l}\right)^4 w = 0 \tag{3.102}$$

Sie hat die allgemeine Lösung

$$\begin{aligned} W(x) &= A_1 \cosh\lambda\frac{x}{l} + A_2 \sinh\lambda\frac{x}{l} \\ &+ A_3 \cos\lambda\frac{x}{l} + A_4 \sin\lambda\frac{x}{l} \end{aligned} \tag{3.103}$$

Die Eigenwertgleichung ergibt sich wieder durch Anpassung der Lösungen (3.103) an die Randbedingungen. Für einige wichtige Lagerungsfälle sind in Tabelle 3.3 Eigenwertgleichungen, Eigenwerte und Eigenfunktionen (Eigenschwingformen) zusammengestellt. Dabei wurden folgende Symbole verwendet:

$$\begin{aligned} C(\lambda\xi) &= \frac{1}{2}(\cosh\lambda\xi + \cos\lambda\xi) \\ S(\lambda\xi) &= \frac{1}{2}(\sinh\lambda\xi + \sin\lambda\xi) \\ c(\lambda\xi) &= \frac{1}{2}(\cosh\lambda\xi - \cos\lambda\xi) \\ s(\lambda\xi) &= \frac{1}{2}(\sinh\lambda\xi - \sin\lambda\xi) \end{aligned} \tag{3.104}$$

Lagerung	Eigenwertgl.	Eigenwerte	Eigenschwingformen
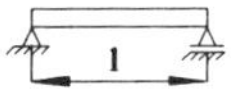	$\sin\lambda = 0$	$\lambda_k = k\pi$ $k = 1,2,...$	$W_k(\xi) = \sin k\pi\xi$
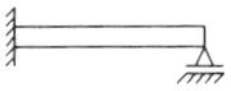	$\tan\lambda - \tanh\lambda = 0$	$\lambda_1 = 3{,}92660$ $\lambda_2 = 7{,}06858$	$W_k(\xi) = c(\lambda_k\xi)$
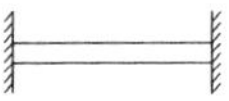	$\cosh\lambda\cos\lambda - 1 = 0$	$\lambda_1 = 4{,}73004$ $\lambda_2 = 7{,}85321$ $\lambda_3 = 10{,}99561$ $\lambda_k = (2k+1)\pi/2$ $(k = 4,5,...)$	$W_k(\xi) = c(\lambda_k\xi) - R_k s(\lambda_k\xi)$ $R_k = c(\lambda_k)/s(\lambda_k)$
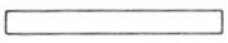			$W_k(\xi) = C(\lambda_k\xi) - R_k S(\lambda_k\xi)$ $R_k = c(\lambda_k)/s(\lambda_k)$

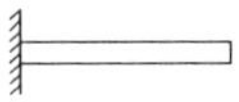	$\cosh\lambda\cos\lambda + 1 = 0$	$\lambda_1 = 1{,}87510$ $\lambda_2 = 4{,}69409$ $\lambda_3 = 7{,}85476$ $\lambda_4 = 10{,}99554$ $\lambda_k = (2k-1)\pi/2$ $(k = 5, 6, \ldots)$	$W_k(\xi) = c(\lambda_k\xi) - R_k s(\lambda_k\xi)$ $R_k = C(\lambda_k)/S(\lambda_k)$
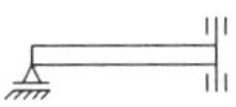	$\cos\lambda = 0$	$\lambda_k = (2k-1)/2$ $(k = 1, 2, \ldots)$	$W_k = S(\lambda_k\xi) - R_k s(\lambda_k\xi)$ $R_k = C(\lambda_k)/c(\lambda_k)$
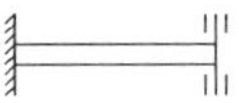	$\tan\lambda + \tanh\lambda = 0$	$\lambda_1 = 2{,}34705$ $\lambda_2 = 5{,}49777$ $\lambda_k = (4k-1)\pi/4$	$W_k(\xi) = c(\lambda_k\xi) - R_k c(\lambda_k\xi)$ $R_k = S(\lambda_k)/c(\lambda_k)$

Tabelle 3.3 Eigenwertgleichungen, Eigenwerte und Eigenschwingformen für den Euler-Bernoulli-Stab

Ferner ist

$$\xi = x/l \quad \text{und} \quad \omega_k = \lambda_k^2 \sqrt{\frac{EI_{yy}}{\varrho A l^4}} \qquad (3.105)$$

Das Berechnungsmodell des Euler-Bernoulli-Stabes eignet sich für schlanke Stäbe bei kleinen Deformationen. Es sei erwähnt, daß auch für freie gedämpfte Schwingungen und für Zwangsschwingungen bei periodischer Erregung analytische Lösungen für prismatische Stäbe existieren.

3.2.6 Timoshenko-Stab

Bei hochstegigen Stabquerschnitten (z.B. T-Profil, I-Profil mit hohen Stegen) reicht häufig die Genauigkeit des Euler-Bernoulli-Modells nicht aus. Eine höhere Genauigkeit erhält man, wenn Querkraftschubdeformationen und Rotationsträgheiten berücksichtigt werden aber Querschnittsverwölbungen weiterhin außer Betracht bleiben. Dieses Modell wird als Timoshenko-Stab bezeichnet.

Die Bewegungsgleichungen für den Timoshenko-Stab erhält man aus den allgemeinen Gln.(3.78), wenn man dort alle von Querschnittsverwölbungen herrührenden Glieder vernachlässigt, d.h. $I_{\omega\omega} = 0$ setzt. Betrachtet man außerdem nur Schwingungen in der x-z-Ebene, so erhält man folgende Gleichungen zur Bestimmung der Unbekannten w_M, β_y und φ:

$$
\begin{aligned}
&\left[k_z G^* A(w_{M/x} + \beta_y)\right]_{/x} - \varrho A(\ddot{w}_M - y_m\ddot{\varphi}) + \bar{q}_z = 0 \\
&(E^* I_{yy}\beta_{y/x})_{/x} - k_z G^* A(w_{M/x} + \beta_y) - \varrho I_{yy}\ddot{\beta}_y = 0 \\
&(G^* I_t \varphi_{/x})_{/x} - \varrho(I_{yy} + I_{zz})\ddot{\varphi} - \varrho A y_M(\ddot{w}_M - y_M\ddot{\varphi}) \\
&-\varrho A z_M^2\ddot{\varphi} + \bar{m}_x = 0
\end{aligned}
\qquad (3.106)
$$

In Gl.(3.106) sind die Transversalschwingungen in z-Richtung noch mit den Torsionsschwingungen gekoppelt. Diese Kopplung entfällt,wenn Schubmittelpunkt und Querschnittsschwerpunkt zusammenfallen, d.h. wenn $y_M = z_M = 0$ gilt. Wenn außerdem der betrachtete Stab prismatisch ist (A = konst., I_{yy} = konst., I_{zz} = konst.), so erhält man aus Gl.(3.106)

$$
\begin{aligned}
&k_z G^* A(w_{/xx} + \beta_{y/x}) - \varrho A\ddot{w} + \bar{q}_z = 0 \\
&E^* I_{yy}\beta_{y/xx} - k_z G^* A(w_{/x} + \beta_y) - \varrho I_{yy}\ddot{\beta}_y = 0
\end{aligned}
\qquad (3.107)
$$

Für die Torsionsschwingungen gilt die DGL

$$
G^* I_t \varphi_{/xx} - \varrho(I_{yy} + I_{zz})\ddot{\varphi} + \bar{m}_x = 0 \qquad (3.108)
$$

Betrachten wir die freien ungedämpften Transversalschwingungen nach Gl.(3.107), so läßt sich wieder eine analytische Lösung angeben, die wir zu Vergleichszwecken bestimmen wollen.

Mit den Produktansätzen

$$
w(x,t) = \hat{w}(x)\,e^{j\omega t} \;;\; \beta_y(x,t) = \hat{\beta}_y e^{j\omega t} \qquad (3.109)
$$

sowie mit

$$
\begin{aligned}
&E^* = E \;;\; G^* = G \;;\; \xi = x/l \\
&\kappa = \frac{EI_{yy}}{k_z GAl^2} \;;\; \mu = \frac{I_{yy}}{Al^2} \;;\; \lambda^4 = \frac{\varrho A l^4}{EI_{yy}}\omega^2
\end{aligned}
\qquad (3.110)
$$

folgt aus Gl.(3.107)

$$
\begin{aligned}
&\hat{w}_{/\xi\xi} + l\hat{\beta}_{y/\xi} + \kappa\lambda^4\hat{w} = 0 \\
&\hat{\beta}_{y/\xi\xi} - \left(\frac{1}{\kappa} - \mu\lambda^4\right)\hat{\beta}_y - \frac{1}{\kappa l}\hat{w}_{/\xi} = 0
\end{aligned}
\qquad (3.111)
$$

mit den allgemeinen Lösungen

$$
\begin{aligned}
\hat{w}(\xi) &= A_1\cosh(r\xi) + A_2\sinh(r\xi) \\
&\quad + A_3\cos(s\xi) + A_4\sin(s\xi) \\
\hat{\beta}(\xi)l &= -(r + \frac{\kappa\lambda^4}{r})[A_1\sinh(r\xi) + A_2\cosh(r\xi)] \\
&\quad + (s - \frac{\kappa\lambda^4}{s})[A_3\sin(s\xi) - A_4\cos(s\xi)]
\end{aligned}
\tag{3.112}
$$

für b > a und

$$
\begin{aligned}
\hat{w}(\xi) &= A_1\cos(r\xi) + A_2\sin(r\xi) + A_3\cos(s\xi) \\
&\quad + A_4\sin(s\xi) \\
\hat{\beta}_y(\xi)l &= (r - \frac{\kappa\lambda^4}{r})[A_1\sin(r\xi) - A_2\cos(r\xi)] \\
&\quad + (s - \frac{\kappa\lambda^4}{s})[A_3\sin(s\xi) - A_4\cos(s\xi)]
\end{aligned}
\tag{3.113}
$$

für b < a. Die verwendeten Abkürzungen bedeuten:

$$
\begin{aligned}
a &= \lambda^4\frac{\kappa + \mu}{2} \; ; \; b = \frac{1}{2}\sqrt{\lambda^8(\kappa - \mu)^2 + 4\lambda^4} \\
r &= \sqrt{\pm(b - a)} \; ; \; s = \sqrt{b + a}
\end{aligned}
\tag{3.114}
$$

In der Gleichung für r gilt das obere Vorzeichen unter der Wurzel für b > a, das untere für b < a. Der Fall b > a beschreibt dominante Biegeschwingungen, während der Fall b < a dominante Scherschwingungen kennzeichnet. Der zweite Fall ist kaum von Bedeutung, da er nur für extrem kurze Stäbe bei großen Trägerhöhen auftritt, bei denen die Anwendbarkeit des Timoshenko-Modells fraglich ist.

Durch Einführen der Lösungen (3.112) bzw. (3.113) in die Randbedingungen erhält man durch Nullsetzen der Koeffizientendeterminante des entstehenden Gleichungssystems wieder die Eigenwertgleichung und daraus die Eigenwerte λ_k (k=1,2,...).

Für einige Lagerungsfälle sind die Eigenwertgleichungen in Tabelle 3.4 angegeben. Die Berechnung der Eigenwerte aus diesen transzendenten Gleichungen kann durch Iteration erfolgen, ist aber in den meisten Fällen schon recht mühsam.

Lagerung	Eigenwertgleichung
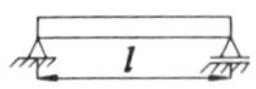	$\sin(s) = 0$ $s_k = k\pi = \left(\lambda_k^4 \frac{\kappa + \mu}{2} + \frac{1}{2}\sqrt{\lambda_k^8 (\kappa - \mu)^2 + \lambda_k^4}\right)^{1/2}$
	$\left(s c_1 + \frac{c_1^2}{c_2} r\right) \cosh(r) \sin(s)$ $- (c_1 r + c_2 s) \sinh(r) \cos(s) = 0$
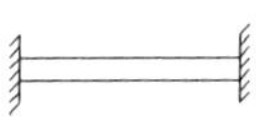	$2(1 - \cosh(r) \cos(s)) + \left(\frac{c_1}{c_2} - \frac{c_2}{c_1}\right) \sinh(r) \sin(s) = 0$
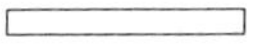	$2c_1(r - c_1)(1 - \cosh(r) \cos(s) + \frac{1}{(s - c_2) c_2 s}$ $\cdot \left[c_1^2 r^2 (s - c_2)^2 - c_2^2 s^2 (r - c_1)^2\right] \sinh(r) \sin(s) = 0$
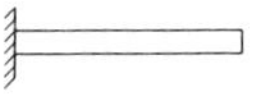	$c_1(s^2 - r^2 - c_2 s + c_1 r) + (\frac{c_1^2}{c_2} r s$ $- c_1^2 r + c_1 c_2 s - c_2 r s) \cosh(r) \cos(s)$ $+ (2 c_1 r s - c_1 c_2 r - c_1^2 s) \sinh(r) \sin(s) = 0$
	$c_1 = r + \frac{\kappa\lambda^4}{r}\ ;\ c_2 = s - \frac{\kappa\lambda^4}{s}$

Tabelle 3.4 Eigenwertgleichungen für Transversalschwingungen des Timoshenko-Stabes

Die Arbeitsformulierung der Bewegungsgleichungen für den Timoshenko-Stab folgt aus den allgemeinen Gln. (3.80) mit $I_{\omega\omega} = 0$. Nach der Diskretisierung erhält man die Bewegungsgleichungen (3.82) mit den Matrizen und Vektoren nach Gl.(3.83), ebenfalls mit $I_{\omega\omega} = 0$.

Für ungekoppelte Transversalschwingungen in der x-z-Ebene erhält man aus Gl.(3.79):

$$\int_{(A)}\int_{(l)} \delta\varepsilon_x \sigma_x \, dA\,dx - \int_{(l)} \delta\gamma_{xz} F_z \, dx + \int_{(A)}\int_{(l)} \varrho\,\delta u\,\ddot{u}\,dA\,dx + \int_{(A)}\int_{(l)} \varrho\,\delta w\,\ddot{w}\,dA\,dx = \int_{(l)} \delta w\,\bar{q}_z\,dx \qquad (3.115)$$

Mit den geometrischen Beziehungen

$$u = z\beta_y \; ; \; \gamma_{xz} = -(w_{/x} + \beta_y)$$
$$\varepsilon_x = z\beta_{y/x} \; ; \; \sigma_x = E^* z\,\beta_{y/x} \qquad (3.116)$$

und der Querkraft

$$F_z = k_z G^* A (w_{/x} + \beta_y) \qquad (3.117)$$

folgt aus Gl.(3.115) nach Integration über die Querschnittsfläche die Arbeitsformulierung

$$\int_{(l)} E^* I_{yy} \delta(\beta_{y/x})\,\beta_{y/x}\,dx + \int_{(l)} \delta(w_{/x} + \beta_y)\,(w_{/x} + \beta_y)\,k_z G^* A\,dx + \int_{(l)} \varrho A \delta w\,\ddot{w}\,dx + \int_{(l)} \varrho I_{yy} \delta\beta_y \ddot{\beta}_y\,dx = \int_{(l)} \delta w\,\bar{q}_z\,dx \qquad (3.118)$$

Beispiel 3.3

Es ist der Einfluß der Querkraftschubdeformation und der Rotationsträgheit auf die Eigenfrequenzen von Stäben der Länge l mit I-Querschnitt zu untersuchen. Der betrachtete Träger sei beidseitig momentenfrei gelagert.

Die numerische Auswertung der Eigenwertgleichung nach Tabelle 3.4 führt auf die in Bild 3.14 dargestellten Ergebnisse.

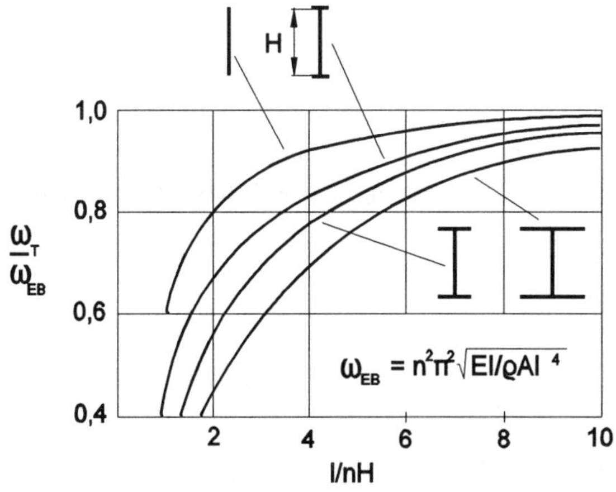

Bild 3.14 Einfluß der Querkraftschubdeformation und der Drehträgheit auf die Eigenfrequenzen des beiderseits momentenfrei gelagerten Stabes

Die Bezugsgröße ω_{EB} ist die

Eigenkreisfrequenz des Euler-Bernoulli-Stabes. Auf der Abszisse ist die Stablänge ins Verhältnis zur Anzahl n der Halbwellen auf l und der Steghöhe H gesetzt.

Wie aus Bild 3.14 ersichtlich, ist der Einfluß der Querkraftschubdeformation und der Drehträgheit auf die Eigenkreisfrequenzen von Stäben beachtenswert. Besonders stark ist der Einfluß bei Breitflanschträgern. Wenn höhere Schwingungsgrade von Interesse sind, ist die Erfassung dieser Einflüsse stets geboten.

3.2.7 Torsionsschwingungen von Stäben

Fallen Schubmittelpunkt und Querschnittsschwerpunkt zusammen, dann sind von den anderen Schwingungen unabhängige Torsionsschwingungen möglich. Wegen $y_M = z_M = 0$ folgt aus der vierten der Gln.(3.78) die Bewegungsgleichung

$$\begin{aligned} &(G^* I_t \varphi_{/x})_{/x} - (E^* I_{\omega\omega} \varphi_{/xx})_{/xx} \\ &+ (\varrho I_{\omega\omega} \ddot{\varphi}_{/x})_{/x} - \varrho (I_{yy} + I_{zz}) \ddot{\varphi} + \overline{m}_x = 0 \end{aligned} \qquad (3.119)$$

Bei Vernachlässigung der Querschnittsverwölbung erhält man daraus mit $I_{\omega\omega} = 0$ die Bewegungsgleichung für die sogenannte St.-Venantsche Torsion:

$$(G^* I_t \varphi_{/x})_{/x} - \varrho (I_{yy} + I_{zz}) \ddot{\varphi} + \overline{m}_x = 0 \qquad (3.120)$$

Für prismatische Stäbe mit konstantem Querschnittverlauf erhält man schließlich Gl.(3.108):

$$G^* I_t \varphi_{/xx} - \varrho (I_{yy} + I_{zz}) \ddot{\varphi} + \overline{m}_x = 0$$

Das Berechnungsmodell für Stäbe mit dünnwandigen Querschnitten bei Berücksichtigung der Querschnittsverwölbung wird als Wlassowsches Stabmodell bezeichnet.

Beispiel 3.4

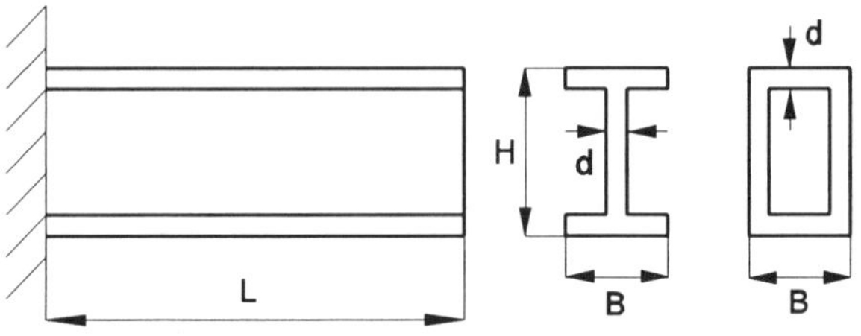

Bild 3.15 Torsionsstab mit Querschnittsdarstellung

An einem einseitig eingespannten Stab soll der Einfluß der Querschnittsverwölbung auf die Torsionseigenfrequenzen untersucht werden (siehe Bild 3.15)). Zunächst werden als Vergleichsgrößen die Eigenkreisfrequenzen bei St.-Venantscher Torsion berechnenet.

Mit

$$\xi = x/L \; ; \; \lambda = \frac{\varrho I_p L^2}{G I_t} \omega^2 \; ; \; I_p = I_{yy} + I_{zz} \; ; \; \overline{m}_x = 0 \; ; \; G^* = G \tag{a}$$

und dem Produktansatz

$$\varphi(x,t) = \phi(x)\, e^{j\omega t} \tag{b}$$

geht Gl.(3.108) über in

$$\phi_{/\xi\xi} + \lambda^2 \phi = 0 \tag{c}$$

mit der Lösung

$$\phi(\xi) = A_1 \cos\lambda\xi + A_2 \sin\lambda\xi \tag{d}$$

Aus den Randbedingungen

$$\begin{aligned} \varphi(x{=}0,t) &= 0 \;\rightarrow\; \phi(0) = 0 \\ \varphi_{/x}(x{=}L,t) &= 0 \;\rightarrow\; \phi_{/\xi}(1) = 0 \end{aligned} \tag{e}$$

folgt die Eigenwertgleichung $\cos\lambda = 0$ und daraus

$$\lambda_k = \frac{2k-1}{2}\pi \; ; \; (k = 1,2,\ldots) \tag{f}$$

Die Eigenkreisfrequenzen lauten damit

$$\omega_{0k} = \frac{2k-1}{2}\pi \sqrt{\frac{G I_t}{\varrho I_p L^2}} \tag{g}$$

In Gl.(g) ist I_t der Torsionswiderstand für St.-Venantsche Torsion für das offene, bzw. die Bredtsche Torsion für das geschlossene Profil.

Für den Wlassow-Stab erhält man bei sonst gleichen Voraussetzungen und mit den Abkürzungen

$$\kappa = \frac{E I_{\omega\omega}}{G I_t L^2} \; ; \; \mu = \frac{I_{\omega\omega}}{I_p L^2} \tag{h}$$

die gewöhnliche DGL

$$\kappa \phi_{/\xi\xi\xi\xi} - (1 - \mu\lambda^2)\phi_{/\xi\xi} - \lambda^2 \phi = 0 \tag{i}$$

Ihre allgemeine Lösung lautet:

$$\Phi(\xi) = A_1\cosh(r\xi) + A_2\sinh(r\xi) + A_3\cos(r\xi) + A_4\sin(r\xi) \tag{j}$$

mit

$$r = \sqrt{\sqrt{\left(\frac{1-\mu\lambda^2}{2\kappa}\right)^2 + \frac{\lambda^2}{\kappa}} + \frac{1-\mu\lambda^2}{2\kappa}}$$
$$s = \sqrt{\sqrt{\left(\frac{1-\mu\lambda^2}{2\kappa}\right)^2 + \frac{\lambda^2}{\kappa}} - \frac{1-\mu\lambda^2}{2\kappa}} \tag{k}$$

Die Randbedingungen bei verhinderter Verwölbung an der Einspannstelle lauten

$$\begin{aligned}
&\varphi(x{=}0,t) = 0 \rightarrow \Phi(0) = 0\\
&u(x{=}0,t) = 0 \rightarrow \Phi_{/\xi}(0) = 0\\
&\sigma_x(x{=}L,t) = 0 \rightarrow \Phi_{/\xi\xi}(1) = 0\\
&M_x(x{=}L,t) = 0 \rightarrow (-EI_{\omega\omega}\varphi_{/xxx} + \varrho I_{\omega\omega}\ddot{\varphi}_{/x}\\
&\qquad + GI_t\varphi_{/x})_{/(x=L,t)}) = 0 \rightarrow\\
&\Phi_{/\xi}(1)(1-\mu\lambda^2) - \kappa\Phi_{/\xi\xi\xi}(1) = 0
\end{aligned} \tag{l}$$

Wenn an der Eispannstelle zwar die Verdrehung verschwindet, die Verwölbung aber nicht behindert wird, so lauten die Randbedingungen

$$\begin{aligned}
&\Phi(0) = 0\\
&\sigma_x(0) = 0 \rightarrow \Phi_{/\xi\xi}(0) = 0\\
&\sigma_x(L) = 0 \rightarrow \Phi_{/\xi\xi}(1) = 0\\
&\Phi_{/\xi}(1)(1-\mu\lambda^2) - \kappa\Phi_{/\xi\xi\xi}(1) = 0
\end{aligned} \tag{m}$$

Damit ergeben sich folgende Eigenwertgleichungen.
Mit Behinderung der Verwölbung an der Einspannstelle:

$$\begin{aligned}
&(1-\mu\lambda^2)(r^2 - s^2) - \kappa(r^4 + s^4)\\
&+ [(1-\mu\lambda^2)(s^2 - r^2) - 2r^2s^2\kappa]\cosh(r)\cos(s)\\
&- rs[2(1-\mu\lambda^2) - \kappa(r^2 - s^2)]\sinh(r)\sin(s) = 0
\end{aligned} \tag{n}$$

Ohne Behinderung der Verwölbung an der Einspannstelle:

$$\begin{aligned}
&s(1-\mu\lambda^2 - \kappa r^2)\cosh(r)\sin(s)\\
&+ r(1-\mu\lambda^2 + \kappa s^2)\sinh(r)\cos(s) = 0
\end{aligned} \tag{o}$$

Die numerische Auswertung der Eigenwertgleichungen für die Verhältnisse L/H = 8; H/d= 16 ergibt für den offenen Querschnitt die in Bild 3.16 dargestellten Verhältnisse ω_n / ω_{0n}.

Beim geschlossenen Kastenquerschnitt ist der Einfluß der Verwölbung wesentlich geringer.

Das Verhältnis ω_1 / ω_{01} beträgt mit bzw. ohne Verwölbung an der Einspannstelle nur 1.064 bzw. 1,002.

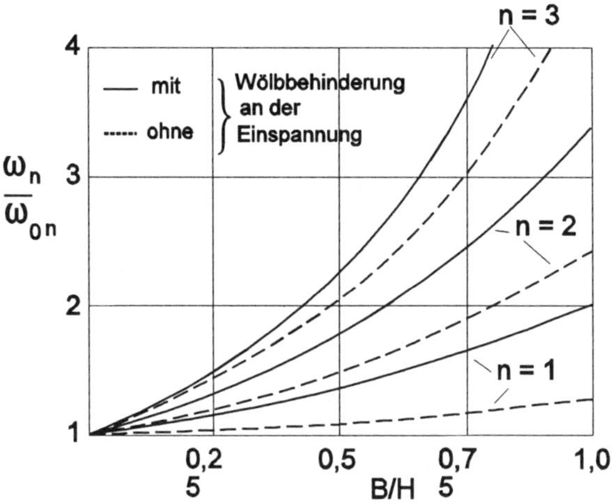

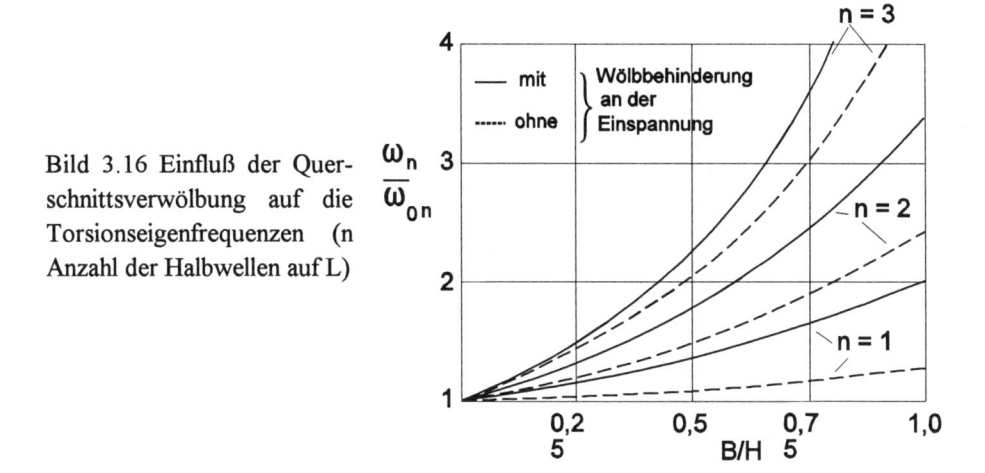

Bild 3.16 Einfluß der Querschnittsverwölbung auf die Torsionseigenfrequenzen (n Anzahl der Halbwellen auf L)

Die Ergebnisse lassen folgende Schlußfolgerungen zu:

- Der Einfluß der Axialträgheit (Trägheit der Verwölbung) ist meist vernachlässigbar
- Bei breitflanschigen offenen Querschnitten ist bei höheren Schwingungsgraden und bei verhinderter Querschnittsverwölbung an der Einspannstelle diese zu berücksichtigen
- Bei geschlossenen Querschnitten darf die Verwölbung in der Regel vernachlässigt werden.

3.2.8 Schwingungen des axial belasteten Stabes unter Berücksichtigung großer Querverschiebungen

Die in Abschnitt 3.2.2 hergeleiteten Bewegungsgleichungen (3.78) für den geraden Stab wurden durch Gleichgewichtsbetrachtungen am unverformten Stabelement gewonnen (Theorie 1. Ordnung). Um den Einfluß von Axialkräften auf die Transversalschwingungen erfassen zu können, muß das Gleichgewicht am verformten Element betrachtet werden. Im folgenden werden die Bewegungsgleichungen für ein einfaches Stabmodell mit Axialbelastung hergeleitet. Schubdeformationen, Rotationsträgheiten und Querschnittsverwölbungen werden nicht berücksichtigt. Bild 3.17 zeigt das zu betrachtende Element mit den angreifenden Kräften und Momenten in der x-z-Ebene.

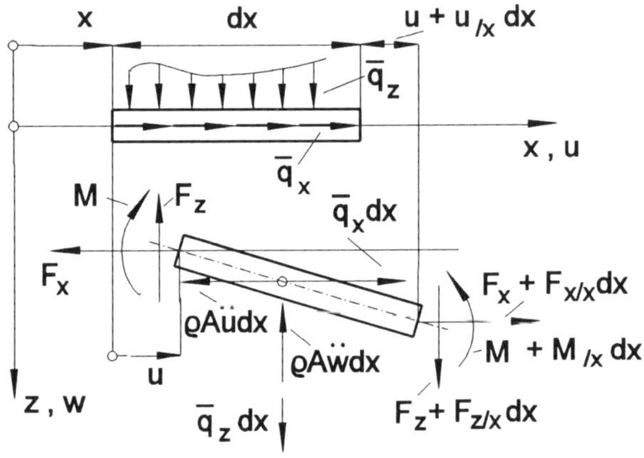

Bild 3.17 Kräfte und Momente am verformten Stabelement

Die Gleichgewichtsbeziehungen am verformten Element lauten:

$$\begin{aligned} F_{x/x} - \varrho A\ddot{u} + \bar{q}_x &= 0 \\ F_{z/x} - \varrho A\ddot{w} + \bar{q}_z &= 0 \\ M_{/x} - F_z + F_x w_{/x} &= 0 \end{aligned} \tag{3.121}$$

In den Verzerrungen wird das nichtlineare Glied in der Verschiebung w berücksichtigt, während die Nichtlinearität in u vernachlässigt werden soll. Damit folgt:

$$\varepsilon_x = u_{/x} + \frac{1}{2}(w_{/x})^2 - z w_{/xx} \;;\; \sigma_x = E^* \varepsilon_x \tag{3.122}$$

Die Schnittkräfte lauten:

$$\begin{aligned} F_x &= E^* A (u_{/x} + \frac{1}{2}(w_{/x}^2)) \\ M &= -E^* I w_{/xx} \end{aligned} \tag{3.123}$$

Die Elimination von F_z aus Gl.(3.121) liefert mit Gl.(3.123) die Bewegungsgleichungen

$$\begin{aligned} &\left[E^* A(u_{/x} + \frac{1}{2}w_{/x}^2)\right]_{/x} - \varrho A\ddot{u} + \bar{q}_x = 0 \\ &(E^* I w_{/xx})_{/xx} + \varrho A\ddot{w} - \left[E^* A(u_{/x} + \frac{1}{2}w_{/x}^2)w_{/x}\right]_{/x} - \bar{q}_z = 0 \end{aligned} \tag{3.124}$$

Axial- und Biegeschwingungen sind also miteinander gekoppelt.

Das Prinzip der virtuellen Arbeiten führt auf die äquivalente Arbeitsformulierung

$$\begin{aligned} &\int_{(V)} \delta\varepsilon_x E^* \varepsilon_x dV + \int_{(V)} \varrho\delta u\ddot{u}dV + \int_{(V)} \varrho\delta w\ddot{w}dV \\ &- \int_{(l)} \delta u\bar{q}_x dx - \int_{(l)} \delta w\bar{q}_z dx - \delta W_a = 0 \end{aligned} \tag{3.125}$$

δW_a ist die virtuelle Arbeit von äußeren eingeprägten Kräften. Mit Gl.(3.122) folgt daraus:

$$\begin{aligned} &\int_{(A)}\int_{(l)} \delta\left(u_{/x} + \frac{1}{2}w_{/x}^2 - z w_{/xx}\right) E^* (u_{/x} + \frac{1}{2}w_{/x}^2 \\ &- z\, w_{/xx})\, dA dx + \int_{(l)} \varrho\delta u\ddot{u}A dx + \int_{(l)} \varrho\delta w\ddot{w}A dx - \int_{(l)} \delta u\bar{q}_x dx \\ &- \int_{(l)} \delta w\bar{q}_z d'x - \sum_{(\nu)} F_x^{(\nu)} \delta u^{(\nu)} - \sum_{(\mu)} F_z^{(\mu)} \delta w^{(\mu)} = 0 \end{aligned} \tag{3.126}$$

Die Diskretisierung mit

$$u(x,t) = \boldsymbol{f}^T(x)\,\boldsymbol{u}(t) \;;\; w(x,t) = \boldsymbol{h}^T(x)\,\boldsymbol{w}(t) \tag{3.127}$$

führt auf die ortsdiskretisierten Bewegungsgleichungen

$$\begin{aligned} &\boldsymbol{K}_{uu}\boldsymbol{u} + \boldsymbol{K}_{uw}\boldsymbol{w} + \boldsymbol{M}_u\ddot{\boldsymbol{u}} = \boldsymbol{f}_u \\ &\boldsymbol{K}_{wu}\boldsymbol{u} + \boldsymbol{K}_{ww}\boldsymbol{w} + \boldsymbol{M}_w\ddot{\boldsymbol{w}} = \boldsymbol{f}_w \end{aligned} \tag{3.128}$$

mit den Matrizen

$$\boldsymbol{K}_{uu} = \int\limits_{(l)} E^* A \boldsymbol{f}_{/x} \boldsymbol{f}^T_{/x} dx$$

$$\boldsymbol{K}_{uw} = \frac{1}{2} \int\limits_{(l)} E^* A \boldsymbol{f}_{/x} (\boldsymbol{w}^T \boldsymbol{h}_{/x} \boldsymbol{h}^T_{/x}) dx$$

$$\boldsymbol{K}_{wu} = \int\limits_{(l)} E^* A (\boldsymbol{h}_{/x} \boldsymbol{h}^T_{/x} \boldsymbol{w}) \boldsymbol{f}^T_{/x} dx$$

$$\boldsymbol{K}_{ww} = \int\limits_{(l)} E^* \left[I \boldsymbol{h}_{/xx} \boldsymbol{h}^T_{/xx} + \frac{1}{2} A (\boldsymbol{h}_{/x} \boldsymbol{h}^T_{/x} \boldsymbol{w}) (\boldsymbol{h}_{/x} \boldsymbol{h}^T_{/x} \boldsymbol{w})^T \right] dx \tag{3.129}$$

$$\boldsymbol{M}_u = \int\limits_{(l)} \varrho A \boldsymbol{f} \boldsymbol{f}^T dx \; ; \; \boldsymbol{M}_w = \int\limits_{(l)} \varrho A \boldsymbol{h} \boldsymbol{h}^T dx$$

$$\boldsymbol{f}_u = \int\limits_{(l)} \boldsymbol{f}(x) \bar{q}_x dx + \sum_{(\nu)} \boldsymbol{f}(x^{(\nu)}) F_x^{(\nu)}$$

$$\boldsymbol{f}_w = \int\limits_{(l)} \boldsymbol{h}(x) \bar{q}_z dx + \sum_{(\mu)} \boldsymbol{h}(x^{(\mu)}) F_z^{(\mu)}$$

Oft dürfen die axialen Trägheitskräfte vernachlässigt werden, weil ihr Einfluß gering ist. Dann läßt sich der Verschiebungsvektor $\boldsymbol{u}$ aus Gl.(3.128) eliminieren und man erhält

$$\begin{aligned}(\boldsymbol{K}_{ww} - \boldsymbol{K}_{wu} \boldsymbol{K}^{-1}_{uu} \boldsymbol{K}_{uw}) \boldsymbol{w} + \boldsymbol{M}_w \ddot{\boldsymbol{w}} \\ = \boldsymbol{f}_w - \boldsymbol{K}_{wu} \boldsymbol{K}^{-1}_{uu} \boldsymbol{f}_u\end{aligned} \tag{3.130}$$

Eine Linearisierung der Gl.(3.128) wird erreicht, wenn neben den axialen Trägheitskräften auch die Axialverzerrungen Null gesetzt werden. Dann gilt:

$$\varepsilon_x = u_{/x} + \frac{1}{2} w^2_{/x} = 0 \tag{3.131}$$

und daraus

$$u(x,t) = -\frac{1}{2} \int\limits_0^x w^2_{/x} dx \tag{3.132}$$

$$\delta u(x,t) = -\int\limits_0^x \delta (w_{/x}) w_{/x} dx \tag{3.133}$$

Mit diesen Annahmen folgt aus Gl.(3.126)

$$\int_{(l)} E^* I \delta (w_{/xx}) w_{/xx} dx + \int_{(l)} \varrho A \delta w \ddot{w} dx$$
$$+ \int_{(l)} [\int_0^x \delta (w_{/\bar{x}}) w_{/\bar{x}} d\bar{x}] \bar{q}_x dx - \int_{(l)} \delta w \bar{q}_z dx \tag{3.134}$$
$$+ \sum_{(\nu)} F_x^{(\nu)} \int_0^{x_\nu} \delta (w_{/\bar{x}}) w_{/\bar{x}} d\bar{x} - \sum_{(\mu)} F_z^{(\mu)} \delta w^{(\mu)} = 0$$

Mit dem Ansatz

$$w(x,t) = \boldsymbol{h}^T(x) \boldsymbol{w}(t) \tag{3.135}$$

erhält man aus Gl.(3.134) die ortsdiskretisierte lineare Bewegungsgleichung

$$\boldsymbol{M}_w \ddot{\boldsymbol{w}} + (\boldsymbol{K}_w + \sum_{(\nu)} F_x^{(\nu)} \boldsymbol{K}_F^{(\nu)} + \boldsymbol{K}_{\bar{q}_x}) \boldsymbol{w} = \boldsymbol{f}_w \tag{3.136}$$

mit

$$\boldsymbol{M}_w = \int_{(l)} \varrho A \boldsymbol{h} \boldsymbol{h}^T dx \; ; \; \boldsymbol{K}_w = \int_{(l)} E^* I \boldsymbol{h}_{/xx} \boldsymbol{h}_{/xx}^T dx$$
$$\boldsymbol{K}_F^{(\nu)} = \left[\int_0^x \boldsymbol{h}_{/\bar{x}} \boldsymbol{h}_{/\bar{x}}^T d\bar{x} \right]_{x=x^{(\nu)}} \; ; \; \boldsymbol{K}_{\bar{q}_x} = \int_{(l)} \bar{q}_x (\int_0^x \boldsymbol{h}_{/\bar{x}} \boldsymbol{h}_{/\bar{x}}^T d\bar{x}) dx \tag{3.137}$$
$$\boldsymbol{f}_w = \int_{(l)} \boldsymbol{h} \bar{q}_z dx + \sum_{(\mu)} \boldsymbol{h}^{(\mu)} F_z^{(\mu)}$$

Von besonderer Bedeutung ist der Fall, daß die Axialkraft eine periodisch veränderliche Druckkraft ist. Für eine Druckkraft am Stabende gilt dann

$$F_x = F(l,t) = -[(F_0 + \phi(t) F_1)]$$
$$\phi(t) = \phi(t+T) \; , \; (T = \text{Periodendauer}) \tag{3.138}$$

Solche axialen Druckkräfte können bereits dann, wenn ihre Größtwerte weit unter den statischen Knicklasten liegen, zu instabilen Transversalschwingungen führen. Man spricht dann von kinetischer Instabilität.

Mit $q_x = 0$ erhält man mit Gl.(3.138) aus Gl.(3.136)

$$\boldsymbol{M}_w \ddot{\boldsymbol{w}} + [\boldsymbol{K}_w - (F_0 + \phi(t) F_1) \boldsymbol{K}_F] \boldsymbol{w} = \boldsymbol{f}_w \tag{3.139}$$

Gl.(3.139) ist eine rheolineare DGL und beschreibt sogenannte parametererregte Schwingungen mit zusätzlicher Zwangserregung. Im Unterschied dazu stellen die Gln. (3.128) ein System von rheonichtlinearen DGL dar.

Für freie ungedämpfte Schwingungen mit konstanter axialer Druckkraft F_0 geht Gl.(3.139) über in

$$\boldsymbol{M}_w \ddot{\boldsymbol{w}} + (\boldsymbol{K}_w - F_0 \boldsymbol{K}_F)\,\boldsymbol{w} = 0 \tag{3.140}$$

Sie führt mit dem Ansatz

$$\boldsymbol{w}(t) = \boldsymbol{W} e^{j\omega t}$$

auf das Eigenwertproblem

$$(\boldsymbol{K}_w - F_0 \boldsymbol{K}_F - \omega^2 \boldsymbol{M}_w)\,\boldsymbol{W} = 0 \tag{3.141}$$

woraus sich in bekannter Weise die Eigenkreisfequenzen ω_n, (n = 1,2,...) berechnen lassen.

Für den durch Gl.(3.140) beschriebenen Sonderfall läßt sich auch eine analytische Lösung angeben. Aus der zweiten der Gln.(3.123) folgt mit Gl.(3.121) und $F_x = F_0$, E^*, I = konst. $\overline{q}_z = 0$ die DGL

$$w_{/xxxx} - \frac{F_0}{EI} w_{/xx} + \frac{\varrho A}{EI} \ddot{w} = 0 \tag{3.142}$$

Mit $\xi = x/l$ und dem Produktansatz

$$w(\xi,t) = W(\xi)\, e^{j\omega t}$$

erhält man die Lösung $W(\xi)$ in der Form

$$\begin{aligned} W(\xi) &= A_1 \cosh(r\xi) + A_2 \sinh(r\xi) \\ &\quad + A_3 \cos(s\xi) + A_4 \sin(s\xi) \end{aligned} \tag{3.143}$$

mit

$$\begin{aligned} r &= \sqrt{\sqrt{\frac{f_0^2}{4} + \lambda^2} + \frac{f_0}{2}}\ ; \quad s = \sqrt{\sqrt{\frac{f_0^2}{4} + \lambda^2} - \frac{f_0}{2}} \\ f_0 &= \frac{F_0 l^2}{EI}\ ; \quad \lambda^4 = \frac{\varrho A l^4}{EI}\omega^2 = r^2 s^2 \\ &\qquad s^2 - r^2 = f_0 \end{aligned} \tag{3.144}$$

Für ausgewählte Lagerungsfälle sind die entsprechenden Eigenwertgleichungen in Tabelle 3.5 angegeben

Lagerung	Eigenwertgleichung
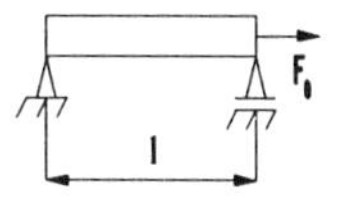	$\sin(s) = 0$ $\lambda_{n^2} = r_n s_n = n\pi\sqrt{f_0 + n^2\pi^2}$
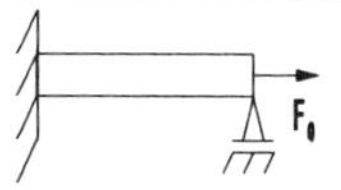	$r\cosh(r)\sin(s) - s\sinh(r)\cos(s) = 0$
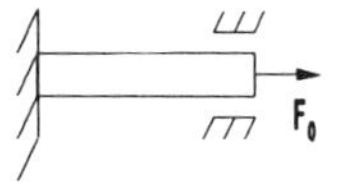	$2rs(1 - \cosh(r)\cos(s))$ $+ (r^2 - s^2)\sinh(r)\sin(s) = 0$
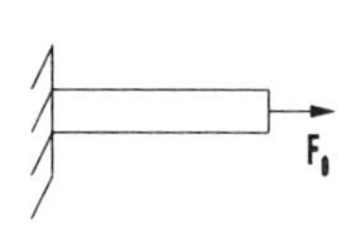	$(r^5 - r^3 f_0 + rs^2 f_0 + rs^4) + (r^3 f_0 + s^2 r^3$ $- s^2 r f_0 + r^3 s^2)\cosh(r)\cos(s) + (r^2 s^3$ $+ r^2 s f_0 - r^4 s + r^2 s f_0)\sinh(r)\sin(s) = 0$

Tabelle 3.5 Eigenwertgleichungen axial belasteter Euler Bernoulli-Stäbe ($f_0 > 0$ Zugkraft, $f_0 < 0$ Druckkraft)

Beispiel 3.5

Der Einfluß einer konstanten Axialkraft F_0 auf die Eigenfrequenzen der Biegeschwingungen eines beiderseits momentenfrei gelagerten Balkens ist zu ermitteln.
Nach Tabelle 3.5 ergeben sich die Eigenwerte λ_n aus

$$\lambda_n^2 = n\pi\sqrt{f_0 + n^2\pi^2} \tag{a}$$

Mit der statischen Knicklast

$$F_k = n\pi\frac{EI}{l^2} \tag{b}$$

erhält man aus Gl.(3.144) für die Eigenkreisfrequenzen

$$\omega_n = n^2\pi^2\sqrt{\frac{EI}{\varrho A l^4}}\sqrt{1 + \frac{F_0}{F_k}} \tag{c}$$

Für die Eigenkreisfrequenzen des Euler-Bernoulli-Stabes ohne Längskraft gilt

$$\omega_{0n} = n^2\pi^2\sqrt{\frac{EI}{\varrho A l^4}} \tag{d}$$

so daß man für das Verhältnis λ_n/λ_{0n} erhält:

$$\frac{\omega_n}{\omega_{0n}} = \sqrt{1 + \frac{F_0}{F_k}} \tag{e}$$

Eine Druckkraft $F_0 < 0$ führt zu niedrigeren , eine Zugkraft $F_0 > 0$ zu höheren Eigenfrequenzen. Für Druckkräfte $F_0 > F_k$ sind keine stabilen Querschwingungen mehr möglich.

3.2.9 Modellvergleich und Einschätzung der Lösungsverfahren

Eine vergleichende Betrachtung der behandelten Stabmodelle läßt folgende Aussagen zu:
- Das Modell des Euler-Bernoulli-Stabes ist zur Berechnung der unteren Eigenfrequenzen schlanker Stäbe geeignet. Eine Abschätzung des Gültigkeitsbereiches läßt Bild 3.14 zu.
- Das Modell des Timoshenko-Stabes läßt sich auch auf Stäbe mit großer Steghöhe anwenden. Als grobe Regel kann gelten, daß die Steghöhe 1/3 der kleinsten interessierenden Halbwellenlänge der entsprechenden Schwingform nicht überschreiten darf.
- Der Einfluß der Querschnittsverwölbung ist nur bei offenen dünnwandigen Querschnitten mit relativ großer Gurtbreite erforderlich. Abschätzungen lassen sich aus Bild 3.16 gewinnen.
- Der Einfluß der Axialträgheit ist nur bei schlanken Stäben mit großer Querauslenkung von Bedeutung. Axialträgheiten infolge der Querschnittsverwölbung sind fast immer vernachlässigbar.

Hinsichtlich der zur Berechnung der Schwingungen von Stäben und Stabsystemen anzuwendenden Lösungsverfahren kann gesagt werden:
- Analytische Lösungen sind nur in Sonderfällen möglich und sinnvoll. Dies sind z.B. einfache Stäbe und Stabsysteme mit konstantem Querschnittsverlauf und linearer Modellierung. Solche Lösungen sind für das Eigenwertproblem (Eigenfequenzberechnung) in den Tabellen 3.2 bis 3.4 angegeben.
- Auch für gedämpfte freie Schwingungen und für Stäbe dieser Art mit periodischer Zwangserregung sind analytische Lösungen bekannt.
- Im allgemeinen sind jedoch nur Näherungslösungen auf numerische Wege bestimmbar. Darum macht man nun für die gesuchten Lösungen Produktansätze aus orts- und

zeitabhängigen Funktionen , die für finite Ortsbereiche gelten (siehe Abschnitt 2).

- Das Differenzenverfahren ist vielseitig und recht universell anwendbar. Die Steifigkeitsmatrix hat Bandstruktur mit relativ geringer Bandbreite und die Massenmatrix hat Diagonalform. Von Nachteil ist, daß die Steifigkeitsmatrix im allgemeinen unsymmetrisch ist und daß bei diesem - auf der Randwertformulierung basierenden Verfahren - auch alle kinetischen Randbedingungen erfüllt werden müssen. Dieser Nachteil wirkt sich insbesondere bei Stabsystemen aus, bei denen auch die kinetischen Übergangsbedingungen zwischen den Teilsystemen einzuhalten sind.
- Universell einsetzbar ist die FEM. Dieser Tatsache und der guten Algorithmisierbarkeit stehen kaum Nachteile gegenüber. Der größte Teil der angebotenen Rechenprogramme zur Berechnung von Stabschwingungen bedient sich dieser Methode.

Hinsichtlich der anzuwendenden Elementtypen ist festzustellen, daß für den Euler-Bernoulli-Stab die Elemente C^1-Stetigkeit aufweisen müssen., die neben der Stetigkeit der Knotenverschiebungen auch die Stetigkeit in den Knotenverdrehungen gewährleisten.

Für die Realisierung des Timoshenko-Modells genügen dagegen Elemente mit C^0-Stetigkeit sowohl in den Verschiebungen als auch in den Knotenverdrehungen. Sie erfordern aber eine engere finite Unterteilung des Stabsystems.

Die wichtigsten Elementtypen mit den zugehörigen Formfunktionen für Stäbe sind in Tabelle 3.6 angegeben.

Die Elementtypen 1 und 2 eignen sich nur zur Berechnung ungekoppelter Axial- oder Torsionsschwingungen. Der Elementtyp 3 ist für reine Biegeschwingungen des Euler-Bernoulli-Stabes geeignet. Für den Timoshenko-Stab können die Elementtypen 4 und 5 verwendet werden. Bei Koppelschwingungen sind auch die entsprechenden Elementtypen zu kombinieren.

Die Ortsdiskretisierung liefert in jedem Falle ein System linearer oder nichtlinearer gewöhnlicher DGL, die mit einem Zeitintegrationsverfahren (siehe Abschnitt 2.3) zu lösen sind. Zur schwingungstechnischen Analyse der erhaltenen Zeitfunktionen ist im Anschluß an die Zeitintegration meist eine Frequenzanalyse (Fourieranalyse) dieser Funktionen erforderlich.

Elementtyp	Knotenverschiebungen und Formfunktionen
1. Zweiknotenelement  C^0-Stetigkeit	$\boldsymbol{d}^T = (u_1\, u_2)$; $\boldsymbol{h}^T = (h_1\, h_2)$ $h_1 = 1 - \xi$; $h_2 = \xi$
2. Dreiknotenelement 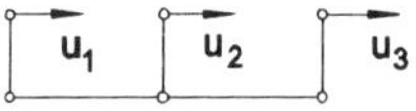 C^0-Stetigkeit	$\boldsymbol{d}^T = (u_1\, u_2\, u_3)$; $\boldsymbol{h}^T = (h_1\, h_2\, h_3)$ $h_1 = 1 - 3\xi + 2\xi^3$; $h_2 = 4(\xi - \xi^2)$ $h_3 = 2\xi^2 - \xi$
3. C^1-Stetigkeit 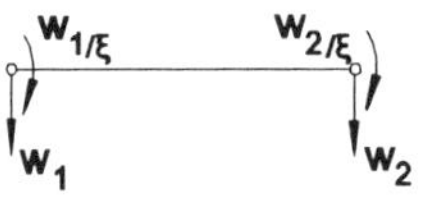	$\boldsymbol{d}^T = (w_1\, w_{1/\xi}\, w_2\, w_{2/\xi})$ $\boldsymbol{h}^T = (h_1\, h_2\, h_3\, h_4)$ $h_1 = 1 - 3\xi^2 + 2\xi^3$ $h_2 = \xi(1 - 2\xi + \xi^2)$ $h_3 = 3\xi^2 - 2\xi^3$; $h_4 = -\xi(1 - \xi^2)$
4. C^0-Stetigkeit 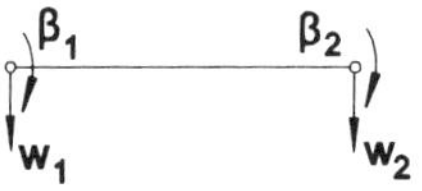	$\boldsymbol{d}^T = (w_1\, w_2\, \beta_1\, \beta_2)$ $\boldsymbol{h}^T = (h_1\, h_2\, h_1\, h_2)$ $h_1 = 1 - \xi$; $h_2 = \xi$
5. C^0- Stetigkeit 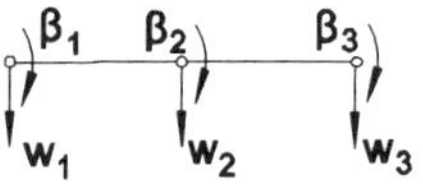	$\boldsymbol{d}^T = (w_1\, w_2\, w_3\, \beta_1\, \beta_2\, \beta_3)$ $\boldsymbol{h}^T = (h_1\, h_2\, h_3\, h_1\, h_2\, h_3)$ $h_1 = 1 - 3\xi + 2\xi^2$; $h_2 = 4(\xi - \xi^2)$ $h_3 = 2\xi^2 - \xi$
$\boldsymbol{d}$ = Knotenverschiebungsvektor $\boldsymbol{h}$ = Formfunktion	

Tabelle 3.6 Elementtypen für Stabschwingungen

Beispiel 3.6

Der FE-Algorithmus soll am Beispiel des in Bild 3.18 dargestellten, längsschwingenden Stabes demonstriert werden.

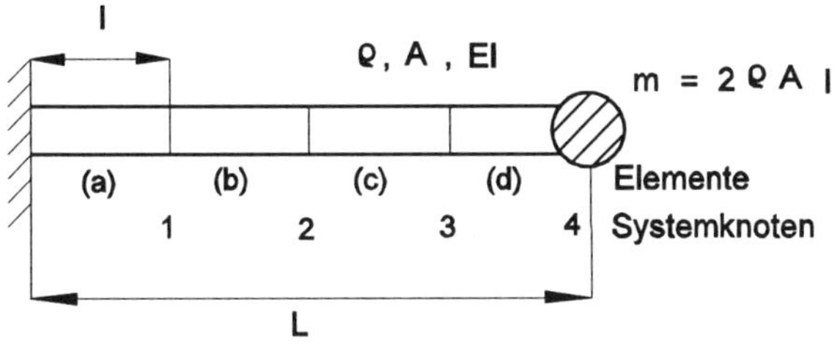

Bild 3.18 Längsschwingender Stab mit Elementeinteilung

1. Methode: FEM, 4 Elemente (a) bis (d)

2. Elementsteifigkeits- und massenmatrizen.

Arbeitsformulierung des Problems

$$\int_0^l \delta\,\varepsilon_x \sigma_x A\,dx + \int_0^l \varrho A \delta u \ddot{u}\,dx = 0 \tag{a}$$

Mit

$$\varepsilon_x = u_{/x}\ ;\ \sigma_x = E\varepsilon_x\ ;\ \xi = x/l\ ;\ \frac{\partial}{\partial\xi} = (\ldots)' \tag{b}$$

folgt aus Gl.(a)

$$\frac{EA}{l}\int_0^1 \delta(u')\,u'\,d\xi + \varrho A l\int_0^1 \delta u \ddot{u}\,d\xi = 0 \tag{c}$$

Die Ortsdiskretisierung erfolgt mit

$$u(\xi,t) = \boldsymbol{h}^T(\xi)\,\boldsymbol{u}(t)\ ;\ \boldsymbol{u}^T = (u_1\, u_2) \tag{d}$$

Die Formfunktionen nach Tabelle 3.6, Elementtyp 1 lauten

$$\boldsymbol{h}^T(\xi) = (h_1\, h_2) = [(1-\xi)\quad \xi] \tag{e}$$

Bewegungsgleichungen der Elemente:

$$\frac{EA}{l}\boldsymbol{K}_e \boldsymbol{u}_e + \varrho A l \boldsymbol{M}_e \ddot{\boldsymbol{u}}_e = 0 \tag{f}$$

Für die Elemente ergeben sich folgende Matrizen

$$\boldsymbol{K}_a = \boldsymbol{K}_b = \boldsymbol{K}_c = \boldsymbol{K}_d = \int_0^1 \boldsymbol{h}' \boldsymbol{h}'^T d\xi = \begin{bmatrix} 1 & -1 \\ -1 & 1 \end{bmatrix}$$

$$\boldsymbol{M}_a = \boldsymbol{M}_b = \boldsymbol{M}_c = \int_0^1 \boldsymbol{h}\,\boldsymbol{h}^T d\xi = \frac{1}{6}\begin{bmatrix} 2 & 1 \\ 1 & 2 \end{bmatrix} \tag{g}$$

$$\boldsymbol{M}_d = \boldsymbol{M}_a + \boldsymbol{h}(1)\,\boldsymbol{h}^T(1)\,m = \frac{1}{6}\begin{bmatrix} 2 & 1 \\ 1 & 14 \end{bmatrix}$$

3. Bewegungsgleichungen des Systems und Systemmatrizen

$$\frac{\varrho l^2}{E}\boldsymbol{M}\ddot{\boldsymbol{u}} + \boldsymbol{K}\boldsymbol{u} = 0 \tag{h}$$

mit

$$\boldsymbol{M} = \frac{1}{6}\begin{bmatrix} 4 & 1 & 0 & 0 \\ 1 & 4 & 1 & 0 \\ 0 & 1 & 4 & 1 \\ 0 & 0 & 1 & 14 \end{bmatrix} \; ; \; \boldsymbol{K} = \begin{bmatrix} 2 & -1 & 0 & 0 \\ -1 & 2 & -1 & 0 \\ 0 & -1 & 2 & -1 \\ 0 & 0 & -1 & 1 \end{bmatrix} \tag{i}$$

4. Ermittlung der Eigenkreisfrequenzen

Zeitseparation mit dem Ansatz

$$\boldsymbol{u}(t) = \boldsymbol{U} e^{j\omega t}$$

liefert das Eigenwertproblem

$$(\boldsymbol{K} - \lambda\boldsymbol{M})\,\boldsymbol{U} = \boldsymbol{0} \; ; \; \lambda = \frac{\varrho l^2}{E}\omega^2 \tag{j}$$

Daraus folgt die Eigenwertgleichung

$$769\lambda^4 - 9480\lambda^3 + 28728\lambda^2 - 19872\lambda + 1296 = 0 \tag{k}$$

Der kleinste Eigenwert ergibt sich zu $\lambda_1 = 0{,}072668$. Damit erhält man

$$\omega_1 = 4\sqrt{\lambda_1}\sqrt{\frac{E}{\varrho L^2}} = 1{,}0783\sqrt{\frac{E}{\varrho L^2}} \tag{l}$$

Exakte Lösung zum Vergleich:
Nach Tabelle 3.2 lautet die Eigenwertgleichung mit den gegebenen Werten

$$\lambda \tan\lambda - 2 = 0 \tag{m}$$

mit dem kleinsten Eigenwert $\lambda_1 = 1{,}07688$, was in Gl.(l) dem Wert $4\sqrt{\lambda_1}$ entspricht. Der

Fehler beträgt also nur 0,13%.

5. Anfangswertproblem

Dieses Problem wäre wegen der Linearität der Gl.(h) analytisch lösbar (siehe Abschnitt 2.2.2.2). Allgemein ist aber numerische Integration erforderlich. Mit dem Verfahren der zentralen Differenzen folgt mit

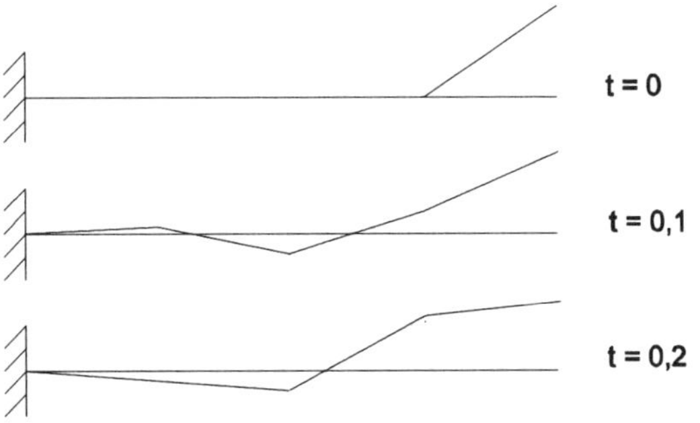

Bild 3.19 Ausbreitung der Anfangsstörung in den ersten Zeitschritten

$$\ddot{\boldsymbol{u}}_K = \frac{1}{(\Delta t)^2}(\boldsymbol{u}_{K+1} - 2\boldsymbol{u}_K + \boldsymbol{u}_{K-1}) \tag{n}$$

aus Gl.(h)

$$\boldsymbol{u}_{K+1} = 2\boldsymbol{u}_K - \boldsymbol{u}_{K-1} - \frac{E}{\varrho l^2}(\Delta t)^2 \boldsymbol{M}^{-1}\boldsymbol{K}\boldsymbol{u}_K \tag{o}$$

Mit den Matrizen (i) und den Anfangsbedingungen

$$\boldsymbol{u}^T(0) = (0\;0\;0\;1) \; ; \; \dot{\boldsymbol{u}}(0) = \boldsymbol{0} \tag{p}$$

ergeben sich daraus für die ersten Zeitschritte die in Bild (3.19) dargestellten Verschiebungen ($\Delta t = 0{,}1$; $E/\varrho l^2 = 24{,}3$).

Beispiel 3.7

Am Beispiel des in Bild 3.20 dargestellten Trägers mit Axialbelastung sind die verschiedenen Modellfälle gegenüberzustellen. Das allgemeine Problem wird durch Gl.(3.128) be-

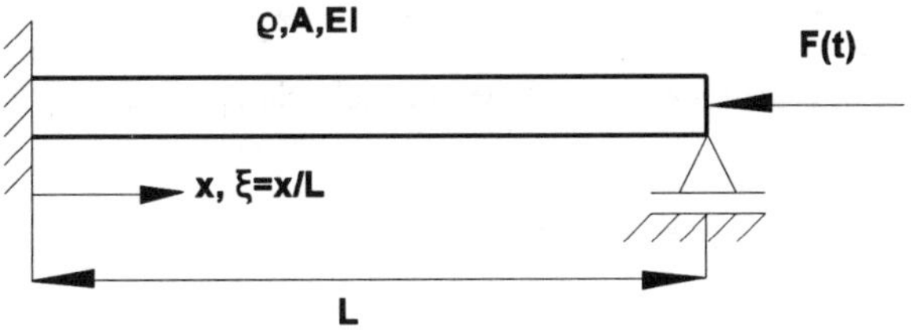

Bild 3.20 Gekoppelte Biege-Axialschwingungen eines Stabes mit Axialbelastung

schrieben:

$$\begin{aligned} \boldsymbol{K}_{uu}\boldsymbol{u} + \boldsymbol{K}_{uw}\boldsymbol{w} + \boldsymbol{M}_u\ddot{\boldsymbol{u}} &= \boldsymbol{f}_u \\ \boldsymbol{K}_{wu}\boldsymbol{u} + \boldsymbol{K}_{ww}\boldsymbol{w} + \boldsymbol{M}_w\ddot{\boldsymbol{w}} &= \boldsymbol{f}_w \end{aligned} \tag{a}$$

Die Ortsdiskretisierung erfolgt mit

$$w(\xi,t) = \boldsymbol{h}^T(\xi)\,\boldsymbol{w}(t) \;;\; u(\xi,t) = \boldsymbol{f}^T(\xi)\,\boldsymbol{u}(t) \tag{b}$$

Es werden eingliedrige Koordinatenfunktionen gewählt:

$$\begin{aligned} \boldsymbol{h}^T(\xi) &= h(\xi) = \xi^2 - \frac{5}{3}\xi^3 + \frac{2}{3}\xi^4 \\ \boldsymbol{f}^T(\xi) &= f(\xi) = \xi \;;\; \frac{\partial}{\partial\xi}\,\}\,(\ldots)' \end{aligned} \tag{c}$$

Für die Systemmatrizen und - vektoren gilt:

$$\begin{aligned} \boldsymbol{M}_u &= \varrho AL\int_0^1 \boldsymbol{f}\,\boldsymbol{f}^T d\xi = \frac{1}{3}\varrho AL \\ \boldsymbol{M}_w &= \varrho AL\int_0^1 \boldsymbol{h}\,\boldsymbol{h}^T d\xi = \frac{19}{5670}\varrho AL \\ \boldsymbol{K}_{uu} &= \frac{EA}{L}\int_0^1 \boldsymbol{f}'\boldsymbol{f}'^T d\xi = \frac{EA}{L} \\ \boldsymbol{K}_{uw} &= \frac{1}{2}\frac{EA}{L^2}\int_0^1 \boldsymbol{f}'(\boldsymbol{w}\boldsymbol{h}'\boldsymbol{h}'^T)\,d\xi = \frac{2}{105}\frac{EA}{L^2}w(t) = \frac{1}{2}\boldsymbol{K}_{wu} \\ \boldsymbol{K}_{ww} &= \frac{EI}{L^3}\int_0^1 \boldsymbol{h}''\boldsymbol{h}''^T d\xi + \frac{1}{2}\frac{EA}{L^3}\int_0^1 (\boldsymbol{h}'\boldsymbol{h}'^T\boldsymbol{w})(\boldsymbol{w}^T\boldsymbol{h}'\boldsymbol{h}'^T)\,d\xi \\ &= \frac{4}{5}\frac{EI}{L^3} + 0{,}12284\cdot 10^{-2}\frac{EA}{L^3}w(t)^2 \\ \boldsymbol{f}_u &= -F(t)\,\boldsymbol{f}(1) = -F(t) \;;\; \boldsymbol{f}_w = \boldsymbol{0} \end{aligned} \tag{d}$$

Damit ergeben sich die Bewegungsgleichungen zu

$$\begin{aligned} \ddot{u} + c_1 u + c_2 w^2 &= -F^*(t) \\ \ddot{w} + c_3 uw + c_4 w + c_5 w^3 &= 0 \end{aligned} \tag{e}$$

mit

$$c_1 = \frac{3E}{\varrho L^2}\ ;\ c_2 = \frac{2}{35}\frac{E}{\varrho L^2}\ ;\ c_3 = \frac{216}{19}\frac{E}{\varrho L^3}$$
$$c_4 = \frac{4536}{19}\frac{EI}{\varrho A L^4}\ ;\ c_5 = 0{,}36658\frac{E}{\varrho L^4}\ ;\ F^* = \frac{3F(t)}{\varrho A L} \tag{f}$$

1. Die Vernachlässigung von $\ddot{u}$ ergibt nach Elimination von u

$$\ddot{w} + (c_4 - \frac{c_3}{c_1}F^*(t))\,w + (c_5 - \frac{c_2 c_3}{c_1})\,w^3 = 0 \tag{g}$$

2. Die Linearisierung unter Berücksichtigung von Gl.(3.136) führt auf

$$\boldsymbol{M}_w \ddot{\boldsymbol{w}} + (\boldsymbol{K}_w - F(t)\,\boldsymbol{K}_F)\,\boldsymbol{w} = \boldsymbol{0} \tag{h}$$

mit den Matrizen

$$\boldsymbol{M}_w = \varrho A L \int_0^1 \boldsymbol{h}\,\boldsymbol{h}^T d\xi = \frac{19}{5670}\varrho A L$$

$$\boldsymbol{K}_w = \frac{EI}{L^3}\int_0^1 \boldsymbol{h}''\,\boldsymbol{h}''^T d\xi = \frac{4}{5}\frac{EI}{L^3} \tag{i}$$

$$\boldsymbol{K}_F = \frac{1}{L}\int_0^1 \boldsymbol{h}'\,\boldsymbol{h}'^T d\xi = \frac{4}{105L}$$

Wir betrachten folgende Fälle:

- Lineare statische Knickung: $w = 0$; $F(t) = F_0$

$$\boldsymbol{K}_w - F_0\boldsymbol{K}_F = 0\ ;\ F_{0_{Kr}} = 21\frac{EI}{L^3} \tag{j}$$

  (exakt: $F_{0Kr} = 20{,}192\ EI/L^3$)

- Lineare Querschwingungen: $F(t) = 0$. Ansatz:

$$w(\xi,t) = W(\xi)\,e^{j\omega t} \tag{k}$$

  Damit folgt aus Gl.(h):

$$(\boldsymbol{K}_w - \omega^2\boldsymbol{M}_w)\,\boldsymbol{w} = 0 \tag{l}$$

  und daraus

$$\omega = 15{,}451\sqrt{\frac{EI}{\varrho A L^4}} \qquad \left(\text{exakt: } 15{,}418\sqrt{\frac{EI}{\varrho A L^4}}\right) \tag{m}$$

- Querschwingungen mit konstanter Längskraft $F(t) = F_0$. Mit Gl.(j) folgt aus Gl.(h):

$$\omega = \sqrt{\frac{\boldsymbol{K}_w}{\boldsymbol{M}_w}}\sqrt{1 - \frac{F_0}{F_{0_{Kr}}}} = 15{,}451\sqrt{\frac{EI}{\varrho A L^4}}\sqrt{1 - \frac{F_0}{F_{0_{Kr}}}} \tag{n}$$

- Rheolineare Schwingungen: $F(t) = (F_0 + \Phi(t)F_1)$

$$\boldsymbol{M}_w\ddot{\boldsymbol{w}} + [\boldsymbol{K}_w - \boldsymbol{K}_F(F_0 + \Phi(t)F_1)]\boldsymbol{w} = \boldsymbol{0} \tag{o}$$

Wenn $\Phi(t)$ periodisch ist, dann ist Gl.(o) eine sogenannte Hillsche DGL, ist $\Phi(t)$ harmonisch, so liegt eine Mathieusche DGL vor.

Bei rheolinearen Schwingungen interessiert vor allem das Stabilitätsverhalten der Lösungen, weniger die Lösung selbst. Die Lösung von Gl.(o) wird im allgemeinen durch numerische Zeitintegrationsverfahren ermittelt. Zur Untersuchung des Stabilitätsverhaltens gibt es spezielle Methoden [6], [13].

- Nichtlineare Querschwingungen: $F(t) = 0$. Aus Gl.(g) folgt:

$$\ddot{w} + \left[c_4 + \left(c_5 - \frac{c_2 c_3}{c_1}\right)w^2\right]w = 0 \tag{p}$$

Die Lösung der DGL (p) erfolgt durch numerische Zeitintegration.

- Rheonichtlineare Schwingungen: $F(t) = F_0 + \Phi(t)F_1$. l.(g) ergibt:

$$\ddot{w} + \left[c_4 + \left(c_5 - \frac{c_2 c_3}{c_1}\right)w^2 - \frac{c_3}{c_1}(F_0 + \Phi(t)F_1)\right]w = 0 \tag{q}$$

Auch die Lösung dieser DGL muß im allgemeinen numerisch erfolgen.

3.2.10 Schwingungen schwach gekrümmter Stäbe

Die folgenden Ausführungen beschränken sich auf eben gekrümmte Stäbe mit schwacher Krümmung und Querschnitten, bei denen Schubmittelpunkt und Querschnittsschwerpunkt zusammenfallen. Querschnittsverwölbungen, Querkraftschubdeformationen und Rotationsträgheiten quer zur Stabachse bleiben unberücksichtigt.

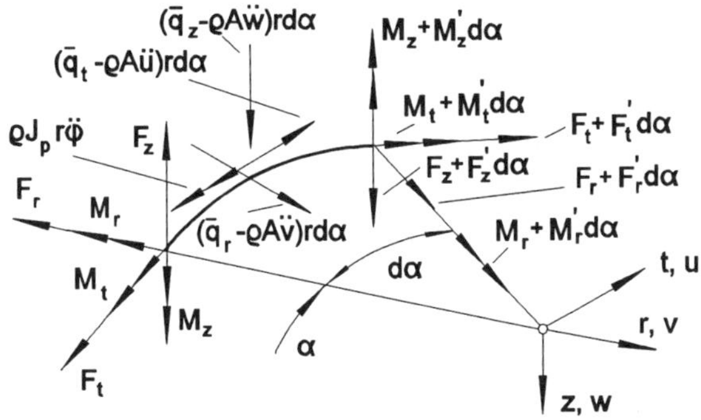

Bild 3.21 Bezeichnungen, Kräfte und Momente am Stabelement

Die diesem Modell entsprechenden Gleichgewichtsbeziehungen kann man unmittelbar aus Bild 3.21 ablesen. Hochgestellte Striche bedeuten Ableitungen nach α.

$$F_t' - F_r - \varrho A r\ddot{u} + \bar{q}_t r = 0 \;;\; F_r' - F_t - \varrho A r\ddot{v} + \bar{q}_r r = 0$$

$$F_z' - \varrho A r\ddot{w} + \bar{q}_z r = 0 \;;\; M_t' - M_r - \varrho J_p r\ddot{\varphi} = 0 \tag{3.145}$$

$$M_r' + M_t - F_z r = 0 \;;\; M_z' - F_r r = 0$$

Nach Elimination von F_r und F_z erhält man daraus:

$$F_t' - \frac{1}{r}M_z' - \varrho A r\ddot{u} + \bar{q}_t r = 0$$

$$(\frac{1}{r}M_z')' + F_t - \varrho A r\ddot{v} + \bar{q}_r = 0 \tag{3.146}$$

$$(\frac{1}{r}M_r')' + (\frac{1}{r}M_t)' - \varrho A r\ddot{w} + \bar{q}_z r = 0$$

$$M_t' - M_r - \varrho J_p r\ddot{\varphi} = 0$$

Aus Bild 3.22 ergeben sich folgende geometrische Beziehungen:

Verzerrungsanteil infolge der Dehnung der Stabachse:

$$\varepsilon_{t_1} = u'/r \tag{3.147}$$

Verzerrungsanteil infolge der Verschiebung v:

$$\varepsilon_{t_2} = -v/r \tag{3.148}$$

Verzerrungsanteil infolge Änderung des Winkels β:

$$\beta = \frac{1}{r}(v' + u)$$
$$\varepsilon_{t_3} = -\frac{1}{r}\beta' y = -\frac{1}{r}[\frac{1}{r}(v' + u)]' y \tag{3.149}$$

(y ist der Abstand einer Querschnittsfaser von der Stabachse, gemessen in r-Richtung).

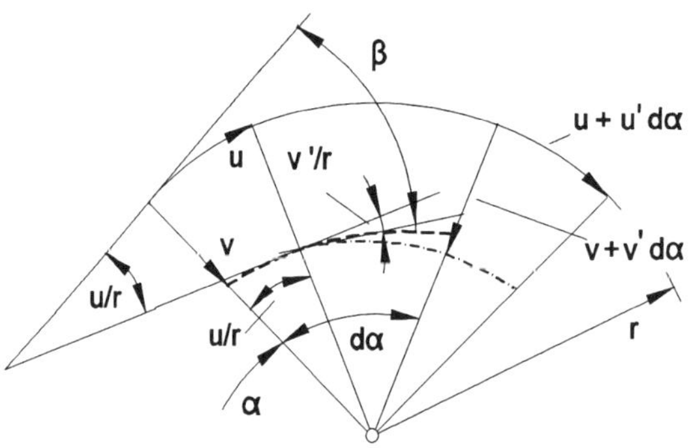

Bild 3.22 Verformungen der Stabachse in der r-t-Ebene

Verzerrungsanteil infolge der Verschiebungen in z-Richtung:

Nach Bild 3.23 beträgt die Verschiebung du_4 infolge der Änderung von w

$$du_4 = -\frac{w'}{r} z$$

Daraus folgt:

$$\varepsilon_{t_4} = u_4'/r = -\frac{1}{r}(\frac{w'}{r})' z \tag{3.150}$$

Eine Winkelverdrehung um φ bewirkt auch eine Krümmung in der t-z-Ebene mit dem Betrag φ/r, woraus sich der Anteil

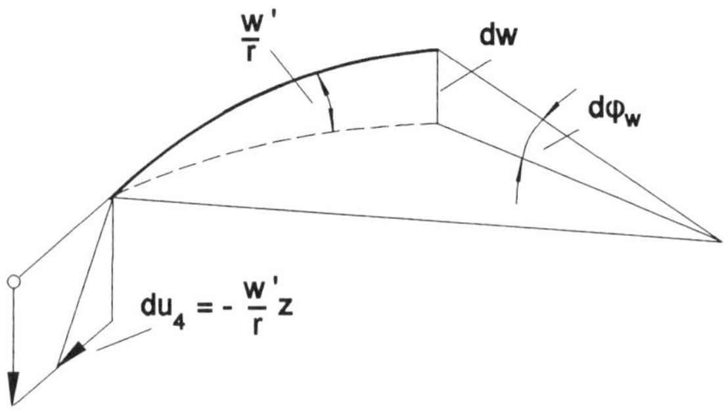

Bild 3.23 Geometrische Zusammenhänge am Stabelement

$$\varepsilon_{t_5} = \frac{\varphi}{r} z \tag{3.151}$$

ergibt.

Die Gesamtverzerrung ε_t folgt durch Summation der Einzelanteile nach den Gln.(3.147) bis (3.151):

$$\begin{aligned}\varepsilon_t &= \frac{u'}{r} - \frac{v}{r} - \frac{1}{r}\left(\frac{v'}{r} + \frac{u}{r}\right)' y \\ &\quad - \left(\frac{w'}{r}\right)' \frac{z}{r} + \frac{\varphi}{r} z\end{aligned} \tag{3.152}$$

Da die Verschiebung w nach Bild 3.23 auch eine Änderung des Drehwinkels φ bewirkt, beträgt die gesamte Drehwinkeländerung mit

$$d\varphi_w = -dw/r = -\frac{w'}{r}d\alpha :$$

$$(\varphi^*)' = -\frac{w'}{r} + \varphi' \tag{3.153}$$

Die Schnittkräfte und -momente folgen nach Integration über die Querschnittsfläche aus

$$\begin{aligned}F_t &= \int_{(A)} \sigma_t dA = \int_{(A)} E^* \varepsilon_t dA = E^* A\left(\frac{u'}{r} - \frac{v}{r}\right) \\ M_t &= G^* I_t (\varphi^*)' \frac{1}{r} = G^* I_t \frac{1}{r}\left(\varphi' - \frac{w'}{r}\right) \\ M_r &= \int_{(A)} \sigma_t z dA = E^* I_{yy}\left[\left(\frac{w'}{r}\right)' \frac{1}{r} - \frac{\varphi}{r}\right] \\ M_z &= -\int_{(A)} \sigma_t y dA = -E^* I_{zz} \frac{1}{r}\left(\frac{u}{r} + \frac{v'}{r}\right)'\end{aligned} \tag{3.154}$$

Nach Einsetzen der Schnittgrößen in die Gleichgewichtsbeziehungen (3.146) erhält man die Bewegungsgleichungen des schwach gekrümmten Stabes in den Verschiebungen $u(\alpha,t)$, $v(\alpha,t)$, $w(\alpha,t)$, $\varphi(\alpha,t)$. Auf ihre Angabe soll hier verzichtet werden.

Für den Sonderfall eines Stabes mit konstantem Krümmungsradius r = R = konst geben wir noch die äquivalente Arbeitsformulierung an:

$$\int_{(A)} \int_{(\alpha)} \delta\varepsilon_t E^* \varepsilon_t R\,dA\,d\alpha + \int_{(\alpha)} \delta\varphi^* (G^* I_t \varphi^{*\prime})' \frac{1}{R} d\alpha$$

$$+ \int_{(A)} \int_{(\alpha)} \varrho\,\delta u^* \ddot{u}^* R\,dA\,d\alpha + \int_{(A)} \int_{(\alpha)} \varrho\,\delta v^* \ddot{v}^* R\,dA\,d\alpha$$

$$+\int_{(A)}\int_{(\alpha)} \varrho\delta w^* \ddot{w}^* R dA d\alpha - \int_{(\alpha)} \delta u_t \overline{q}_t R d\alpha - \int_{(\alpha)} \delta v_t \overline{q}_r R d\alpha \tag{3.155}$$

$$- \int_{(\alpha)} \delta w_t \overline{q}_z R d\alpha - \int_{(\alpha)} \delta \varphi \overline{m} R d\alpha = 0$$

Darin sind ε_t nach Gl.(3.152) und die Verschiebungen in den Querschnittselementen im Abstand y bzw. z von der Stabachse einzuführen:

$$\begin{aligned} u^*(\alpha,y,z,t) &= u(\alpha,t) - \frac{1}{R}[v'(\alpha,t) + u(\alpha,t)]y \\ &\quad - \frac{w'(\alpha,t)}{R} z \\ v^*(\alpha,z,t) &= v(\alpha,t) - z\varphi(\alpha,t) \\ w^*(\alpha,y,t) &= w(\alpha,t) + y\varphi(\alpha,t) \\ \varphi^*(\alpha,t) &= \varphi(\alpha,t) - w(\alpha,t)/R \end{aligned} \tag{3.156}$$

Die Diskretisierung der so erhaltenen Beziehungen erfolgt in gleicher Weise wie für den geraden Stab:

$$\begin{aligned} u(\alpha,t) &= \boldsymbol{f}^T(\alpha)\, \boldsymbol{u}(t) \\ v(\alpha,t) &= \boldsymbol{g}^T(\alpha)\, \boldsymbol{v}(t) \\ w(\alpha,t) &= \boldsymbol{h}^T(\alpha)\, \boldsymbol{w}(t) \\ \varphi(\alpha,t) &= \boldsymbol{k}^T(\alpha)\, \boldsymbol{\varphi}(t) \end{aligned} \tag{3.157}$$

Beispiel 3.8

Es ist die niedrigste Eigenkreisfrequenz des in Bild 3.24 dargestellten gekrümmten Stabes und die zugehörige Schwingform für Schwingungen in der Zeichenebene zu ermitteln.

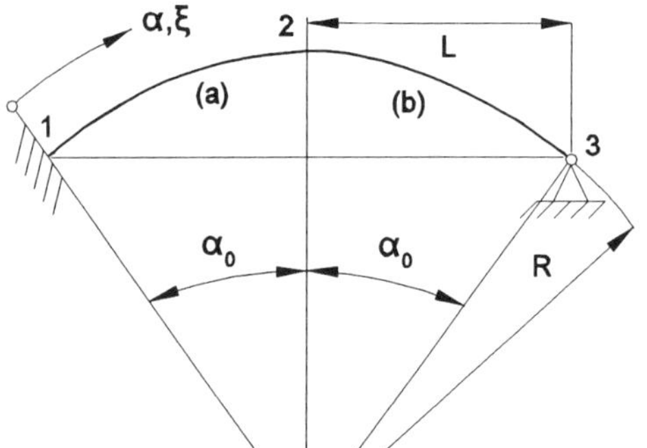

Bild 3.24 Gekrümmter Stab mit Bezeichnungen

Zur Lösung benutzen wir die FEM und unterteilen das System mit den Systemknoten 1, 2 und 3 sehr grob in die Elemente (a) und (b). Aus Gl.(3.155) folgt für Eigenschwingungen die Arbeitsgleichung

$$ER\alpha_0 \int_{(A)} \int_0^1 \delta \varepsilon_t \varepsilon_t \, dA \, d\xi + R\varrho\alpha_0 \int_{(A)} \int_0^1 \delta u^* \ddot{u}^* \, dA \, d\xi + AR\varrho\alpha_0 \int_0^1 \delta v \ddot{v} \, d\xi = 0 \quad \text{(a)}$$

Darin wurde $\xi = \alpha/\alpha_0$ als Variable eingeführt. Nach Gl.(3.152) ist die Tangentialverzerrung durch

$$\varepsilon_t = \frac{1}{R}\left(\frac{u'}{\alpha_0} - v\right) - \frac{y}{R^2}\left(\frac{u'}{\alpha_0} + \frac{v''}{\alpha_0^2}\right) \quad \text{(b)}$$

und die Axialverschiebung durch

$$u^* = u - \frac{y}{R}\left(u + \frac{v'}{\alpha_0}\right) \quad \text{(c)}$$

mit

$$\frac{\partial(\ )}{\partial \xi} = (\ )' \quad \text{(d)}$$

gegeben.

Die Ortsdiskretisierung mit gleichzeitiger Zeitseparation erfolgt mit Hilfe der Ansätze

$$\begin{aligned} u(\xi,t) &= \boldsymbol{h}^T(\xi)\,\boldsymbol{u}e^{j\omega t} \\ v(\xi,t) &= \boldsymbol{h}^T(\xi)\,\boldsymbol{v}e^{j\omega t} \end{aligned} \quad \text{(e)}$$

Dabei sind $\boldsymbol{h}(\xi)$ der Vektor der Formfunktionen und $\boldsymbol{u}$ und $\boldsymbol{v}$ die Vektoren der Knotenverschiebungen.

Die Einführung von Gl.(b) und Gl.(c) unter Beachtung von Gl.(e) in Gl.(a) führt nach einiger Rechnung auf das Eigenwertproblem

$$\left(\begin{bmatrix} \boldsymbol{K}_{uu} & \boldsymbol{K}_{uv} \\ \boldsymbol{K}_{uv}^T & \boldsymbol{K}_{vv} \end{bmatrix} - \lambda \begin{bmatrix} \boldsymbol{M}_{uu} & \boldsymbol{M}_{uv} \\ \boldsymbol{M}_{uv}^T & \boldsymbol{M}_{vv} \end{bmatrix}\right) \begin{bmatrix} \boldsymbol{u} \\ \boldsymbol{v} \end{bmatrix} = \boldsymbol{0} \quad \text{(f)}$$

Die Untermatrizen von $\boldsymbol{K}$ und $\boldsymbol{M}$ ergeben sich aus

$$\boldsymbol{K}_{uu} = (1 + \beta) \int_0^1 \boldsymbol{h}' \boldsymbol{h}'^T d\xi$$

$$\boldsymbol{K}_{uv} = \frac{\beta}{\alpha_0}\int_0^1 \boldsymbol{h}'\boldsymbol{h}'^{T} d\xi - \alpha_0 \int_0^1 \boldsymbol{h}'\boldsymbol{h}^{T} d\xi$$

$$\boldsymbol{K}_{vv} = \alpha_0^2 \int_0^1 \boldsymbol{h}\boldsymbol{h}^{T} d\xi + \frac{\beta}{\alpha_0^2}\int_0^1 \boldsymbol{h}''\boldsymbol{h}''^{T} d\xi \tag{g}$$

$$\boldsymbol{M}_{uu} = (1+\beta)\int_0^1 \boldsymbol{h}\boldsymbol{h}^{T} d\xi$$

$$\boldsymbol{M}_{uv} = \frac{\beta}{\alpha_0}\int_0^1 \boldsymbol{h}\boldsymbol{h}'^{T} d\xi \; ; \; \boldsymbol{M}_{vv} = \int_0^1 (\boldsymbol{h}\boldsymbol{h}^{T} + \frac{\beta}{\alpha_0^2}\boldsymbol{h}'\boldsymbol{h}'^{T})\, d\xi$$

Ferner wurden die Abkürzungen

$$\beta = \frac{I}{R^2 A} \; ; \; \lambda = \frac{\rho}{E} R^2 \alpha_0^2 \omega^2 \tag{h}$$

eingeführt.

Für die Elementverschiebungen werden die für Stäbe üblichen kubischen Funktionen verwendet:

$$\boldsymbol{h}^{T} = [h_1 \; h_2 \; h_3 \; h_4]$$
$$h_1 = 1-3\xi^2+2\xi^3 \; ; \; h_2 = \xi-2\xi^2+\xi^3 \tag{i}$$
$$h_3 = 3\xi^2-2\xi^3 \; ; \quad h_4 = -\xi^2+\xi^3$$

Die Elementknotenverschiebungen sind

$$\boldsymbol{u}_e^{T} = [u_1 \; u_1' \; u_2 \; u_2']_e$$
$$\boldsymbol{v}_e^{T} = [v_1 \; v_1' \; v_2 \; v_2']_e \tag{j}$$

Der Vektor der Systemknotenverschiebungen lautet unter Beachtung der Randbedingungen

$$u_1 = v_1 = v_1' = u_3 = v_3 = 0 :$$

$$\boldsymbol{d}^{T} = [u_1' \; u_2 \; u_2' \; u_3' \; v_2 \; v_2' \; v_3'] \tag{k}$$

Bei der Durchführung der Rechnung mittels Computer werden die Elementmatrizen nicht explizit ausgewiesen, sondern es werden gleich die Systemmatrizen aufgebaut, indem die Beiträge der Elementmatrizen unter Beachtung der Zuordnung der Elementknotenverschiebungen zu den Systemknotenverschiebungen und der Randbedingungen summiert werden. Die Zuordnung ist in diesem Beispiel durch folgendes Schema gegeben:

Systemknotenverschiebungen		u_1'	u_2	u_2'	u_3'	v_2	v_2'	v_3'
Elementknoten-verschiebungen	El.(a)	u_1'	u_2	u_2'	0	v_2	v_2'	0
	El.(b)	0	u_1	u_1'	u_2'	v_1	v_1'	v_2'

Symbolisch kann man die Überlagerung der Elementmatrizen zu den Systemmatrizen wie folgt darstellen:

(b)	0	1	2	4	1	2	4		
(a)	2	3	4	0	3	4	0	(a)	(b)
u_1'	22	23	24	0	23	24	0	2	0
u_2		33 +11	34 +12	14	33 +11	34 +12	14	3	1
u_2'			44 +22	24	43 +21	44 +22	24	4	2
u_3'				44	41	42	44	0	4
v_2					33 +11	34 +12	14	3	1
v_2'						44 +22	24	4	2
v_3'							44	0	4
	u_1'	u_2	u_2'	u_3'	v_2	v_2'	v_3'		

In diesem Schema sind in der linken Spalte und in der untersten Zeile die Systemverschiebungen eingetragen. Die beiden oberen Zeilen und die beiden rechten Spalten enthalten die den Systemverschiebungen zugeordneten Verschiebungen der Elemente (a) und (b), wobei jeweils die den Komponenten dieser Verschiebungsvektoren entsprechenden Zeilen- bzw. Spaltennummern eingetragen sind. Die Felder mit doppelter Umrandung enthalten eine symbolische Darstellung der Elemente der in Gl.(f) angegebenen Matrizen $\boldsymbol{K}_{uu}$, $\boldsymbol{K}_{uv}$ usw. bzw. $\boldsymbol{M}_{uu}$, $\boldsymbol{M}_{uv}$ usw. Die Zahlen bedeuten die Indizes der Formfunktionen h_i, $i = 1,2,3,4$, die bei der Ausführung der Integrale (g) zu verwenden sind. So ist z.B. das Element der Systemmatrix $\boldsymbol{K}$, das in der 1. Zeile und 3. Spalte steht wie folgt zu berechnen.

$$k_{13} = k_{24}^{(a)} = (1 + \beta)\int_0^1 h_2' h_4' d\xi \qquad (l)$$

Bei der Bildung des Elementes k_{23} überlagern sich die Beiträge aus den Elementen (a) und (b), so daß gilt:

$$k_{23} = k_{34}^{(a)} + k_{12}^{(b)} = (1 + \beta)\int_0^1 (h_3' h_4' + h_1' h_2')\, d\xi \qquad (m)$$

Die Elemente (l) und (m) gehören zur Untermatrix $\boldsymbol{K}_{uu}$. Bei der Berechnung von k_{35} kommt man in den Bereich der Untermatrix $\boldsymbol{K}_{uv}$ und deshalb gilt:

$$k_{35} = k_{43}^{(a)} + k_{21}^{(b)} = \frac{\beta}{\alpha_0}\int_0^1 (h_4' h_3' + h_2' h_1' d\xi) - \alpha_0 \int_0^1 (h_4' h_3 + h_2' h_1)\, d\xi \qquad (n)$$

Entsprechend ist bei der Berechnung der Elemente der Matrix $\boldsymbol{M}$ zu verfahren. Auf diese Weise werden unter Benutzung der Formfunktionen (i) alle Elemente der Systemmatrizen $\boldsymbol{K}$ und $\boldsymbol{M}$ berechnet. Für $\alpha_0 = 1/2$ und $\beta = 1/1200$ erhält man das Eigenwertproblem

$$\left(\begin{bmatrix} 13{,}334 & -10{,}008 & -3{,}336 & 0 & 5{,}167 & -0{,}917 & 0 \\ & 240{,}20 & 0 & 10{,}008 & 0 & 10{,}333 & -5{,}167 \\ & & 26{,}689 & -3{,}336 & -10{,}333 & 0 & -0{,}917 \\ \text{symm.} & & & 13{,}344 & 5{,}167 & 0{,}917 & 0{,}083 \\ & & & & 26{,}571 & 0 & 1{,}226 \\ & & & & & 3{,}143 & 0{,}488 \\ & & & & & & 1{,}571 \end{bmatrix} - \lambda \begin{bmatrix} 0{,}953 & 3{,}098 & -0{,}715 & 0 & 0{,}017 & -0{,}003 & 0 \\ & 7{,}435 & 0 & -3{,}098 & 0 & 0{,}033 & -0{,}017 \\ & & 1{,}906 & -0{,}715 & -0{,}033 & 0 & -0{,}003 \\ \text{symm.} & & & 0{,}953 & 0{,}017 & 0{,}003 & 0 \\ & & & & 75{,}086 & 0 & -3{,}062 \\ & & & & & 1{,}994 & -0{,}725 \\ & & & & & & 0{,}997 \end{bmatrix}\right) \begin{bmatrix} u_1' \\ u_2 \\ u_2' \\ u_3' \\ v_2 \\ v_2' \\ v_3' \end{bmatrix} = 0 \qquad \text{(o)}$$

Aus Platzgründen wurden in Gl.(o) nur drei Nachkommastellen angegeben, gerechnet wurde mit fünf.

Die Lösung des Eigenwertproblems (o) liefert die in der folgenden Tabelle eingetragenen Werte.

α_0	0,25	0,5	1
λ_1	0,23616	0,22744	0,16774
ω_1^*	0,48091	0,45698	0,34464
u_1'	0,09831	0,18291	-0,05145
u_2	0,02095	0,03915	0,10939
u_2'	-0,06655	-0,13101	0,11811
u_3'	0,7619	0,16660	-0,01771
v_2	-0,50979	-0,53277	0,08083
v_2'	-0,28344	-0,38744	-0,81663
v_3'	1,00000	1,00000	1,00000

Um die Abhängigkeit der Eigenfrequenzen vom Winkel α_0 bei gleichbleibender halber Sehnenlänge L zu zeigen, wurde das Eigenwertproblem noch für die Fälle $\alpha_0 = 1/4$ und $\alpha_0 = 1$ gelöst. Für den Sonderfall $\alpha_0 \to 0$ kann die Lösung für den geraden Stab verwendet werden. Sie lautet mit den hier gewählten Bezeichnungen und für $\beta = 1/1200$

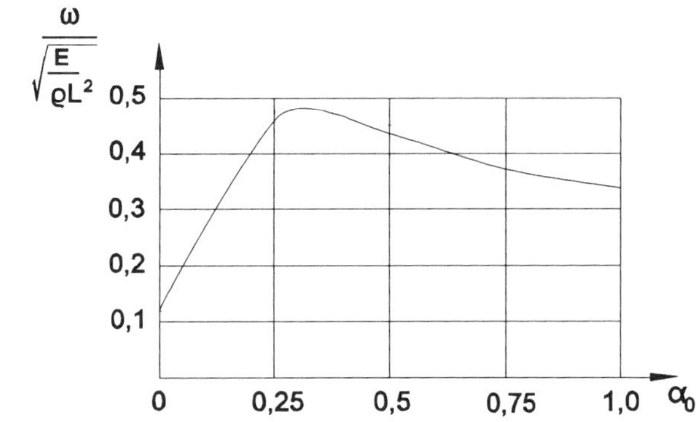

Bild 3.25a Eigenkreisfrequenzen in Abhängigkeit von α_0

$$\omega_1 = 3{,}9266^2\sqrt{\frac{E}{\varrho L^2}\beta} = 0{,}11127\sqrt{\frac{E}{\varrho L^2}} \qquad \text{(p)}$$

Zwischen den Eigenwerten λ_k und den Eigenkreisfrequenzen ω_k besteht der Zusammenhang

$$\omega_k = \sqrt{\lambda_k}\sqrt{\frac{E}{\varrho R^2 \alpha_0^2}} = \sqrt{\lambda_k}\sqrt{\frac{E}{\varrho L^2}}\,\frac{\sin\alpha_0}{\alpha_0} \tag{q}$$

und es ist

$$\omega_k^* = \frac{\omega_k}{\sqrt{\dfrac{E}{\varrho L^2}}} \tag{r}$$

In Bild 3.25b ist die zu ω_1 gehörige Schwingform für u und v für den Fall $\alpha_0 = 1/2$ dargestellt. Abschließend sei bemerkt, daß die Angabe höherer Eigenfrequenzen wegen der sehr groben Einteilung des Stabes in nur zwei Elemente nicht mehr sinnvoll ist.

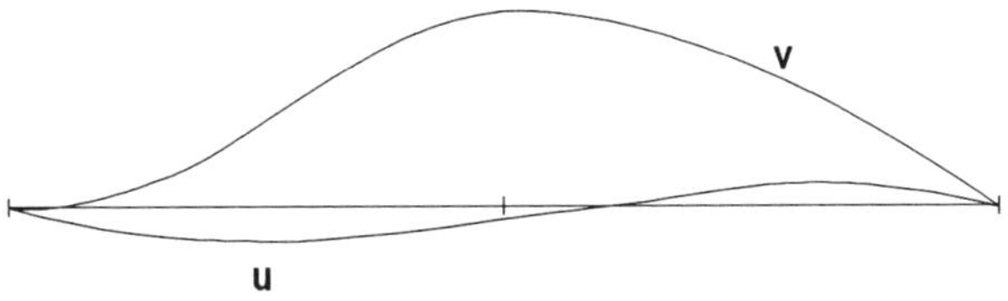

Bild 3.25b Schwingformen für u und v für $\alpha_0 = 1/2$

3.3 Scheibenschwingungen

3.3.1 Rand-Anfangswertformulierung

Als Scheiben werden dünne, ebene Flächentragwerke bezeichnet, die in Richtung ihrer Mittelebene belastet sind und deren Mittelebene bei der Verformung eben bleibt. Die kinetischen Gleichgewichtsbeziehungen lassen sich mit Hilfe von Bild 3.26 leicht aufstellen.

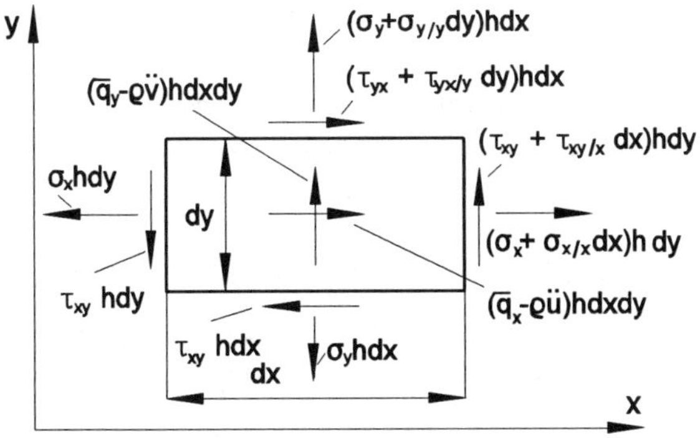

Bild 3.26 Kräfte am Scheibenelement

$$\sigma_{x/x} + \tau_{xy/y} - \varrho\ddot{u} + \bar{q}_x = 0$$
$$\sigma_{y/y} + \tau_{xy/x} - \varrho\ddot{v} + \bar{q}_y = 0 \qquad (3.158)$$

In Gl.(3.158) sind u(x,y,t), v(x,y,t) die Verschiebungen in x- bzw. y-Richtung, $\sigma_x(x,y,t)$, $\sigma_y(x,y,t)$, $\tau_{xy}(x,y,t) = \tau_{yx}(x,y,t)$ die Normal- bzw. Schubspannungen in der Scheibenmittelfläche, $\bar{q}_x(x,y,t)$, $\bar{q}_y(x,y,t)$ äußere Volumenkräfte in x- bzw. y-Richtung und ϱ ist die Materialdichte. Mit den linearen geometrischen Beziehungen

$$\varepsilon_x = u_{/x} \; ; \; \varepsilon_y = v_{/y} \; ; \; \gamma_{xy} = u_{/y} + v_{/x} \qquad (3.159)$$

und dem linearen Elastizitätsgesetz für den als eben vorausgesetzten Spannungszustand

$$\sigma_x = \frac{E^*}{1-\nu^2}(u_{/x} + \nu v_{/y})$$
$$\sigma_y = \frac{E^*}{1-\nu^2}(v_{/y} + \nu u_{/x}) \qquad (3.160)$$
$$\tau_{xy} = \tau_{yx} = \frac{E^*}{2(1+\nu)}(u_{/y} + v_{/x})$$

folgen aus Gl.(3.158) die Bewegungsgleichungen

$$E^*(u_{/xx} + \frac{1-\nu}{2}u_{/yy} + \frac{1+\nu}{2}v_{/xy})$$
$$- \varrho(1-\nu^2)\ddot{u} + (1-\nu^2)\bar{q}_x = 0$$
$$E^*(v_{/yy} + \frac{1-\nu}{2}v_{/xx} + \frac{1+\nu}{2}u_{/xy} \qquad (3.161)$$
$$- \varrho(1-\nu^2)\ddot{v} + (1-\nu^2)\bar{q}_y = 0$$

Die Werkstoffdämpfung ist durch den in Gl.(1.79) definierten Operator E* erfaßt.

Für die Berechnung von kreisförmig berandeten Scheiben ist die Verwendung von Polarkoordinaten zweckmäßig. Deshalb werden nachstehend die Bewegungsgleichungen auch in Polarkoordinaten angegeben.

Die Gleichgewichtsbedingungen ergeben sich mit h = konst aus Bild 3.27 zu:

$$\sigma_{r/r}r + (\sigma_r - \sigma_\varphi) + \tau_{/\varphi} - \varrho r\ddot{u} + \bar{q}_r r = 0$$
$$\sigma_{\varphi/\varphi} + \tau_{/r}r + 2\tau - \varrho r\ddot{v} + \bar{q}_\varphi r = 0 \qquad 3.162)$$

Die Verzerrungen sind gemäß Bild 3.27 durch folgende Beziehungen definiert:

$$\varepsilon_r = u_{/r}\ ;\ \varepsilon_\varphi = \frac{1}{r}(u + v_{/\varphi})$$

$$\gamma_{r\varphi} = \gamma_{\varphi r} = \gamma = \frac{1}{r}(u_{/\varphi} + r v_{/r}) - \frac{v}{r} \tag{3.163}$$

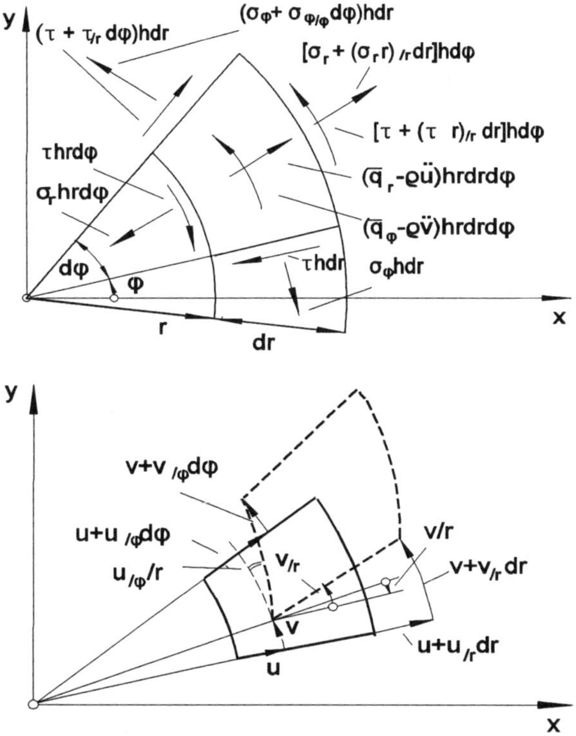

Bild 3.27 Scheibenelement mit Kräften und Verformungen in Polarkoordinaten

Für den ebenen Spannungszustand gilt:

$$\sigma_r(r,\varphi,t) = \frac{E^*}{1 - \nu^2}\left[u_{/r} + \frac{\nu}{r}(u + v_{/\varphi})\right]$$

$$\sigma_\varphi(r,\varphi,t) = \frac{E^*}{1 - \nu^2}\left[\nu u_{/r} + \frac{1}{r}(u + v_{/\varphi})\right] \tag{3.164}$$

$$\tau_{r\varphi}(r,\varphi,t) = \tau_{\varphi r} = \tau(r,\varphi,t)$$
$$= \frac{E^*}{2(1+\nu)}\left[\frac{1}{r}(u_{/\varphi} + r v_{/r}) - \frac{v}{r}\right]$$

Mit Gl.(3.163) und Gl.(3.164) erhält man die Bewegungsgleichungen der Scheibe in Polarkoordinaten:

$$\begin{aligned}
&u_{/rr} r + u_{/r} - \frac{u}{r} + \frac{1-\nu}{2}\frac{u_{/\varphi\varphi}}{r} + \frac{1+\nu}{2} v_{/r\varphi} \\
&\quad - \frac{3-\nu}{2}\frac{v_{/\varphi}}{r} - \varrho\frac{1-\nu^2}{E^*} r\ddot{u} + \frac{1-\nu^2}{E^*} r\overline{q}_r = 0 \\
&v_{/rr} r + v_{/r} - \frac{v}{r} + \frac{2}{1-\nu}\frac{v_{/\varphi\varphi}}{r} + \frac{1+\nu}{1-\nu} u_{/r\varphi} \\
&\quad + \frac{3-\nu}{1-\nu}\frac{u_{/\varphi}}{r} - 2\varrho\frac{1+\nu}{E^*} r\ddot{v} + \frac{2(1+\nu)}{E^*} r\overline{q}_\varphi = 0
\end{aligned} \tag{3.165}$$

Bei Vollkreisscheiben lassen sich die Belastungen in der Form

$$\begin{aligned}
\overline{q}_r(r,\varphi,t) &= \overline{q}_r(r,t)\cos(n\varphi) \\
\overline{q}_\varphi(r,\varphi,t) &= \overline{q}_\varphi(r,t)\sin(n\varphi) \\
&(n = 1,2,\ldots)
\end{aligned} \tag{3.166}$$

darstellen. Damit kann für die Verschiebungen mit Hilfe des Ansatzes

$$\begin{aligned}
u(r,\varphi,t) &= U(r,t)\cos(n\varphi) \\
v(r,\varphi,t) &= V(r,t)\sin(n\varphi)
\end{aligned} \tag{3.167}$$

die Abhängigkeit von φ aus Gl.(3.165) eliminiert werden.

Für den Sonderfall der Rotationssymmetrie, d.h., für den Fall, daß alle Kräfte und Verschiebungen von φ unabhängig sind, vereinfachen sich die Gl.(3.165) wesentlich:

$$\begin{aligned}
u_{/rr} + \frac{1}{r}u_{/r} - \frac{1}{r^2}u - \varrho\frac{1+\nu}{E^*}\ddot{u} + \frac{1-\nu^2}{E^*}\overline{q}_r &= 0 \\
v_{/rr} + \frac{1}{r}v_{/r} - \frac{1}{r^2}v - 2\varrho\frac{1+\nu}{E^*}\ddot{v} + \frac{2(1+\nu)}{E^*}\overline{q}_\varphi &= 0
\end{aligned} \tag{3.168}$$

Diese Bewegungsgleichungen sind entkoppelt. Die erste beschreibt reine Radialschwingungen, die zweite reine Umfangsschwingungen. Die Ableitungen nach r in Gl.(3.168) lassen sich auch mit $(\ldots)_{/r} = \partial/\partial r$ wie folgt zusammenfassen:

$$\frac{\partial}{\partial r}\left[\frac{1}{r}\left(\frac{\partial}{\partial r}(ru)\right)\right] - \varrho\frac{1-\nu^2}{E^*}\ddot{u} + \frac{1-\nu^2}{E^*}\bar{q}_r = 0$$
$$\frac{\partial}{\partial r}\left[\frac{1}{r}\left(\frac{\partial}{\partial r}(rv)\right)\right] - 2\varrho\frac{1+\nu}{E^*}\ddot{v} + 2\frac{1+\nu}{E^*}\bar{q}_\varphi = 0 \tag{3.169}$$

Die RB lauten gemäß Bild 3.28 in kartesischen Koordinaten

$$\sigma_x\cos\alpha - \tau\sin\alpha = \bar{p}_{R_x}/h$$
$$\tau\cos\alpha - \sigma_y\sin\alpha = \bar{p}_{R_y}/h \tag{3.170}$$

$\bar{p}_{Rx}$ und $\bar{p}_{Ry}$ sind gegebene Randkräfte je Längeneinheit. Unter Berücksichtigung von Gl.(3.160) folgen daraus die RB in der Form

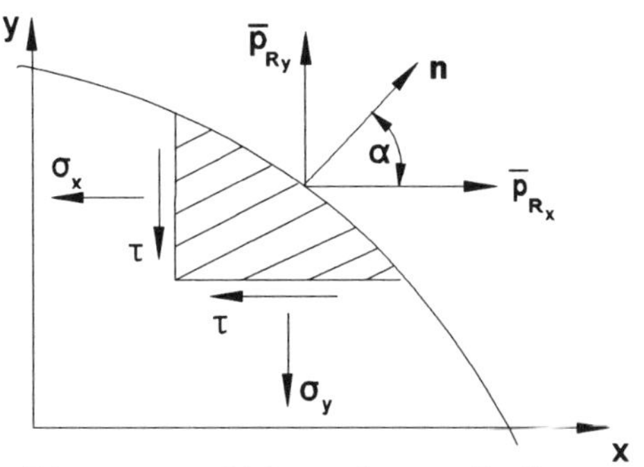

Bild 3.28 Zur Ableitung der Randbedingungen

$$(u_{/x} + \nu v_{/y})\cos\alpha - \frac{1-\nu}{2}(u_{/y} + v_{/x})\sin\alpha = \frac{1-\nu^2}{Eh}\bar{p}_{R_x}$$
$$\frac{1-\nu}{2}(u_{/y} + v_{/x})\cos\alpha - (v_{/y} + \nu u_{/x})\sin\alpha = \frac{1-\nu^2}{Eh}\bar{p}_{R_y} \tag{3.171}$$

<u>*Beispiel 3.9*</u>

Für die abgebildete Rechteckscheibe ist eine analytische Lösung zur Berechnung der Eigenkreisfrequenzen zu ermitteln. Die in Bild 3.29 angegebenen RB sind die einzigen, die eine geschlossene analytische Lösung für dieses Scheibenproblem gestatten. In diesem Falle sind die in y-Richtung als unverschieblich angenommenen Ränder x = 0 und x = a Antimetrielinien. Die

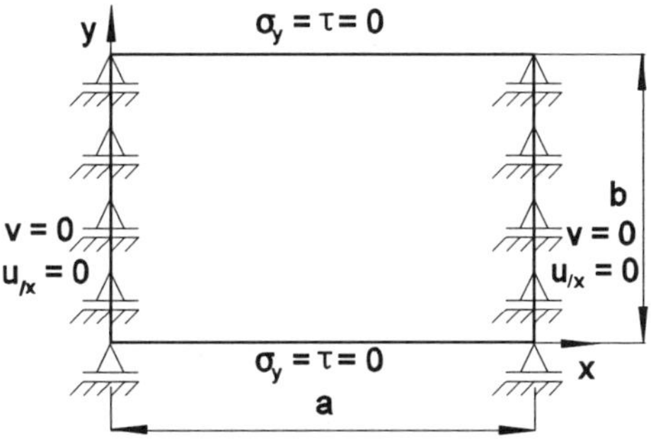

Bild 3.29 Modell der Scheibe mit Randbedingungen zu Beispiel 3.8

Ergebnisse dieses Beispiels können dazu dienen, Näherungslösungen zu testen.
Mit

$$\xi = x/a \; ; \; \eta = y/b \; ; \; \alpha = a/b \; ; \; E^* = E \tag{a}$$

erhält man aus Gl.(3.161)

$$\begin{aligned} u_{/\xi\xi} + \frac{1-\nu}{2}\alpha^2 u_{/\eta\eta} + \frac{1+\nu}{2}\alpha u_{/\xi\eta} - \varrho\frac{1-\nu^2}{E}a^2\ddot{u} &= 0 \\ \alpha^2 v_{/\eta\eta} + \frac{1-\nu}{2}v_{/\xi\xi} + \frac{1+\nu}{2}\alpha u_{/\xi\eta} - \varrho\frac{1-\nu^2}{E}a^2\ddot{v} &= 0 \end{aligned} \tag{b}$$

Die Separationsansätze lauten (wegen der Antimetrie an den Rändern x = 0, x = a)

$$\begin{aligned} u(\xi,\eta,t) &= U(\eta)\cos(m\pi\xi)\,e^{j\omega t} \\ v(\xi,\eta,t) &= V(\eta)\sin(m\pi\xi)\,e^{j\omega t} \end{aligned} \tag{c}$$

Damit erhält man aus Gl.(b)

$$\begin{aligned} -m^2\pi^2 U + \frac{1-\nu}{2}\alpha^2 U_{/\eta\eta} + \frac{1+\nu}{2}\alpha m\pi V_{/\eta} + \lambda U &= 0 \\ \alpha^2 V_{/\eta\eta} - \frac{1-\nu}{2}m^2\pi^2 V - \frac{1+\nu}{2}\alpha m\pi U_{/\eta} + \lambda V &= 0 \end{aligned} \tag{d}$$

mit

$$\lambda = \frac{\varrho(1-\nu^2)a^2}{E}\omega^2 \tag{e}$$

Die allgemeine Lösung von Gl.(d) lautet

$$\begin{aligned} U(\eta) &= \sum_{k=1}^{2}\left(A_k e^{r_k\eta} + B_k e^{-r_k\eta}\right) \\ V(\eta) &= \sum_{k=1}^{2}\left(A_k b_k e^{r_k\eta} + B_k b_k e^{-r_k\eta}\right) \end{aligned} \tag{f}$$

mit

$$\begin{aligned} r_1 &= \frac{1}{\alpha}\sqrt{m^2\pi^2 - \frac{2}{1-\nu}\lambda} \; ; \; r_2 = \frac{1}{\alpha}\sqrt{m^2\pi^2 - \lambda} \\ b_k &= \frac{m^2\pi^2 - \frac{1-\nu}{2}\alpha^2 r_k^2 - \lambda}{\frac{1+\nu}{2}\alpha m\pi r_k} \end{aligned} \tag{g}$$

Es sind drei Fälle zu unterschieden:

(1) $\lambda < 0{,}5\,(1-\nu)m^2\pi^2$; r_1, r_2 reell

(2) $0{,}5(1-\nu)m^2\pi^2 < \lambda < m^2\pi^2$; r_1 imaginär, r_2 reell

(3) $\lambda > m^2\pi^2$; r_1, r_2 imaginär

Für den Fall (1) folgt aus Gl.(f) die Lösung

$$\begin{aligned} U(\eta) &= A_1\cosh r_1\eta + B_1\sinh r_1\eta + A_2\cosh r_2\eta + B_2\sinh r_2\eta \\ V(\eta) &= A_1 b_1\sinh r_1\eta + B_1 b_1\cosh r_1\eta \\ &\quad + A_2 b_2\cosh r_2\eta + B_2 b_2\sinh r_2\eta \end{aligned} \tag{h}$$

Die Anpassung von Gl.(h) an die RB an den Rändern $\eta = 0$ und $\eta = 1$:

$$V_{/\eta} - \nu\frac{m\pi}{\alpha}U = 0 \;;\; U_{/\eta} - \frac{m\pi}{\alpha}V = 0 \tag{i}$$

ergibt die Eigenwertgleichung

$$2P_1P_2(1 - \cosh r_1\cosh r_2) + \left(\frac{P_2R_1^2}{R_2} + \frac{P_1^2R_2}{P_2}\right)\sinh r_1\sinh r_2 = 0 \tag{j}$$

mit

$$\begin{aligned} P_1 &= \frac{m\pi}{\alpha}(1-\nu) \;;\; R_1 = r_1 + \frac{m^2\pi^2}{\alpha^2 r_1} \\ P_2 &= P_1 - \frac{\lambda}{\alpha m\pi} \;;\; R_2 = r_2 + \frac{m^2\pi^2 - \lambda}{\alpha^2 r_2} \end{aligned} \tag{k}$$

Die Auswertung der Gl.(j) führt auf die in Bild 3.30 dargestellten Ergebnisse.

Zum Vergleich sind in Bild 3.30 die Ergebnisse aufgetragen, die man erhält, wenn man die Scheibe als Euler-Bernoulli-Balken oder als Timoshenko-Balken betrachtet. Bemerkenswert ist, daß das Timoshenko-Modell für Rechteckquerschnitte bei Seitenverhältnissen $\alpha \geq 1{,}5$ fast die gleichen Ergebnisse liefert wie das Scheibenmodell. Auf die nähere Betrachtung der Fälle (2) und (3) wird hier verzichtet (siehe auch Beispiel 3.10).

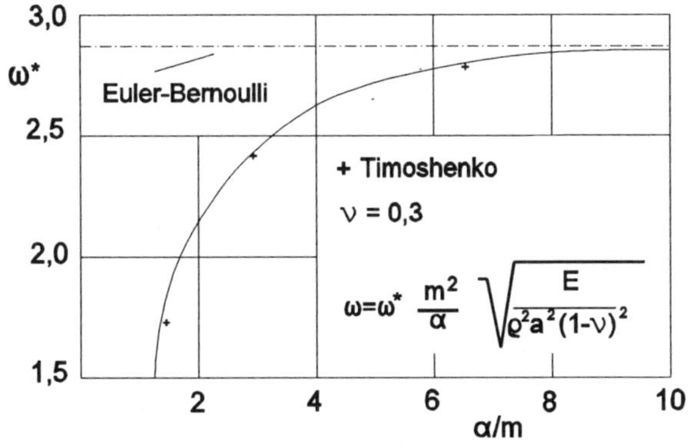

Bild 3.30 Ergebnis der Auswertung von Gl.(j)

3.3.2 Arbeitsformulierung

Das Prinzip der virtuellen Arbeiten lautet für Scheibenschwingungen

$$\int_{(V)} \delta \boldsymbol{\varepsilon}^T \boldsymbol{\sigma} dV + \int_{(V)} \delta \boldsymbol{u}^T \ddot{\boldsymbol{u}} \varrho dV - \int_{(V)} \delta \boldsymbol{u}^T \bar{\boldsymbol{q}} dV - \delta W_R = 0 \tag{3.172}$$

Für kartesische Koordinaten gilt:

$$\boldsymbol{\varepsilon}^T = [\varepsilon_x \; \varepsilon_y \; \gamma_{xy}] = [u_{/x} \quad v_{/y} \quad (u_{/y} + v_{/x})] \tag{3.173}$$

$$\boldsymbol{\sigma} = \begin{bmatrix} \sigma_x \\ \sigma_y \\ \tau_{xy} \end{bmatrix} = \frac{E^*}{1-\nu^2} \begin{bmatrix} 1 & \nu & 0 \\ \nu & 1 & 0 \\ 0 & 0 & \frac{1-\nu}{2} \end{bmatrix} \begin{bmatrix} \varepsilon_x \\ \varepsilon_y \\ \gamma_{xy} \end{bmatrix} = E^* \boldsymbol{\varepsilon} \tag{3.174}$$

$$\boldsymbol{u}^T = [u \; v] \tag{3.175}$$

und in Polarkoordinaten:

$$\boldsymbol{\varepsilon}^T = [\varepsilon_r \; \varepsilon_\varphi \; \gamma_{r\varphi}] = \left[u_{/r} \quad \frac{1}{r}(u + v_{/\varphi}) \quad \left(\frac{1}{r}(u_{/\varphi} - r v_{/r}) + \frac{v}{r} \right) \right] \tag{3.176}$$

$$\boldsymbol{\sigma} = \begin{bmatrix} \sigma_r \\ \sigma_\varphi \\ \tau_{r\varphi} \end{bmatrix} = \frac{E^*}{1-\nu^2} \begin{bmatrix} 1 & \nu & 0 \\ \nu & 1 & 0 \\ 0 & 0 & \frac{1-\nu}{2} \end{bmatrix} \begin{bmatrix} \varepsilon_r \\ \varepsilon_\varphi \\ \gamma_{r\varphi} \end{bmatrix} = E^* \boldsymbol{\varepsilon} \tag{3.177}$$

$$\boldsymbol{u}^T = [u \; v] \tag{3.178}$$

Der Vektor $\bar{\boldsymbol{q}}$ erfaßt die eingeprägten Volumenkräfte und δW_R beinhaltet die virtuelle Arbeit aller äußeren Randkräfte.

Die Ortsdiskretisierung mit

$$\begin{aligned} u(x,y,t) &= \boldsymbol{h}^T(x,y)\, \boldsymbol{u}(t) \\ v(x,y,t) &= \boldsymbol{h}^T(x,y)\, \boldsymbol{v}(t) \end{aligned} \tag{3.179}$$

ergibt aus Gl.(3.172) mit Gl.(3.173) bis Gl.(3.175) die Bewegungsgleichungen

$$\frac{E^*}{1-\nu}\int_{(A)}\begin{bmatrix} \boldsymbol{h}_{/x}\boldsymbol{h}_{/x}^T+\frac{1-\nu}{2}\boldsymbol{h}_{/y}\boldsymbol{h}_{/y}^T & \nu\boldsymbol{h}_{/x}\boldsymbol{h}_{/y}^T+\frac{1-\nu}{2}\boldsymbol{h}_{/y}\boldsymbol{h}_{/x}^T \\ \text{symmetr.} & \boldsymbol{h}_{/y}\boldsymbol{h}_{/y}^T+\frac{1-\nu}{2}\boldsymbol{h}_{/x}\boldsymbol{h}_{/x}^T \end{bmatrix} h\,dA \begin{bmatrix}\boldsymbol{u}(t)\\ \boldsymbol{v}(t)\end{bmatrix}$$
$$+\int_{(A)}\begin{bmatrix}\boldsymbol{h}\boldsymbol{h}^T & \boldsymbol{0}^T\\ \boldsymbol{0}^T & \boldsymbol{h}\boldsymbol{h}^T\end{bmatrix}\rho h\,dA\begin{bmatrix}\ddot{\boldsymbol{u}}(t)\\ \ddot{\boldsymbol{v}}(t)\end{bmatrix} = \int_{(A)}\begin{bmatrix}\bar{q}_x\boldsymbol{h}\\ \bar{q}_y\boldsymbol{h}\end{bmatrix} h\,dA + \boldsymbol{R} \qquad (3.180)$$

In $\boldsymbol{R}$ sind die Terme aus den Randkräften zusammengefaßt. Für die Formfunktionen $\boldsymbol{h}(x,y)$ werden meist Produktansätze der Gestalt $\boldsymbol{h}(x,y) = \boldsymbol{h}_1^T(x)\,\boldsymbol{h}_2(y)$ verwendet.

Analoge Gleichungen erhält man in Polarkoordinaten mit den Beziehungen (3.176) bis (3.178) und den Ansätzen

$$u(r,\varphi,t) = \boldsymbol{h}^T(r,\varphi)\,\boldsymbol{u}(t)$$
$$v(r,\varphi,t) = \boldsymbol{h}^T(r,\varphi)\,\boldsymbol{v}(t) \qquad (3.181)$$

<u>*Beispiel 3.10*</u>

Für die in Beispiel 3.9 behandelte Rechteckscheibe sollen mit Hilfe der Arbeitsformulierung Näherungen für die niedrigsten Eigenfrequenzen und Eigenschwingformen ermittelt werden.

Dazu gehen wir von den Gln.(3.172) bis (3.175) aus und führen im Unterschied zu Gl.(3.179) die Ortsdiskretisierung mit unterschiedlichen Ansatzfunktionen $\boldsymbol{h}(x,y)$ und $\boldsymbol{g}(x,y)$ für u und v durch. Gleichzeitig wird - was bei ungedämpften Eigenschwingungen möglich ist - die Zeitseparation vorgenommen.

$$u(x,y,t) = \boldsymbol{h}^T(x,y)\,\boldsymbol{u}\,e^{j\omega t}$$
$$v(x,y,t) = \boldsymbol{g}^T(x,y)\,\boldsymbol{v}\,e^{j\omega t} \qquad (a)$$
$$\boldsymbol{u}^T = [C_1\ C_2]\ ;\ \boldsymbol{v}^T = C_3$$

Entsprechend der Vorgehensweise in Abschnitt 3.3.2 erhalten wir in Analogie zu Gl.(3.180) das folgende Eigenwertproblem

$$\frac{Et}{1-\nu^2}\int_0^a\int_0^b \begin{bmatrix} (\boldsymbol{h}_{/x}\boldsymbol{h}^T_{/x}+\frac{1-\nu}{2}\boldsymbol{h}_{/y}\boldsymbol{h}^T_{/y}) & (\nu\,\boldsymbol{h}_{/x}\boldsymbol{g}^T_{/y}+\frac{1-\nu}{2}\boldsymbol{h}_{/y}\boldsymbol{g}^T_{/x}) \\ symm. & (\boldsymbol{g}_{/y}\boldsymbol{g}^T_{/y}+\frac{1-\nu}{2}\boldsymbol{g}_{/x}\boldsymbol{g}^T_{/x}) \end{bmatrix} dx\,dy \tag{b}$$

$$- \varrho\omega^2 t\int_0^a\int_0^b \begin{bmatrix} \boldsymbol{h}\boldsymbol{h}^T & \boldsymbol{0}^T \\ \boldsymbol{0}^T & \boldsymbol{g}\boldsymbol{g}^T \end{bmatrix} dx\,dy \begin{bmatrix} \boldsymbol{u} \\ \boldsymbol{v} \end{bmatrix} = \boldsymbol{0}$$

Nach Einführung der dimensionslosen Koordinaten

$$\xi = \frac{x}{A}\ ;\ \eta = \frac{y}{B}\ \text{ und}$$
$$A = a/2\ ;\ B = b/2\ ;\ \alpha = A/B \tag{c}$$

folgt aus Gl.(b), wenn wir im weiteren nur symmetrische Schwingformen betrachten,

$$\int_0^1\int_0^1 \begin{bmatrix} (\boldsymbol{h}_{/\xi}\boldsymbol{h}^T_{/\xi}+\alpha^2\frac{1-\nu}{2}\boldsymbol{h}_{/\eta}\boldsymbol{h}^T_{/\eta}) & (\alpha\nu\,\boldsymbol{h}_{/\xi}\boldsymbol{g}^T_{/\eta}+\alpha\frac{1-\nu}{2}\boldsymbol{h}_{/\eta}\boldsymbol{g}^T_{/\xi}) \\ symm. & (\alpha^2\boldsymbol{g}_{/\eta}\boldsymbol{g}^T_{/\eta}+\frac{1-\nu}{2}\boldsymbol{g}_{/\xi}\boldsymbol{g}^T_{/\xi}) \end{bmatrix} d\xi\,d\eta \tag{d}$$

$$- \lambda\int_0^1\int_0^1 \begin{bmatrix} \boldsymbol{h}\boldsymbol{h}^T & \boldsymbol{0} \\ \boldsymbol{0} & \boldsymbol{g}\boldsymbol{g}^T \end{bmatrix} d\xi\,d\eta \begin{bmatrix} \boldsymbol{u} \\ \boldsymbol{v} \end{bmatrix} = \boldsymbol{0}$$

mit

$$\lambda = \frac{\varrho}{E}\omega^2(1-\nu^2)A^2 \tag{e}$$

Zur Berechnung der unteren Eigenfrequenzen für symmetrische Schwingformen werden folgende Ansätze gemacht:

$$\boldsymbol{h}^T(\xi,\eta) = [h_1\ h_2] = [\sin\frac{\pi}{2}\xi \quad \sin\frac{\pi}{2}\xi\cos\frac{\pi}{2}\eta]$$
$$\boldsymbol{g}^T(\xi,\eta) = g_1 = \cos\frac{\pi}{2}\xi\sin\frac{\pi}{2}\eta \tag{f}$$

Diese Ansätze sind auf die Symmetrieachsen (siehe Bild 3.31) bezogen. Setzt man Gl.(f) in Gl.(d) ein, so ergibt sich das folgende Eigenwertproblem:

$$\left(\begin{bmatrix} \frac{\pi^2}{8} & \frac{\pi}{4} & 0{,}3\pi \\ & 2{,}4\,\frac{\pi^2}{16} & 1{,}3\,\frac{\pi^2}{16} \\ \text{symm.} & & (1+\frac{0{,}35}{4})\,\frac{\pi^2}{4} \end{bmatrix} - \lambda \begin{bmatrix} \frac{1}{2} & \frac{1}{\pi} & 0 \\ & \frac{1}{4} & 0 \\ \text{symm.} & & \frac{1}{4} \end{bmatrix}\right) \begin{bmatrix} C_1 \\ C_2 \\ C_3 \end{bmatrix} = 0 \qquad \text{(g)}$$

Die numerische Auswertung von Gl.(g) ergibt:

λ_k	ω_k*	C_1	C_2	C_3
2,2258	2,9838	1,0	0,1673	-0,2847
9,1563	6,0518	1,0	-1,2656	1,3790
22.5206	9,4912	1,0	-1,5825	-0,2707

Der Zusammenhang zwischen λ_k und ω_k ergibt sich nach Gl.(e) zu

$$\omega_k = \sqrt{\lambda_k}\sqrt{\frac{E}{\varrho A^2(1-\nu^2)}} = 2\sqrt{\lambda_k}\sqrt{\frac{E}{\varrho a^2(1-\nu^2)}} \qquad \text{(h)}$$

$$(k=1,2,3)$$

und ω_k* folgt aus der Beziehung

$$\omega_k^* = \frac{\omega}{\sqrt{\dfrac{E}{\varrho a^2(1-\nu^2)}}} \qquad \text{(i)}$$

Wegen der recht groben Diskretisierung erhalten wir für die Eigenkreisfrequenzen ω_k ebenfalls nur grobe Näherungen.

Die Ansätze (f) enthalten nicht den in Beispiel 3.9 behandelten Fall. Um einen Vergleich mit der dort erhaltenen Lösung durchführen zu können, soll für diesen Fall ebenfalls eine Näherungslösung ermittelt werden. Dazu machen wir die Ansätze

$$h_1 = -\,\eta \sin\frac{\pi}{2}\xi \;;\; h_2 = \eta^3 \sin\frac{\pi}{2}\xi$$
$$g_1 = -\cos\frac{\pi}{2}\xi \qquad \text{(j)}$$

Die Lösung des Eigenwertproblems (d) führt mit diesen Ansätzen zu folgendem Ergebnis

$$\lambda_1 = 0,3957\ ;\ \omega_1 = 1,2581\sqrt{\frac{E}{\varrho a^2 (1-\nu^2)}} \tag{k}$$
$$C_1 = 0,1942\ ;\ C_2 = 0,2313\ ;\ C_3 = 1,0$$

Die exakte Eigenkreisfrequenz ergibt sich aus Beispiel 3.9 für $\alpha = 2$ und $m = 1$ zu

$$\omega_{1\,\mathrm{exakt}} = 1,1468\sqrt{\frac{E}{\varrho a^2 (1-\nu^2)}} \tag{l}$$

Wegen der groben Diskretisierung ist die Differenz zwischen beiden Werten erwartungsgemäß recht groß.

Die zu den ermittelten Eigenwerten gehörigen Schwingformen sind in Bild 3.31 dargestellt.

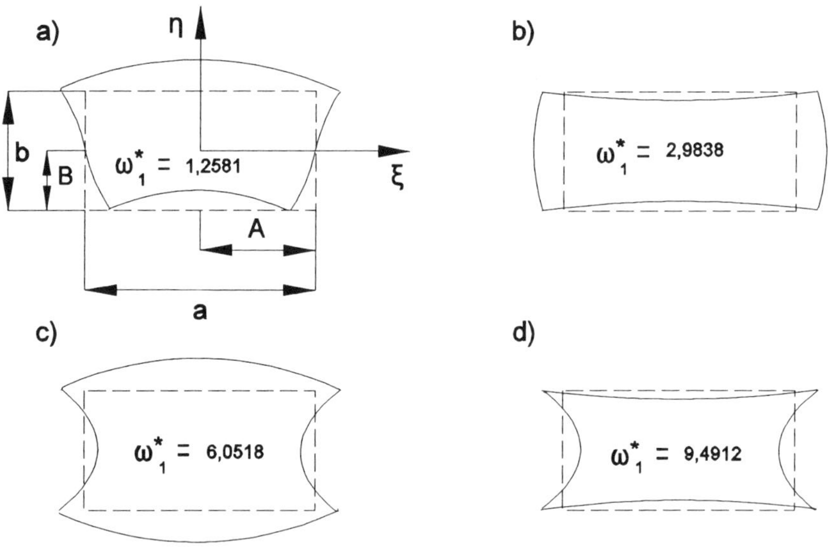

Bild 3.31 Schwingformen der behandelten Sonderfälle

3.3.3 Methoden zur Berechnung von Scheibenschwingungen

Analytische Lösungen gibt es auch hier nur für einfache Sonderfälle. Allgemein ist man auf numerische Näherungslösungen angewiesen. Ausgangspunkt dafür ist die Arbeitsformulierung des Problems, die bei Anwendung von Näherungsansätzen zu den ortsdiskretisierten Bewegungsgleichungen führt.

Zur Ortsdiskretisierung sind alle in Abschnitt 2.1 behandelten Methoden geeignet.. Am effektivsten ist auch hier die FEM. Verwendet werden Dreieck- und Viereckelemente. Nach dem isoparametrischen Konzept werden allgemeine Viereckelemente auf Einheitsquadratelemente transformiert. Für das Viereckelement mit 4 Eckknoten werden lineare Ansätze (Formfunktionen) verwendet. Mit quadratischen Ansätzen erhält man Viereckelemente mit Zwischenknoten auf den Elementrändern. Solche Elemente können gekrümmten Rändern besser angepaßt werden. Vierknotenelemente, die neben den Knotenverschiebungen noch deren Ableitungen enthalten, besitzen zwölf Freiheitsgrade. Sie werden verwendet, wenn Scheiben mit Stab- und Plattenstrukturen verbunden sind, um an den Kontaktlinien volle Verschiebungs- und Verzerrungskompatibilität zu gewährleisten. Zur Berechnung von Scheibenschwingungen stehen leistungsfähige Programme zur Verfügung.

3.4 Plattenschwingungen

3.4.1 Allgemeine Bemerkungen

Platten sind ebene flächenförmige Strukturelemente, deren Dicke im Verhältnis zu den beiden anderen Abmessungen klein ist. Geometrisch unterscheiden sie sich demnach nicht von den Scheiben, ihre Belastung wirkt jedoch senkrecht zur Mittelebene.

Wie bei den Stabschwingungen sind auch bei der Untersuchung von Plattenschwingungen je nach Problemstellung verschiedene Modelle gebräuchlich. Das wesentliche Unterscheidungskriterium ist das Verhältnis der Plattendicke h zu den Abmessungen der Plattenmittelfläche. Danach kann man sehr dünne, dünne, mitteldicke und dicke Platten unterschciden. Tabelle 3.7 gibt eine Übersicht darüber, welche Einflüsse bei den verschiedenen Modellen berücksichtigt bzw. vernachlässigt werden. Die unter "dünne Platten" angeführten Merkmale liegen der Plattentheorie von Kirchhoff, die unter "mitteldicke Platten" genannten der Plattentheorie von Mindlin zugrunde.

Merkmale	sehr dünn	dünn	mitteldick	dick
Spannungen senkrecht zur Mittelebene berücksichtigt	0	0	0	1
Querkraftschubdeformation berücksichtigt	0	0	1	1
Querschnitte bleiben eben	1	1	1	0
Membranspannungen berücksichtigt	1	0	0	0
Rotationsträgheit berücksichtigt	0	0	1	1

Tabelle 3.7 Berechnungsmodelle für Platten (1 = ja; 0 = nein)

3.4.2 Plattentheorie von Kirchhoff

3.4.2.1 Bewegungsgleichungen der Kirchhoff-Platte

Für die meisten praktisch vorkommenden Aufgaben beschreibt die Kirchhoffsche Plattentheorie die realen Verhältnisse hinreichend genau. Sie wird auch als elementare Plattentheorie bezeichnet und basiert auf folgenden Annahmen:

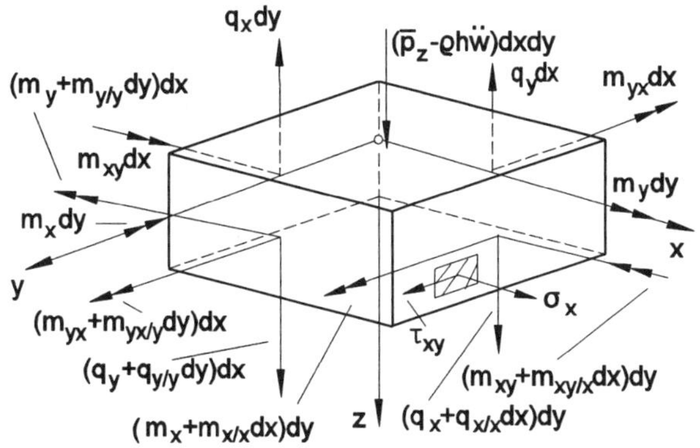

Bild 3.32 Kräfte und Momente am Plattenelement

- Vor der Verformung ebbene Querschnitte bleiben auch bei Verformungen der Platte eben
- Senkrechte zur Plattenmittelfläche bleiben auch bei verformter Mittelfläche senkrecht zu dieser
- Querkraftschubdeformationen werden vernachlässigt
- Rotationsträgheiten werden vernachlässigt
- Spannungen senkrecht zur Plattenmittelebene bleiben unberücksichtigt
- Membranspannungen infolge der Querausbiegungen werden nicht erfaßt

Mit den in Bild 3.32 eingezeichneten Kräften und Momenten ergeben sich folgende Gleichgewichtsbeziehungen:

$$\begin{aligned} & q_{x/x} + q_{y/y} - \varrho h \ddot{w} + \bar{p}_z = 0 \\ & m_{x/x} + m_{yx/y} - q_x = 0 \qquad (3.182) \\ & m_{xy/x} + m_{y/y} - q_y = 0 \end{aligned}$$

Darin bedeuten:

q_x, q_y	Querkräfte je Längeneinheit in den Schnittflächen x = konst bzw. y = konst in z-Richtung
m_x, m_y	Biegemomente je Längeneinheit in den Schnittflächen x = konst bzw. y = konst
$m_{xy} = m_{yx}$	Drillmoment je Längeneinheit senkrecht zu den Schnittflächen x = konst bzw. y = konst
$\bar{p}_z$	gegebene äußere Belastung je Flächeneinheit senkrecht zur Mittelfläche
w	Verschiebung der Plattenmittelfläche in z-Richtung

Elimination der Querkräfte q_x, q_y aus Gl.(3.182) ergibt

$$m_{x/xx} + m_{y/yy} + 2m_{xy/xy} - \varrho h\ddot{w} + \bar{p}_z = 0 \qquad (3.183)$$

Die geometrischen Beziehungen lauten:

$$\varepsilon_x = -zw_{/xx}\ ;\ \varepsilon_y = -zw_{/yy}\ ;\ \gamma_{xy} = -2zw_{/xy} \qquad (3.184)$$

Mit dem Hookeschen Gesetz für den ebenen Spannungszustand erhält man:

$$\begin{aligned}
\sigma_x &= \frac{E^*}{1-\nu^2}(\varepsilon_x + \nu\varepsilon_y) = -\frac{E^*z}{1-\nu^2}(w_{/xx} + \nu w_{/yy})\\
\sigma_y &= \frac{E^*}{1-\nu^2}(\varepsilon_y + \nu\varepsilon_x) = -\frac{E^*z}{1-\nu^2}(\nu w_{/xx} + w_{/yy}) \qquad (3.185)\\
\tau_{xy} &= \tau_{yx} = \frac{E^*}{2(1+\nu)}\gamma_{xy} = -\frac{E^*z}{(1+\nu)}w_{/xy}
\end{aligned}$$

Damit ergeben sich die Schnittmomente zu

$$\begin{aligned}
m_x &= \int_{(A)} \sigma_x z\,dA = -K^*(w_{/xx} + \nu w_{/yy})\\
m_y &= -\int_{(A)} \sigma_y z\,dA = -K^*(\nu w_{/xx} + w_{/yy}) \qquad (3.186)\\
m_{xy} &= \int_{(A)} \tau_{xy} z\,dA = -(1-\nu)K^* w_{/xy}
\end{aligned}$$

mit

$$K^* = \left(1 + \vartheta\frac{\partial}{\partial t}\right)\frac{Eh^3}{12(1-\nu^2)} = \left(1 + \vartheta\frac{\partial}{\partial t}\right)K \qquad (3.187)$$

Die Größe

$$K = \frac{Eh^3}{12(1-\nu^2)} \qquad (3.188)$$

heißt Plattensteifigkeit.

Mit den Schnittmomenten nach Gl.(3.186) erhält man aus Gl.(3.183) die Bewegungsgleichung für die Kirchhoff-Platte in der Form

$$K^*\Delta\Delta w(x,y,t) + \varrho h\ddot{w}(x,y,t) = \bar{p}_z(x,y,t) \qquad (3.189)$$

mit dem Operator

$$\Delta\Delta = \frac{\partial^4}{\partial x^4} + 2\frac{\partial^4}{\partial x^2\partial y^2} + \frac{\partial^4}{\partial y^4} \qquad (3.190)$$

Randbedingungen:
Die Lösungen von Gl.(3.189) sind noch den RB anzupassen. Die wichtigsten von ihnen lauten:

(1) Eingespannter Rand:

$$w = 0;\ w_{/n} = 0 \qquad (n = \text{Randflächennormale}) \tag{3.191}$$

(2) Momentenfrei gestützter, d.h. frei aufliegender Rand:

$$w = 0;\ m_{/n} = 0 \rightarrow w_{/nn} = 0 \tag{3.192}$$

(3) Freier Rand:

$$m_n = 0;\ m_{ns} = 0;\ q_n = 0 \tag{3.193}$$

Die RB (3.193) läßt sich bei der Kirchhoff-Platte nicht exakt erfüllen, da je Rand nur zwei freie Konstanten aus der Lösung der Plattengleichung zur Verfügung stehen. Um diesen Defekt der Kirchhoffschen Plattentheorie zu kompensieren, wird das Randmoment m_{ns} durch ein äquivalentes Kräftepaar ersetzt (siehe Bild 3.33). Die Ersatzkraft ist $m_{ns/s}$. Am freien Rand muß nun die Querkraft, einschließlich der Ersatzkraft verschwinden, d.h. es ist

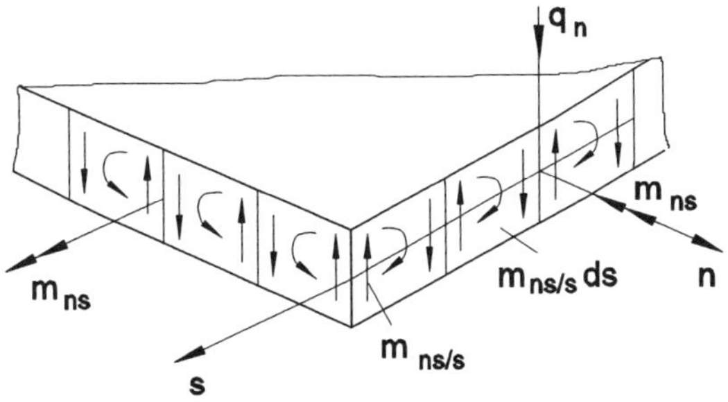

Bild 3.33 Zur Ableitung der Randbedingung am freien Rand

$$q_n + m_{ns/s} = 0 \tag{3.194}$$

Nach Einführung von q_n und $m_{ns/s}$ nach Gl.(3.182) und Gl.(3.186) lauten die RB für den freien Rand

$$m_n = 0\ ;\ w_{/nnn} + (2 - \nu)\, w_{/nss} = 0 \tag{3.195}$$

Geschlossene Lösungen für rechteckige Kirchhoff-Platten lassen sich angeben, wenn zwei gegenüber liegende Ränder frei aufliegen.

<u>*Beispiel 3.11*</u>

Es ist die Eigenwertgleichung zur Berechnung der Eigenfrequenzen der in Bild 3.34 dargestellten Rechteckplatte aufzustellen.

Die Bewegungsgleichung für freie ungedämpfte Schwingungen lautet:

$$\frac{\partial^4 w}{x^4} + 2\frac{\partial^4 w}{\partial x^2 \partial y^2} + \frac{\partial^4 w}{\partial y^4} + \frac{\varrho h}{K}\ddot{w} = 0 \qquad \text{(a)}$$

Mit den dimensionslosen Koordinaten $\xi = x/a$; $\eta = y/b$ und $\alpha = a/b$ nimmt Gl.(a) die folgende Gestalt an:

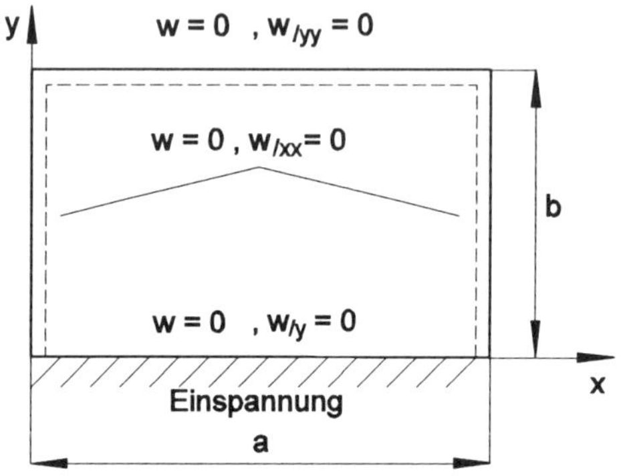

Bild3.34 Randbedingungen für die Rechteckplatte

$$\frac{\partial^4 w}{\partial \xi^4} + 2\alpha^2\frac{\partial^4 w}{\partial \xi^2 \partial \eta^2} + \alpha^4\frac{\partial^4 w}{\partial \eta^4} + \frac{\varrho h a^4}{K}\ddot{w} = 0 \qquad \text{(b)}$$

Der Lösungsansatz

$$w(\xi,\eta,t) = A_m \sin(m\pi\xi)\, Y(\eta)\, e^{j\omega t} \qquad \text{(c)}$$

erfüllt bereits die RB bei x = 0 und x = a bzw. bei $\xi = 0$ und $\xi = 1$.

Mit Gl.(c) folgt aus Gl.(b) die gewöhnliche DGL

$$\frac{d^4 Y}{d\eta^4} - 2p_m^2\frac{d^2 Y}{d\eta^2} + (p_m^4 - \lambda^4)\,Y = 0 \qquad \text{(d)}$$

mit

$$p_m = \frac{m\pi}{\alpha} \;;\; \lambda^4 = \frac{\varrho h a^4}{\alpha^4 K}\omega^2 \qquad \text{(e)}$$

Die allgemeine Lösung von Gl.(d) ergibt sich zu

$$Y_m(\eta) = A_1\cosh\beta_1\eta + A_2\sinh\beta_1\eta + A_3\cosh\beta_2\eta + A_4\sinh\beta_2\eta \qquad \text{(f)}$$

für $p_m > \lambda$ und

$$Y_m(\eta) = A_1\cosh\beta_1\eta + A_2\sinh\beta_1\eta + A_3\cos\beta_2\eta + A_4\sin\beta_2\eta \qquad \text{(g)}$$

für $p_m < \lambda$.

In Gl.(f) und Gl.(g) bedeuten

$$\begin{aligned} \beta_1 &= \sqrt{p_m^2 + \lambda^2} \\ \beta_2 &= \sqrt{p_m^2 - \lambda^2} \quad \text{für } p_m > \lambda \\ \beta_2 &= \sqrt{\lambda^2 - p_m^2} \quad \text{für } p_m < \lambda \end{aligned} \tag{h}$$

Die Anpassung der Lösungen an die RB an den Rändern y = 0 und y = b bzw. $\eta = 0$, $\eta = 1$ ergibt für $p_m < \lambda$ die Eigenwertgleichung

$$\frac{\tanh\beta_1}{\tan\beta_2} = \frac{\beta_1}{\beta_2} \tag{i}$$

Bei bekannten Werten von β_1 und β_2 lassen sich die Eigenkreisfrequenzen wegen Gl.(e) und Gl.(h) wie folgt berechnen:

$$\omega_k = \lambda_k^2 \sqrt{\frac{\alpha^4 K}{\varrho h a^4}} = \frac{\beta_{1k}^2 + \beta_{2k}^2}{2} \sqrt{\frac{\alpha^4 K}{\varrho h a^4}} \tag{j}$$

Der Fall $p_m > \lambda$ ist ohne Bedeutung. Er liefert nur den trivialen Eigenwert $\lambda = 0$.

In Tabelle 3.8 sind die Eigenwertgleichungen für weitere RB angegeben.

Randlagerung	Eigenwertgleichung
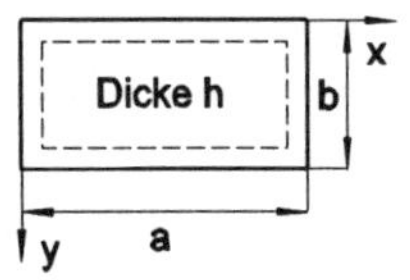	$\omega_{mn} = \pi^2 (m^2+\alpha^2 n^2) \sqrt{\frac{K}{\varrho h a^4}}$
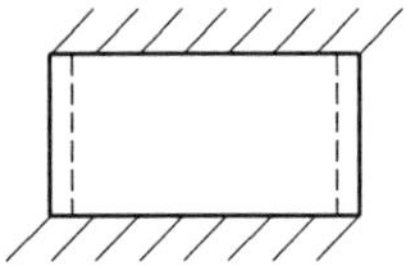	$2\beta_1\beta_2 (1-\cosh\beta_1\cos\beta_2)$ $+ (\beta_1^2-\beta_2^2)\sinh\beta_1\sin\beta_2) = 0$
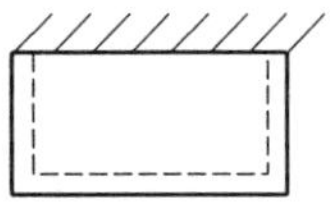	$\frac{\tanh\beta_1}{\tan\beta_2} - \frac{\beta_1}{\beta_2} = 0$

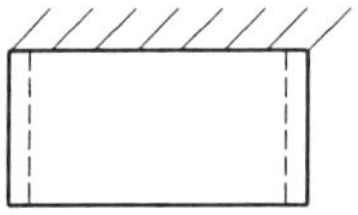	$c_1c_3+c_2c_4+(c_2c_3+c_1c_4)\cosh\beta_1\cos\beta_2 + \left(\frac{\beta_2}{\beta_1}c_1c_4-\frac{\beta_1}{\beta_2}c_2c_3\right)\sinh\beta_1\sin\beta_2 = 0$
	$c_1c_4\beta_2\sinh\beta_1\cos\beta_2-c_2c_3\beta_1\cosh\beta_1\sin\beta_2 = 0$
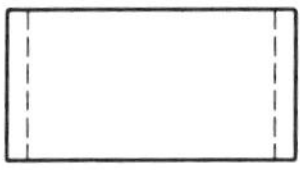	$2(1-\cosh\beta_1\cos\beta_2) + \left(\frac{\beta_1}{\beta_2}\frac{c_2c_3}{c_1c_4}-\frac{\beta_2}{\beta_1}\frac{c_1c_4}{c_2c_3}\right)\sinh\beta_1\sin\beta_2 = 0$
	$c_1 = \beta_1^2-\frac{\nu}{\alpha^2}m^2\pi^2 \; ; \; c_2 = \beta_2^2+\frac{\nu}{\alpha^2}m^2\pi^2$ $c_3 = \beta_1^2-2(1-\nu)\frac{m^2\pi^2}{\alpha^2} \; ; \; c_4 = \beta_2^2+2(1-\nu)\frac{m^2\pi^2}{\alpha^2}$

Tabelle 3.8 Eigenwertgleichungen für Plattenschwingungen für ausgewählte Randbedingungen (β_1, β_2 nach Gl.(h); $\alpha = a/b$)

In Polarkoordinaten erhält man die Bewegungsgleichung für die Platte wie folgt:
Geometrische Beziehungen:
Wegen

$$u(r,\varphi,z,t) = -z w_{/r} \; ; \; v(r,\varphi,z,t) = -z\frac{w_{/\varphi}}{r} \tag{3.196}$$

gilt für die Verzerrungen

$$\begin{aligned} \varepsilon_r &= u_{/r} = -z w_{/rr} \\ \varepsilon_\varphi &= \frac{1}{r}(u + v_{/\varphi}) = -\frac{z}{r}\left(w_{/r} + \frac{1}{r}w_{/\varphi\varphi}\right) \\ \gamma_{r\varphi} &= \gamma_{\varphi r} = \frac{1}{r}(u_{/\varphi} + r v_{/r}) - \frac{v}{r} = -2\frac{z}{r}\left(w_{/r\varphi}-\frac{1}{r}w_{/\varphi}\right) \end{aligned} \tag{3.197}$$

Spannungen für den ebenen Spannungszustand:

$$\sigma_r = -\frac{E^* z}{1-\nu^2}\,[w_{/rr} + \frac{\nu}{r}\,(\frac{1}{r}w_{/\varphi\varphi} + w_{/r})]$$

$$\sigma_\varphi = -\frac{E^* z}{1-\nu^2}\,[\nu w_{/rr} + \frac{1}{r}\,(\frac{1}{r}w_{/\varphi\varphi} + w_{/r})] \qquad (3.198)$$

$$\tau_{r\varphi} = \tau_{\varphi r} = -\frac{E^* z}{1+\nu}\,[\frac{1}{r}w_{/r\varphi} - \frac{1}{r^2}w_{/\varphi}]$$

Die Gleichgewichtsbeziehungen lauten mit den Bezeichnungen von Bild 3.35:

$$q_r + r q_{r/r} + q_{\varphi/\varphi} - \varrho r h \ddot{w} + r\bar{p}_z = 0$$

$$m_r + r m_{r/r} - m_\varphi + m_{r\varphi/\varphi} - r q_r = 0 \qquad (3.199)$$

$$m_{\varphi/\varphi} + 2 m_{r\varphi} + r m_{r\varphi/r} - r q_\varphi = 0$$

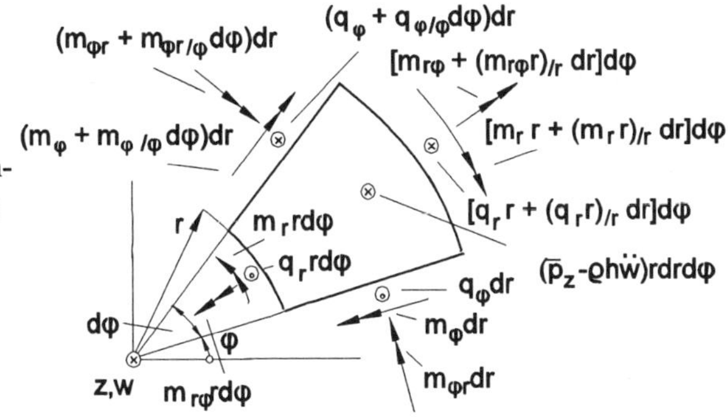

Bild 3.35 Kräfte und Momente am Plattenelement

In Analogie zu Gl.(3.186) erhalten wir die Schnittgrößen

$$m_r = -K^*\,[w_{/rr} + \frac{\nu}{r}\,(\frac{1}{r}w_{/\varphi\varphi} + w_{/r})]$$

$$m_\varphi = -K^*\,[\nu w_{/rr} + \frac{1}{r}\,(\frac{1}{r}w_{/\varphi\varphi} + w_{/r})] \qquad (3.200)$$

$$m_{r\varphi} = m_{\varphi r} = -(1-\nu)\,K^*\,[\frac{1}{r}w_{/r\varphi} - \frac{1}{r^2}w_{/\varphi}]$$

Elimination der Querkräfte q_r und q_φ aus Gl.(3.199) und Einführung der Schnittgrößen nach Gl.(3.200) in die erste der Gln.(3.199) führt auf die Bewegungsgleichung

$$\frac{\partial^4 w}{\partial r^4} + \frac{2}{r}\frac{\partial^3 w}{\partial r^3} - \frac{1}{r^2}\frac{\partial^2 w}{\partial r^2} + \frac{1}{r^3}\frac{\partial w}{\partial r}$$
$$+ \frac{2}{r^2}\frac{\partial^4 w}{\partial r^2 \partial \varphi^2} + \frac{4}{r^4}\frac{\partial^2 w}{\partial \varphi^2} + \frac{1}{r^4}\frac{\partial^4 w}{\partial \varphi^4} \tag{3.201}$$
$$- \frac{2}{r^3}\frac{\partial^3 w}{\partial r \partial \varphi^2} + \frac{\varrho h}{K^*}\ddot{w} = \frac{\overline{p}_z}{K^*}$$

Mit dem Laplaceschen Operator

$$\Delta = \frac{\partial^2}{\partial r^2} + \frac{1}{r}\frac{\partial}{\partial r} + \frac{1}{r^2}\frac{\partial^2}{\partial r^2} \tag{3.202}$$

läßt sich Gl.(3.201) in der Form

$$K^* \Delta\Delta w + \varrho h \ddot{w} = \overline{p}_z \tag{3.203}$$

schreiben.

Bezüglich der RB gelten dieselben Überlegungen wie bei der Darstellung in kartesischen Koordinaten. An einem freien Rand r = konst ist die Ersatzquerkraft

$$\overline{q}_r = q_r + \frac{1}{r} m_{r\varphi/\varphi} = 0 \tag{3.204}$$

Am freien Rand φ = konst gilt:

$$\overline{q}_\varphi = q_\varphi + m_{\varphi r/\varphi} = 0 \tag{3.205}$$

Daraus folgen die RB

$$w_{/rrr} + \frac{1}{r} w_{/rr} - \frac{1}{r^2} w_{/r} + \frac{2-\nu}{r^2} w_{/r\varphi\varphi} - \frac{3-\nu}{r^3} w_{/\varphi\varphi} = 0 \tag{3.206}$$

für den Rand r = konst und

$$w_{/\varphi\varphi\varphi} + (2-\nu) r^2 w_{/rr\varphi} - (1-2\nu) r w_{/r\varphi} + 2(1-\nu) w_{/\varphi} = 0 \tag{3.207}$$

für den Rand φ = konst.

3.4.2.2 Arbeitsformulierung für die Kirchhoff-Platte

Aus dem Prinzip der virtuellen Arbeiten folgt für den speziellen Fall der Kirchhoff-Platte

$$\int_{(V)} \delta \boldsymbol{\varepsilon}^T \boldsymbol{\sigma}\, dV + \int_{(A)} \varrho h \delta w \ddot{w}\, dA = \int_{(A)} \delta w \overline{q}_z\, dA \tag{3.208}$$

Dabei bedeuten:

$$\boldsymbol{\varepsilon}^T = (\varepsilon_x \ \varepsilon_y \ \gamma_{xy}) = -z\,(w_{/xx} \ w_{/yy} \ 2w_{/xy}) \tag{3.209}$$

$$\sigma = \frac{E^*}{1-\nu^2}\begin{bmatrix} 1 & \nu & 0 \\ \nu & 1 & 0 \\ 0 & 0 & \frac{1-\nu}{2} \end{bmatrix} = \boldsymbol{E}^*\,\boldsymbol{\varepsilon} \tag{3.210}$$

Mit dem Diskretisierungsansatz

$$w(x,y,t) = \boldsymbol{h}^T(x,y)\,\boldsymbol{w}(t) \tag{3.211}$$

folgt aus Gl.(3.208)

$$\begin{aligned} K^* \int_{(A)} \Big[& \boldsymbol{h}_{/xx}\boldsymbol{h}_{/xx}^T + \boldsymbol{h}_{/yy}\boldsymbol{h}_{/yy}^T + \nu\,(\boldsymbol{h}_{/xx}\boldsymbol{h}_{/yy}^T + \boldsymbol{h}_{/yy}\boldsymbol{h}_{/xx}^T) \\ & +2\,(1-\nu)\,\boldsymbol{h}_{/xy}\boldsymbol{h}_{/xy}^T \Big] dA\,\boldsymbol{w} + \int_{(A)} \varrho\,\boldsymbol{h}\,\boldsymbol{h}^T dA\,\ddot{\boldsymbol{w}} = \int_{(A)} \boldsymbol{h}\,\overline{p}_z\,dA \end{aligned} \tag{3.212}$$

<u>*Beispiel 3.12*</u>

Es sind die drei niedrigsten Eigenfrequenzen für die symmetrischen Schwingformen der abgebildeten Kirchhoff-Platte (siehe Bild 3.36) mit Hilfe des DV und der FEM zu ermitteln und die Ergebnisse sind mit der exakten Lösung zu vergleichen.

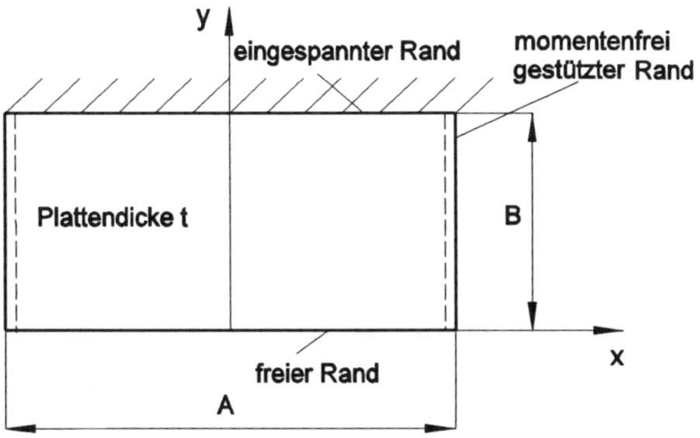

Bild 3.36 Platte mit Bezeichnungen

1. Exakte Lösung

Die Eigenwertgleichung für die exakte Lösung des vorliegenden Plattenproblems ist in Tabelle 3.8 angegeben. Ihre numerische Lösung liefert folgende Eigenwerte für $\alpha = 2$:

$$\lambda_1 = 2,3882 \quad \text{für} \quad m = 1$$
$$\lambda_2 = 4,8693 \quad \text{für} \quad m = 3 \qquad (a)$$
$$\lambda_3 = 4,9943 \quad \text{für} \quad m = 1$$

Die Anzahl der Halbwellen in x-Richtung wird wieder durch m beschrieben. Während die Schwingformen, die zu den beiden ersten Eigenwerten gehören, keine Knotenlinien in y-Richtung aufweisen, tritt eine solche bei der Schwingform, die zu λ_3 gehört, auf. Die entsprechenden Eigenkreisfrequenzen ergeben sich nach Gl.(j) des Beispiels 3.11 aus

$$\omega_k = \lambda_k^2 \alpha^2 \sqrt{\frac{K}{\varrho t A^4}} \qquad (b)$$

mit der Plattensteifigkeit

$$K = \frac{E t^3}{12\,(1-\nu^2)} \qquad (c)$$

Aus Gl.(b) erhält man die Eigenkreisfrequenzen

$$\omega_1 = 22,814 \sqrt{\frac{K}{\varrho t A^4}}$$
$$\omega_2 = 98,777 \sqrt{\frac{K}{\varrho t A^4}} \qquad (d)$$
$$\omega_3 = 99,772 \sqrt{\frac{K}{\varrho t A^4}}$$

2. Lösung mit Hilfe des Differenzenverfahrens

Wir greifen auf das Beispiel 2.3 in Abschnitt 2.1.2.5 zurück. Dort wurden die Differenzenausdrücke für die Bewegungsgleichungen und die Randbedingungen in symbolischer Form angegeben. In Bild 3.37 ist die Gitternetzbelegung für symmetrische Schwingformen einschließlich der benötigten

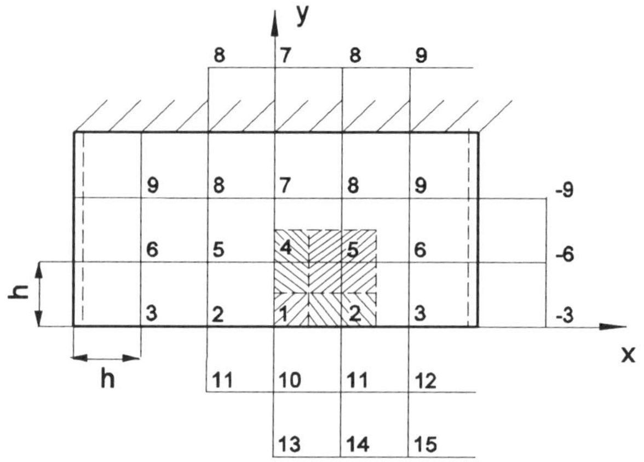

Bild3.37 Gitternetzbelegung mit Außenpunkten

Außenpunkte angegeben. Dabei sind die RB für die am eingespannten und am momentenfrei gestützten Rand erforderlichen Außenpunkte bereits eingearbeitet.

Der Differenzenoperator für die Bewegungsgleichung (Gl.(d) im Beispiel 2.3) wird nun auf die Gitterpunkte 1 bis 9 als Zentralpunkte und der Operator für die RB am freien Rand auf die Randpunkte 1 bis 3 als Zentralpunkte angewendet. Daraus ergeben sich 9 + 6 = 15 Gleichungen für die 15 Unbekannten w_1 bis w_{15}. Für den Gitterpunkt 5 als Zentralpunkt ergibt sich z.B. aus der Plattengleichung (3.189) mit $K^* = K$ und $\bar{p}_z = 0$ die Differenzengleichung

$$\begin{aligned} &20w_5 - 8w_4 - 8w_6 + w_5 + 2w_7 - 8w_8 + 2w_9 \\ &+ 2w_1 - 8w_2 + 2w_3 + w_{11} - \lambda w_5 = 0 \end{aligned} \tag{a}$$

Für die RB bei y = 0

$$w_{/yy} + \nu w_{/xx} = 0$$

erhält man für den Randpunkt 2 die Differenzengleichung

$$w_5 + 0{,}3w_1 - 2{,}6w_2 + 0{,}3w_3 + w_{11} = 0 \tag{b}$$

Die Elimination von w_{11} aus den Gln.(a) und (b) liefert die Differenzengleichung für den Gitterpunkt 5:

$$\begin{aligned} &1{,}7w_1 - 5{,}4w_2 + 1{,}7w_3 - 8w_4 + 20w_5 \\ &- 8w_6 + 2w_7 - 8w_8 + 2w_9 - \lambda w_5 = 0 \end{aligned} \tag{c}$$

mit

$$\lambda = \frac{\varrho t h^4}{K}\omega^2 \tag{d}$$

Indem man nun für alle Innen- und Randpunkte die Differenzengleichungen aufschreibt und die Außenpunkte mit Hilfe der RB eliminiert, erhält man das folgende spezielle nichtsymmetrische Eigenwertproblem:

$$\left\{\begin{bmatrix} 13{,}06 & -12{,}88 & 1{,}82 & -10{,}8 & 6{,}8 & 0 & 2 & 0 & 0 \\ -6{,}44 & 13{,}97 & -6{,}44 & 3{,}4 & -10{,}8 & 3{,}4 & 0 & 2 & 0 \\ 0{,}91 & -6{,}44 & 12{,}15 & 0 & 3{,}4 & -10{,}8 & 0 & 0 & 2 \\ -5{,}4 & 3{,}4 & 0 & 19 & -16 & 2 & -8 & 4 & 0 \\ 1{,}7 & -5{,}4 & 1{,}7 & -8 & 20 & -8 & 2 & -8 & 2 \\ 0 & 1{,}7 & -5{,}4 & 1 & -8 & 18 & 0 & 2 & -8 \\ 1 & 0 & 0 & -8 & 4 & 0 & 21 & -16 & 2 \\ 0 & 1 & 0 & 2 & -8 & 2 & -8 & 22 & -8 \\ 0 & 0 & 1 & 0 & 2 & -8 & 1 & -8 & 20 \end{bmatrix} - \lambda\, \mathrm{I}\right\} \boldsymbol{d} = 0 \qquad \text{(e)}$$

mit

$$\boldsymbol{d}^{\mathrm{T}} = [w_1 \; w_2 \; \ldots \; w_9] \qquad \text{(f)}$$

Dieses nichtsymmetrische spezielle Eigenwertproblem läßt sich in ein symmetrisches allgemeines Eigenwertproblem überführen, indem man die erste Zeile mit 1/4 und die zweite, dritte, vierte und siebente Zeile jeweils mit 1/2 multipliziert. Diese Faktoren entsprechen den Massenanteilen, die den Randpunkten zuzuordnen sind. In Bild 3.37 sind z.B. die den Gitterpunkten 1, 2, 4 und 5 zuzuordnenden Massenanteile durch Schraffur hervorgehoben. Die Symmetrisierung führt auf das Eigenwertproblem

$$\left\{\begin{bmatrix}
3{,}265 & -3{,}22 & 0{,}455 & -2{,}7 & 1{,}7 & 0 & 0{,}5 & 0 & 0\\
 & 6{,}985 & -3{,}22 & 1{,}7 & -5{,}4 & 1{,}7 & 0 & 1 & 0\\
 & & 6{,}075 & 0 & 1{,}7 & -5{,}4 & 0 & 0 & 1\\
 & & & 9{,}5 & -8 & 1 & -4 & 2 & 0\\
\text{symm.} & & & & 20 & -8 & 2 & -8 & 2\\
 & & & & & 18 & 0 & 2 & -8\\
 & & & & & & 10{,}5 & -8 & 1\\
 & & & & & & & 22 & -8\\
 & & & & & & & & 20
\end{bmatrix}
- \lambda \begin{bmatrix}
0{,}25 & & & & & & & & \\
 & 0{,}5 & & & & & & & \\
 & & 0{,}5 & & & \mathbf{0} & & & \\
 & & & 0{,}5 & & & & & \\
 & & & & 1 & & & & \\
 & & & & & 1 & & & \\
 & & \mathbf{0} & & & & 0{,}5 & & \\
 & & & & & & & 1 & \\
 & & & & & & & & 1
\end{bmatrix}\right\}
\begin{bmatrix} w_1\\ w_2\\ w_3\\ w_4\\ w_5\\ w_6\\ w_7\\ w_8\\ w_9 \end{bmatrix} = \mathbf{0} \qquad \text{(g)}$$

Aus Gl.(g) ergeben sich die drei ersten Eigenwerte zu

$$\lambda_1 = 0{,}34053$$
$$\lambda_2 = 3{,}87259 \qquad \text{(h)}$$
$$\lambda_3 = 4{,}91035$$

Aus Gl.(d) erhält man mit Gl.(h) wegen

$$\omega = \sqrt{\lambda}\sqrt{\frac{K}{\varrho t h^4}} = 36\sqrt{\lambda}\sqrt{\frac{K}{\varrho t A^4}} \qquad \text{(i)}$$

die Eigenkreisfrequenzen

$$\omega_1 = 21{,}00775\sqrt{\frac{K}{\varrho t A^4}}$$
$$\omega_2 = 70{,}84398\sqrt{\frac{K}{\varrho t A^4}} \qquad \text{(j)}$$
$$\omega_3 = 79{,}77354\sqrt{\frac{K}{\varrho t A^4}}$$

3. Lösung mit Hilfe der FEM

Wir beschränken uns aus Gründen der Übersichtlichkeit auf eine grobe Elementeinteilung mit 4 Elementen. In Bild 3.38 sind die Elementeinteilung sowie die Element- und die Systemknotennumerierung dargestellt. Die Systemknotennummern sind durch Kreise hervorgehoben. Wir verwenden Elemente mit je 16 Freiheitsgraden, d.h., Elemente mit kubischer Approximation. Der Knotenverschiebungsvektor lautet

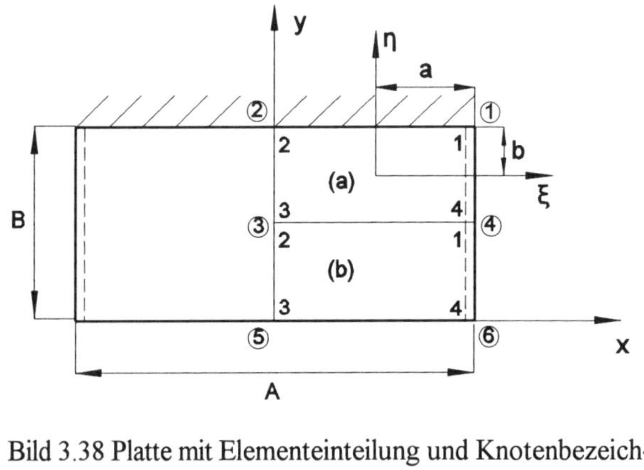

Bild 3.38 Platte mit Elementeinteilung und Knotenbezeichnungen

$$(\boldsymbol{w}_e^{(i)})^T = [w^i \; w^i_{/\xi} \; w^i_{/\eta} \; w^i_{/\xi\eta}] \qquad (i = 1 \ldots 4) \qquad \text{(a)}$$

Der Systemverschiebungsvektor ergibt sich unter Beachtung der kinematischen RB und bei

Beschränkung auf eine Plattenhälfte zu

$$\boldsymbol{w}^T = [w_3 \; w_{3/\eta} \; w_{4/\xi} \; w_{4/\xi\eta} \; w_5 \; w_{5/\eta} \; w_{6/\xi} \; w_{6/\eta}] \tag{b}$$

Damit ergibt sich folgendes Zuordnungsschema:

System	w_3	$w_{3/\eta}$	$w_{4/\xi}$	$w_{4/\xi\eta}$	w_5	$w_{5/\eta}$	$w_{6/\xi}$	$w_{6/\eta}$
Element (a)	w_3	$w_{3/\eta}$	$w_{4/\xi}$	$w_{4/\xi\eta}$	0	0	0	0
Element (b)	w_2	$w_{2/\eta}$	$w_{1/\xi}$	$w_{1/\xi\eta}$	w_3	$w_{3/\eta}$	$w_{4/\xi}$	$w_{4/\xi\eta}$

Die Arbeitsformulierung der Kirchhoff-Platte für Eigenschwingungen folgt aus Gl.(3.212) nach Zeitseparation mit dem Ansatz

$$w(x,y,t) = \boldsymbol{h}^T \boldsymbol{w} e^{j\omega t} \tag{c}$$

zu

$$\begin{aligned} K\{ \int_{-\frac{a}{2}}^{\frac{a}{2}} \int_{-\frac{b}{2}}^{\frac{b}{2}} \Big[& \boldsymbol{h}_{/xx} \boldsymbol{h}^T_{/xx} + \boldsymbol{h}_{/yy} \boldsymbol{h}^T_{/yy} + \nu (\boldsymbol{h}_{/xx} \boldsymbol{h}^T_{/yy} + \boldsymbol{h}_{/yy} \boldsymbol{h}^T_{/xx}) \\ & + 2(1-\nu) \boldsymbol{h}_{/xy} \boldsymbol{h}^T_{/xy} \Big] dx\,dy - \varrho t \omega^2 \int_{-\frac{a}{2}}^{\frac{a}{2}} \int_{-\frac{b}{2}}^{\frac{b}{2}} \boldsymbol{h} \boldsymbol{h}^T dx\,dy \} \boldsymbol{w} = \boldsymbol{0} \end{aligned} \tag{d}$$

mit

$$K = \frac{E t^3}{12(1-\nu^2)} \tag{e}$$

Nach Einführung von

$$\xi = \frac{x}{a} \; ; \; \eta = \frac{y}{b} \; ; \; \alpha = \frac{a}{b} \; ; \; \lambda = \frac{\varrho t a^4 \omega^2}{K} \tag{f}$$

folgt aus Gl.(d)

$$\begin{aligned} \{ \int_{-1}^{1} \int_{-1}^{1} \Big[& \boldsymbol{h}_{/\xi\xi} \boldsymbol{h}^T_{/\xi\xi} + \alpha^4 \boldsymbol{h}_{/\eta\eta} \boldsymbol{h}^T_{/\eta\eta} + \alpha^2 \nu (\boldsymbol{h}_{/\xi\xi} \boldsymbol{h}^T_{/\eta\eta} + \boldsymbol{h}_{/\eta\eta} \boldsymbol{h}^T_{/\xi\xi}) \\ & + 2(1-\nu) \alpha^2 \boldsymbol{h}_{/\xi\eta} \boldsymbol{h}^T_{/\xi\eta} \Big] d\xi\,d\eta - \lambda \int_{-1}^{1} \int_{-1}^{1} \boldsymbol{h} \boldsymbol{h}^T d\xi\,d\eta \} \boldsymbol{w} = \boldsymbol{0} \end{aligned} \tag{g}$$

Wir verwenden Rechteckelemente mit kubischen Formfunktionen, die auf Einheitsquadratelemente transformiert werden. Die kubischen Formfunktionen entsprechen den in Gl.(a) angegebenen 16 Freiheitsgraden der Elemente. Der Verschiebungszustand im Element wird -

da die Zeit mit Gl(c) bereits separiert wurde - durch

$$w(\xi,\eta) = \boldsymbol{h}^T(\xi,\eta)\,\boldsymbol{w} \tag{h}$$

beschrieben. Mit den Produktansätzen

$$h_{ij}(\xi,\eta) = p_i(\xi)\,q_j(\eta) \tag{i}$$

hat der Vektor der Formfunktionen für jedes Element folgenden Aufbau:

$$\begin{aligned}\boldsymbol{h}_e^T = [&h_{22}\ h_{42}\ h_{24}\ h_{44}\ h_{12}\ h_{32}\ h_{14}\ h_{34}\\ &h_{11}\ h_{31}\ h_{13}\ h_{33}\ h_{21}\ h_{41}\ h_{23}\ h_{43}\ ]\end{aligned} \tag{j}$$

Diesen Formfunktionen sind die Knotenverschiebungen

$$\begin{aligned}\boldsymbol{w}_e^T = [\ &w_1\ w_{1/\xi}\ w_{1/\eta}\ w_{1/\xi\eta}\ w_2\ w_{2/\xi}\ w_{2/\eta}\ w_{2/\xi\eta}\\ &w_3\ w_{3/\xi}\ w_{3/\eta}\ w_{3/\xi\eta}\ w_4\ w_{4/\xi}\ w_{4/\eta}\ w_{4/\xi\eta}\ ]\end{aligned} \tag{k}$$

zugeordnet.

Für die Formfunktionen in Gl.(i) werden die Ansätze

$$\begin{aligned}
p_1 &= \frac{1}{4}(1-\xi)^2(2+\xi) \quad ; \quad q_1 = \frac{1}{4}(1-\eta)^2(2+\eta)\\
p_2 &= \frac{1}{4}(1+\xi)^2(2-\xi) \quad ; \quad q_2 = \frac{1}{4}(1+\eta)^2(2-\eta)\\
p_3 &= \frac{1}{4}(1-\xi)^2(1+\xi) \quad ; \quad q_3 = \frac{1}{4}(1-\eta)^2(1+\eta)\\
p_4 &= -\frac{1}{4}(1+\xi)^2(1-\xi) \quad ; \quad q_4 = -\frac{1}{4}(1+\eta)^2(1-\eta)
\end{aligned} \tag{l}$$

gemacht. Mit diesen Beziehungen lassen sich die Elemente der Elementmatrizen und nach Zuordnung entsprechend dem angegebenen Schema auch die Elemente der Systemmatrizen aufbauen. Am Beispiel des Elementes in der 2. Zeile und 4. Spalte der Systemmatrix soll gezeigt werden, wie man die Elemente der Steifigkeits- und Massenmatrix berechnen kann. Für die Zuordnung gilt folgendes Schema:

Systemverschiebungen für Element 24		$w_{3/\eta}$, $w_{4/\xi\eta}$
Zugeordnete Elementverschiebung :	Element (a) Element (b)	$w_{3/\eta}$, $w_{4/\xi\eta}$ $w_{2/\eta}$, $w_{1/\xi\eta}$
Entsprechende Formfuktionen nach Gl.(i) und Gl.(l):	Element (a) Element (b)	h_{13}, h_{43} h_{14}, h_{44}

Damit erhält man

$$k_{24} = \int_{-1}^{1}\int_{-1}^{1} [\, h_{13/\xi\xi} h_{43/\xi\xi} + h_{14/\xi\xi} h_{44/\xi\xi}$$
$$+ \alpha^4 (h_{13/\eta\eta} h_{43/\eta\eta} + h_{14/\eta\eta} h_{44/\eta\eta})$$
$$+ 2\nu\alpha^2 (h_{13/\xi\xi} h_{43/\eta\eta} + h_{14/\xi\xi} h_{44/\eta\eta}) \quad \text{(m)}$$
$$+ 2(1-\nu)\alpha^2 (h_{13/\xi\eta} h_{43/\xi\eta} + h_{14/\xi\eta} h_{44/\xi\eta}) \,]\, d\xi\, d\eta$$
$$= -1526{,}4$$

Das Element m_{24} der Systemmassenmatrix ergibt sich aus

$$m_{24} = \int_{-1}^{1}\int_{-1}^{1} (h_{13} h_{43} + h_{14} h_{44})\, d\xi\, d\eta = -\frac{208}{11025} \quad \text{(n)}$$

In entsprechender Weise berechnet man alle übrigen Elemente der Systemmatrizen ***K*** und ***M*** und man erhält das folgende Eigenwertproblem:

$$\left(\begin{bmatrix} 9165{,}6 & 0 & -578{,}4 & 0 & -4267{,}8 & -3805{,}8 & 604{,}2 & 646{,}2 \\ & 10569{,}6 & 0 & -1526{,}4 & 3805{,}8 & 2410{,}8 & -646{,}2 & -445{,}2 \\ & & 1929{,}6 & 0 & 604{,}2 & 646{,}2 & -544{,}8 & -376{,}8 \\ \text{symm.} & & & 1326{,}9 & -646{,}2 & -445{,}2 & 376{,}8 & 202{,}1 \\ & & & & 4582{,}8 & 4062 & -289{,}2 & -516 \\ & & & & & 5284{,}8 & -516 & -763{,}2 \\ & & & & & & 964{,}8 & 584 \\ & & & & & & & 663{,}5 \end{bmatrix} \right.$$

$$\left. - \lambda \begin{bmatrix} 12168 & 0 & -2028 & 0 & 2106 & 1014 & -351 & -169 \\ & 1248 & 0 & -208 & -1014 & -468 & 169 & 78 \\ & & 1248 & 0 & -351 & -169 & 216 & 104 \\ \text{symm.} & & & 128 & 169 & 78 & -104 & -48 \\ & & & & 6048 & 1716 & -1014 & -286 \\ & & & & & 624 & -286 & -104 \\ & & & & & & 624 & 176 \\ & & & & & & & 64 \end{bmatrix} \right) \begin{bmatrix} w_3 \\ w_{3/\eta} \\ w_{4/\xi} \\ w_{4/\xi\eta} \\ w_5 \\ w_{5/\eta} \\ w_{6/\xi} \\ w_{6/\eta} \end{bmatrix} = \mathbf{0} \quad \text{(o)}$$

mit

$$\lambda = \frac{14}{735} \frac{\varrho t a^4}{K} \omega^2 \tag{p}$$

Die ersten drei Eigenwerte von Gl.(o) lauten

$$\begin{aligned} \lambda_1 &= 0{,}03904 \\ \lambda_2 &= 0{,}75785 \\ \lambda_3 &= 1{,}06248 \end{aligned} \tag{q}$$

Wegen

$$\omega_k = \sqrt{\frac{735}{14}\lambda_k}\sqrt{\frac{K}{\varrho t a^4}} = 16\sqrt{\frac{735}{14}\lambda_k}\sqrt{\frac{K}{\varrho t A^4}} \tag{r}$$

ergeben sich die Eigenkreisfrequenzen zu

$$\begin{aligned} \omega_1 &= 22{,}90618\sqrt{\frac{K}{\varrho t A^4}} \\ \omega_2 &= 100{,}9236\sqrt{\frac{K}{\varrho t A^4}} \\ \omega_3 &= 119{,}4976\sqrt{\frac{K}{\varrho t A^4}} \end{aligned} \tag{s}$$

Der Vergleich der Ergebnisse der Näherungsrechnungen mit denen der exakten Lösung zeigt, daß die FEM trotz der sehr groben Näherung, für die ersten beiden Eigenfrequenzen noch sehr gute Werte liefert. Der relative Fehler beträgt bei ω_1 0,4%, bei ω_2 2,2%. Der dritte Wert ist allerdings mit einem relativen Fehler von ca. 20% nicht mehr brauchbar.

Das DV ist weit weniger genau. Der relative Fehler bei der ersten Eigenfrequenz beträgt -7,9%, die beiden anderen Werte sind wegen der Fehler von 20% und mehr nicht mehr verwertbar.

3.4.3 Plattentheorie nach Mindlin

3.4.3.1 Bewegungsgleichungen

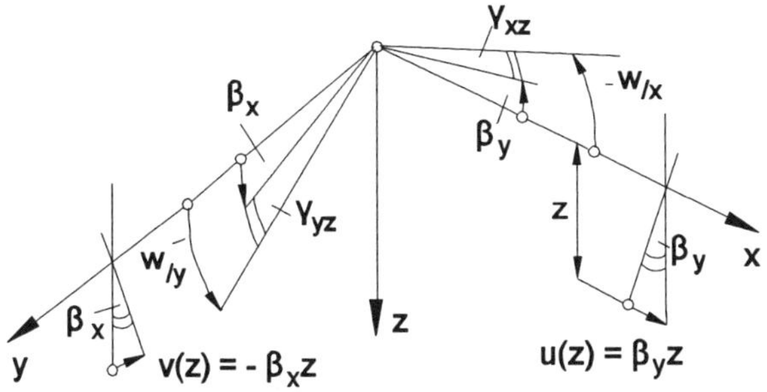

Bild 3.39 Zur Definition der Biegewinkel bei der Mindlin-Platte

In der Plattentheorie von Mindlin werden gegenüber der Kirchhoff-Theorie dieQuerkraftschubdeformationen und die Rotationsträgheit näherungsweise erfaßt. Das bedeutet, daß Geraden, die vor der Verformung senkrecht zur Plattenmittelebene stehen bei der Verformung nicht senkrecht bleiben. Die Näherung besteht darin,daß angenommen wird,daß ihre Querschnitte eben bleiben. Dies erfordert den Ersatz der Schubdeformationen γ_{xz} bzw. γ_{yz} durch energetisch äquivalente konstante Schubdeformationen über den Querschnitt.

Der Verschiebungszustand wird bei der Mindlin-Platte durch die Durchbiegung w(x,y,t) der Mittelfläche sowie durch die Biegewinkel $\beta_x(x,y,t)$ und $\beta_y(x,y,t)$ beschrieben. Die Definition der Biegewinkel ist aus Bild 3.39 zu ersehen. Danach gilt:
Verschiebungen infolge Querauslenkung w(x,y,t):

$$u(x,y,t) = z\beta_y(x,y,t) \; ; \; v(x,y,t) = -z\beta_x(x,y,t) \tag{3.213}$$

Verzerrungen:

$$\begin{aligned} \varepsilon_x(x,y,t) &= u_{/x} = z\beta_{y/x} \; ; \; \varepsilon_y(x,y,t) = v_{/y} = -z\beta_{x/y} \\ \gamma_{xy}(x,y,t) &= u_{/y} + v_{/x} = z(\beta_{y/y} - \beta_{x/x}) \\ \gamma_{xz}(x,y,t) &= -(w_{/x} + \beta_y) \; ; \; \gamma_{yz}(x,y,t) = w_{/y} - \beta_x \end{aligned} \tag{3.214}$$

Die Gleichgewichtsbedingungen können auch für die Mindlin-Platte aus Bild 3.32 abgelesen werden. Allerdings müssen bei der Mindlin-Platte noch die Drehträgheiten

$$\frac{\varrho h^3}{12}\ddot{\beta}_y \quad \text{und} \quad \frac{\varrho h^3}{12}\ddot{\beta}_x$$

berücksichtigt werden. Das führt auf die Gleichgewichtsbeziehungen

$$
\begin{aligned}
& q_{x/x} + q_{y/y} - \varrho h \ddot{w} + \overline{p}_z = 0 \\
& m_{x/x} + m_{yx/y} - \frac{\varrho h^3}{12} \ddot{\beta}_y - q_x = 0 \\
& m_{y/y} + m_{xy/x} + \frac{\varrho h^3}{12} \ddot{\beta}_x - q_y = 0
\end{aligned}
\tag{3.215}
$$

Die Schnittmomente ergeben sich mit den Spannungen

$$
\begin{aligned}
\sigma_x(x,y,t) &= \frac{E^* z}{1-\nu^2} (\beta_{y/x} - \nu \beta_{x/y}) \\
\sigma_y(x,y,t) &= \frac{E^* z}{1-\nu^2} (-\beta_{x/y} + \nu \beta_{y/x}) \\
\tau_{xy}(x,y,t) &= \frac{E^* z}{2(1+\nu)} (\beta_{y/y} - \beta_{x/x})
\end{aligned}
\tag{3.216}
$$

zu

$$
\begin{aligned}
m_x &= \int_{(A)} \sigma_x z \, dA = K^* (\beta_{y/x} - \nu \beta_{x/y}) \\
m_y &= \int_{(A)} \sigma_y z \, dA = K^* (-\beta_{x/y} + \nu \beta_{y/x}) \\
m_{xy} &= \int_{(A)} \tau_{xy} z \, dA = \frac{1-\nu}{2} K^* (\beta_{y/y} - \beta_{x/x})
\end{aligned}
\tag{3.217}
$$

Die Querkräfte folgen durch Integration der gemittelten Schubspannungen τ_{xz} und τ_{yz} über die Querschnittsfläche. Man erhält:

$$
\begin{aligned}
q_x &= -\frac{E^* \kappa h}{2(1+\nu)} \gamma_{xy} = \frac{6\kappa(1-\nu)}{h^2} K^* (w_{/x} + \beta_y) \\
q_y &= \frac{E^* \kappa h}{2(1+\nu)} \gamma_{yz} = \frac{6\kappa(1-\nu)}{h^2} K^* (w_{/y} - \beta_x)
\end{aligned}
\tag{3.218}
$$

$\kappa = 5/6$ ist der Schubbeiwert und K^* der Operator (3.187), der die Plattensteifigkeit $K = Eh^3/12(1-\nu^2)$ enthält.

Mit den Schnittgrößen nach Gl.(3.217) und Gl.(3.218) erhält man aus Gl.(3.215)die Bewegungsgleichungen für die Mindlin-Platte:

$$\frac{6\kappa(1-\nu)}{h^2} K^* (w_{/xx} + w_{/yy} + \beta_{y/x} - \beta_{x/y}) - \varrho h \ddot{w} + \overline{p}_z = 0$$

$$K^* [\beta_{y/xx} + \frac{1-\nu}{2} \beta_{y/yy} - \frac{1+\nu}{2} \beta_{x/xy}$$

$$- \frac{6\kappa(1-\nu)}{h^2} (w_{/x} + \beta_y)] - \frac{\varrho h^3}{12} \ddot{\beta}_y = 0 \qquad (3.219)$$

$$K^* [\beta_{x/yy} + \frac{1-\nu}{2} \beta_{x/xx} - \frac{1+\nu}{2} \beta_{y/xy}$$

$$+ \frac{6\kappa(1-\nu)}{h^2} (w_{/y} - \beta_x)] - \frac{\varrho h^3}{12} \ddot{\beta}_x = 0$$

Bei der Mindlin-Platte lassen sich - im Gegensatz zur Kirchhoff-Platte - alle RB erfüllen. Sie lauten:

(1) Eingespannter Rand:

$$w(R) = 0 \; ; \; \beta_n(R) = 0 \; ; \; \beta_s(R) = 0 \qquad (3.220)$$

(2) Momentenfrei gestützter Rand:

$$w(R) = 0 \; ; \; m_n(R) = 0 \rightarrow \beta_{s/n}(R) = 0 \; ; \; \beta_n(R) = 0 \qquad (3.221)$$

(3) Freier Rand:

$$m_n(R) = 0 \rightarrow \beta_{s/n} - \nu \beta_{n/s} = 0$$

$$m_{ns}(R) = 0 \rightarrow \beta_{s/s} - \beta_{n/n} = 0 \qquad (3.222)$$

$$q_n(R) = 0 \rightarrow w_{/n} + \beta_s = 0$$

Die Koordinatenrichtungen n und s sind Bild 3.33 zu entnehmen.

In Polarkoordinaten sind die Verschiebungen und Verzerrungen durch folgende Beziehungen bestimmt:

$$u(r,\varphi,z,t) = z\beta_\varphi \;;\; v(r,\varphi,z,t) = -z\beta_r$$

$$\varepsilon_r = u_{/r} = z\beta_{\varphi/x} \;;\; \varepsilon_\varphi = \frac{v_{/\varphi}}{r} + \frac{u}{r} = -\frac{z}{r}(\beta_{r/\varphi} - \beta_\varphi)$$

$$\gamma_{r\varphi} = \frac{1}{r}(u_{/\varphi} + rv_{/r}) - \frac{v}{r} = z\left(\frac{1}{r}\beta_{\varphi/\varphi} - \beta_{r/r} + \frac{1}{r}\beta_r\right) \tag{3.223}$$

$$\gamma_{rz} = -(w_{/r} + \beta_\varphi) \;;\; \gamma_{\varphi r} = \frac{1}{r}w_{/\varphi} - \beta_r$$

Dieselbe Vorgehensweise wie bei der Kirchhoff-Platte führt hier zu folgenden Bewegungsgleichungen:

$$\begin{aligned}
&\frac{6\kappa(1-\nu)}{h^2}K^*\left[w_{/r} + \beta_\varphi + rw_{/rr} + r\beta_{\varphi/r} + \frac{1}{r}w_{/\varphi\varphi} - \beta_{r/\varphi}\right]\\
&\quad -\rho h r\ddot{w} + \bar{p}_z = 0\\
&K^*\left\{\frac{1-\nu}{2}\left[-\frac{1}{r}\beta_{\varphi/\varphi} - \beta_{\varphi/r\varphi} + \beta_{r/r} - \frac{1}{r}\beta_r + r\beta_{r/rr}\right]\right.\\
&\quad -\left[\nu\beta_{\varphi/r\varphi} - \frac{1}{r}\beta_{r/r\varphi} + \frac{1}{r}\beta_{\varphi/\varphi}\right]\\
&\quad \left.-\frac{6\kappa(1-\nu)}{h^2}(w_{/\varphi} - r\beta_r)\right\} - \frac{\rho h^3}{12}r\ddot{\beta}_r = 0\\
&K^*\left\{\frac{1-\nu}{2}\left[\frac{1}{r}\beta_{\varphi/\varphi\varphi} - \beta_{r/r\varphi} + \frac{1}{r}\beta_{r/\varphi}\right] + r\beta_{\varphi/rr}\right.\\
&\quad -(1+2\nu)\beta_\varphi + \beta_{\varphi/r} - \nu\beta_{r/r\varphi} + \frac{1}{r}\beta_{r/\varphi}\\
&\quad \left.-\frac{6\kappa(1-\nu)}{h^2}r(w_{/r} + \beta_\varphi)\right\} - \frac{\rho h^3}{12}r\ddot{\beta}_\varphi = 0
\end{aligned} \tag{3.224}$$

Beispiel 3.13

Es sind die Eigenkreisfrequenzen der allseitig momentenfrei gelagerten Rechteckplatte entsprechend Bild 3 40 nach der Theorie von Mindlin mit denjenigen der Kirchhoff-Platte zu vergleichen.

Die Lösungsansätze

$$
\begin{aligned}
w(x,y,t) &= W\sin\frac{m\Pi x}{a}\sin\frac{n\Pi y}{b}e^{j\omega t} \\
\beta_y(x,y,t) &= B_y\cos\frac{m\Pi x}{a}\sin\frac{n\Pi y}{b}e^{j\omega t} \\
\beta_x(x,y,t) &= B_x\sin\frac{m\Pi x}{a}\cos\frac{n\Pi y}{b}e^{j\omega t}
\end{aligned}
\qquad \text{(a)}
$$

die sämtliche RB erfüllen, führen, in die Bewegungsgleichungen (3.219) eingesetzt, auf ein homogenes algebraisches Gleichungssystem in W, B_x und B_y, dessen Koeffizientendeterminante verschwinden muß. Daraus folgt die Eigenwertgleichung. Ihre Auswertung ergibt für a/b = 2, ν = 0,3, κ = 5/6 und m = n die in Bild 3.41 angegebenFrequenzverhältnisse.

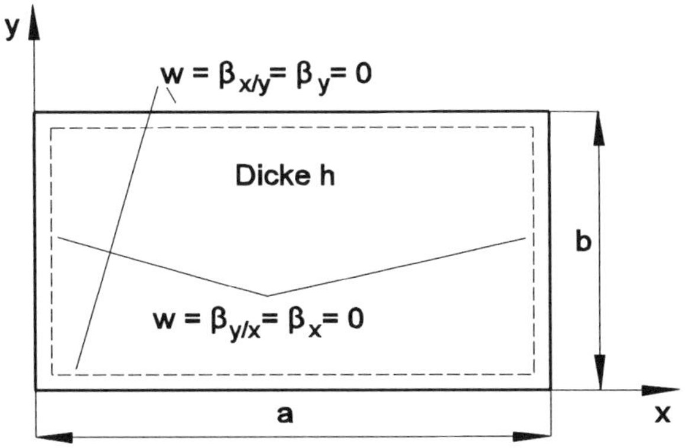

Bild 3.40 Momentenfrei gelagerte Rechteckplatte mit Randbedingungen

Bild 3 41 Eigenkreisfrequenzen der Mindlin-Platte, bezogen auf die Eigenkreisfrequenzen der Kirchhoff-Platte

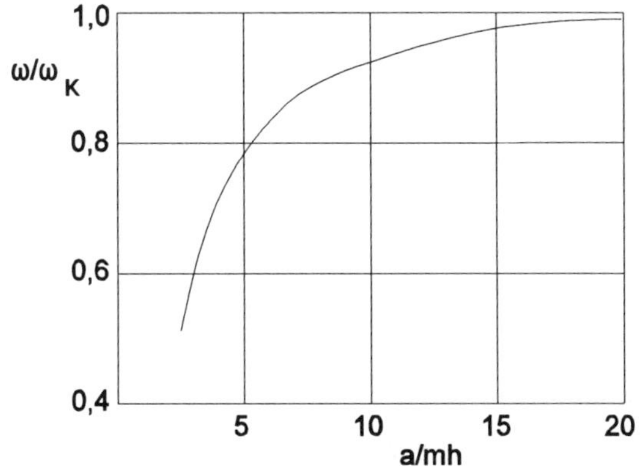

Die Vergleichswerte für die Kirchhoff-Platte ergeben sich aus Tabelle 3.8 für den gleichen Lagerungsfall zu

$$\omega_k = \pi^2 (m^2 + \alpha^2 n^2) \sqrt{\frac{K}{\varrho h a^4}} \tag{b}$$

m und n geben die Anzahl der Halbwellen in x- bzw. y-Richtung an.

Die Ergebnisse dieses Beispiels zeigen, daß die Eigenfrequenzen der Mindlin-Platte erst bei relativ dicken Platten von denen der Kirchhoff-Platte deutlich abweichen.

3.4.3.2 Arbeitsformulierung der Mindlin-Platte

Das Prinzip der virtuellen Arbeiten ergibt für das Modell der Mindlin-Platte die Beziehung

$$\begin{aligned} &\int_{(V)} \delta \boldsymbol{\varepsilon}^T \boldsymbol{\sigma} \, dV + \int_{(A)} h \delta \boldsymbol{\gamma}_s^T \boldsymbol{\tau}_s \, dA + \int_{(A)} \varrho h \delta w \ddot{w} \, dA \\ &+ \int_{(A)} \frac{\varrho h^3}{12} (\delta \beta_x \ddot{\beta}_x + \delta \beta_y \ddot{\beta}_y) \, dA = \int_{(A)} \delta w \bar{p}_z \, dA \end{aligned} \tag{3.225}$$

(A = Plattenmittelfläche)

In Gl.(3.225) bedeuten:

$$\begin{aligned} \boldsymbol{\varepsilon}^T &= [\varepsilon_x \; \varepsilon_y \; \gamma_{xy}] = z\,[\beta_{y/x} \;\; -\beta_{x/y} \;\; (\beta_{y/y} - \beta_{x/x})\,] \\ \boldsymbol{\gamma}_s^T &= [\gamma_{xz} \; \gamma_{yz}] = [-(w_{/x} + \beta_y) \;\; (w_{/y} - \beta_x)\,] \end{aligned} \tag{3.226}$$

$$\begin{aligned} \boldsymbol{\sigma}^T &= [\sigma_x \; \sigma_y \; \tau_{xy}] \\ &= \frac{E^* z}{1-\nu^2} [\,(\beta_{y/x} - \nu \beta_{x/x}) \;\; (-\beta_{x/y} + \nu \beta_{y/x}) \\ &\qquad \frac{1-\nu}{2} (\beta_{y/y} - \beta_{x/x})\,] \\ \boldsymbol{\tau}_s^T &= \frac{E^* \kappa}{2\,(1+\nu)} \gamma_s^T = [-(w_{/x} + \beta_y) \;\; (w_{/y} - \beta_x)\,] \end{aligned} \tag{3.227}$$

Die Ortsdiskretisierung erfolgt mittels der Beziehungen

$$
\begin{aligned}
w(x,y,t) &= \boldsymbol{h}_w^{\,T}(x,y)\,\boldsymbol{w}(t)\\
\beta_x(x,y,t) &= \boldsymbol{h}_x^{\,T}(x,y)\,\boldsymbol{\beta}_x(t)\\
\beta_y(x,y,t) &= \boldsymbol{h}_y^{\,T}(x,y)\,\boldsymbol{\beta}_y(t)
\end{aligned}
\tag{3.228}
$$

Für die Komponenten der Formfunktionen in Gl.(3.228) werden meist Produktansätze der Gestalt $h_{ij}(x,y) = h_i(x)\,h_j(y)$ verwendet. Dabei hat sich die Anwendung des isoparametrischen Konzepts mit Viereckelementen mit vier bzw. acht Knoten entsprechend linearen bzw. quadratischen Ansätzen als zweckmäßig erwiesen.

Setzt man noch $\boldsymbol{h}_w = \boldsymbol{h}_x = \boldsymbol{h}_y = \boldsymbol{h}$, so erhält man mit Gl.(3.228) Gl.(3.226) und Gl.(3.227) aus Gl.(3.225) die ortsdiskretisierten Bewegungsgleichungen

$$
\int_{(A)} \begin{bmatrix} \boldsymbol{H}_{11} & \boldsymbol{H}_{12} & \boldsymbol{H}_{13}\\ & \boldsymbol{H}_{22} & \boldsymbol{H}_{23}\\ \text{symm.} & & \boldsymbol{H}_{33} \end{bmatrix} dA \begin{bmatrix} \boldsymbol{w}\\ \boldsymbol{\beta}_x\\ \boldsymbol{\beta}_y \end{bmatrix}
+ \int_{(A)} \varrho h \begin{bmatrix} \boldsymbol{h}\boldsymbol{h}^T & \boldsymbol{0} & \boldsymbol{0}\\ & \frac{h^2}{12}\boldsymbol{h}\boldsymbol{h}^T & \boldsymbol{0}\\ \text{symm.} & & \frac{h^2}{12}\boldsymbol{h}\boldsymbol{h}^T \end{bmatrix} dA \begin{bmatrix} \ddot{\boldsymbol{w}}\\ \ddot{\boldsymbol{\beta}}_x\\ \ddot{\boldsymbol{\beta}}_y \end{bmatrix}
= \begin{bmatrix} \int_{(A)} \boldsymbol{h}\bar{p}_z\,dA\\ \boldsymbol{0}\\ \boldsymbol{0} \end{bmatrix}
\tag{3.229}
$$

mit

$$
\begin{aligned}
K^* &= \frac{E^* h^3}{12\,(1-\nu^2)}\;;\quad \bar{K}^* = \frac{E^* h \kappa}{2\,(1+\nu)}\\
\boldsymbol{H}_{11} &= \bar{K}^*\,[\mathbf{h}_{/x}\mathbf{h}_{/x}^T + \mathbf{h}_{/y}\mathbf{h}_{/y}^T]\\
\boldsymbol{H}_{12} &= -\bar{K}^*\,\mathbf{h}_{/y}\mathbf{h}^T\;;\quad \boldsymbol{H}_{13} = \bar{K}^*\,\mathbf{h}_{/x}\mathbf{h}^T\\
\boldsymbol{H}_{22} &= K^*\,[\mathbf{h}_{/y}\mathbf{h}_{/y}^T + \frac{1-\nu}{2}\mathbf{h}_{/x}\mathbf{h}_{/x}^T] + \bar{K}^*\,\mathbf{h}\mathbf{h}^T\\
\boldsymbol{H}_{23} &= -K^*\,[\nu\,\mathbf{h}_{/y}\mathbf{h}_{/x}^T + \frac{1-\nu}{2}\mathbf{h}_{/x}\mathbf{h}_{/y}^T]\\
\boldsymbol{H}_{33} &= K^*\,[\mathbf{h}_{/x}\mathbf{h}_{/x}^T + \frac{1-\nu}{2}\mathbf{h}_{/y}\mathbf{h}_{/y}^T] + \bar{K}^*\,\mathbf{h}\mathbf{h}^T
\end{aligned}
\tag{3.230}
$$

Bei Verwendung von Polarkoordinaten sind in Gl.(3.225)folgende Beziehungen einzusetzen:

$$\boldsymbol{\varepsilon}^T = (\varepsilon_r \;\; \varepsilon_\varphi \;\; \gamma_{r\varphi})$$
$$= z\left[\beta_{\varphi/r} \quad -\frac{1}{r}(\beta_{r/\varphi} - \beta_\varphi) \quad (\frac{1}{r}\beta_{\varphi/\varphi} - \beta_{r/r} + \frac{1}{r}\beta_r)\right]$$
$$\boldsymbol{\gamma}_s^T = (\gamma_{rz} \;\; \gamma_{\varphi z}) = \left[-(w_{/r} + \beta_\varphi) \quad (\frac{1}{r}w_{/\varphi} - \beta_r)\right]$$
$$\boldsymbol{\sigma} = \begin{bmatrix}\sigma_r \\ \sigma_\varphi \\ \tau_{r\varphi}\end{bmatrix} = \frac{E^* z}{(1-\nu^2)}\begin{bmatrix}1 & \nu & 0 \\ \nu & 1 & 0 \\ 0 & 0 & \frac{1-\nu}{2}\end{bmatrix}\begin{bmatrix}\varepsilon_r \\ \varepsilon_\varphi \\ \varepsilon_{r\varphi}\end{bmatrix} \tag{3.231}$$
$$\boldsymbol{\tau}_s = \frac{E^* \kappa}{2(1+\nu)}\begin{bmatrix}-w_{/r} & -\beta_r \\ \frac{1}{r}w_{/\varphi} & -\beta_r\end{bmatrix}$$

Die Lösungsansätze (3.228) sind nun für $w(r,\varphi,t)$, $\beta_r(r,\varphi,t)$ und $\beta_\varphi(r,\varphi,t)$ zu machen.

3.4.4 Schwingungen von Platten mit großen Durchbiegungen

Im folgenden werden Platten betrachtet, bei denen die Durchbiegungen die Größenordnung der Plattendicke erreichen. Die Belastung der Platte erfolgt durch die Flächenlast $\bar{p}_z(x,y,t)$, senkrecht zur Mittelfläche der Platte sowie durch Normal- und Schubkräfte in derPlatten-tenmittelfläche je Längeneinheit an den Plattenrändern (siehe Bild 3.42)

Die Lagerung der Platte sei derart, daß Starrkörperbewegungen ausgeschlossen sind.

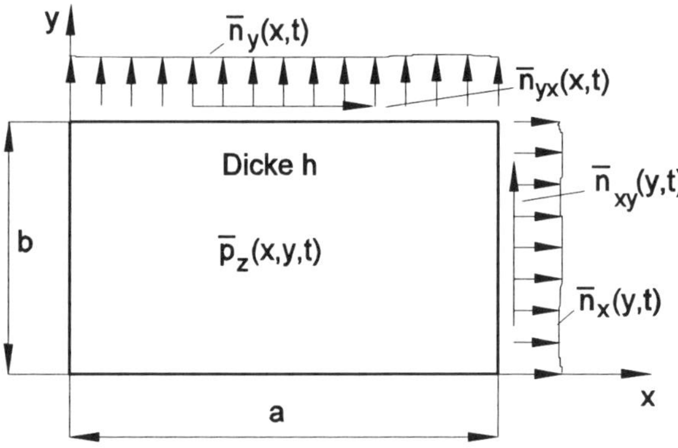

Bild 3.42 Definition der äußeren Kräfte

Die Verschiebungen u und v in der Plattenmittelfläche sind meist so klein, daß die quadratischen Glieder in u und v im Verzerrungsvektor vernachlässigt werden dürfen. Der Verzerrungsvektor ist dann durch

$$\boldsymbol{\varepsilon} = \begin{bmatrix} \varepsilon_x \\ \varepsilon_y \\ \gamma_{xy} \end{bmatrix} = \begin{bmatrix} u_{/x} + \frac{1}{2} w_{/x}^2 - z w_{/xx} \\ v_{/y} + \frac{1}{2} w_{/y}^2 - z w_{/yy} \\ u_{/y} + v_{/x} + w_{/x} w_{/y} - 2 z w_{/xy} \end{bmatrix} \quad (3.232)$$

gegeben.

Die Spannungen ergeben sich unter der für dünne Platten üblichen Annahme eines ebenen Spannungszustandes aus

$$\begin{aligned} \boldsymbol{\sigma}^T &= [\sigma_x \ \sigma_y \ \tau_{xy}] \\ &= \frac{E^*}{1-\nu^2} [(\varepsilon_x + \nu \varepsilon_y) \quad (\varepsilon_y + \nu \varepsilon_x) \quad \frac{1-\nu}{2} \gamma_{xy}] \end{aligned} \quad (3.233)$$

Mit dem Verschiebungsvektor

$$\mathbf{u}^T = (u \ v \ w)$$

lautet nun das Prinzip der virtuellen Arbeiten:

$$\int_{(V)} \delta \boldsymbol{\varepsilon}^T \boldsymbol{\sigma} dV + \int_{(V)} \varrho \delta \mathbf{u}^T \ddot{\mathbf{u}} dV - \int_{(A)} \delta w \bar{p}_z dA - \delta W(n_x, n_y, n_{xy}) = 0 \quad (3.234)$$

δW ist die virtuelle Arbeit der Randkräfte.

Mit den Ansätzen zur Ortsdiskretisierung

$$\begin{aligned} u(x,y,t) &= \mathbf{g}^T(x,y)\, \mathbf{u}(t) \\ v[x,y,t) &= \mathbf{g}^T(x,y)\, \mathbf{v}(t) \\ w(x,y,t) &= \mathbf{h}^T(x,y)\, \mathbf{w}(t) \end{aligned} \quad (3.235)$$

erhält man aus Gl.(3.234) die Bewegungsgleichungen für die Platte mit großen Durchbiegungen

$$\begin{bmatrix} \boldsymbol{K}_{uu} & \boldsymbol{K}_{uv} & \boldsymbol{K}_{uw} \\ & \boldsymbol{K}_{vv} & \boldsymbol{K}_{vw} \\ \text{symm.} & & \boldsymbol{K}_{ww} \end{bmatrix} \begin{bmatrix} \boldsymbol{u} \\ \boldsymbol{v} \\ \boldsymbol{w} \end{bmatrix} + \begin{bmatrix} \boldsymbol{M}_{uu} & 0 & 0 \\ & \boldsymbol{M}_{vv} & 0 \\ \text{symm.} & & \boldsymbol{M}_{ww} \end{bmatrix} \begin{bmatrix} \ddot{\boldsymbol{u}} \\ \ddot{\boldsymbol{v}} \\ \ddot{\boldsymbol{w}} \end{bmatrix} = \begin{bmatrix} \boldsymbol{f}_u \\ \boldsymbol{f}_v \\ \boldsymbol{f}_w \end{bmatrix} \qquad (3.236)$$

Auf die explizite Angabe der Matrizen $\boldsymbol{K}$ und $\boldsymbol{M}$ sowie den Vektor $\boldsymbol{f}$ wird hier verzichtet.

Die Gl.(3.236) sind die allgemeinen nichtlinearen Bewegungsgleichungen der Platte großer Durchbiegung unter beliebigen Randlasten. Die Nichtlinearität kommt dadurch zum Ausdruck, daß einige Untermatrizen in der Steifigkeitsmatrix $\boldsymbol{K}$ selbst noch von den gesuchten Verschiebungen abhängen.

Eine Vereinfachung ergibt sich, wenn die Trägheitskräfte in der Mittelfläche der Platte vernachlässigt werden. In den meisten praktisch vorkommenden Fällen ist dies ohne Bedenken möglich.

In diesem Falle lassen sich die Verschiebungen $\boldsymbol{u}$ und $\boldsymbol{v}$ aus Gl.(3.236) eliminieren und man erhält eine nichtlineare Bewegungsgleichung in $\boldsymbol{w}$.

Schließlich wird eine Linearisierung der Bewegungsgleichungen erreicht, wenn die Verzerrungen in der Mittelfläche als konstant angenommen werden, d.h.

$$\begin{aligned} \varepsilon_{x_0} &= u_{/x} + \frac{1}{2} w_{/x}^2 = k_1 \\ \varepsilon_{y_0} &= v_{/y} + \frac{1}{2} w_{/y}^2 = k_2 \end{aligned} \qquad (3.237)$$

gesetzt wird.Dann gilt:

$$\begin{aligned} u &= -\frac{1}{2}\int_0^x w_{/\bar{x}}^2 \, d\bar{x} + k_1 x \\ v &= -\frac{1}{2}\int_0^y w_{/\bar{y}}^2 \, d\bar{y} + k_2 y \end{aligned} \qquad (3.238)$$

und

$$\delta u = -\int_0^x \delta w_{/\bar{x}} w_{/\bar{x}} \, d\bar{x} \quad ; \quad \delta v = -\int_0^y \delta w_{/\bar{y}} w_{/\bar{y}} \, d\bar{y} \qquad (3.239)$$

Das bedeutet, daß die Membranspannungen bei einer virtuellen Verschiebung δw keine

Arbeit leisten, da $\delta\varepsilon_{x0} = \delta\varepsilon_{y0} = 0$ ist. Deshalb benötigt man im Verzerrungsvektor nur die von der Biegung herrührenden Anteile:

$$\boldsymbol{\varepsilon}^T = -z\,(w_{/xx} \quad w_{/yy} \quad 2w_{/xy}) \tag{3.240}$$

Aus dem Prinzip der virtuellen Arbeiten folgt:

$$\int_{(V)} \delta\boldsymbol{\varepsilon}^T\boldsymbol{\sigma}\,dV + \int_{(V)} \varrho\,\delta w\,\ddot{w}\,dV - \int_{(A)} \delta w\,\overline{p}_z\,dA = \int_0^b \delta u(x{=}a)\,n_x\,dy + \int_0^a \delta v(y{=}b)\,n_y\,dx \tag{3.241}$$

Die virtuellen Verschiebungen δu, δv ergeben sich aus Gl.(3.239):

$$\delta u(x{=}a) = -\int_0^a \delta w_{/x} w_{/x}\,dx \quad ; \quad \delta v(y{=}b) = -\int_0^b \delta w_{/y} w_{/y}\,dy \tag{3.242}$$

Damit folgt mit dem Diskretisierungsansatz

$$w(x,y,t) = \boldsymbol{h}^T(x,y)\,\boldsymbol{w}(t) \tag{3.243}$$

die Bewegungsgleichung

$$\boldsymbol{M}\ddot{\boldsymbol{w}} + (\boldsymbol{K}_w + n_x\boldsymbol{K}_x + n_y\boldsymbol{K}_y)\,\boldsymbol{w} = \boldsymbol{f}_w \tag{3.244}$$

mit

$$\begin{aligned}
\boldsymbol{M} &= \varrho h \int_{(A)} \boldsymbol{h}\boldsymbol{h}^T dA \; ; \; \boldsymbol{f}_w = \int_{(A)} \boldsymbol{h}\overline{p}_z\,dA \\
\boldsymbol{K}_w &= K^* \int_{(A)} \Big[\boldsymbol{h}_{/xx}\boldsymbol{h}^T_{/xx} + \boldsymbol{h}_{/yy}\boldsymbol{h}^T_{/yy} \\
&\quad + \nu\,(\boldsymbol{h}_{/xx}\boldsymbol{h}^T_{/yy} + \boldsymbol{h}_{/yy}\boldsymbol{h}^T_{/xx}) + 2\,(1-\nu)\,\boldsymbol{h}_{/xy}\boldsymbol{h}^T_{/xy}\Big]dA \\
\boldsymbol{K}_x &= \int_{(A)} \boldsymbol{h}_{/x}\boldsymbol{h}^T_{/x}\,dA \; ; \; \boldsymbol{K}_y = \int_{(A)} \boldsymbol{h}_{/y}\boldsymbol{h}^T_{/y}\,dA
\end{aligned} \tag{3.245}$$

Beispiel 3.14

Für die allseitig momentenfrei gelagerte Rechteckplatte unter Axiallast in x-Richtung sind die Eigenkreisfrequenzen zu ermitteln (siehe Bild 3.42). Das Problem wird durch die Beziehung (3.244) mit $n_y = 0$, $\boldsymbol{f}_w = 0$ und Gl.(3.245) beschrieben.

Mit den Koordinatenfunktionen

$$h(\xi,\eta) = \sin(m\pi\xi)\sin(n\pi\eta) \qquad \text{(a)}$$

die alle Randbedingungen erfüllen und mit $\xi = x/a$, $\eta = y/b$, $\alpha = a/b$, $\boldsymbol{w}(t) = w(t)$ erhält man

$$\boldsymbol{M} = \frac{1}{4}\varrho hab = M$$

$$\boldsymbol{K}_w = K\frac{\pi^2}{\alpha a^2}(m^2 + \alpha^2 n^2)^2 = K_w \qquad \text{(b)}$$

$$\boldsymbol{K}_x = \frac{m^2\pi^2}{4\alpha} = K_x \; ; \; K = \frac{Eh^3}{12(1-\nu^2)}$$

(m, n sind die Halbwellenanzahlen in x- bzw. y-Richtung)

(1) Sonderfall: Statische Beulung, $\ddot{\boldsymbol{w}} = \ddot{w} = 0$: Aus

$$(K_w - n_x K_x)\, w = 0 \qquad \text{(c)}$$

folgt mit Gl.(b) die bekannte kritische Beulkraft je Längeneinheit

$$n_{x_{Kr}} = \frac{\pi^2}{b^2}K\left(\frac{m}{\alpha} + \alpha\frac{n^2}{m}\right)^2 \qquad \text{(d)}$$

(2) Sonderfall: Lineare Querschwingung, $n_x = 0$: Mit dem Ansatz

$$w(t) = We^{j\omega t} \qquad \text{(e)}$$

folgt aus Gl.(3.244)

$$(K_w - \omega^2 M)\, W = 0 \qquad \text{(f)}$$

und daraus mit Gl.(b)

$$\omega_0 = \pi^2 (m^2 + \alpha n^2) \sqrt{\frac{K}{\varrho h a^4}} \tag{g}$$

(3) Querschschwingungen mit zeitunabhängiger Längskraft n_x:
Mit Gl.(e) folgt

$$(-M\omega^2 + K_w - n_x K_x) W = 0 \tag{h}$$

woraus sich

$$\omega = \omega_0 \sqrt{1 - \frac{n_x}{n_{x_{Kr}}}} \tag{i}$$

ergibt.

Bei zeitabhängigem n_x interessiert wieder vor allem die Stabilität der Lösung. Sollen nichtlineare Effekte berücksichtigt werden, so ist von Gl.(3.236) auszugehen.

3.4.5 Vergleich der Berechnungsmodelle; Einschätzung der Lösungsmethoden

Wie wir in den vorangegangenen Abschnitten gesehen haben, sind analytische Lösungen der Bewegungsgleichungen der Kirchhoff-Platte bzw. der Mindlin-Platte nur in einigen Sonderfällen bei einfachen Strukturen möglich. In diesen Fällen lassen sich die Eigenfunktionen der ungedämpften freien Schwingungen auch zur Konstruktion von Lösungen erzwungener Schwingungen verwenden.

In den meisten Fällen ist man jedoch auf Näherungsmethoden angewiesen. Dabei wird stets zunächst mitHilfe von Produktansätzen eine Ortsdiskretisierung vorgenommen. Die so entstehenden gewöhnlichen DGLn werden anschließend durch Zeitintegrationsverfahren näherungsweise numerisch gelöst.

Für einfache lineare Systeme können zur Zeitintegration auch analytische Lösungsverfahren herangezogen werden. Bei schwach nichtlinearen Problemen lassen sich ebenfalls analytische Näherungsverfahren anwenden, z.B. die Methode der äquivalenten Linearisierung oder die Störungsrechnung [3].

Zur Ortsdiskretisierung sind alle in Abschnitt 2.1 dargestellten Methoden geeignet. Für Platten mit einfachen Berandungen, z.B. Rechteckplatten,ist es mitunter vorteilhaft, ein System von Koordinatenfunktionen über die gesamte Platte anzusetzen und auf eine Unterteilung in finite Elemente zu verzichten. Bei komplizierteren Plattenstrukturen ist jedoch stets die FEM allen anderen Methoden vorzuziehen. Die meisten verfügbaren Rechenprogramme basieren deshalb auf dieser Methode.

Wird Plattenstrukturen das Kirchhoffsche Plattenmodell zugrunde gelegt, so muß an den Kontaktlinien der einzelnen Elemente C^1-Stetigkeit gewährleistet werden, d.h. neben den Verschiebungen müssen auch deren Ableitungen stetig sein. Diese Forderung ist nur für ausgewählte Elementtypen exakt erfüllbar.

Dagegen genügt für Plattenelemente, die auf der Mindlin-Plattentheorie beruhen, die Gewährleistung der C^0-Stetigkeit an den Elementrändern. Diesem Vorteil steht die Notwendigkeit einer feineren Elementeinteilung gegenüber.

Es gibt inzwischen eine große Anzahl von Elementtypen zur Lösung von Plattenproblemen, deren Genauigkeit und Konvergenzverhalten bereits untersucht ist [11].

Recht universell anwendbar zur Berechnung von Plattenschwingungen sind auch Differenzenverfahren (siehe Abschnitt 2 1 2). Diese Verfahren haben allerdings den Nachteil, daß bei komplexen Plattenstrukturen neben allen Randbedingungen auch alle Übergangsbedingungen erfüllt werden müssen.

3.4.6 Schwingungen verrippter Platten

Verrippte Platten sind häufig verwendete Strukturelemente, aus denen wiederum komplexere Plattenstrukturen zusammengesetzt sind (Stahlbau, Brückenbau, Fahrzeugbau, Schiffbau). Die fest mit der Beplattung verbundenen Versteifungen (Rippen), die meist einseitig angeordnet sind, koppeln den Membranspannungszustand der Beplattung (Scheibenspannungen) mit jenem, der aus der Plattenbiegung folgt. D.h., eine Biegedeformation löst stets auch eine Deformation in der Plattenmittelfläche aus.

Zur Behandlung solcher Strukturen sind unterschiedliche Modellvorstellungen entwickelt worden.

Die einfachste besteht darin, die diskret angeordneten Versteifungen zu "verschmieren" und damit das System als "orthotrope Platte" zu behandeln. Dieses Modell ist nicht in der Lage, das realeSchwingungsverhalten von solchen Strukturen hinreichend genau darzustellen. Es wird deshalb hier nicht weiter betrachtet.

Eine weitere Möglichkeit besteht darin, das versteifte System in einen Trägerrost aufzulösen und jeder Steife eine sogenannte mittragende Breite der Beplattung zuzuordnen. Für in einer Richtung versteiftePlatten liefert dieses Modell durchaus verwertbare Ergebnisse. Für Probleme, bei denen die Plattenschwingungen dominant sind, ist aber auch dieses Modell nicht geeignet.

Ein weiteres, praktischen Anforderungen meist genügendes Modell besteht darin, die Beplattung wegen der Kopplung mit der Steife als Kombination aus Platte und Scheibe aufzufassen und diese dann mitder Stabstruktur kompatibel zu verbinden.

Schließlich kann auch die Versteifung als ein System von Platten- und Scheibenstrukturen betrachtet werden. Dieses Modell, bei dem sowohl Beplattung als auch Versteifung als kombiniertes Scheiben-Platten-Modell aufgefaßt werden, ist natürlich das genaueste, allerdings ist es auch mit einem entsprechend höherem Rechenaufwand verbunden.

Als Kompromißlösung kann das Platten-Scheiben-Stab-Modell, Bild 3.43, angesehen werden, das bei erträglichem Aufwand hinreichend genaue Ergebnisse liefert. Es wird deshalb nachstehend etwas näher betrachtet.

Da zur Lösung von Schwingungsaufgaben verrippter Strukturen fast ausschließlich Näherungsverfahren angewendet werden, beschränken wir uns auf die Arbeitsformulierung mit Hilfe des Prinzips der virtuellen Arbeiten.

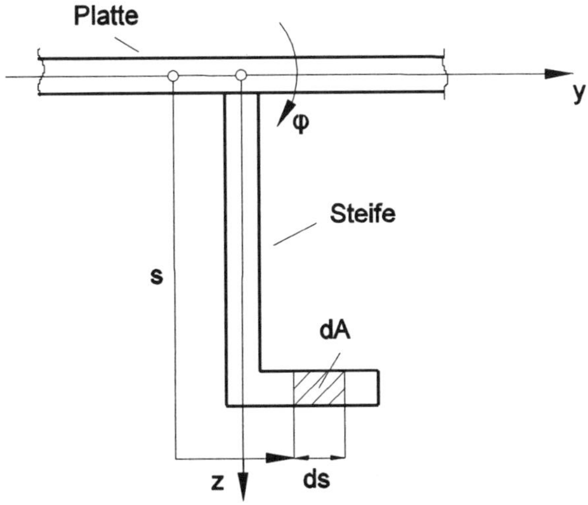

Bild 3.43 Bezeichnungen an der Steife

Die Beplattung wird als Kombination einer Kirchhoff- bzw. einer Mindlin-Platte und einer Scheibe betrachtet. Verschiebungen, Verzerrungen und Spannungen können unmittelbar den Abschnitten 3.3.2, 3.4.2 und 3.4.3 entnommen werden.

Die Verschiebungen der Plattenmittelebene sind durch

$$\mathbf{u}^T(x,y,t) = [u(x,y,t) \ v(x,y,t) \ w(x,y,t)] \qquad (3.246)$$

gegeben.
Verschiebungen in der Platte im Abstand z von der Mittelfläche:

Kirchhoff-Platte: | Mindlin-Platte:

$$\mathbf{u}^* = \begin{bmatrix} u - zw_{/x} \\ v - zw_{/y} \\ w \end{bmatrix} \qquad \mathbf{u}^* = \begin{bmatrix} u + z\beta_y \\ v - z\beta_x \\ w \end{bmatrix} \qquad (3.247)$$

Verzerrungen:

$$\boldsymbol{\varepsilon} = \begin{bmatrix} \varepsilon_x \\ \varepsilon_y \\ \gamma_{xy} \end{bmatrix} = \begin{bmatrix} u_{/x} - zw_{/xx} \\ v_{/y} - zw_{/yy} \\ u_{/y}+v_{/x}-2zw_{/xy} \end{bmatrix} \qquad \boldsymbol{\varepsilon} = \begin{bmatrix} u_{/x} + z\beta_{y/x} \\ v_{/y} - z\beta_{x/y} \\ u_{/y}-v_{/x}-z(\beta_{y/y}-\beta_{x/x}) \end{bmatrix}$$

$$\boldsymbol{\gamma}_s = 0 \qquad \boldsymbol{\gamma}_s = \begin{bmatrix} \gamma_{xz} \\ \gamma_{yz} \end{bmatrix} = \begin{bmatrix} -(w_{/x} + \beta_y) \\ w_{/y} - \beta_x \end{bmatrix} \qquad (3.248)$$

Spannungen:

$$\boldsymbol{\sigma} = \frac{E^*}{1-\nu^2} \begin{bmatrix} 1 & \nu & 0 \\ \nu & 1 & 0 \\ 0 & 0 & \frac{1-\nu}{2} \end{bmatrix} \begin{bmatrix} \varepsilon_x \\ \varepsilon_y \\ \gamma_{xy} \end{bmatrix} \qquad (3.249a)$$

$\tau_s = 0$

$$\boldsymbol{\tau}_s = \begin{bmatrix} \tau_{xz} \\ \tau_{yz} \end{bmatrix} = -\kappa G^* \boldsymbol{\gamma} \qquad (3.249b)$$

Versteifungen:

Die Versteifungen werden als Euler-Bernoulli- oder als Timoshenko-Wlassow-Stab betrachtet. Alle auf die Steifen bezogenen Größen sind im weiteren durch einen Querstrich über den Symbolen gekennzeichnet.

Die Verschiebungen in einer Faser erhält man nach der Theorie von Timoshenko-Wlassow, wenn die Schubverformung nur in der x-z-Ebene berücksichtigt wird.

$$\bar{\mathbf{u}}^* = \begin{bmatrix} \bar{u}^* \\ \bar{v}^* \\ \bar{w}^* \end{bmatrix} = \begin{bmatrix} \bar{u} + \bar{z}\bar{\beta}_y - \bar{y}\bar{v}_{/x} - \omega\bar{\varphi}_{/x} \\ \bar{v} - \bar{z}\bar{\varphi} \\ \bar{w} + \bar{y}\bar{\varphi} \end{bmatrix} \qquad (3.250)$$

Die Verzerrungen lauten:

$$\begin{aligned} \bar{\varepsilon}_x &= \bar{u}_{/x} + \bar{z}\bar{\beta}_{y/x} - \bar{y}\bar{v}_{/xx} - \omega\bar{\varphi}_{/xx} \\ \bar{\gamma}_{xz} &= -(\bar{w}_{/x} + \bar{\beta}_y) \end{aligned} \qquad (3.251)$$

Für die Spannungen gilt:

$$\bar{\boldsymbol{\sigma}} = \bar{\sigma}_x = \bar{E}^* \bar{\varepsilon}_x \qquad (3.252)$$

Die Querkraft erhält man aus

$$F_{Q_z} = -\kappa\bar{A}\bar{G}^*\bar{\gamma}_{xz} \qquad (3.253)$$

Für das Torsionsmoment aus St.-Venantscher und Bredtscher Torsion ergibt sich

$$\bar{M}_t = \bar{G}^* \bar{I}_t \bar{\varphi}_{/x} \qquad (3.254)$$

Für den Euler-Bernoulli-Stab vereinfachen sich diese Beziehungen wegen

$$\overline{\beta}_y = -\overline{w}_{/x} \; ; \; \overline{\beta}_x = \overline{w}_{/y}$$

zu

$$\overline{\mathbf{u}}^* = \begin{bmatrix} \overline{u}^* \\ \overline{v}^* \\ \overline{w}^* \end{bmatrix} = \begin{bmatrix} \overline{u} \\ \overline{v} - \overline{z}\overline{\varphi} \\ \overline{w} + \overline{z}\overline{\varphi} \end{bmatrix} \tag{3.255}$$

$$\overline{\boldsymbol{\varepsilon}} = \overline{\varepsilon}_x = \overline{u}_{/x} - \overline{z}\overline{w}_{/xx} - \overline{y}\overline{v}_{/xx} \; ; \; \overline{\boldsymbol{\gamma}}_s = 0$$

Das Prinzip der virtuellen Arbeiten führt für ein Element der Mindlin-Platte auf

$$\int_{(V)} \delta \boldsymbol{\varepsilon}^T \boldsymbol{\sigma} \, dV - \int_{(A)} \delta \boldsymbol{\gamma}_s^T \boldsymbol{\tau}_s h \, dA + \int_{(V)} \varrho \delta \mathbf{u}^{*T} \ddot{\mathbf{u}}^* \, dV = \delta W_a^{(Pl)} \tag{3.257}$$

Für das Kirchhoff-Plattenelement gilt

$$\int_{(V)} \delta \boldsymbol{\varepsilon}^T \boldsymbol{\sigma} \, dV + \int_{(V)} \varrho \delta \mathbf{u}^{*T} \ddot{\mathbf{u}}^* \, dV = \delta W_a^{(Pl)} \tag{3.258}$$

Für Stabelemente nach der Theorie von Timoshenko-Wlassow erhält das Prinzip in der Form

$$\int_{(V)} \delta \overline{\varepsilon}_x \overline{\sigma}_x \, dV - \int_{(l)} \delta \overline{\gamma}_{xz} \overline{F}_{Q_z} \, dx + \int_{(l)} \delta \overline{\varphi} \overline{M}_z \, dx + \int_{(V)} \varrho \delta \overline{u}^* \, \ddot{\overline{u}}^* \, dV = \delta W_a^{(St)} \tag{3.259}$$

und die Theorie von Euler-Bernoulli führt auf die Beziehung

$$\int_{(V)} \delta \overline{\varepsilon}_x \overline{\sigma}_x \, dV + \int_{(l)} \delta \overline{\varphi} \overline{M}_t \, dx + \int_{(V)} \varrho \delta \overline{u}^* \, \ddot{\overline{u}}^* \, dV = \delta W_a^{(St)} \tag{3.260}$$

Aus diesen Gleichungen lassen sich die Elementmatrizen mit Produktansätzen zur Ortsdiskretisierung konstruieren. Diese sind dann zu den Systemmatrizen zu summieren.

Die Größen δW_a stellen die an den entsprechenden Elementen geleistete virtuellen Arbeiten der äußeren Kräfte dar.

Für die Kombination Kirchhoff-Platte und Euler-Bernoulli-Stab liegen folgende unbekannte Verschiebungen vor:

Platte: u, v, w

Steife: $\bar{u}$, $\bar{u}$, $\bar{w}$, $\bar{\ddot{\upsilon}}$

An den Verbindungsknoten muß z.B. gelten

$$u = \bar{u} \; ; \; v = \bar{v} \; ; \; w = \bar{w} \; ; \; w_{/y} = \bar{\varphi} \qquad (3.261)$$

Eine vollständige Kompatibilität zwischen Platten- und Steifenelementen läßt sich auch herstellen, wenn man die Mindlin-Platte mit dem Timoshenko-Stab kombiniert.

3.5 Schwingungen von Membranen

Unter einer Membran versteht man ein sehr dünnes Flächentragwerk mit verschwindender Biegesteifigkeit, das durch Randkräfte vorgespannt wird. Das Analogon zur Membran im eindimensionalen Fall ist die Saite.

In Bild 3.44 sind die gewählten Bezeichnungen und die in der x-z-Ebene wirkenden Kräfte an einem Membranelement dargestellt. Entsprechende Kräfte wirken auch in der y-z-Ebene. Querkräfte und Momente werden wegen der fehlenden Biegesteifigkeit von der Membran nicht übertragen. Ferner wird angenommen, daß auch die in der Mittelfläche wirkenden Schubkräfte verschwinden. Mit diesen Annahmen ergeben sich aus Bild 3.44 unmittelbar die Gleichgewichtsbedingungen am Element.

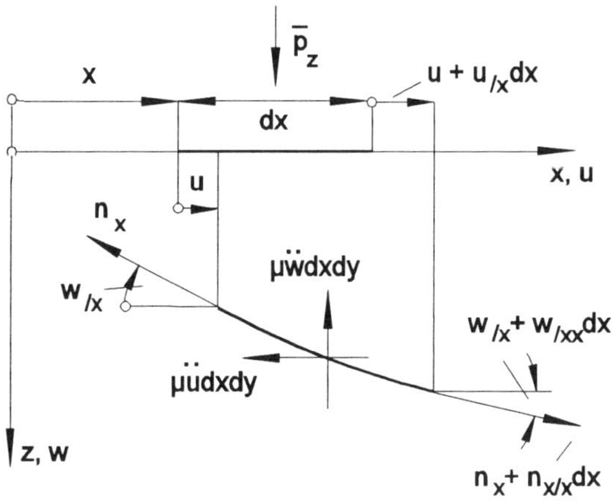

Bild 3.44 Kräfte in der x-z-Ebene mit Bezeichnungen am Membranelement

$$(n_x w_{/x})_{/x} + (n_y w_{/y})_{/y} - \mu \ddot{w} + \bar{p}_z = 0 \qquad (3.262)$$
$$n_{x/x} + \mu \ddot{u} = 0 \quad ; \quad n_{y/y} - \mu \ddot{v} = 0$$

Darin bedeuten:

n_x, n_y die Schnittkräfte je Längeneinheit in der Tangentialebene
μ die Masse je Flächeneinheit
$\bar{p}_z$ eine vorgegebene äußere Querbelastung je Flächeneinheit.

Da die durch die Querauslenkungen w verursachten Verschiebungen u und v stets klein gegenüber w sind, dürfen die Trägheitskräfte in der Tangentialebene vernachlässigt werden. n_x und n_y sind dann unabhängig von x und y und Gl.(3.262) geht über in die DGL

$$n_x w_{/xx} + n_y w_{/yy} - \mu \ddot{w} + \bar{p}_z = 0 \qquad (3.263)$$

Diese DGL gilt jedoch nur für sehr kleine Ausschläge.

Der einfachste Fall liegt vor, wenn die Schnittkräfte in beiden Richtungen gleich sind. Mit $n_x = n_y = n$ erhält man dann aus Gl.(3.263)

$$n\,(w_{/xx} + w_{/yy}) - \mu\ddot{w} + \overline{p}_z = 0 \tag{3.264}$$

bzw.

$$n\Delta w - \mu\ddot{w} + \overline{p}_z = 0 \tag{3.265}$$

mit dem Laplace-Operator

$$\Delta = \frac{\partial^2}{\partial x^2} + \frac{\partial^2}{\partial y^2}$$

In Polarkoordinaten gilt GL.(3.265) ebenfalls, wobei der Laplace-Operator nun die Gestalt

$$\Delta = \frac{\partial^2}{\partial r^2} + \frac{1}{r}\frac{\partial}{\partial r} + \frac{1}{r^2}\frac{\partial^2}{\partial \varphi^2} \tag{3.266}$$

hat.

Die Arbeitsformulierung erhält man aus

$$\int_{(V)} \delta\boldsymbol{\varepsilon}^T\boldsymbol{\sigma}\,dV + \int_{(V)} \varrho\,\delta w\,\ddot{w}\,dV - \int_{(A)} \delta w\,\overline{p}_z\,dA = 0 \tag{3.267}$$

mit

$$\boldsymbol{\varepsilon} = \begin{bmatrix} u_{/x} + \frac{1}{2}w_{/x}^2 + \varepsilon_{0x} \\ v_{/y} + \frac{1}{2}w_{7y}^2 + \varepsilon_{0y} \\ 0 \end{bmatrix} \; ; \; \boldsymbol{\sigma} = \frac{E^*h}{1-\nu^2}\begin{bmatrix} 1 & \nu & 0 \\ \nu & 1 & 0 \\ 0 & 0 & \frac{1-\nu}{2} \end{bmatrix}\boldsymbol{\varepsilon} \tag{3.268}$$

Die Beziehungen (3.267) und (3.268) gelten wegen der Berücksichtigung der nichtlinearen Beziehungen in den Verzerrungen auch für größere Durchbiegungen. Trägheitskräfte in der Membranfläche wurden jedoch nicht berücksichtigt. Zu bemerken ist, daß die Vorspannverzerrungen ε_{0x} und ε_{0y} in den Verzerrungsvektor aufgenommen wurden. Bei unverschieblichen Rändern leisten die Vorspannkräfte, die dann Zwangskräfte sind, keine virtuelle Arbeit.

In Polarkoordinaten ist der Verzerrungstensor durch

$$\boldsymbol{\varepsilon} = \begin{bmatrix} \varepsilon_r \\ \varepsilon_\varphi \\ \gamma_{r\varphi} \end{bmatrix} = \begin{bmatrix} u_{/r} + \frac{1}{2} w_{/r}^2 + \varepsilon_{0r} \\ \frac{u}{r} + \frac{v_{/\varphi}}{r} \\ 0 \end{bmatrix} \tag{3.269}$$

gegeben.

Beispiel 3.15

Es sind die Eigenkreisfrequenzen einer Rechteckmembran mit den Seitenlängen a und b nach der elementaren Theorie zu ermitteln.

Die Bewegungsgleichung lautet mit $\bar{p}_z = 0$ nach Gl.(3.263)

$$n_x w_{/xx} + n_y w_{/yy} - \mu \ddot{w} = 0 \tag{a}$$

Lösungsansatz:

$$w(x,y,t) = \hat{W}_{mn} \sin(\frac{m\pi}{a} x) \sin(\frac{n\pi}{b} y) e^{j\omega t} \tag{b}$$

Mit dem Lösungsansatz (b), der sämtliche Randbedingungen erfüllt, erhält man aus Gl.(a) die Eigenkreisfrequenzen

$$\omega_{mn} = \pi \sqrt{\frac{1}{\mu} (n_x \frac{m^2}{a^2} + n_y \frac{n^2}{b^2})} \tag{c}$$

Die Schwingformen ergeben sich aus den Eigenfunktionen

$$W_{mn}(x,y) = \hat{W}_{mn} \sin(\frac{m\pi}{a} x) \sin(\frac{n\pi}{b} y) \tag{d}$$

Die sogenannten Knotenlinien erhält man aus der Bedingung

$$W_{mn}(x,y) = 0 \tag{e}$$

3.6 Schwingungen von Rotationskörpern

Im folgenden wird ein achsensymmetrischer Körper betrachtet. Der dreiachsige Spannungszustand wird durch den Spannungsvektor

$$\boldsymbol{\sigma}^T = [\sigma_r \; \sigma_\varphi \; \sigma_z \; \tau_{r\varphi} \; \tau_{\varphi z} \; \tau_{zr}] \tag{3.270}$$

beschrieben

Bei der Ableitung der Bewegungsgleichungen beschränken wir uns auf die Arbeitsformulierung mit Hilfe des Prinzips der virtuellen Arbeiten, da die meisten dieser Probleme nur numerisch gelöst werden können.

Der Verzerrungsvektor lautet:

$$\boldsymbol{\varepsilon} = \begin{bmatrix} \varepsilon_r \\ \varepsilon_\varphi \\ \varepsilon_z \\ \gamma_{r\varphi} \\ \gamma_{\varphi z} \\ \gamma_{zr} \end{bmatrix} = \begin{bmatrix} u_{/r} \\ \frac{1}{r}(u + v_{/\varphi}) \\ w_{/z} \\ \frac{1}{r}(u_{/\varphi} + r v_{/r}) - \frac{v}{r} \\ \frac{1}{r} w_{/\varphi} + v_{/z} \\ u_{/z} + w_{/r} \end{bmatrix} \tag{3.271}$$

mit

$$\mathbf{u}^T = (u \; v \; w) \tag{3.272}$$

Der Spannungsvektor ergibt sich bei linear-elastischem Materialverhalten aus der Beziehung

$$\boldsymbol{\sigma} = \begin{bmatrix} \sigma_r \\ \sigma_\varphi \\ \sigma_z \\ \tau_{r\varphi} \\ \tau_{\varphi z} \\ \tau_{zr} \end{bmatrix} = \frac{E^*}{1+\nu} \begin{bmatrix} \varepsilon_r + \dfrac{3\nu}{1-2\nu} e \\ \varepsilon_\varphi + \dfrac{3\nu}{1-2\nu} e \\ \varepsilon_z + \dfrac{3\nu}{1-2\nu} e \\ \dfrac{1}{2}\gamma_{r\varphi} \\ \dfrac{1}{2}\gamma_{\varphi z} \\ \dfrac{1}{2}\gamma_{zr} \end{bmatrix} \qquad (3.273)$$

mit

$$e = \frac{1}{3}(\varepsilon_r + \varepsilon_\varphi + \varepsilon_z) \qquad (3.274)$$

Das Prinzip der virtuellen Arbeiten lautet für das vorliegende Problem

$$\int_{(V)} \delta \boldsymbol{\varepsilon}^T \boldsymbol{\sigma} \, dV + \int_{(V)} \rho \delta \boldsymbol{u}^T \ddot{\boldsymbol{u}} \, dV = \int_{(A)} \delta \boldsymbol{u}^T \bar{\boldsymbol{p}} \, dA \qquad (3.275)$$

mit dem Vektor der äußeren Flächenkräfte

$$\bar{\boldsymbol{p}}^T = (\bar{p}_r \; \bar{p}_\varphi \; \bar{p}_z) \qquad (3.276)$$

Mit den Gl.(3.271) bis (3.274) und Gl.(3.276) folgt aus Gl.(3.275) eine Gleichung in den Verschiebungen u, v, w, die nach Ortsdiskretisierung mit Ansätzen der Form

$$\begin{aligned} u(r,\varphi,t) &= \boldsymbol{f}^T(r,\varphi)\, \boldsymbol{u}(t) \\ v(r,\varphi,t) &= \boldsymbol{g}^T(r,\varphi)\, \boldsymbol{v}(t) \\ w(r,\varphi,t) &= \boldsymbol{h}^T(r,\varphi)\, \boldsymbol{w}(t) \end{aligned} \qquad (3.277)$$

in die gesuchten Bewegungsgleichungen übergeht.

Wegen der linearen Beziehungen (3.271) und (3.273) werden auch die Bewegungsgleichungen linear.

Die Gln.(3.271) bis (3.275) vereinfachen sich erheblich, wenn nur achsensymmetrische Schwingungen interessieren. In diesem Fall ist

$$v = \gamma_{r\varphi} = \gamma_{\varphi z} = \tau_{\varphi z} = \tau_{r\varphi} = 0 \qquad (3.278)$$

und alle Ableitungen nach φ verschwinden.

Bei nichtsymmetrischen Belastungen lassen sich diese bei rotationssymmetrischen Körpern stets in harmonische Anteile in Umfangsrichtung aufteilen. Für die Verschiebung w z.B. durch den Produktansatz

$$w(r,\varphi,z,t) = w_1(r,z)\, w_{2n}(\varphi)\, w_3(t) \tag{3.279}$$

Das dreidimensionale Problem wird damit auf ein zweidimensionales reduziert.

Zur Lösung von Schwingungsproblemen bei achsensymmetrischen Körpern werden vorwiegend Näherungsmethoden angewendet. Zur Ortsdiskretisierung eignet sich auch hier die FEM am besten. Bei Achsensymmetrie werden allgemein Dreieck- bzw. Viereck-Ringelemente verwendet.

3.5 Schwingungen dünnwandiger Rotationsschalen

Als Schalen werden Flächentragwerke mit gekrümmter Mittelfläche bezeichnet. Wie bei Platten und Scheiben nehmen wir an, daß die Dicke der Schale klein gegenüber den Flächenabmessungen ist.

Die allgemeine Theorie der Schalen mit beliebig gekrümmter Mittelfläche kann im Rahmen dieses Buches nicht dargestellt werden. Wir beschränken uns im folgenden vielmehr auf Rotationsschalen. Solche Schalen haben eine Mittelfläche, die durch Rotation einer ebenen Meridiankurve um eine feste Achse gebildet wird (Bild 3.45).

Man unterscheidet geschlossene und offene Rotationsschalen. Ist die Erzeugenden eine Gerade,so entstehen Zylinder- oder Kegelschalen. In allen anderen Fällen entstehen Rotationsschalen, deren Hauptkrümmungsradien von endlicher Größe sind.

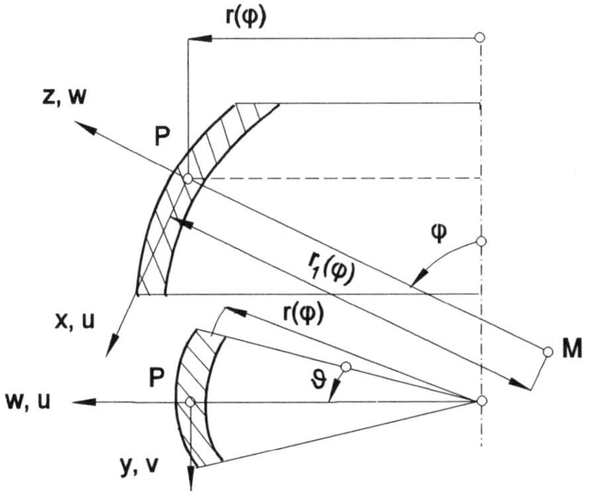

Bild 3.45 Geometrie der Rotationsschale und Bezeichnungen

Wir beschränken uns im folgenden auch hier auf die Arbeitsformulierung des Problems mit

Hilfe des Prinzips der virtuellen Arbeiten. Die Geometrie der Rotationsschale und die gewählten Bezeichnungen sind aus Bild 3.45 ersichtlich.

Die Verzerrungen ergeben sich nach [2] aus folgenden Beziehungen:

Verzerrungen in der Mittelfläche

$$\varepsilon_{\varphi_0} = \frac{1}{r_1}(u_{/\varphi} + w)$$

$$\varepsilon_{\vartheta_0} = \frac{1}{r}(u\cos\varphi + w\sin\varphi + v_{/\vartheta}) \tag{3.280}$$

$$\gamma_{\vartheta\varphi_0} = \frac{u_{/\vartheta}}{r} + \frac{v_{/\varphi}}{r_1} - \frac{v}{r}\cos\varphi$$

Die Krümmungsänderungen und Verwindungen folgen mit

$$\chi = \frac{w_{/\varphi} - u}{r_1} \; ; \; \psi = \frac{1}{r}(w_{/\vartheta} - v\sin\varphi)$$

aus

$$\kappa = \frac{1}{r}\chi_{/\varphi} = \frac{1}{r_1^2}\left[w_{/\varphi\varphi} - u_{/\varphi} - \frac{r_{1/\varphi}}{r_1}(w_{/\varphi} - u)\right]$$

$$\kappa_\vartheta = \cos\frac{\varphi}{r}\chi + \frac{1}{r}\psi_{/\vartheta}$$

$$= \frac{1}{r r_1}(w_{/\varphi} - u)\cos\varphi + \frac{1}{r^2}(w_{/\vartheta\vartheta} - v_{/\vartheta}\sin\vartheta)$$

$$2\kappa_{\varphi\vartheta} = \frac{1}{r_1}(\psi_{/\varphi} + \chi_{/\vartheta}) - \frac{1}{r}\psi\cos\varphi \tag{3.281}$$

$$= \frac{1}{r_1}\left(\frac{1}{r} + \frac{1}{r_1}\right)w_{/\varphi\vartheta} - \frac{1}{r^2}\left(\frac{r_{/\varphi}}{r_1} + \cos\varphi\right)w_{/\vartheta}$$

$$- \frac{1}{r_1 r}\sin\varphi\, v_{/\varphi} + \frac{1}{r}\left(\frac{r_{/\varphi}}{r_1 r}\sin\varphi + \frac{1}{r}\sin\varphi\cos\varphi - \frac{1}{r_1}\cos\varphi\right)v$$

$$- \frac{1}{r_1^2}u_{/\vartheta}$$

Der Verzerrungsvektor für eine Faser im Abstand z von der Mittelfläche ergibt sich damit wie folgt:

$$\boldsymbol{\varepsilon} = \begin{bmatrix} \varepsilon_\varphi \\ \varepsilon_\vartheta \\ \gamma_{\varphi\vartheta} \end{bmatrix} = \begin{bmatrix} \varepsilon_{\varphi_0} - z\kappa_\varphi \\ \varepsilon_{\psi_0} - z\kappa_\vartheta \\ \gamma_{\varphi\vartheta_0} - z\kappa_{\varphi\vartheta} \end{bmatrix} \tag{3.282}$$

Unter der Voraussetzung eines ebenen Spannungszustandes und der Gültigkeit des Hookeschen Gesetzes ergibt sich der Spannungsvektor aus

$$\boldsymbol{\sigma} = \begin{bmatrix} \sigma_\varphi \\ \sigma_\vartheta \\ \tau_{\varphi\vartheta} \end{bmatrix} = \frac{E^*}{1-\nu^2} \begin{bmatrix} \varepsilon_\varphi + \nu\varepsilon_\vartheta - z(\kappa_\varphi + \nu\kappa_\vartheta) \\ \varepsilon_\vartheta + \nu\varepsilon_\varphi - z(\kappa_\vartheta + \nu\kappa_\varphi) \\ \frac{1-\nu}{2}(\gamma_{\varphi\vartheta} - 2z\kappa_{\varphi\vartheta}) \end{bmatrix} \tag{3.283}$$

Das Prinzip der virtuellen Arbeiten lautet für die Rotationsschale

$$\begin{aligned} &\int_{(V)} \delta\boldsymbol{\varepsilon}^T\boldsymbol{\sigma}\,dV + \int_{(V)} \varrho(\delta u\ddot{u} + \delta v\ddot{v} + \delta w\ddot{w})\,dV \\ &- \int_{(A)} (\delta u\overline{p}_x + \delta v\overline{p}_y + \delta w\overline{p}_z)\,dA = 0 \end{aligned} \tag{3.284}$$

Die Größen $\overline{p}_x$, $\overline{p}_y$, $\overline{p}_z$ sind Kräfte je Flächeneinheit, deren Indizes ihre Wirkungsrichtung angeben.

Mit den Gln.(3.280) bis (3.283) erhält Gl.(3.284) eine Form, die nur noch die Verschiebungen $u(\varphi,\vartheta,t)$, $v(\varphi,\vartheta,t)$ und $w(\varphi,\vartheta,t)$ als Unbekannte enthält. Mit den Ansätzen

$$\begin{aligned} u(\varphi,\vartheta,t) &= \boldsymbol{f}^T(\varphi,\vartheta)\,\boldsymbol{u}(t) \\ v(\varphi,\vartheta,t) &= \boldsymbol{g}^T(\varphi,\vartheta)\,\boldsymbol{v}(t) \\ w(\varphi,\vartheta,t) &= \boldsymbol{h}^T(\varphi,\vartheta)\,\boldsymbol{w}(t) \end{aligned} \tag{3.285}$$

ergeben sich schließlich aus Gl.(3.284) in bekannter Weise die ortsdiskretisierten Bewegungsgleichungen. Bei freien Schwingungen von Rotationsschalen bilden sich Schwing- formen aus, die in ϑ-Richtung periodisch mit 2π sind. In diesem Falle kann die Abhängigkeit von ϑ durch die Ansätze

$$\begin{aligned} u(\varphi,\vartheta,t) &= U(\varphi,t)\cos n\vartheta \\ v(\varphi,\vartheta,t) &= V(\varphi,t)\sin n\vartheta \\ w(\varphi,\vartheta,t) &= W(\varphi,t)\cos n\vartheta \end{aligned} \tag{3.286}$$

separiert werden. und die Ansätze (3.285) können für die Funktionen $U(\varphi,t)$, $V(\varphi,t)$, $W(\varphi t)$ gemacht werden.

Als Sonderschwingformen können noch sogenannte Umfangsschwingungen auftreten, für die

$$W = U = 0\ ;\ V = V(\varphi, t) \qquad (3.287)$$

gilt.

Bei zwangserregten Schwingungen setzt die Anwendung der Separationsansätze (3.286) voraus, daß sich auch die Erregerkräfte in harmonische Anteile in Umfangsrichtung zerlegen lassen.

Bei Anwendung der FEM ist zu beachten, daß die Formfunktionen C^1-Stetigkeit gewährleisten müssen.

Beispiel 3.16

Es ist die kleinste Eigenfequenz (Schwingform ohne Knotenlinie) für die Zylinderschale entsprechend Bild 3.46 zu ermitteln. Wegen der Beschränkung auf rotationssym metrische Schwingungen ist v = 0 und $\partial/\partial\vartheta = 0$. Ferner gilt: $r = R$; $r_1 = \infty$; $\varphi = \pi/2$.

Damit erhält man aus den Beziehungen (3.280) bis (3.283)

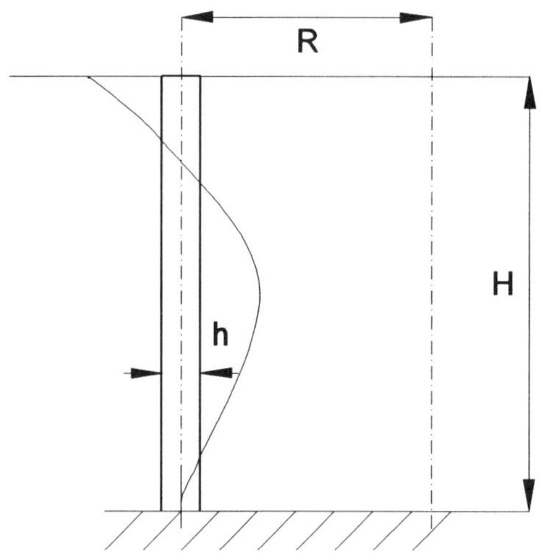

Bild 3.46 Bezeichnungen an der Zylinderschale

$$\varepsilon_{x_0} = u_{/x}\ ;\ \varepsilon_{\vartheta_0} = w/R\ ;\ \gamma_{\varphi\vartheta_0} = 0$$
$$\kappa_\varphi = \frac{1}{r_1^2}(w_{/\varphi\varphi} - u_{/\varphi}) \qquad (a)$$

Mit $dx = r_1\, d\varphi$ folgt für κ_φ, κ_ϑ und $\kappa_{\varphi\vartheta}$

$$\kappa_\varphi = w_{/xx} \quad ; \quad \kappa_\vartheta = \kappa_{\varphi\vartheta} = 0 \tag{b}$$

Damit ergibt sich

$$\boldsymbol{\varepsilon} = \begin{bmatrix} \varepsilon_\varphi \\ \varepsilon_\vartheta \\ \gamma_{\varphi\vartheta} \end{bmatrix} = \begin{bmatrix} u_{/x} - z\,w_{/xx} \\ w/R \\ 0 \end{bmatrix} \tag{c}$$

und

$$\boldsymbol{\sigma} = \frac{E}{1-\nu^2} \begin{bmatrix} u_{/x} - z\,w_{/xx} + \nu\, w/R \\ \nu\,(u_{/x} - z\,w_{/xx}) + w/R \\ 0 \end{bmatrix} \tag{d}$$

Mit $\xi = x/H$ und den Ansätzen

$$u(\xi.t) = \boldsymbol{h}^T(\xi)\,\boldsymbol{u}(t) \quad ; \quad w(\xi,t) = \boldsymbol{h}^T(\xi)\,\boldsymbol{w}(t) \tag{e}$$

erhält man aus Gl.(3.284) mit Gl.(a) bis (d):

$$\begin{aligned} &\int_0^1 \boldsymbol{h}_{/\xi}\,\boldsymbol{h}^T_{/\xi}\,d\xi\,\boldsymbol{u} + \frac{\nu}{R}\int_0^1 \boldsymbol{h}_{/\xi}\,\boldsymbol{h}^T_{/\xi}\,d\xi\,\boldsymbol{w} = 0 \\ &\frac{\nu}{R}\int_0^1 \boldsymbol{h}_{/\xi}\,\boldsymbol{h}^T_{/\xi}\,d\xi\,\boldsymbol{u} + \left[\frac{1}{R^2}\int_0^1 \boldsymbol{h}\,\boldsymbol{h}^T d\xi + \frac{h^2}{12}\int_0^1 \boldsymbol{h}_{/\xi\xi}\,\boldsymbol{h}^T_{/\xi\xi}\,d\xi\right]\boldsymbol{w} \\ &+ \frac{(1-\nu^2)\,\varrho}{E}\int_0^1 \boldsymbol{h}\,\boldsymbol{h}^T d\xi\,\ddot{\boldsymbol{w}} = 0 \end{aligned} \tag{f}$$

Mit den Koordinatenfunktionen

$$\boldsymbol{h}^T(\xi) = (h_1\ h_2) = (\xi^2\ \xi^3) \tag{g}$$

folgen aus Gl.(f) mit den Zahlenwerten H = 2R; h/R = 0,1 die Eigenkreisfrequenz

$$\omega = 0{,}02855\sqrt{\frac{E}{\varrho R^2 (1-\nu^2)}} \tag{h}$$

und die in Bild 3.46 eingezeichnete Schwingform W(x).

Schwingungsaufgaben für versteifte Rotationsschalen können im Prinzip genauso behandelt werden, wie die versteiften Platten. Da bei solchen Problemen die Steifen meist ringförmig angeordnet sind, beschränken wir die folgenden Betrachtungen auf diesen Fall.

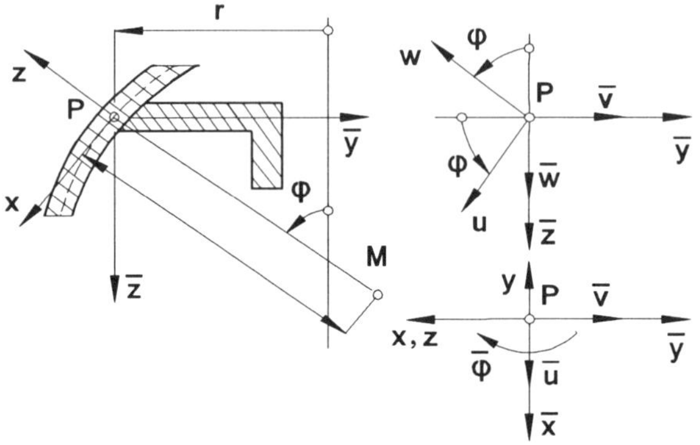

Bild 3.47 Bezugssysteme für Steife und Schale an der versteiften Rotationsschale

Mit den in Bild 3.47 angegebenen Bezeichnungen bestehen zwischen den Verschiebungen u,v,w der Schalenmittelfläche und den Verschiebungen der Steife im Kontaktpunkt P, $\bar{u}$, $\bar{v}$, $\bar{w}$, $\bar{\varphi}$ folgende Zusammenhänge:

$$\bar{u} = v \ ; \quad \bar{v} = u\sin\varphi - w\cos\varphi$$
$$\bar{w} = -u\cos\varphi - w\sin\varphi \tag{3.288}$$

Die Verschiebungen und Verzerrungen eines Querschnittspunktes der Steife erhält man bei Vernachlässigung der Querschnittsverwölbung unmittelbar aus Gl.(3.156) und Gl.(3.152), wenn man den dort verwendeten Winkel α durch ϑ ersetzt. Man erhält also:

$$\bar{u}^* = \bar{u} - \frac{\bar{y}}{r}(\bar{v}_{/\vartheta} + \bar{u}) - \frac{\bar{z}}{r}\bar{w}_{/\vartheta}$$
$$\bar{v}^* = \bar{v} - \bar{z}\bar{\varphi} \ ; \quad \bar{w}^* = \bar{w} + \bar{y}\bar{\varphi}$$
$$\bar{\varepsilon}_t = \bar{\varepsilon}_x = \frac{\bar{u}_{/\vartheta}}{r} \mp \frac{\bar{v}}{r} - \frac{\bar{y}}{r^2}(\bar{v}_{/\vartheta\vartheta} + \bar{u}_{/\vartheta}) \tag{3.289}$$
$$- \frac{\bar{z}}{r}\left(\frac{1}{r}\bar{w}_{/\vartheta\vartheta} - \bar{\varphi}\right)$$

Damit ergibt sich die virtuelle Arbeit für eine Steife zu

$$\delta\bar{W}_{St} = \int_{(\bar{A})}\int_{(\vartheta)} \delta\bar{\varepsilon}_t\bar{\sigma}_t\, d\bar{A}\, r\, d\vartheta + \int_{(\vartheta)} \delta\bar{\varphi}\bar{G}^*\bar{I}_t\bar{\varphi}_{/\vartheta\vartheta}\frac{1}{r}\, d\vartheta$$
$$+ \int_{(\bar{A})}\int_{(\vartheta)} [\delta\bar{u}^*\ddot{\bar{u}}^* + \delta\bar{v}^*\ddot{\bar{v}}^* + \delta\bar{w}^*\ddot{\bar{w}}^*]\,\bar{\varrho}\, d\bar{A}\, r\, d\vartheta \tag{3.290}$$

3.8 Schwingungen flacher Schalen

Eine weitere Sonderform von Schalen stellen die sogenannten flachen Schalen oder schwach gekrümmten Schalen dar. Darunter versteht man Schalen mit folgenden geometrischen Eigenschaften:

- Neigungen der Mittelfläche der Schale gegenüber einer Bezugsebene sind so klein, daß die Abmessungen der Mittelfläche näherungsweise denen ihrer Projektion auf die Bezugsebene gleichgesetzt werden dürfen.
- Die Krümmungen in den Schnitten x = konst und y = konst können als Hauptkrümmungen aufgefaßt werden.

Man kann eine flache Schale auch als eine schwach gekrümmte Platte betrachten. Wegen der Krümmung der Mittelfläche treten in einer flachen Schale sowohl Membranspannungen als auch Biegespannungen auf.

Für den Verzerrungsvektor einer flachen Schale ergibt sich

$$\boldsymbol{\varepsilon} = \begin{bmatrix} u_{/x} - z w_{/xx} + w/r_x \\ v_{/y} - z w_{/yy} + w/r_y \\ u_{/y} + v_{/x} - 2 z w_{/xy} \end{bmatrix} = \begin{bmatrix} \varepsilon_x \\ \varepsilon_y \\ \gamma_{xy} \end{bmatrix} \qquad (3.291)$$

r_x und r_y sind die Krümmungsradien in den Schnitten x = konst und y = konst senkrecht zur Bezugsebene x-y.

Setzt man einen ebenen Spannungszustand und die Gültigkeit des linearen Hookeschen Gesetzes voraus, so kann man über das Prinzip der virtuellen Arbeiten zu den Bewegungsgleichungen der Flachen Schale kommen.

Bei Anwendung der FEM ist zu beachten, daß die Bezugsebenen auf ein globales Bezugssystem transformiert werden müssen.

3.9 Hydroelastische Schwingungen

3.9.1 Einleitung

Mitunter sind Schwingungen elastischer Strukturen zu untersuchen, die ein- oder allseitig an ein anderes Medium, meist Flüssigkeiten grenzen. Sie werden im folgenden als hydroelastische Schwingungen bezeichnet.

Allgemein bestehen solche Systeme aus einem elastischen Teilsystem und einem Flüssigkeitsgebiet. Beide Medien sollen an der Kontaktfläche kompatibel miteinander verbunden sein.

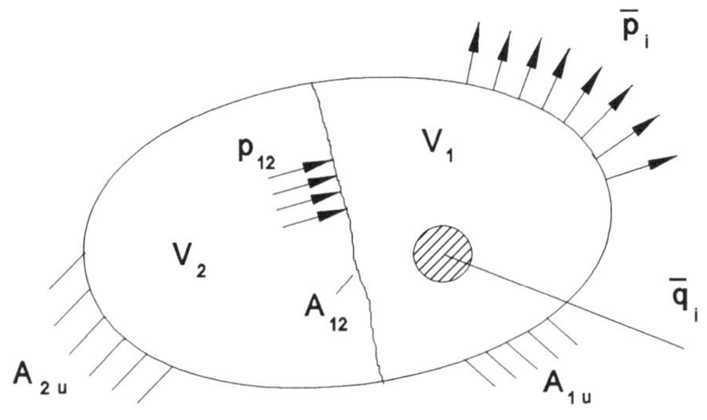

Bild 3.48 Hydroelastische Schwingungen

In Bild 3.48 bedeuten:

V_1 Gebiet des elastischen Körpers
V_2 Flüssigkeitsgebiet
A_p Oberflächengebiet des elastischen Körpers mit vorgegebener Flächenbelastung
A_{12} Kontaktfläche: elastischer Körper-Flüssigkeit
A_{1u} Oberfläche des elastischen Körpers mit vorgegebener Verschiebung
A_{2u} Oberfläche der Flüssigkeit mit vorgegebener Verschiebung
$\bar{p}_i$ vorgegebene Oberflächenkräfte am elastischen Körper
$\bar{q}_i$ vorgegebene Volumenkraft am elastischen Körper
p_{12} Flüssigkeitdruck an der Kontaktfläche

3.92 Formulierung als Rand- Anfangswertproblem

Die Gleichgewichtsbedingungen für den Festkörper lauten (siehe Gl.(1.102) und Gl.(1.103)):

$$\sigma_{ij/j} - \varrho \ddot{u}_i + \bar{q}_i = 0 \; ; \; (i,j=1,2,3) \quad \in V_1$$

mit den Randbedingungen

$$\sigma_{ij} n_j - \overline{p}_i = 0 \quad \in A_p$$
$$\overline{u}_i = u_i = 0 \quad \in A_{1u}$$
$$(i,j=1,2,3)$$

Für die Flüssigkeit lassen sich die Gleichgewichtsbedingungen anhand von Bild 3.49 ableiten. Sie lauten:

$$-p_{/j}\delta_{ij} + t_{ij/j} + \varrho_F b_i - \varrho_F \ddot{u}_i = 0 \quad \in V_2 \qquad (3.292)$$
$$(i,j=1,2,3)$$

Darin sind p der Flüssigkeitsdruck, b_i die Volumenkraft und t_{ij} die Flüssigkeitsschubspannungen, die im linearen Fall durch

$$t_{ij} = \eta_1 (\dot{u}_{i/j} + \dot{u}_{j/i}) + \eta_2 u_{/kk}\delta_{ij} \qquad (3.293)$$
$$(i,j=1,2,3)$$

bestimmt sind. η_1 ist die Viskositätskonstante für die Schubverzerrung und η_2 beschreibt den Einfluß der Kompressibilität.

Da die Wirkung beider Einflüsse auf die elastischen Schwingungen häufig nur gering ist, wird in den weiteren Betrachtungen eine ideale Flüssigkeit vorausgesetzt. Für sie ist $\eta_1 = \eta_2 = 0$. Die Flüssigkeit ist dann wirbelfrei und es kann ein Geschwindigkeitspotential Φ eingeführt werden, so daß

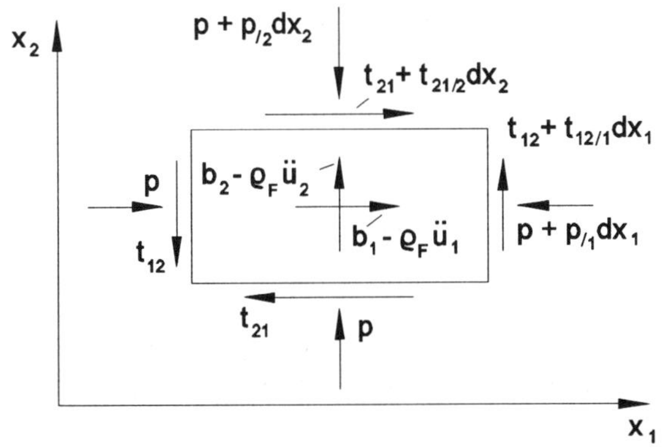

Bild 3.49 Kräfte am Flüssigkeitselement

$$\Phi_{/j} = \dot{u}_j \; ; \quad (j=1,2,3) \qquad (3.294)$$

gilt. Bei Vernachlässigung von Volumenkräften b_i folgt damit aus Gl.(3.292)

$$\varrho_F \dot{\Phi}_{/j} = p_{/j}\delta_{ij} \; ; \quad (i,j=1,2,3) \qquad (3.295)$$

und nach Integration über x_i

$$\varrho_F \dot{\Phi} + p = C(t) \tag{3.296}$$

In der Flüssigkeit muß noch die Kontinuitätsgleichung

$$\dot{\varrho}_F + \varrho_F \dot{u}_{j/j} = 0 \tag{3.297}$$

erfüllt werden. Aus ihr folgt für inkompressible Flüssigkeiten ($\dot{\varrho}_F = 0$)

$$\dot{u}_{j/j} = \Phi_{/jj} = 0 \; ; \qquad (j=1,2,3) \tag{3.298}$$

Setzt man die willkürliche Funktion C(t) = 0, so folgt aus Gl.(3.296)

$$p = -\varrho_F \dot{\Phi} \tag{3.299}$$

Damit wird das hydroelastische Problem unter Beachtung der getroffenen Voraussetzungen durch folgende Gleichungen beschrieben

$$\begin{aligned}
\sigma_{ij/j} - \varrho \ddot{u}_i + \overline{q}_i &= 0 && \in V_1 \\
\sigma_{ij} n_j - \overline{p}_i &= 0 && \in A_p \\
\overline{u}_i - u_i &= 0 && \in A_{1u} \\
\Phi_{/jj} &= 0 && \in V_2 \\
\Phi_{/j} &= \dot{u}_j && \in A_{12} \\
p_{12} &= -\varrho_F \dot{\Phi}(A_{12}) && \in A_{12}
\end{aligned} \tag{3.300}$$

3.9.3 Arbeitsformulierung

Zunächst werden die beiden Teilsysteme getrennt betrachtet. Für den elastischen Körper gilt Gl.(1.110), wenn man anstelle der virtuellen Arbeit von Einzelkräften die virtuelle Arbeit des Flüssigkeitsdruckes an der Kontaktfläche einsetzt:

$$\begin{aligned}
&\int_{(V_1)} \delta\varepsilon_{ij} \sigma_{ij} dV + \int_{(V_1)} \varrho \delta u_i \ddot{u}_i dV - \int_{(A_p)} p_i \delta u_i dA \\
&- \int_{(V_1)} \overline{q}_i \delta u_i dV - \int_{(A_{12})} \varrho_F \dot{\Phi}(A_{12})\, dA = 0 \; ; \qquad (i,j=1,2,3)
\end{aligned} \tag{3.301}$$

Es sei nochmals daran erinnert, daß für alle hier angegebenen Gleichungen die Einsteinsche Summationsvereinbarung gilt (siehe Abschnitt 1).

Im Flüssigkeitsgebiet muß die Potentialgleichung $\Phi_{/jj} = 0$ erfüllt sein. Mit hilfe der Residuenmethode läßt sich diese Bedingung näherungsweise erfüllen. Wenn wir als

Gewichtsfunktion die virtuelle Änderung der Potentialfunktion wählen, so gilt (siehe Abschnitt 2.1.3)

$$\int_{(V_2)} \Phi_{/jj} \delta\Phi dV = \int_{(V_2)} (\Phi_{/j} \delta\Phi)_{/j} dV - \int_{(V_2)} \Phi_{/j} \delta(\Phi_{/j}) dV = 0 \qquad (3.302)$$

Die Anwendung des Gaußschen Satzes auf das erste Integral auf der rechten Seite von Gl.(3.302) ergibt unter Beachtung von Gl.(3.298)

$$\int_{(V_2)} \Phi_{/j} \delta\Phi_{/j} dV - \int_{(A_{12})} \Phi_{/n} \delta\Phi dA = 0 \qquad (3.303)$$

Mit den Gl.(3.301) und Gl.(3.303) liegt die Arbeitsformulierung vor.

Zur Ortsdiskretisierung werden die Ansätze

$$\begin{aligned} u_i(x,y,z,t) &= h_{i\alpha}(x,y,z)\, u_{i\alpha}(t) \\ \Phi(x,y,z,t)) &= g_\beta(x,y,z)\, \Phi_\beta(t) \quad ; \quad (i=1,2,3 \; ; \; \alpha,\beta=1,2,...) \end{aligned} \qquad (3.304)$$

gemacht. Sie müssen die kinematischen Kontaktbedingungen ($\Phi_{/j} = \dot{u}_j$ auf A_{12}) erfüllen.

Bei der eben durchgeführten getrennten Betrachtung der beiden Teilsysteme werden auch die kinetischen Kontaktbedingungen ($p_{12} = -\varrho_F \dot{\Phi}(A_{12})$ auf A_{12}) erfüllt.

Wird das Prinzip der virtuellen Arbeiten auf das Gesamtsystem angewandt,so ist zur virtuellen Arbeit des elastischen Körpers noch die Variation der kinetischen Energie der Flüssigkeit hinzuzufügen. Das führt auf die Beziehung

$$\begin{aligned} &\int_{(V_1)} \delta\varepsilon_{ij}\sigma_{ij} dV + \int_{(V_1)} \varrho\delta u_i \ddot{u}_i dV + \int_{(V_2)} \varrho_F \delta\Phi_{/j}\Phi_{/j} dV \\ &= \int_{(V_1)} \delta u_i \overline{q}_i dV + \int_{(A_p)} \delta u_i \overline{p}_i dA \end{aligned} \qquad (3.305)$$

Gl.(3.305) erfüllt allerdings nur die kinematische Kontaktbedingung auf A_{12}. Für den linear-elastischen Körper führt Gl.(3.305) auf lineare Bewegungsgleichungen.

Interessieren nur die Eigenschwingungen, so kann man mit harmonischen Ansätzen der Form

$$\begin{aligned} u_i(x,y,z,t) &= \hat{u}_i(x,y,z)\, e^{j\omega t} \\ \Phi(x,y,z,t) &= \hat{\Phi}(x,y,z)\, \omega e^{j\omega t} \end{aligned} \qquad (3.306)$$

die Zeit separieren und zur Ortsdiskretisierung der Funktionen $\hat{u}_i$ und $\hat{\Phi}$ die Ansätze (3.304) verwenden.

Das hier verwendete Flüssigkeitsmodell ist hauptsächlich zur Berechnung hydroelastischer Eigenschwingungen geeignet. Ob auch für Zwangsschwingungen das Modell der idealen Flüssigkeit ausreicht ist fraglich. Da die Dämpfung bekanntlich einen großen Einfluß auf die Resonanzamplituden hat, dürfte in diesem Falle auch die Zähigkeit der Flüssigkeit eine Rolle spielen.

Als Berechnungsmethoden kommen alle in Abschnitt 2 beschriebenen Verfahren in Betracht, hauptsächlich aber die FEM. Für das Flüssigkeitsgebiet müssen räumliche Elemente verwendet werden, die an der Kontaktfläche bzw. an festen Rändern des Flüssigkeitsgebietes C^1-Stetigkeit aufweisen, während im Gebietsinneren C^0-Stetigkeit genügt. Dieser Forderung wird entweder dadurch entsprochen, daß alle Elemente C^1-stetig sind oder daß für die Ränder entsprechende Übergangselemente mit C^1-Stetigkeit konstruiert werden.

Für das Flüssigkeitsgebiet ist auch das DV problemlos anwendbar. In diesem Falle sind die Gln.(3.300) in Form von Differenzengleichungen zu schreiben.

Schließlich bietet sich auch eine Kombination aus FEM für den Festkörper und Randelementmethode (BEM) für die Flüssigkeit als vorteilhaft an [29], [31].

<u>*Beispiel 3.17*</u>

Ein äquidistant abgestützter Plattenstreifen , Bild 3.49, sei einseitig flüssigkeitsbeaufschlagt. Es sind die Eigenfrequenzen für die zu den Rändern antimetrischen Schwingformen zu ermitteln.

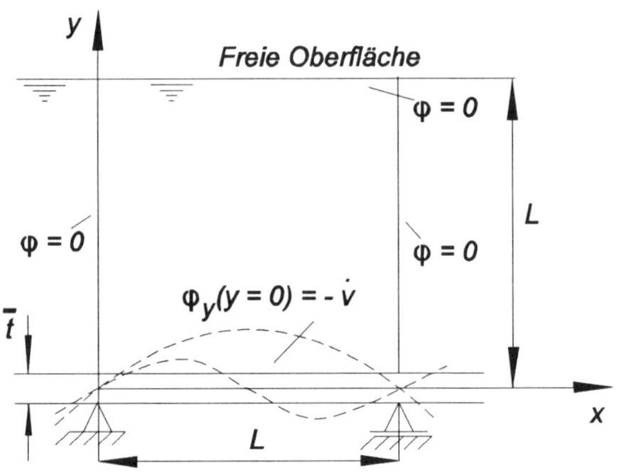

Bild 3.50 Flüssigkeitsbeaufschlagter Plattenstreifen mit Randbedingungen

1. Exakte Lösung

Im vorliegenden Sonderfall liegt ein lineares ebenes Problem vor. Für Schwingformen, die zu den Stützen antimetrisch verlaufen, kann im Rahmen der verwendeten Modelle für Plattenstreifen mit Beaufschlagungg durch eine ideale Flüssigkeit eine geschlossene

Lösung angegeben werden.

Die Bewegungsgleichung für den Plattenstreifen lautet nach Gl.(3.189) mit v statt w

$$K\frac{\partial^4 v}{\partial x^4}(x,t) + \varrho\bar{t}\frac{\partial^2 v}{\partial t^2}(x,t) = p(x,y\text{-}0,t) \tag{a}$$

mit

$$K = \frac{K\bar{t}^3}{12(1-\nu^2)} \qquad p(x,t) = -\varrho_F\dot{\varphi}(x,y\text{-}0,t) \tag{b}$$

Darin bedeuten v(x,t) die Durchbiegung, φ(x,y,t) das Geschwindigkeitspotential und p(x,t) den Flüssigkeitsdruck an der Kontaktfläche. Da ein lineares Problem vorliegt, wird eine Zeitseparation mit den Ansätzen

$$v(x,t) = V(x)\,e^{j\omega t}\ ;\ \varphi(x,y,t) = \Phi(x,y)\,(j\omega)\,e^{j\omega t} \tag{c}$$

vorgenommen. Gl.(a) geht damit über in

$$K\frac{\partial^4 V}{\partial x^4} - \omega^2\varrho\bar{t}V = \varrho_F\omega^2\Phi(x,y\text{-}0) \tag{d}$$

Für das Flüssigkeitsgebiet gilt nach Gl.(3.300) nach Zeitseparation

$$\Phi_{/xx} + \Phi_{/yy} = 0 \tag{e}$$

Die kinematische Kontaktbedingung lautet:

$$\varphi_{/y}(x,y\text{-}0,t) = -\dot{v}(x,t) \quad \text{bzw.} \quad \Phi_{/y}(x,y\text{-}0) = -V(x) \tag{f}$$

Mit den dimensionslosen Koordinaten $\xi = x/L$, $\eta = y/L$ und

$$\lambda = 12(1-\nu^2)\frac{\varrho L^4}{E\bar{t}^2}\omega^2 \qquad \Phi^* = \frac{\Phi}{L}\ ;\ \bar{\varrho} = \frac{\varrho_F L}{\varrho\bar{t}} \tag{g}$$

gehen die Gln.(d) und (e) über in

$$V_{/\xi\xi\xi\xi} - \lambda V = \bar{\varrho}\lambda\Phi^*(0) \qquad \Phi^*_{/\xi\xi} + \Phi^*_{/\eta\eta} = 0 \tag{h}$$

Dazu kommen die RB

$$V(\xi=0,\eta=0) = V(\xi=1,\eta=0) = 0$$
$$\Phi^*(\xi,\eta=1) = 0 \tag{i}$$
$$\Phi^*(\xi=0,\eta) = \Phi^*(\xi=1,\eta) = 0$$

und die Kontaktbedingung

$$\Phi_{/\eta}^*(\xi,\eta=0) = -V(\xi) \qquad \text{(j)}$$

Die Rand- und Kontaktbedingungen werden durch die Ansätze

$$\begin{aligned} V(\xi) &= V_0 \sin(m\pi\xi) \\ \Phi^*(\xi,\eta) &= \Phi_0^* \sin(m\pi\xi)\,(e^{-k\eta} + C e^{k\eta}) \end{aligned} \qquad \text{(k)}$$

mit

$$C = e^{-2m\pi} \qquad \text{(l)}$$

erfüllt.

Mit diesen Ansätzen erhält man aus Gl.(h) unmittelbar

$$\begin{aligned} \Phi_0^* &= \frac{V_0}{k(1-C)} \; ; \quad k = m\pi \\ \lambda &= \frac{m^4\pi^4}{1 + \frac{\bar{\varrho}(1+C)}{k(1-C)}} \end{aligned} \qquad \text{(m)}$$

Die Eigenkreisfrequenzen ergeben sich nun mit Gl.(g) aus

$$\begin{aligned} \omega &= \sqrt{\lambda}\sqrt{\frac{E\bar{t}^2}{12(1-\nu^2)\varrho L^4}} = \omega_0 \frac{1}{\sqrt{1 + \frac{\bar{\varrho}(1+C)}{k(1-C)}}} \\ \omega_0 &= m^2\pi^2\sqrt{\frac{E\bar{t}^2}{12\varrho(1-\nu^2)L^4}} \end{aligned} \qquad \text{(n)}$$

ω_0 ist die Eigenkreisfrequenz des Plattenstreifens ohne Flüssigkeitsbeaufschlagung.

In Bild 3.50 sind die Frequenz verhältnisse ω/ω_0 in Abhängigkeit vom Parameter $\bar{\upsilon}$ dargestellt. Der Parameter m gibt die Anzahl der Halbwellen der entsprechenden Schwingform in x-Richtung an.

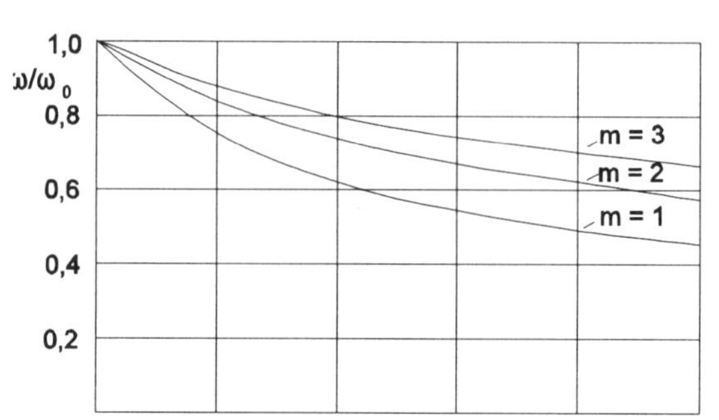

Bild 3,51 Bezogene Eigenkreisfrequenzen ω/ω_0 in Abhängigkeit vom Parameter $\bar{\varrho}$

2. Näherung mit Hilfe der Arbeits-

formulierung des Problems (Energiemethode)

Bei der Formulierung des Problems gehen wir von der getrennten Betrachtung der Teilsysteme Plattenstreifen und Flüssigkeit aus. Mit

$$\varepsilon_x = -z v_{/xx} \; ; \; \sigma_x = \frac{E}{1-\nu^2}\varepsilon_x \tag{a}$$

und den Zeitseparationsansätzen

$$\begin{aligned} v(x,t) &= V(x)\, e^{j\omega t} \\ \varphi(x,y,t) &= \Phi(x,y)\,(j\omega)\, e^{j\omega t} = \Phi^*(x,y)\, l\, e^{j\omega t} \end{aligned} \tag{b}$$

erhält man aus den Gln.(3.301) und (3.303) folgende Beziehungen:

$$\begin{aligned} & K\int_0^l \delta V_{/xx} V_{/xx}\, dx - \varrho \bar{t}\omega^2 \int_0^l \delta V V\, dx \\ & - \varrho_F \omega^2 l \int_0^l \delta V \Phi^*(x,y=0)\, dx = 0 \end{aligned} \tag{c}$$

$$\int_0^l\!\!\int_0^l (\delta\Phi^*_{/x}\Phi^*_{/x} + \delta\Phi^*_{/y}\Phi^*_{/y})\, dx\, dy - \int_0^l \delta\Phi^* \Phi^*_{/y}(x,y=0)\, dx = 0 \tag{d}$$

Die Kontaktbedingung lautet:

$$\varphi_{/y}(x,y=0) = \dot{v}(x,y=0) \;\rightarrow\; \Phi^*_{/y}(x,y=0) = V(x)/l \tag{e}$$

Im weiteren bezieht sich die Länge l auf die halbe Elementlänge in Bild 3.52.

Nach Einführung der dimensionslosen Koordinaten

$$\xi = x/l \; ; \; \eta = y/l \tag{f}$$

folgen aus den Gln.(c) bis (e) die Beziehungen

$$\int_0^1 \delta V_{/\xi\xi} V_{/\xi\xi}\, d\xi - \lambda\int_0^1 \delta V V\, d\xi - \lambda\bar{\varrho}_1 \int_0^1 \delta V \Phi^*(\xi,\eta=0)\, d\xi = 0$$

$$\int_0^1\!\!\int_0^1 (\delta\Phi^*_{/\xi}\Phi^*_{/\xi} + \delta\Phi^*_{/\eta}\Phi^*_{/\eta})\, d\xi\, d\eta - \int_0^1 \delta\Phi^*(\xi,\eta=0)\,\Phi^*(\xi,\eta=0)\, d\xi = 0 \tag{g}$$

$$\Phi_{/\eta}(\xi,\eta=0) = V(\xi) \; ; \; \lambda = 12(1-\nu^2)\,\frac{\varrho l^4}{E\bar{t}^2}\omega^2$$

$$\bar{\varrho}_1 = \frac{\varrho_F}{\varrho}\frac{l}{\bar{t}}$$

Die Ortsdiskretisierung erfolgt mit Hilfe der Ansätze

$$V(\xi) = \boldsymbol{h}^T(\xi)\,\boldsymbol{V} \quad ; \quad \Phi^*(\xi,\eta) = \boldsymbol{g}^T(\xi,\eta)\,\boldsymbol{\Phi} \tag{h}$$

Damit erhält man aus Gl.(g)

$$\begin{aligned} &\int_0^1 \boldsymbol{h}_{/\xi\xi}\,\boldsymbol{h}^T_{/\xi\xi}\,d\xi\,\boldsymbol{V} - \lambda\int_0^1 \boldsymbol{h}\,\boldsymbol{h}^T d\xi\,\boldsymbol{V} - \lambda\bar{\varrho}_1\int_0^1 \boldsymbol{h}\,\boldsymbol{g}^T(\xi,\eta=0)\,d\xi\,\boldsymbol{\Phi} = 0 \\ &\int_0^1\!\!\int_0^1 (\boldsymbol{g}_{/\xi}\,\boldsymbol{g}^T_{/\xi} + \boldsymbol{g}_{/\eta}\,\boldsymbol{g}^T_{/\eta})\,d\xi\,d\eta\,\boldsymbol{\Phi} - \int_0^1 \boldsymbol{g}(\xi,\eta=0)\,\boldsymbol{h}^T d\xi\,\boldsymbol{V} = 0 \end{aligned} \tag{i}$$

Wir führen nun eine FE-Diskretisierung durch, indem wir das System gemäß Bild 3.51 in finite Elemente unterteilen. Der Plattenstreifen wird in die Elemente (a) und (b), das Flüssigkeitsgebiet in die Elemente (c), (d),(e), (f) unterteilt. Für die Plattenstreifenelemente verwenden wir die kubischen Formfunktionen

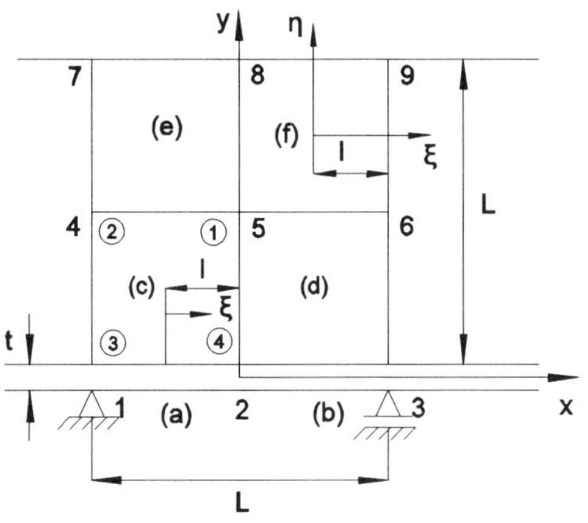

Bild 3.32 Elementeinteilung mit Bezeichnungen

$$\begin{aligned} \boldsymbol{h}^T(\xi) &= [h_1\,h_2\,h_3\,h_4] \\ h_1 &= \frac{1}{4}(2-3\xi+\xi^3) \;;\; h_2 = \frac{1}{4}(2+3\xi-\xi^3) \\ h_3 &= \frac{1}{4}(1-\xi-\xi^2+\xi^3) \;;\; h_4 = -\frac{1}{4}(1+\xi-\xi^2-\xi^3) \end{aligned} \tag{j}$$

Die Elementfreiheitsgrade sind durch

$$\boldsymbol{V}_e^T = [V_1\;V_{1/\xi}\;V_2\;V_{2/\xi}] \tag{k}$$

gegeben.

Das Flüssigkeitsgebiet wird ebenfalls mit Hilfe der FEM diskretisiert. Als Flüssigkeitselemente werden quadratische Elemente mit der Seitenlänge 2l gewählt. Damit an der Kontaktfläche die kinematische Kontaktbedingung nach Gl.(g) erfüllt werden können, müssen bikubische Formfunktionen der Form

$$\boldsymbol{g}^T(\xi,\eta) = [g_{22}\ g_{42}\ g_{24}\ g_{12}\ g_{32}\ g_{14}\ g_{11}\ g_{31}\ g_{13}\ g_{21}\ g_{41}\ g_{23}] \tag{l}$$

mit

$$g_{ij}(\xi,\eta) = p_i(\xi)\, q_j(\eta) \quad ; \quad (i,j = 1,2,3,4)$$

und

$$\begin{aligned}
p_1 &= \frac{1}{4}(1-\xi)^2(2+\xi) \quad ; \quad q_1 = \frac{1}{4}(1-\eta)^2(2+\eta) \\
p_2 &= \frac{1}{4}(1+\xi)^2(2-\xi) \quad ; \quad q_2 = \frac{1}{4}(1+\eta)^2(2-\eta) \\
p_3 &= \frac{1}{4}(1-\xi)^2(1+\xi) \quad ; \quad q_3 = \frac{1}{4}(1-\eta)^2(1+\eta) \\
p_4 &= -\frac{1}{4}(1+\xi)^2(1-\xi) \quad ; \quad q_4 =-\frac{1}{4}(1-\eta)^2(1-\eta)
\end{aligned} \tag{m}$$

verwendet werden. Mit diesen Ansätzen lassen sich aus den Beziehungen (i) alle Elemente der Elementsteifigkeits- und -massenmatrizen berechnen. Die Systemmatrizen folgen wieder durch Summation der Elementmatrizen unter Beachtung der Zuordnung der Elementknoten zu den Systemknoten und der Randbedingungen.

Die Systemverschiebungsvektoren lauten, wenn wir uns auf zur y-Achse symmetrische Schwingungen beschränken und die Symmetriebedingungen beachten

$$\begin{aligned}
\boldsymbol{v}^T &= [V_{1/\xi}\ V_2] \\
\boldsymbol{\Phi}^T &= [\Phi_{1/\xi}\ \Phi_2\ \Phi_{2/\eta}{=}-V_2\ \Phi_{4/\xi}\ \Phi_5\ \Phi_{5/\eta}\ \Phi_{8/\eta}]
\end{aligned} \tag{n}$$

Damit ergibt sich folgendes Zuordnungsschema zwischen Element- und Systemknotenverschiebungen für $\boldsymbol{v}$ und $\boldsymbol{\Phi}$.

System	$V_{1/\xi}$	V_2	$\Phi_{1/\xi}$	Φ_2	$\Phi_{2/\eta}=-V_2$	$\Phi_{4/\xi}$	Φ_5	$\Phi_{5/\eta}$	$\Phi_{8/\eta}$
El. (a)	$V_{1/\xi}$	V_2	0	0	0	0	0	0	0
El. (b)	$-V_{1/\xi}$	V_1	0	0	0	0	0	0	0
El. (c)	0	0	$\Phi_{1/\xi}$	Φ_4	$\Phi_{4/\eta}$	$\Phi_{2/\xi}$	Φ_1	$\Phi_{1/\eta}$	0
El. (d)	0	0	0	Φ_3	$\Phi_{3/\eta}$	0	Φ_2	$\Phi_{2/\eta}$	0
El. (e)	0	0	0	0	0	$\Phi_{3/\xi}$	Φ_4	$\Phi_{4/\eta}$	$\Phi_{1/\eta}$
El. (f)	0	0	0	0	0	0	Φ_3	$\Phi_{3/\eta}$	$\Phi_{2/\eta}$

Darin sind die Rand- und Kontaktbedingungen

$$\begin{aligned} V_1 &= V_{2/\xi} = \Phi_1 = \Phi_{2/\xi} = \Phi_4 = \Phi_{4/\eta} = \Phi_{5/\xi} = \Phi_7 = \Phi_{7/\xi} \\ &= \Phi_{7/\eta} = \Phi_8 = \Phi_{8/\xi} = 0 \quad ; \quad \Phi_{2/\eta} = -V_2 \end{aligned} \tag{o}$$

bereits berücksichtigt.

Es entsteht ein Gleichungssystem von folgendem Aufbau:

$$\begin{aligned} \boldsymbol{K}_{vv}\,\boldsymbol{V} - \lambda\,(\boldsymbol{M}_{vv} + \bar{\varrho}_1 \boldsymbol{M}_{v\Phi})\,\boldsymbol{\Phi} &= 0 \\ \boldsymbol{M}_{\Phi\Phi}\,\boldsymbol{\Phi} + \boldsymbol{M}_{\Phi V}\,\boldsymbol{V} &= 0 \end{aligned} \tag{p}$$

Durch Elimination von $\boldsymbol{\Phi}$ aus Gl.(p) erhält man das Eigenwertproblem

$$[\boldsymbol{K}_{vv}\,\boldsymbol{V} - \lambda\,(\boldsymbol{M}_{vv} - \bar{\varrho}_1 \boldsymbol{M}_{v\Phi} \boldsymbol{M}_{\Phi\Phi}^{-1} \boldsymbol{M}_{\Phi v}]\,\boldsymbol{V} = 0 \tag{q}$$

Die Elementmatrizen berechnen sich nach Gl.(i) aus

$$\begin{aligned} \boldsymbol{K}_{VV}^{(e)} &= \int_{-1}^{1} \boldsymbol{h}_{/\xi\xi}\,\boldsymbol{h}_{/\xi\xi}^{T}\,d\xi \\ \boldsymbol{M}_{VV}^{(e)} &= \int_{-1}^{1} \boldsymbol{h}\,\boldsymbol{h}^{T}\,d\xi \quad ; \quad \boldsymbol{M}_{V\Phi}^{(e)} = \int_{-1}^{1} \boldsymbol{h}\,\boldsymbol{g}^{T}(\xi,\eta{=}1)\,d\xi \\ \boldsymbol{M}_{\Phi\Phi}^{(e)} &= \int_{-1}^{1}\int_{-1}^{1} (\boldsymbol{g}_{/\xi}\,\boldsymbol{g}_{/\xi}^{T} + \boldsymbol{g}_{/\eta}\,\boldsymbol{g}_{/\eta}^{T})\,d\xi\,d\eta \end{aligned} \tag{r}$$

Die elementare aber umfangreiche Rechnung ergibt im vorliegenden Fall die folgenden Systemmatrizen:

$$\boldsymbol{K}_{VV} = \begin{bmatrix} 12600 & -9450 \\ -9450 & 9450 \end{bmatrix} \quad ; \quad \boldsymbol{M}_{VV} = \begin{bmatrix} 480 & 780 \\ 780 & 4680-1536\,\bar{\varrho}_1 \end{bmatrix} \tag{s}$$

$$\boldsymbol{M}_{V\Phi} = \bar{\varrho}_1 \begin{bmatrix} 480 & 780 & 0 & 0 & 0 & 0 \\ 726 & 5940 & -156 & 0 & -528 & 0 \end{bmatrix} \tag{t}$$

$$\boldsymbol{M}_{\Phi\Phi} = \bar{\varrho}_1 \begin{bmatrix} 1536 & 0 & 144 & -630 & 156 & 0 \\ & 5016 & -630 & -1836 & 0 & 0 \\ & & 3072 & 0 & 0 & 156 \\ \text{symm.} & & & 11232 & 0 & 0 \\ & & & & 3072 & 528 \\ & & & & & 1536 \end{bmatrix} \tag{u}$$

Der Zusammenhang zwischen λ und ω lautet:

$$\lambda = \frac{12(1-\nu^2)}{3150}\,\frac{El^4}{\varrho \bar{t}^2}\,\omega^2 \qquad (v)$$

Zum Vergleich der Ergebnisse der exakten Lösung mit den Näherungswerten der FEM-Rechnung wird der dimensionslose Wert

$$\omega^* = \frac{\omega}{\sqrt{\dfrac{E\bar{t}^2}{12\varrho(1-\nu^2)L^4}}} \qquad (w)$$

verwendet. In der folgenden Tabelle sind die dimensionslosen Frequenzen für einige Werte des Dichteverhältnisses $\bar{\varrho}$ angegeben. ($\bar{\varrho}$ = 0 entspricht dem Fall ohne Flüssigkeitsbeaufschlagung).

$\bar{\varrho}$	λ	ω^*	ω^*_{exakt}
0	0,38351	9,9086	9,8696
4	0,15313	6,2612	6,5529
8	0,09566	4,9488	5,2479
12	0,06956	4,2199	4,5023

Bei der Ermittlung von Näherungslösungen auf der Grundlage der Arbeitsformulierung ist es meist zweckmäßig, die Teilsysteme elastischer Körper und Flüssigkeit -wie hier gezeigt- jeweils getrennt zu betrachten. Diese Vorgehensweise ist hinsichtlich der Approximation bei der Ortsdiskretisierung weniger anspruchsvoll und der Rechenaufwand ist nur unbedeutend höher als bei der Anwendung von Gl.(3.305).

Beispiel 3.18

Eine Rechteckplatte im Rahmen eines Systems verrippter Platten sei so gelagert, daß die Plattenränder Antimetrielinien bezüglich der zu bestimmenden Eigenschwingformen darstellen. Diese Platte sei einseitig flüssigkeisbeaufschlagt.

Es ist die kleinste Eigenfrequenz exakt und näherungsweise mit Hilfe des Differenzenverfahrens zu zu berechnen.

1. Exakte Lösung

Die hier speziell vorgegebenen Randbedingungen ermöglichen eine analytische Lösung des Problems. Diese wird durch folgende Beziehungen beschrieben:

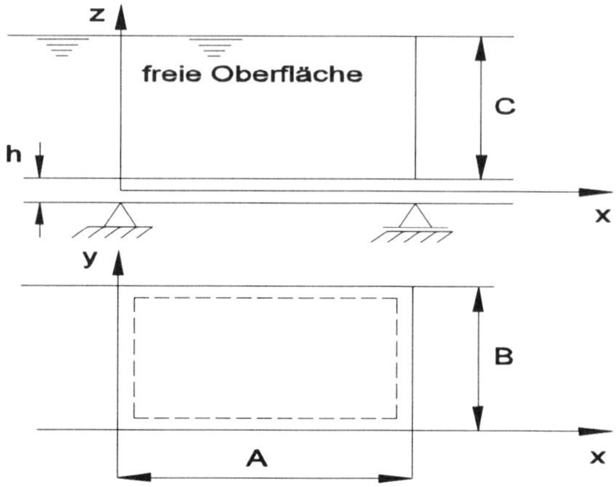

Bild 3.53 Flüssigkeitsbeaufschlagte Rechteckplatte mit Abmessungen

Plattengleichung:

$$K\left[\frac{\partial^4 w}{\partial x^4}(x,y,t) + 2\frac{\partial^4 w}{\partial x^2 \partial y^2}(x,y,t) + \frac{\partial^4 w}{\partial y^4}\right] + \varrho h \ddot{w}(x,y,t) = p(x,y,t) \quad ; \quad K = \frac{E h^3}{12\,(1-\nu^2)} \tag{a}$$

Randbedingungen für die Platte:

$$w_R = 0 \quad ; \quad w_{R/nn} = 0 \tag{b}$$

Flüssigkeitsgebiet:

$$\varphi_{/xx}(x,y,z,t) + \varphi_{/yy}(x,y,z,t) + \varphi_{/zz}(x,y,z,t) = 0 \tag{c}$$

Randbedingungen für das Flüssigkeitsgebiet:

$$\varphi(x=0,y,z,t) = \varphi(x=A,y,z,t) = \varphi(x,y=0,z,t) = \varphi(x,y=B,z,t) = \varphi(x,y,z=C,t) = 0 \tag{d}$$

Kinematische Kontaktbedingung:

$$\varphi_{/z}(x,y,z=0,t) = -\,\dot{w}(x,y,t) \tag{e}$$

Kinetische Kontaktbedingung:

$$p = -\varrho_F \dot{\varphi}(x,y,z=0,t) \tag{f}$$

(ϱ_F = Dichte der Flüssigkeit, p = Flüssigkeitsdruck an der Kontaktfläche).

Mit den dimensionslosen Größen

$$\xi = x/A \;,\; \eta = y/B \;,\; \zeta = z/A \qquad \alpha = A/B \;,\; \beta = C/A \tag{g}$$

und den Ansätzen zur Zeitseparation

$$w(\xi,\eta,t) = W(\xi,\eta)\, e^{j\omega t} \qquad \varphi(\xi,\eta,\zeta,t) = \Phi(\xi,\eta,\zeta)\, j\omega\, e^{j\omega t} \tag{h}$$

erhält man aus den obigen Beziehungen

$$\frac{\partial^4 W}{\partial \xi^4} + 2\alpha^2 \frac{\partial^4 W}{\partial \xi^2 \partial \eta^2} + \alpha^4 \frac{\partial^4 W}{\partial \eta^4} - \lambda W = \bar{\varrho}\lambda \frac{\Phi(\zeta=0)}{A} \tag{i}$$

$$\Phi_{/\xi\xi} + \alpha^2 \Phi_{/\eta\eta} + \Phi_{/\zeta\zeta} = 0 \tag{j}$$

$$\Phi_{/\zeta}(\zeta=0) = -WA \tag{k}$$

$$\lambda = \frac{\varrho h A^4}{K}\omega^2 \;\; ; \;\; \bar{\varrho} = \frac{\varrho_F}{\varrho}\frac{A}{h} \tag{l}$$

Die Gln.(i) bis (k) werden durch die Lösungsansätze

$$W(\xi,\eta) = W_0 \sin(m\pi\xi)\sin(n\pi\eta) \qquad \Phi(\xi,\eta,\zeta) = \Phi_0 \sin(m\pi\xi)\sin(n\pi\eta)\,(e^{-k\zeta} + \mu e^{k\zeta}) \tag{m}$$

erfüllt. Der Faktor μ folgt durch Anpassung an die Ranbedingung an der freien Oberfläche

$$\Phi(\zeta=\beta) = 0$$

zu

$$\mu = -e^{-2k\beta} \tag{n}$$

Die Einführung der Lösungsansätze (m) in die Gl.(j) ergibt

$$k = \pi\sqrt{m^2 + \alpha^2 n^2} \tag{o}$$

Die kinematische Kontaktbedingung führt auf

$$\frac{\Phi_0}{A} = \frac{W_0}{k(1+\mu)} \tag{p}$$

und aus der Plattengleichung (i) erhält man

$$\lambda = \frac{\pi^4 (m^4 + \alpha^2 n^2)^2}{1 + \frac{1+\mu}{1-\mu}\frac{\bar{\varrho}}{k}} \tag{q}$$

Schließlich liefert Gl.(l) die Eigenkreisfrequenz

$$\omega = \sqrt{\lambda}\sqrt{\frac{K}{\varrho h A^4}} \tag{r}$$

Für die Grundschwingung gilt m = n = 1. Setzen wir außerdem A = B (Quadratplatte), d.h. $\alpha = 1$, C = A , d.h. $\beta = 1$, so erhält man aus den Gln.(n) bis (r)

$$k = \sqrt{2}\pi \quad ; \quad \mu = -e^{-2\sqrt{2}\pi} = -1{,}38344\,10^{-4}$$

$$\frac{\Phi_0}{A} = 0{,}22511 W_0 \quad ; \quad \lambda = \frac{4\pi^4}{1+0{,}225017\bar{\varrho}} \tag{s}$$

$$\omega = \frac{2\pi^2}{\sqrt{1+0{,}225017\bar{\varrho}}}\sqrt{\frac{K}{\varrho h A^4}}$$

Für das Dichteverhältnis

$$\bar{\varrho} = \frac{\varrho_F}{\varrho}\frac{A}{h} = 12 \tag{t}$$

ergibt sich die Eigenkreisfrequenz zu

$$\omega = 10{,}262\sqrt{\frac{K}{\varrho h A^4}} \tag{u}$$

2. Näherungslösung für die Quadratplatte

Für den Sonderfall der doppelt symmetrischen Schwingformen der Quadratplatte wird im folgenden mit Hilfe des DV eine grobe Näherung ermittelt.

Dazu belegen wir sowohl das Gebiet der Platte als auch das gebiet der Flüssigkeit mit einem räumlichen Gitternetz mit dem konstanten Abstand $l_x = l_y = l_z = l = A/4$ (siehe Bild 3.54).

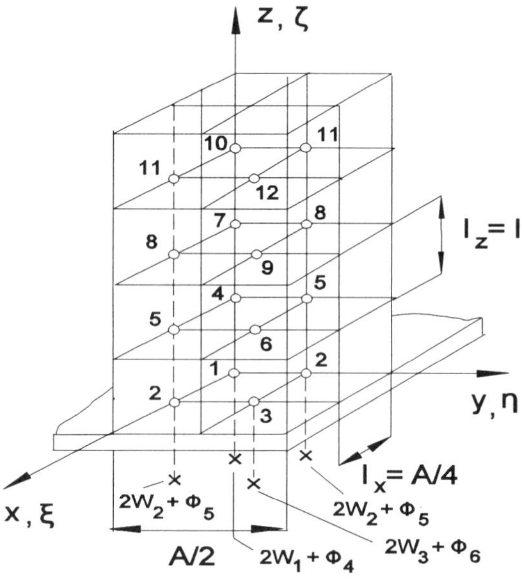

Bild 3.54 Gitternetz mit Bezeichnung der Gitterpunkte für doppelt-symmetrische Schwingformen

Grundlage für das DV sind die Gln.(i) bis (k), wobei nun die dimensionslosen Koordinaten mit Hilfe des Gitterabstandes l gebildet werden:

$$\xi = x/l \quad , \quad \eta = y/l \quad , \quad \zeta = z/l \tag{α}$$

Ferner ist jetzt

$$\lambda = \frac{\varrho h l^4}{K}\omega^2 \quad , \quad \bar{\varrho}_1 = \frac{\varrho_F}{\varrho}\frac{l}{h} \tag{β}$$

einzuführen.

Der dimensionslose Gitterabstand ist damit gleich 1.

Die Plattengleichung (i) wird nun durch die symbolisch dargestellte Differenzengleichung

		1		
	2	-8	2	
1	-8	20	-8	1
	2	-8	2	
		1		

$$\{W_z\} - \lambda\{W_z\} = \bar{\varrho}_1 \lambda \Phi_z(0)/l \tag{γ}$$

und die Gl.(j) durch den räumlichen Differenzenstern

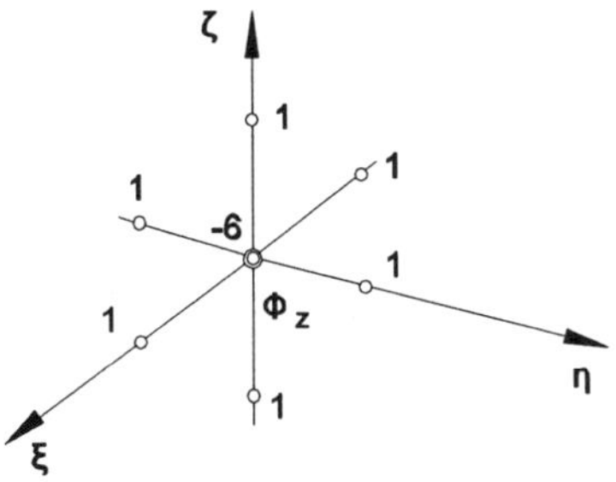

(δ)

beschrieben (W_z, Φ_z sind die auf die Zentralpunkte bezogenen Größen).

Da die Plattenränder für die Schwingformen Antimetrielinien sind, ergeben sich die Ordinaten der benötigten Außenpunkte W_a als die negative Werte der entsprechenden Innenpunkte. Dasselbe gilt auch für die Außenpunkte von Φ.

Die kinematische Kontaktbedingung lautet gemäß Gl.(k) in Differenzenform

$$\frac{\Phi_i - \Phi_a}{2} = -W_R \tag{ε}$$

Der jeweilige Außenpunkt an der Kontaktfläche ergibt sich damit aus

$$\Phi_a = 2W_R + \Phi_i \tag{ζ}$$

Die Funktionswerte Φ_R an den Rändern verschwinden gemäß Gl.(d).
Die benötigten Werte für die Außenpunkte sind in Bild 3.54 bereits eingetragen.

Wendet man Gl.(γ) auf die Zentralpunkte 1,2,3 und die Gl.(δ) auf die Punkt 1 bis 12 an, so erhält man ein Matrizeneigenwertproblem mit folgender Struktur:

$$\left\{\begin{bmatrix} \boldsymbol{K}_{ww} & 0 \\ 0 & 0 \end{bmatrix} - \lambda \begin{bmatrix} \boldsymbol{M}_{ww} & \bar{\varrho}_1 \boldsymbol{M}_{w\Phi} \\ \boldsymbol{M}_{\Phi w} & \boldsymbol{M}_{\Phi\Phi} \end{bmatrix}\right\} \begin{bmatrix} \boldsymbol{W} \\ \boldsymbol{\Phi} \end{bmatrix} = \boldsymbol{0} \tag{η}$$

$$(\boldsymbol{W}^T = [W_1\ W_2\ W_3] \quad , \quad \boldsymbol{\Phi}^T = [\Phi_1\ \dots\ \Phi_{12}])$$

Die Matrizen $\boldsymbol{K}_{ww}$ und $\boldsymbol{M}_{\Phi\Phi}$ sind quadratisch vom Format (3,3) bzw. (12,12):

$$\boldsymbol{K}_{ww} = \begin{bmatrix} 20 & -32 & 8 \\ -8 & 24 & -16 \\ 2 & -16 & 20 \end{bmatrix} \tag{κ}$$

$$\boldsymbol{M}_{\Phi\Phi} = \begin{bmatrix} -6 & 4 & 0 & 2 & 0 & 0 & 0 & 0 & 0 & 0 & 0 & 0 \\ 1 & -6 & 2 & 0 & 2 & 0 & 0 & 0 & 0 & 0 & 0 & 0 \\ 0 & 2 & -6 & 0 & 0 & 2 & 0 & 0 & 0 & 0 & 0 & 0 \\ 1 & 0 & 0 & -6 & 4 & 0 & 1 & 0 & 0 & 0 & 0 & 0 \\ 0 & 1 & 0 & 1 & -6 & 2 & 0 & 1 & 0 & 0 & 0 & 0 \\ 0 & 0 & 1 & 0 & 2 & -6 & 0 & 0 & 1 & 0 & 0 & 0 \\ 0 & 0 & 0 & 1 & 0 & 0 & -6 & 4 & 0 & 1 & 0 & 0 \\ 0 & 0 & 0 & 0 & 1 & 0 & 1 & -6 & 2 & 0 & 1 & 0 \\ 0 & 0 & 0 & 0 & 0 & 1 & 0 & 2 & -6 & 0 & 0 & 1 \\ 0 & 0 & 0 & 0 & 0 & 0 & 1 & 0 & 0 & -6 & 4 & 0 \\ 0 & 0 & 0 & 0 & 0 & 0 & 0 & 1 & 0 & 1 & -6 & 2 \\ 0 & 0 & 0 & 0 & 0 & 0 & 0 & 0 & 1 & 0 & 2 & -6 \end{bmatrix} \tag{λ}$$

Die Matrix $\boldsymbol{M}_{w\Phi}$ ist rechteckig vom Format (3,12), Während die Rechteckmatrix $\boldsymbol{M}_{\Phi w}$ das Format (12,3) hat:

$$\boldsymbol{M}_{w\Phi} = \begin{bmatrix} 1 & 0 & 0 & \cdots & 0 \\ 0 & 1 & 0 & \cdots & 0 \\ 0 & 0 & 1 & \cdots & 0 \end{bmatrix} \tag{μ}$$

$$\boldsymbol{M}_{\Phi w} = 2\begin{bmatrix} 1 & 0 & 0 \\ 0 & 1 & 0 \\ 0 & 0 & 1 \\ 0 & 0 & 0 \\ \vdots & \vdots & \vdots \\ 0 & 0 & 0 \end{bmatrix} \qquad (\nu)$$

Aufgrung der besonderen Struktur von Gl.(η) zerfällz das Eigenwertproblem in die beiden Gleichungen:

$$\begin{aligned} &\boldsymbol{K}_{ww}\boldsymbol{W} - \lambda(\boldsymbol{M}_{ww}\boldsymbol{W} + \bar{\varrho}_1\boldsymbol{M}_{w\Phi}\boldsymbol{\Phi}) = \boldsymbol{0} \\ &\boldsymbol{M}_{\Phi w}\boldsymbol{W} + \boldsymbol{M}_{\Phi\Phi}\boldsymbol{\Phi} = \boldsymbol{0} \end{aligned} \qquad (\xi)$$

Eliminiert man daraus $\boldsymbol{\Phi}$, so erhält man das Eigenwertproblem

$$[\boldsymbol{K}_{ww} - \lambda(\boldsymbol{M}_{ww} - \bar{\varrho}_1\boldsymbol{M}_{w\Phi}\boldsymbol{M}_{\Phi\Phi}^{-1}\boldsymbol{M}_{\Phi w})]\,\boldsymbol{W} = \boldsymbol{0} \qquad (\pi)$$

Die numerische Lösung von Gl.(π) liefert für

$$\bar{\varrho}_1 = \frac{\varrho_F}{\varrho}\frac{l}{h} = 3 \quad \hat{=} \quad \bar{\varrho} = \frac{\varrho_F}{\varrho}\frac{L}{h} = 12 \qquad (\varrho)$$

den Eigenwert

$$\lambda = 0{,}399425$$

Damit ergibt sich die Eigenkreisfrequenz aus Gl.(β) zu

$$\omega = \sqrt{\lambda}\sqrt{\frac{K}{\varrho h l^4}} = 16\sqrt{\lambda}\sqrt{\frac{K}{\varrho h A^4}} = 10{,}112\sqrt{\frac{K}{\varrho h A^4}} \qquad (\sigma)$$

Bei der exakten Lösung nach Gl.(u) ist der Faktor vor der Wurzel 10,262. Der relative Fehler beträgt also nur etwa 1,5 %.

Literatur

[1] Altenbach, J. u.a.:
Die Methode der finiten Elemente in der Festkörpermechanik.
Leipzig: Fachbuchverlag 1982

[2] Altenbach, J; Fischer, U.:
Finite-Elemente-Praxis.
Leipzig: Fachbuchverlag 1991

[3] Bathe, K. J.:
Finite-Elemente-Methoden.
Berlin-Heidelberg-New York-Tokyo: Springer-Verlag 1990

[4] Bausinger, R.; Kuhn, G.:
Die Boundery-Element-Methode. Theorie und industrielle Anwendungen.
Ehningen b. Böblingen: expert-Verlag 1987

[5] Bogoljubow, N. N.; Mitropolski, J. A.:
Asymptotische Methoden in der Theorie der nichtlinearen Schwingungen.
Berlin: Akademie-Verlag 1965

[6] Bolotin, W. W.:
Kinetische Stabilität elastischer Systeme.
Berlin: Deutscher Verlag der Wissenschaften 1961

[7] Budo, A.:
Theoretische Mechanik.
Berlin: Deutscher Verlag der Wissenschaften 1990

[8] Chung, T. J.:
Finite Elemente in der Strömungsmechanik.
Leipzig: Fachbuchverlag 1983

[9] Collatz, L.:
Numerische Behandlung von Differentialgleichungen.
Berlin-Heidelberg-New York: Springer-Verlag 1991

[10] Dankert, J.:
Numerische Methoden der Mechanik.
Leipzig: Fachbuchverlag 1977

[11] Eringen, A. C.:
Nonlinear Theory of Continous Media.
New York: McGraw Hill 1962

[12] Fischer, U.; Stephan, W.:
Mechanische Schwingungen.
Leipzig-Köln: Fachbuchverlag 1993

[13] Fischer, U.; Stephan, W.:
Prinzipien und Methoden der Dynamik.
Leipzig: Fachbuchverlag 1972

[14] Gallagher, R. H.:
Finite-Element-Analysis.
Berlin-Heidelberg-New York: Springer-Verlag 1976

[15] Gasch, R.; Knothe, K.:
Strukturdynamik (2Bd.).
Berlin-Heidelberg-New York-London-Paris-Tokyo:
Springer-Verlag 1987 (Bd.1); 1989 (Bd.2)

[16] Gründemann, H.:
Randelementmethode in der Festkörpermechanik.
Leipzig: Fachbuchverlag 1991

[17] Göldner, H.; Holzweißig, F.:
Leitfaden der Technischen Mechanik.
Leipzig-Köln: Fachbuchverlag 1989

[18] Göldner.H.:
Lehrbuch Höhere Festigkeitslehre
Bd. 1: Grundlagen der Elastizitätstheorie.
Leipzig-Köln: Fachbuchverlag 1991
Bd. 2: Probleme der Elastizitäts-, Plastizitäts- und Viskoelastizitätstheorie.
Leipzig-Köln: Fachbuchverlag 1992

[19] Hagedorn, P.; Otterbein, S.:
Technische Schwingungslehre Bd.1.
Berlin-Heidelberg-New York-London-Paris-Tokyo:
Springer-Verlag 1987

[20] Hagedorn, P.:
Technische Schwingungslehre Bd.2.
Berlin-Heidelberg-New York-London-Paris-Tokyo:
Springer-Verlag 1989

[21] Heinrich, W.; Hennig, K.:
Zufallsschwingungen mechanischer Systeme.
Berlin: Akademie-Verlag 1977

[22] Holzweißig, F.; Dresig, H.:
Lehrbuch der Maschinendynamik.
Leipzig-Köln: Fachbuchverlag 1994

[23] Holzweißig, F.; Dresig, H.; Fischer, U.; Stephan, W.:
Arbeitsbuch Maschinendynamik.
Leipzig: Fachbuchverlag 1987

[24] Kämmel, G.; Franeck, H.; Recke, H.G.:
Einführung in die Methode der finiten Elemente.
Leipzig: Fachbuchverlag 1990

[25] Lau, S. L.; Cheung, Y. K.:
Amplitude Inkremental Variational Prinziple for Nonlinear Vibration of Elastic Systems.
Journal of Applied Mechanics, Dec. 1981, Vol.48

[26] Mackerle, J.; Brebbia, C. A.:
The Boundery Element Reference Book, Computational Mechanics Publications.
Berlin-Heidelberg-New York: Springer-Verlag 1988

[27] Pfau, H., Wiebeck, E.; Kmiecik, M.:
Differenzenmethoden in der Festkörpermechanik.
Leipzig: Fachbuchverlag 1987

[28] Prager, W.:
Einführung in die Kontinuumsmechanik.
Basel und Stuttgart: Birkhäuser-Verlag 1961

[29] Raßbach, H.:
Untersuchungen zur Anwendung der Finite-Elemente-Methode auf die Berechnung des Eigenschwingungsverhaltens flüssigkeitsbeaufschlagter ebener Flächentragwerke.
Universität Rostock: Diss. 1986

[30] Schlüter, H. J.:
Berechnung des Eigenschwingungsverhaltens der längsverrippten Rechteckplatte mit drehbar gelagerten Querrändern.
Rostock: Schiffbauforschung, 11. Jg., H. 3/4 1972

[31] Schramm, K.:
Untersuchungen zur Anwendung der Randelementmethode auf die Berechnung des Eigenschwingungsverhaltens flüssigkeitsbeaufschlagter schiffbaulicher Konstruktionen.
Universität Rostock: Diss. 1989

[32] Schwarz, H. R.:
Methode der finiten Elemente.
Stuttgart: B. G. Teubner 1991

[33] Waller, H.; Krings, W.:
Matrizenmethoden in der Maschinen- und Bauwerksdynamik.
Mannheim-Wien-Zürich: Bibliographisches Institut 1975

[34] Washizu, K.:
Variational Methods in Elasticity and Plasticity.
Oxford: Pergamon Press 1974

[35] Wlassow, W. S.:
Allgemeine Schalentheorie und ihre Anwendung in der Technik.
Berlin: Akademie-Verlag 1958

[36] Zienkiewicz; O. C.:
Methode der finiten Elemente.
Leipzig: Fachbuchverlag; München: Carl Hanser 1986

[37] Zurmühl, R.:
Matrizen und ihre technischen Anwendungen.
Berlin-Göttingen-Heidelberg: Springer-Verlag 1964

[38] Zurmühl, R.:
Praktische Mathematik.
Berlin-Göttingen-Heidelberg: Springer-Verlag 1963

Sachverzeichnis